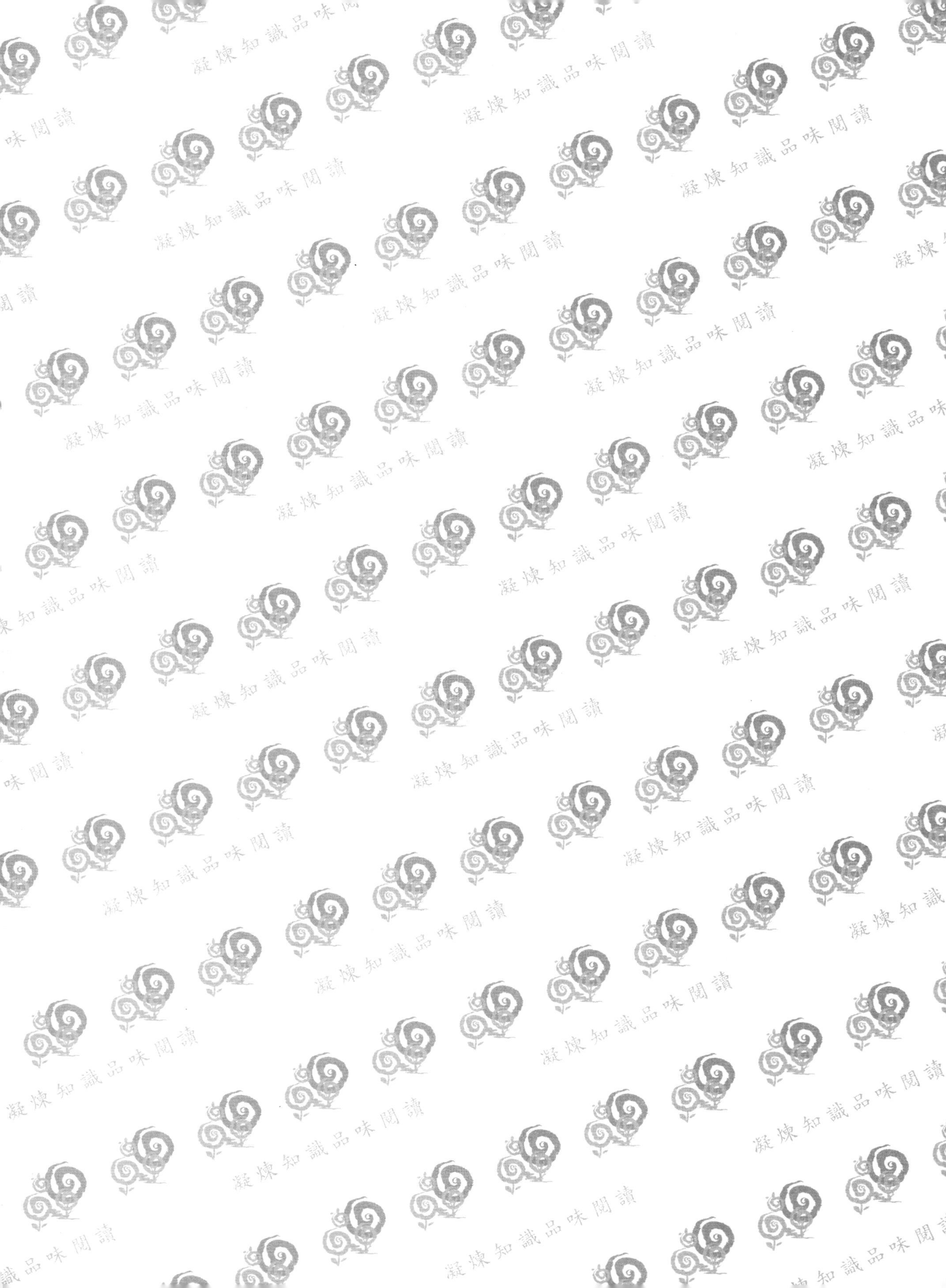

研究&方法

Business Research 第4版
企業研究方法

榮泰生 著

五南圖書出版公司 印行

四版序

企業研究（business research）是針對企業環境、策略、組織內部結構，以及企業的利益關係者（如員工、消費者）所進行的研究，其目的在於報導、描述、解釋或預測某些現象。研究者可能是企業內部人士，也可能是委外的專業研究機構，也可能是從事學術研究的學者或學生。不論由誰主持研究，研究者都必須先有一個明確的研究問題。在學術上的專題研究隨著研究者、研究要求的不同，又可分為「大三專題研究」、碩士論文研究、博士論文研究。不論何種層次的學術研究，研究者都必須了解研究方法，並遵循一定的研究程序。

企業研究是「解決問題」導向的。這些問題可以說是林林總總，不一而足，它們包括了某些非常特定的問題，例如，何以消費者對於公司的產品偏好改變了；何以降價看不到立即而明顯的銷售效果；分群的潛在顧客對產品的態度何以沒有顯著性差異；何以財物誘因無法激勵部屬。

近年來，企業研究方法被應用得愈來愈廣泛，例如廣告公司的研究人員，利用調查法來研究消費者的行為，利用實驗法來了解廣告的效果，政府機構或民間團體利用調查法來了解民意、預估選情。學術研究者利用質性研究來深入了解企業問題，進而提出富有創意的命題等。

本書共分肆篇。第壹篇將介紹企業研究的基本觀念，包括了緒論、研究程序、研究計畫書。第貳篇說明研究設計的有關課題，包括測量、量表、抽樣計畫（包括抽樣程序、樣本大小的決定）。第參篇說明資料蒐集與分析方法，包括次級資料、調查研究、調查工具、實驗研究、量化研究資料分析。第肆篇說明質性研究方法，包括觀察研究、質性研究、個案研究法。

本書的撰寫，秉持了以下的原則。這些原則構成了本書特色：

(1) 平易近人，清晰易懂。以平實的文字、豐富的企業管理例子來說明原本是艱澀難懂的觀念及理論，讓讀者很容易的了解。

(2) 目標導向，循序漸進。根據作者指導研究生及大學生撰寫論文、專題研究的多年經驗，作者充分地了解讀者所需要的是什麼、所欠缺的是什麼。同時，本書的呈現次序是依循著研究程序（research process），也就是要完成一個高品質研究所應有的各階段，以便於讀者做有系統的了解。

(3) 科技導向，掌握新潮。新科技的層出不窮，使我們提升了研究品質，加快了研究的腳步。本書充分地掌握了新科技所帶來的好處，例如我們將介紹以 CD-ROM 查詢有關的次級資料；透過國際網際網路（Internet）來檢索有關資料；利用適當的軟體來分析量化或質性資料。本書也說明了如何以網路問卷的方式來蒐集初級資料，以提升資料蒐集的效能與效率。

(4) 量化與質性研究並重。本書雖以量化研究為主，但對於質性研究亦有相當的著墨。不論進行量化研究或質性研究，均可從本書中獲得清楚的觀念，建立紮實的研究基礎。

本書融合了美國暢銷教科書的觀念精華，並輔之以作者多年在教學研究及實務上的經驗撰寫而成。本書可作為大學及專科學校「行銷研究」、「研究方法」的教科書，以及「行銷管理學」、「管理學」、「企業管理學」、「策略管理學」（企業政策學）的參考書。在企業的管理者、負責行銷研究的人員，以及廣告公司的企劃、研究人員，亦將發現這是一本奠定有關理論觀念、充實實務知識的書。

為了增加本書的可讀性及讀者在學習上的方便，本書在每章中均提供許多實例與應用，在每章後面均附有「練習題」，以使得讀者能夠「實學實用」，並訓練讀者的判斷、思考及整合能力。

本書得以完成，輔仁大學金融與國際企業系、管理學研究所良好的教學及研究環境使作者獲益匪淺。作者在波士頓大學共政治大學的師友，在觀念的啟發及知識的傳授方面更是功不可沒。父母的養育之恩及家人的支持是我由衷感謝的。

最後（但不是最少），筆者要感謝五南圖書出版公司。本書的撰寫雖懷著戒慎恐懼的心態，力求嚴謹，在理論觀念的解說上，力求清晰及「口語化」，然而「吃燒餅哪有不掉芝麻粒的」，各位，歡迎撿芝麻！

榮泰生（Tyson Jung）
輔仁大學管理學院
2011 年 2 月
e-mail: aponmanatee@yahoo.com.tw

目　錄

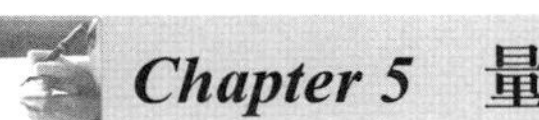

第壹篇

企業研究的基本觀念

Chapter 1  

本章目錄

企業研究（business research）是針對企業環境、策略、組織內部結構，以及企業的利益關係者（如員工、消費者）所進行的研究，其目的在於報導、描述、解釋或預測某些現象。研究者可能是企業內部人士，也可能是委外的專業研究機構，也可能是從事學術研究的學者或學生。不論由誰主持研究，研究者都必須先有一個明確的研究問題。在學術上的專題研究隨著研究者、研究要求的不同，又可分為「大三專題研究」、碩士論文研究、博士論文研究。不論何種層次的學術研究，研究者都必須了解研究方法，並遵循一定的研究程序。

1-1 基本觀念

一、何謂研究？

「研究」（research）涉及到如何界定研究問題、建立觀念架構、發展研究假說、進行研究設計，以及如何蒐集資料，如何分析資料，如何做研究結論，並提出研究建議。研究問題可以說是林林總總，不一而足，它們包括了某些非常特定的問題。例如，何以消費者對於公司的產品偏好改變了，企業主管要如何才能使部屬之間消除互相猜忌的現象等等。

不同的權威學者對於「研究」一詞曾給予不同的定義。社會科學家（許多企業研究的方法論均得自於社會科學家的貢獻）對於什麼是研究、什麼不稱為研究均有著相當嚴謹的定義。研究方法論權威柯林格（Kerlinger, 1986）對於科學研究（scientific research）的定義如下：「科學研究是以有系統的、控制的、實驗的、嚴謹的方法，來探討對於現象之間的關係所做的假說（hypotheses）。」[1]

從管理的觀點來看，將這個定義沿用在企業研究的定義上會有一個問題，因為這個定義排除了其他類型的研究方法。例如，某公司在考慮是否要以檸檬淡酒來打入「軟性飲料」市場時，管理當局所需要的資訊絕大多數是描述式資料（descriptive data），例如，潛在市場的大小、可能的競爭者、影響行銷成敗的因素，以及在每個產品市場消費者的需求及欲望等。根據柯林格的定義，這類的描述式研究會被排除在其定義之外。

企業管理者是決策導向的，他們需要有效的資訊來做有效的決策。因此，我們有必要將柯林格的定義加以擴充。本書對於專題研究的定義是：「專題研究是以有系統的、控制的、實驗的、嚴謹的方法，來探討管理決策者所欲探討的現象。專題研究是以有系統的、客觀的態度和方法，指標對某一特定的企業問題，發掘此問題的眞相，並提供企業管理者所需的資訊。」詳言之，專題研究有以下的特性：

(1) 專題研究是有系統的，也就是說，它是事先規劃周密、組織嚴謹的過程。
(2) 獲得資訊的方法是客觀的，也就是說，這些方法不因研究者的個人喜好、研究過程而有所偏差。
(3) 專題研究的過程著重於提供有效的資訊，以幫助企業管理者做決策。
(4) 由專題研究所蒐集的資訊是幫助決策者解決特定的企業問題，例如，消費者認知、態度問題等等。

二、研究類型

研究可用量化（定量）或質性（定性）、基礎或應用來加以區分。

1. 量化研究或質性研究

量化研究亦稱定量研究（quantitative research），是蒐集大量資料，以驗證所提出的假說。量化研究是採用演繹法或演繹推理。有關量化研究的資料分析，可參考筆者的有關著作，如《SPSS 與研究方法》、《Amos 與研究方法》、《Excel 與研究方法》（以上均由五南書局出版）。本書的討論，如無特別說明，均指量化研究。

質性研究亦稱定性研究（qualitative research），是針對少數個案蒐集資料，來提出命題。質性研究是採取歸納法或歸納推理。質性研究常被用來做政策（包括企業政策）、方案（包括促銷方案）考核的研究，因爲質性研究比量化研究更能：(1)有效地回答「如何」、「爲什麼」的問題；(2)檢視攸關性、意外效應、影響的問題。對於質性研究的詳細說明，見第 13、14 章。

量化研究與質性研究的差別在於：(1)質性研究的個案是研究者依其研究目的而刻意選定的，例如績優企業的白手創業家、在經濟不景氣時代卻能扭轉乾坤的企業領導者；(2)在質性研究中，研究者的角色與地位相當重要（研究者與研究對象打成一片，或融入後者的生活中，進行長時間的觀察）。而在量化研究中，研究者比較採取中性的、超然的地位（例如，研究者利用網際網路問卷，進行調查研究時，無需與受測者進行人際互動）；(3)質性研究著重於文字、語言、符號（如面部表情、手勢、姿勢等）的深層意義，因而比較能夠看到事件的本質（如某人拒喝某牌啤酒是與孩提時代的某個經驗有關）。

不論量化研究或質性研究均必須具有系統性、透明性與嚴謹性。例如，在質性研究中，必須依循一定的研究程序，必須公開（詳細說明）各步驟，必須針對文字資料仔細地加以編碼，並以一致且可靠的方式來檢視有關文件。

傳統上，社會科學領域對於量化與質性研究的分際是這樣的：以質性研究來進行探索性研究（如建立假說）或者用來解釋令人困惑的量化結果，而量化方法則用來測試研究假說。[2] 何以如此？建立內容效度（content validity，亦即「是否能眞的衡量出研究者所要衡量的觀念或變數」，見第 4 章）是評斷研究品質的重要標準。量化方法可透過明確的假說、衡量工具與統計技術，來獲得較具代表性、可靠性與精確性的衡量。質性資料通常不能用數學公式來表示其內容效度。

近年來，量化研究與質性研究的結合更加緊密。在量化研究中，質性研究常被研究者用來作爲量化研究的前期準備工作，而質性研究的資料分析也常用到有關的分析軟體（如 NVivo、ATLAS.ti、QDA Miner 等）。所以我們可以說，在實際的應用研究中，量化研究與質性研究方法常常是交織在一起的，例如研究者在探討組織動態時，利用內容分析將 3 年的參與式觀察資料加以量化，然後用統計分析來驗證假說；或者研究者利用質性研究技術來了解意見領袖的內心世界（信念、動機等），然後以分析後的結果來發展問卷，進行量化研究。

質性研究的主要策略是個案研究。近幾年來，以個案研究（case study 或 case method）來進行企業研究已蔚爲風尚。如果研究對象爲個人，個案研究的目的在於描述、了解及解釋訪談對象的思想及行爲。如果研究對象是企業實體，則個案研究的目的，在於了解眞實的商業活動情況、組織行爲等，進而推論出有關命題。

量化研究與質性研究在研究問題形式、是否可操控行爲、是否著重當時事件上的情形，如表 1-1 所示。

我們可將量化研究與質性研究的差別整理如表 1-2 所示。

表 1-1　主要的企業研究策略的特色

量化或質性	研究策略	研究問題的形式	操控行為？	著重當時事件？
量化	調查（第 8 章）	什麼人、是什麼、在哪裡、有多少	否	是
	實驗（第 10 章）	如何、為什麼	是	是
質性	個案研究、民族圖誌、紮根理論、焦點團體、行動研究等	如何、為什麼	否	是

資料來源：修正自 Robert K.Yin 著，尚榮安譯，個案研究法（台北：弘智文化事業有限公司，2001），頁 29。

表 1-2　量化研究與質性研究的差別

特徵	量化	質性
本體論（什麼是真實的）	「真實」是客觀的且惟一的	「真實」是主觀的且多樣的，如同研究者所觀察到的
研究者與被研究者	研究者應該獨立於被研究者，因此研究者是價值中立的（value free，也就是研究者的價值觀不會也不應影響被研究者）	研究者應與被研究者互動，因此被研究者的價值多少會受到研究者的影響
研究推理	演繹法（見 1-7 節）	歸納法
研究程序	建立假說、驗證假說、獲得結論（見第 2 章）	說明研究問題、提出命題或理論

2. 基礎研究或應用研究

基礎研究（basic research）又稱爲純研究（pure research），所涉及的研究問題是對於研究者的智慧有相當挑戰性的問題。這些問題在目前或在未來可能可以，也可能不可以應用在實務上。這樣的研究工作常常牽涉到非常抽象的、非常專業的觀念。研究者如欲對某一個企業管理的領域進行純研究，他必須先深入探討該領域的有關研究，了解這些研究的觀念和研究假說，以進一步判斷哪些研究值得去做。從事基礎研究者絕不能夠孤立地進行，他們必須在一個整合性的觀念架構內，以過去的研究爲基礎，進行延伸性的後續研究。

顧名思義，應用研究（applied research）是將研究的成果，應用在目前的企業上，以解決企業問題。在企業管理的領域中，應用研究所涵蓋的範圍很廣，包括生產、行銷、人事、研究發展、財務、資訊管理、社會責任研究（包括消費者告知權研究、生態影響研究、法律限制研究及社會價值及政策研究）等。

由於應用研究常是大規模進行的，所以蒐集資料便成了一個大問題。這些研究的所費不貲，因此常需靠政府機構、基金會、民間團體的財務補助，所選擇的主題就不免會受到贊助者的左右。

三、研究方式

研究有三個主要的方式：探索式研究（exploratory study）、描述式研究（descriptive study）與因果式研究（causal study）。

1. 探索式研究

當研究者需要更多的資訊，以使得研究問題變得更爲明確時，或者當研究者對於在正式研究進行時所可能遇到的問題沒有清楚的概念時，最好先進行探索式研究。探索式研究的優點，就是能使研究者在有限的資料之下，進行小規模的研究。

2. 描述式研究

當研究者欲了解某些現象或研究主體的特性以解決某特定的問題時，就必須進行描述式研究（或稱敘述式研究）。例如，了解在週末參觀科學博物館的訪客，在教育別、年齡別、性別、職業別上的百分比各爲多少，以解決訪客日漸減少的問題。

描述式研究可能是很單純的，也可能是很複雜的，並可以在不同的研究環境（例如，現場環境、實驗室環境）中進行。不論是以何種形式，描述式研究需要用到統計分析技術。進行描述式研究時通常要對研究問題界定得很清楚，因此研究者的主要任務就是用適當的方法來搜集及測量資料。

3. 因果式研究

在因果式研究中，必須假設某一變數 X（例如，廣告）是造成另一變數 Y（例如，對於大海口香糖的態度）的原因，因此研究者必須蒐集資料以證實這個假說。同時，研究者也必須控制 X 及 Y 以外的變數。

四、研究目的

研究目的有四：(1)對現象加以報導（reporting）；(2)對現象加以描述（description）；(3)對現象加以解釋（explanation）；(4)對現象加以預測（prediction）。[3]

1. 報導

對現象加以報導是研究的最基礎的形式。報導的方式可能是對某些資料的加總，因此這種方式是相當單純的，幾乎沒有任何推論，而且也有現成的資料可供引用。比較嚴謹的理論學家認爲報導稱不上是研究，雖然仔細地蒐集資料對報導的正確性有所幫助。但是也有學者認爲調查式報導（investigative reporting，是報導的一種形式）可視爲是質性研究（qualitative research）或臨床研究（clinical research）；研究專案不見得要是複雜的，經過推論的才能夠稱得上是研究。[4]

2. 描述

描述式研究在企業研究中相當普遍，它是敘述現象或事件的「誰、什麼、何時、何處及如何」的這些部分，也就是它是描述什麼人在什麼時候、什麼地方、用什麼方法做了什麼事。這類的研究可能是描述一個變數的次數分配，或是描述二個變數之間的關係。描述式研究可能有（也可能沒有）做研究推論，但均不解釋爲什麼變數之間會有某種關係。在企業上，「如何」的問題包括了數量（數量如何成爲這樣的？）、成本（成本如何變成這樣的？）、效率（單位時間之內的產出如何變成這樣的？）、效能（事情如何做得這樣正確的？），以及適當性（事情如何變得適當或不適當？）的問題。[5]

3. 解釋

解釋性研究是基於所建立的觀念性架構（conceptual framework）或理論模式來解釋現象的「如何」及「爲什麼」這二部分。例如，研究者企圖發現有什麼因素會影響消費者行爲。他在進行文獻探討之後發現這些因素包括：(1)社會因素，包括角色、家庭影響、參考團體、社會階層、文化及次文化；(2)使用情況；(3)心理因素，包括認知、動機、能力及知識、態度、個性；(4)個人因素，包括人口統計因素、涉入程度。

接著他就進行實證研究發現：所有的因素都會影響消費者的行爲，只是程度不同而已。然後他就必須解釋爲什麼這些因素會影響消費者的行爲，以及爲什麼在程度上會有所差別。

4. 預測

預測式研究是對某件事情的未來情況所做的推斷。如果我們能夠對已發生的事件（如產品推出的成功）建立因果關係模式，就可以利用這個模式來推斷此事件的未來情況。研究者在推斷未來的事件時，可能是定量的（數量、大小等），也可能是機率性的（如未來成功的機率）。

1-2 社會科學的重要哲學觀念

社會科學的主要哲學觀念或思維學派有：本體論、認識論、方法論、方法、典範。許多質性研究作品常被批評爲文不對題、缺乏科學根據。同樣地，也有些研究者認爲，以數量方法來解釋企業問題的話，會太過於人工化、非人性化，或者會對於複雜的企業問題做太過單純的詮釋。他們認爲，與被研究者互動所產生的了解及經驗分享，會比透過數學模型所產生的邏輯的、精準的解釋，更具有令人滿意的解釋結果。以悲天憫人的胸懷、將心比心的情操來進行研究，如果不能取代嚴肅冷峻的邏輯推論的話，至少也可以相輔相成。會有這樣的相互批評，是因爲彼此不了解對方的思維學派之故。

本體論（ontology）就是去了解「什麼是眞的」。研究者在研究社會現象時，很重要的問題是去研究什麼是眞相，但是由於人類思想的謬誤（見 1-5 節），因此很難發現眞相，進而忽視了現象的「本體」。

認識論（epistemology）就是研究者「從哪裡取得與形成知識」。有些研究者認爲知識必須透過有系統的調查或實驗，透過客觀的統計分析來產生。但是有另外的研究者認爲知識是永遠無法被客觀地檢驗；知識本身就是主觀的，唯有透過親自參與，嘗試詮釋被觀察者或受訪對象的主觀想法、作法，如此所建立的知識才是最有價值的。

「主義」（-ism）是一種思維的來處。比較常見的兩種主義是實證主義與詮釋主義。實證主義（positivism）是以親身的體驗與理性的查證來作爲知識的基礎。質性研究的方法也是植基於實證主義的哲學觀上，其主要的作法（或者說目的）是在建構理論。以實證方式來進行的質性研究稱爲分析式的質性研究（analytical qualitative method）。研究者在運用構念（construct）作爲描述與分析的基礎。[6]

詮釋主義（interpretivism）研究者認爲，知識是建立在人與人互動的社會化過程中，研究者必須深入人們每日的生活和作息、潛入人們所處的社會情境中、了解人們所用的語言，並且體會人們在互動中所產生的結果。準此，詮釋主義研究者認爲，深入了解「人」，才能產生眞正的知識。[7]

「方法論」（methodology）涉及到「如何取得與形成知識」，是思考和研究社會現實的方法。認識論與方法論是息息相關的。方法論有時被稱爲「方法的哲學」，它可以被廣泛界定（如量化方法論、質性方法論），也可以被精準界定（如紮根理論、個案研究、民族圖誌學，見第 13、14 章）。它包括了研究推理背後的假說及價值觀，以及研究者用來解釋資料以獲得結論的標準。在企業專題研究的領域中，存在著不同的方法論或了解企業行爲、企業環境的方法或標準。物理學家通常不是它所研究的對象的一部分，這使得許多社會科學家質疑，社會科學是否也可以是一樣。物理學與社會科學在這方面的爭辯，涉及到方法論上的問題，而不是方法的問題。

「方法」（method）是指蒐集資料的技術或工具。例如，物理研究者與企業研究者所用的方法不同——物理學家不會用意見調查，而社會科學也不會用電子顯微鏡來做研究。但是我們也可以說：他們所用的方法是相同的，只是在測量工具的精確度上有所不同而已。不論研究者是用電波望遠鏡、電子顯微鏡、球形潛水裝置（bathysphere，深海探測用）、單面鏡、參與式觀察（participant observation），他們都是用同樣的工具——觀察研究（第 12 章）。

研究者想要證實其研究假說的程度，決定了他所使用的研究方法。換句話說，有些研究者希望發現在統計上的相關性的顯著程度，他就會使用調查研究或實驗研究；但有些研究者只要對其觀察的現象加以記錄、計數即可，他就會使用觀察研究。值得提醒的是，調查研究與實驗研究要用定量分析技術才適當，而觀察研究可用質性資料分析技術（第 13 章）或量化分析技術。

《韋氏新世界字典》（*Webster's New World Dictionary*, 1968, p.1060）對於典範（paradigm）的定義是：一種類型、範例或模式（a pattern, example, or model）。在企業管理的領域中，典範是觀看環境因素的一種觀點或參考架構，它包含著一組觀念及假說。[8]

典範是研究者透視世界的窗口。事實上，研究者所看到的環境，早就客觀地存在那裡，他們只是用其觀念典範（paradigm of concepts）、分類、假說，甚至偏見觀看這個世界。因此，不同的研究者以不同的典範來描述同樣的現象，可能會產生截然不同的結果。我們耳熟能詳的「瞎子摸象」就是典型的例子。

有關「決策」是如何形成的，我們可以看出至少有三種典範：理性典範、漸進調適典範，以及「垃圾罐」典範。

1. 理性典範

此典範認為決策是「理性、周延的決策制定方式」。理性決策的過程是：

(1) 決策者明訂目標，並謹慎地處理每一個問題；
(2) 蒐集完整的資料、徹底地分析這些資料、研究各種可行方案，包括本身的風險和結果；
(3) 規劃一個詳細的行動方案。

2. 漸進調適典範

林布隆（Lindblom,1959）在「模稜兩可之學」（The Science of Muddling Through）這篇文章中認為：在作決策時，決策者會不斷比較各種可行方案，「走一步、看一步」。這種方法與其說是一種理智的程序，倒不如說是碰碰機會的方式，因此他認為決策者是擅於調適的人，但在調適的過程中自有其目的。這種漸進的方式（incremental），他稱之為「連續限制的比較法」（comparisons of successive limitations）。

安索夫所提出的「波形方式」（cascade approach），也具有類似的觀念。他的看法是，在解決方式產生之前，必先經過粗略的法則，以及數個不斷修正的階段。這個過程使得問題的解決呈現數種不同的外表，但每次的結果也愈來愈精確。換句話說，這個典範可使我們更了解高階管理者眞正的思考方式。在眞實的生活中，高階管理者並不考慮所有可能的行動，但一旦找到令人滿意的解決方式，他們通常會停止進一步的探求。換言之，他們認爲決策只有「滿意解」（satisficing solutions），[9] 而無所謂的最佳解（optimal solutions）。

3.「垃圾罐」典範

對於理性決策批評得最爲激烈的，非 March and Olsen 莫屬。他們對於「先行存在的目標指引了組織選擇」的論點，提出了猛烈的抨擊。他們認爲決策的產生是下列四個部分獨立的因素所產生的結果。這四個因素是：

(1) 一系列的問題（a stream of problems）
(2) 一系列的潛在解決方案（a stream of potential solutions）
(3) 一群參與者（a stream of participants）
(4) 一系列的選擇機會（a stream of choice opportunities）

他們把組織視爲「垃圾罐」，其中不同的參與者會將各種不同的問題及解決方案傾到在這個「垃圾罐」中。他們把組織視爲「有組織的無政府狀態」（organized anarchy），因爲組織對於要做什麼、應該如何去做，以及由誰決定去做，並沒有明顯的共識。只有問題（例如，銷售量下降）、解決方案（例如，發展出新產品）、相關的參與者（例如，公司的高級主管）以及選擇的機會（例如，年度銷售檢討大會）在互動時，決策才會產生。

對某一個「問題」而言，「選擇的機會」是尋找決策情境的聚集所。「解決方案」會去尋找「問題」，而「參與者」會去尋找「問題」來解決。「選擇的機會」並不一定與「問題」的「解決方案」息息相關。事實上，組織在做某種選擇時，根本沒有考慮到問題本身，有些參與者在知道所要解決的問題之前，就已經有了解決方案。垃圾罐的決策模式在下列的情況之下實施最爲恰當：

(1) 在高度壓力之下的環境運作；
(2) 所面臨的是相當獨特的環境；
(3) 選擇各種可行方案的優先次序是模糊不清或不穩定；
(4) 技術的變化莫測；
(5) 參與者的流動率高。

理性典範、漸進調適典範、垃圾罐典範分別代表著三個不同的學說，它們是以截然不同的典範（或觀點、角度、適用情況）來觀察決策行爲。每個典範都有它獨特的觀點和術語。漸進調適典範用了像「走一步、看一步」、「滿意解」等術語。而垃圾罐則用了「一系列的問題」、「一系列的潛在解決方案」等術語。

不同的典範不僅在觀念及假說上有所不同，而且在研究問題上（至少是典範提出者所認爲重要的研究問題上）也截然不同。

在今日企業管理的領域中，仍有不少相互爭辯的典範。我認爲這是一個健康的現象，因爲在解決企業管理上所有問題上，不可能有「放諸四海皆準」的典範。企業研究者的典型工作就是在某一個主宰式的典範內，累積有關此典範的研究結果，一直達到此典範的極限時爲止。所謂極限（extreme），就是在這個典範中出現了異常現象（anomaly），或是研究結論不再能解釋這個典範。當許多異常現象、矛盾產生時，舊典範可能會被拋棄，取而代之的是新典範。但是舊典範的擁護者是不會輕易地放棄的，但是當新典範的擁護者愈來愈多時，舊的典範會漸漸式微。但如果舊典範的捍衛者「誓死不退」，則新舊典範之間的衝突是可以想見的。

典範之間的競爭固然是一個健康的現象，而且可以激發研究創意，但是當兩派人馬（不同典範的擁護者）堅持只有自己的是對的，對於對方的典範加以惡意攻擊，進而造成相互詆毀的現象時，就不再是健康的了。

1-3 為什麼要學習研究方法？

近年來，研究方法被應用得愈來愈廣泛，例如廣告公司的研究人員，利用調查研究來了解消費者的行爲，利用實驗研究來評估廣告效果，政府機構或民間團體利用調查研究來洞悉民意、預估選情等。

研究方法（research methods）可以增加管理者的知識及技術，也可以幫助他們解決問題，增加決策效能（effectiveness, 決策做得對）及效率（efficiency, 決策做得快），如此企業才能夠應付詭譎多變的環境，獲得競爭優勢。

企業研究方法（business research methods）是有系統的探索企業問題，以獲得資訊解決企業管理的問題。這個課程的重心在於培養在商業、非營利機構、公家單位的研究人員，以及在校欲從事研究、撰寫論文的人員，如何利用科學方法以解決企業上的、學術上的問題，達成其研究目標。

近年來，企業環境的變化非常急遽；科技的突破、新產品的不斷推陳出新、社會文化的變遷、消費者意識的抬頭等等，無不帶給企業前所未有的挑戰。管理者在擬定有效的策略以因應這些環境時，首先必須了解目前的環境以及預測未來的環境變化。爲了要了解環境，非靠有效的研究方法及技術不爲功。

在組織內的各企業功能（生產、行銷、資訊管理、人事、研究發展、財務）的管理者，也會因爲獲得研究技術而獲益匪淺。因爲：

(1) 管理者在做決策時，必須獲得充分、有效的資訊。如果他們不能夠靠研究部門來蒐集及分析資料，就必須親自來做。這時候，他就必須擁有某種程度的研究技術。在蒐集資料進行研究時，可能涉及到對既有資料庫及資訊來源做資料採礦（data mining）的工作，或者初級資料的蒐集。
(2) 企業功能的管理者可能會被高級主管指派去進行一項研究，尤其在工作生涯的早期階段（這是一個對事業生涯發展的絕佳機會），如果他們能以非常專業的態度、方法進行研究，提出研究報告，必然可以獲得高級主管的青睞。
(3) 企業功能的管理者常常必須委託外界的組織（例如，學術單位、廣告公司、管理顧問公司）來進行研究，[10] 如果這些管理者了解研究設計，他們就可以評估受委託單位的研究品質，並評估這些研究對企業的幫助。這樣的話，必可使組織節省大量的時間及金錢。
(4) 由於許多決策法則都是根據先前研究專案所蒐集到的資料而訂定的。如果管理者具有研究技術，他就可以評估先前研究的適用性，以解決目前的管理問題。
(5) 專業研究人員的市場需求日殷，尤其在行銷研究、財務分析、公共關係、人力資源管理及作業研究方面。擁有專業研究技術的人員會有美好的事業前程。

1-4 企業研究是科學嗎？

簡略回顧一下學術智慧發展的歷史，我們不難發現：與物理科學及其他學術領域（例如哲學、人類學）相較，社會科學可以說是一門相當「新」的學科。[11] 人類似乎先是企圖去了解遙遠的東西（例如，天文、古生物），然後再來研究與他們息息相關的社會。即使在社會科學領域內，人們亦曾企圖將研究重心放在遠古的社會（例如，人類學），而不是現代的社會。

在有關社會科學是不是一門科學的爭辯中，19 世紀的社會學家 Wilhelm Dilthey 認爲，人類有自由意識，因此沒有人能夠預測人類的行爲，更遑論將這些行爲加以一般化。但是 Emile Durkheim 的看法卻截然不同，他認爲社會現象是有一定的次序的，故可以加以一般化，而且社會現象依附於社會法則，就好像物理現象依附於物理法則一樣。

持比較中性的看法的是德國社會科學家 Max Weber，他認為社會現象不僅由社會法則所決定，而且是由人類的意識行為所決定的。人類有自由意識，並不表示他們的行為是隨機的、不能預測的。人類的自由意識會以理性的方式來加以運用，因此會表現出理性的行為。準此，人類的行為就可以用其理性的行為來加以預測。

依據 Weber 的觀點，在社會科學中，自然科學的方法扮演著極為關鍵的角色，但不是唯一的角色。自然科學家與社會科學家是以不同的方式來了解環境的現象。物理學家常用數學方程式來敘述其理論，但是在研究中利用到數學符號時，就表示這些符號就是研究者及現象之間的介面。就某種意義而言，透過這些介面所獲得的研究結果永遠是間接的或「轉一手」的。

根據 Weber 的看法，在社會科學中，利用物理學及其他自然科學的方法，來研究所有的社會現象是合理的，但卻是不恰當的。這些科學方法要在看起來似乎是有價值的時候才加以使用。除此之外，他建議我們要用直接了解（direct understanding，或是德文的 verstehen）來取代其他不適宜的方法。「直接了解」在物理學是不可能做到的，但是在社會學卻可以——這是因為研究者與被研究者之間的關係不同所致。物理學家蒐集到有關氣化現象的資料，雖可解釋自然現象，但無法直接了解。社會科學家本身就是被研究對象的一員，故可直接了解他們的行為。當研究者在某一個情況或困境來進行觀察研究時，由於他（她）與研究個體（被觀察者）都是處於相同的情況之下，他（她）就有可能（或有機會）將心比心，體驗到他們的感受。[12]

許多社會科學家認為，社會現象呈現出足夠的次序，故可以被解釋及預測。但是有人認為，到目前為止，並不是所有的社會現象都能完全正確地被解釋及預測，因為社會現象並不是呈現百分之百的次序。另外，有人認為，社會現象是有次序的、可預測的，但放眼目前的社會科學理論、蒐集資料的方法及分析的技術，並不足以解釋這些現象。

雖然幾乎沒有任何社會科學家認為社會現象是隨機發生的，但是對於如何研究社會現象、研究什麼社會現象等仍有許多歧見。也許在社會科學家之間，普遍認同的看法是「實證主義」（positivism）。根據實證主義個觀點，社會科學的研究必須採用物理科學的方法。這充分表示：社會現象是一個客觀發生的現象。

1-5 人類思想的謬誤

研究者在進行研究時常會有意、無意地犯下一些思想上的錯誤。近代的西洋大思想家培根（Francis Bacon）在其名著《學習的進展》（*The Advancement of Learning*）中曾精闢地討論思想錯誤的原因。Condillac 推崇道：「世人了解思想錯誤原因者，莫過於培根。」培根認爲思想錯誤的原因可歸納爲四種。[13]

第一種錯誤稱爲「部落的偶像」（idols of the tribe）。也就是說，對於一個問題，先照自己的意見決定好了，然後才去尋找支持的證據或經驗，再把經驗捏揉得和自己的意見相同。他不是由一系列的邏輯線索來求得結果，而是由結果來尋找線索。

第二種錯誤稱爲「山洞的偶像」（idols of the cave）。這與個人的性格有關。有些人會在他的潛意識中形成「洞」或「巢」，這個「洞」或「巢」常會把自然光線遮住，於是在判斷事物時，就戴上了有色眼鏡（這就是所謂的「刻板印象」）。

第三種錯誤稱之爲「市場的偶像」（idols of the market）。起源於語言文字的「失眞」，人類同聚一處，端賴語言文字傳遞訊息及意見。文字語言的創造，貴在群眾對此文字語言的理解力的正確性，否則容易產生「以訛傳訛」的情形。

第四種錯誤爲「戲院的偶像」（idols of the theater）。可謂學統之蔽，有些人可能緊抱著某些傳統的信條而深信不疑。古今以來各種學派的哲理，往往像一齣一齣的戲劇，在舞臺上一幕一幕的呈現著，如果對某一劇深信不疑，做爲一切思考的前提，則容易固執偏見，抹煞其他的思考性觀念架構。

以上的錯誤是一個專業的研究者在進行研究時所應極力避免的。

1-6 獲得知識的來源

知識（knowledge）的來源從「未經證實的意見」（untested opinion）到「高度系統性的思考」（highly systematic styles of thinking）不等。我們很少想過我們是怎麼知道某件事情的，或者在日常生活中，知識是怎麼產生的，但是要了解知識是由何而來，對於研究者而言是相當重要的事。研究者必須能夠分辨知識的來源，才能夠使知識產生最大的效果。[14]

利用科學的哲理可將知識的來源加以分類，以幫助研究者了解知識的來源。過去數年來，在不同的知識來源所產生的效能方面，曾引起廣泛的討論。圖 1-1

是以邏輯的觀點將若干個獲得知識的方式加以定位。橫軸的左邊代表高度理想性（idealistic）、解釋性（interpretational）的理想主義（idealism），右邊代表的是實證主義（empiricism，或稱經驗主義）。實證主義是「基於感官經驗及（或）歸納法來進行觀察、建立命題」。實證主義者（empiricists）會透過觀察來蒐集資訊，並企圖描述、解釋及預測現象。本書第 14 章所說明的個案研究所涉及的都是實證主義。

科學知識可由歸納法（inductive）來獲得，也可以由演繹法（deductive）來獲得。在圖 1-1 的縱軸上方代表理性主義（rationalism），理性主義者認爲知識的來源是演繹。理性主義與實證主義的不同之處，在於理性主義者認爲所有的知識皆可由已知的自然法則及基本眞理加以演繹而來；他們認爲正式的邏輯推理及數學才是了解、解決問題的最好方法。存在主義（existentialism）認爲知識是靠非正式程序（informal process）而獲得的。

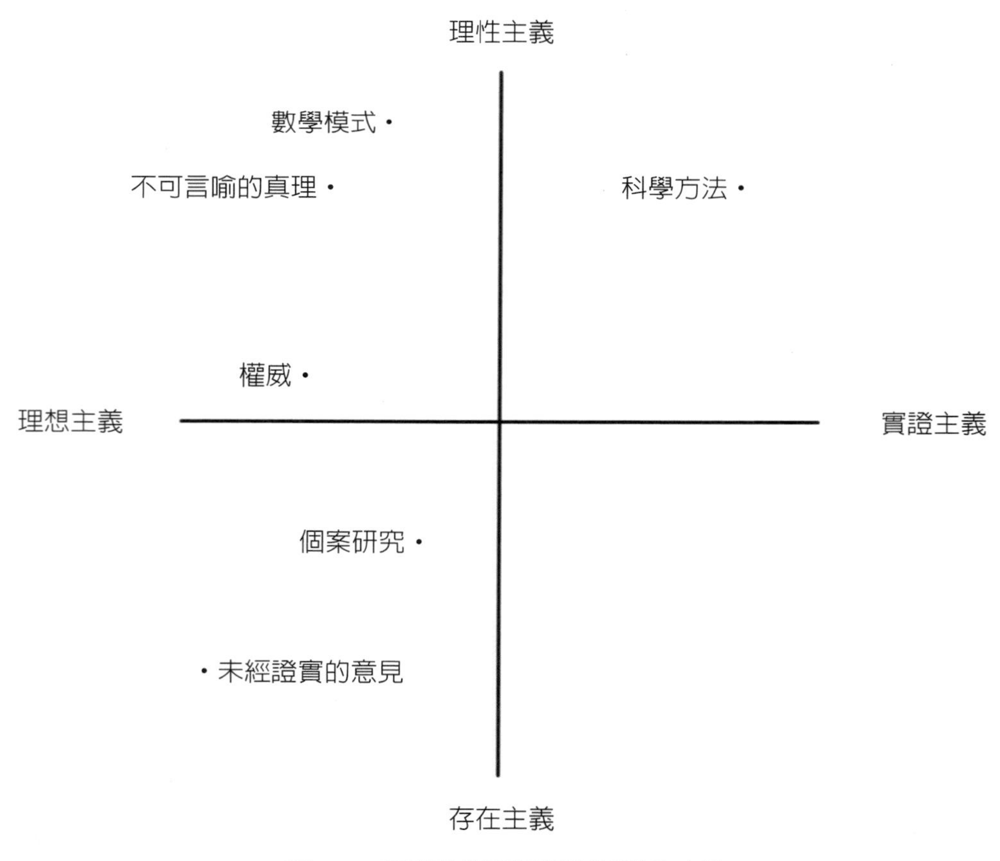

圖 1-1　思考的類型及獲得知識的方法

一、未經證實的意見

未經證實的意見（untested opinion）是指沒有任何實驗證據的個人看法。在國內許多企業所舉辦的員工職前講習中，職訓人員常向新進員工常說道：「跟著做就對了！」像這樣的話顯然是未經證實的意見。爲什麼「跟著做就對了」？有人研究過並做出這樣的結論：「新進員工只要因循舊習就會提高生產力」嗎？未經證實的意見來自於迷思（myth）、迷信、過度自信（自傲）、預感、自衛，或基於因循舊習的惰性。企業研究者如果以未經證實的意見這種方式來做研究，必然對於眞相毫無所悉，犯了「山洞的偶像」的錯誤。

二、不言而喻的真理

不言而喻的眞理，或稱自我證實的眞理（self-evident truth），也是獲得知識的來源之一。「人都會死亡」是不言而喻的眞理，可從已知的自然法則演繹而來。但是某些人看起來是不言而喻的眞理，在其他人的眼中卻未必。例如，「每個人均應靠右駕駛」似乎是不言而喻的眞理，但是在許多國家（如大英國協、日本）卻是靠左駕駛。「女性主管的績效較差」、「有貴族血統人才是天生的領導者」、「日本式的管理可以放諸四海皆準地解決美國的生產力問題」、這些曾經是「不言而喻的眞理」，但現在聽起來卻是相當「荒謬的」（例如，爲什麼有人一生下來就是王子，一生享受特權？）。

三、權威

因爲並不是所有的命題都是不言而喻的眞理，所以我們會依賴權威人士（authorities）來增加我們的知識（或者說增加我們的信心）。通常這些權威人士是因爲他們擁有某種地位、職位（官大學問大）、資源或財富，而不是因爲有某些技能、鞭辟入裡的見解或遠見。權威人士的觀點固然是我們獲得知識的來源之一，但是要有所保留，不可盲從附和，否則人云亦云，犯了「部落的偶像」的錯誤。

四、個案研究

個案研究（case studies）亦稱爲思想的文學風格（literary style of thought），在企業研究中頗爲常見，在如何獲得有關企業的知識上，扮演著相當關鍵性的角色。個案研究常受到的批評是：研究對象是「個案」，研究者要以一個、若干個個案做一般化的推論或延伸，不免有「以偏概全」之虞。詳細的說明，見第 14 章。

五、科學方法

科學方法（scientific methods）的特性是：(1)可對現象做直接的觀察；(2)具有清晰界定的變數、方法及程序；(3)對所做的假說進行實證研究；(4)能夠棄卻（或不棄卻）所做的假說；(5)利用統計方法（而不是文藻）來獲得結論；(6)具有自我矯正的程序（self-correcting process）。

利用科學方法來獲得知識也可利用歸納的方式，也就是說，我們對於母體特性的了解是基於對樣本特性所做的歸納而得。

六、數學模式

以數學模式（mathematical model）來獲得知識，又稱爲思考的公理風格（postulational style of thought）。作業研究、管理科學、類比等都是利用數學模式來獲得知識。例如，許多公司利用仿眞來研究市場潛力、價格變化對利潤的影響等。利用數量模式來進行研究是採取演繹式的邏輯推論。

獲得知識的方式影響到企業研究的方向。在企業研究上要用哪一種方式來獲得知識，是因研究典範（research paradigm）、研究者的價值觀、所涉及的反應誤差（reactivity error）等因素而定。不論如何，我們在選擇用什麼方法來獲得知識時，要注意它的適用性及限制。

1-7 推理——演繹與歸納

質性研究屬於歸納法，量化研究屬於演繹法。歸納法與演繹法的差別何在？歸納法是對事物、現象的特性加以觀察，進行詮釋，進而提出命題。演繹法是先從一般理論中推導出研究假說，然後再加以實證，對於假說的成立與否進行檢定。

爲了更進一步了解演繹法與歸納法，我們舉個例子來說明推理的兩種類型：演繹推理（deductive reasoning）及歸納推理（inductive reasoning）。

演繹推論是基於一些通則（一般性結論）來獲得特定結論，例如：

(1)通則：所有的公司都是員工導向的。
(2)事實：大同是一個公司。
(3)結論：大同是員工導向的。

歸納推理是以特定的事實來獲得通則，例如：

(1) 事實：大同是員工導向的。
(2) 事實：中同是員工導向的。
(3) 事實：大同、中同都是公司。
(4) 通則：一般而言，公司是員工導向的。

在這兩個推理中，歸納推理是比較脆弱的，經不起挑戰。爲什麼？當新的事實被發現時，一般性結論就站不住腳了。例如，你發現到一個新事實：「小同不是員工導向的」，經過「大同、中同、小同都是公司」這個事實認定之後，你能說「一般而言，公司是員工導向的」嗎？

企業研究有時被稱爲是解謎活動（puzzle-solving activity）。[15] 對研究者而言，這個「謎」是可以加以澄清、解決的問題。解決問題的推理方式有演繹法（deduction）及歸納法（induction）。名探福爾摩斯在辦案時，就是利用其敏銳的觀察力、細緻的推理來解謎。

一、演繹法

演繹法（deduction）是推理的一種形式，其目的在於獲得某種結論。結論必須經過前提（理由）而來；這些前提會「暗示」（imply）結論，其本身也是代表著某種證據。在演繹法中，前提與結論之間有較強的關係存在（所謂「較強」是相對於歸納法而言）。

演繹要能正確且必須要滿足眞實（true）及有效（valid）這二個條件。換句話說，導致結論的前提不能脫離眞實世界的現象（這就是「眞實」的意思）。除此以外，前提必須能夠使得「結論因之而衍生而來」（conclusion must necessarily follow from the premises），換句話說，前提是結論的必要條件。如果前提爲眞，則結論就不會是僞（false）——這就是「有效」的意思。邏輯學家曾經建立了若干個原則讓我們判斷某個結論是否有效。如果：(1)論證形式（argument form）是無效的，或者 (2)一個（或以上）的前提爲僞，則結論在邏輯上就無法成立。

我們來看看這個簡單的推論：

(1) 前提一：所有的正式職員都不會偷竊。
(2) 前提二：彼得是正式職員。
(3) 結論：彼得不會偷竊。

這個結論要能成立必須滿足二個條件：(1)論證形式是有效的；(2)前提是眞

的。在這個例子中，論證形式是有效的，而前提二（彼得是正式職員）可以很容易地加以證實，但是「所有的正式職員都不會偷竊」（前提一）嗎？雖然我們相信「彼得不會偷竊」，但是除非兩個前提都成立，否則不會產生周全的結論（sound conclusion）。我們認爲彼得不會偷竊，顯然是基於對他的信任，而不是基於「所有的正式職員都不會偷竊」這個前提。

我們從上述的推論說明中也可以了解：演繹法的結論事實上也已「包含於」其前提之中。[16]

二、歸納法

1. 釋例之一

歸納法（induction）又稱爲實證性通則（empirical generalizations），表示將某種現象加以歸納所產生的結果。我們從一、二個事件中觀察到某種現象，再歸納出所有的事件（或大多數的事件）都有這種現象，這種作法叫做歸納法。

例如，在研究人口密度與犯罪率的關係時，我們可以從經驗、閱讀有關的報導中了解：當某一社區的人口密度增加時，其犯罪率會增加。這個敘述是一個假說，但是這個假說太過模糊、太不明確，以至於很難加以測試。我們必須明確地敘述如何測量人口密度與犯罪率，並說明這個假說可以成立的大環境（例如台北、台灣、或全世界）。

也許在實證研究之前，我們對於人口密度與犯罪率的關係，覺得沒有能力建立一個假說（即使是暫時性的假說），或者我們對於其間的關係不願做任何明確的敘述。在這種情況之下，我們可以進行現場研究（到現場去觀察），或者利用已出版的地區性統計資料來觀察人口密度與犯罪率之間有沒有關係？有什麼關係？結果我們可能發現：當人口密度增加時，犯罪率也會跟著增加。如果我們在所觀察的個案中，都存在著這種關係，而且個案數目又夠多的話，我們就可以將此研究發現「一般化」（generalizing）到較大的環境中（例如國家、全世界）。

2. 釋例之二

我們從一個（或以上）的特殊事實或部分證據中來產生結論謂之歸納。在歸納的推論中，雖然前提和結論之間並沒有強烈的關係，但是其結論解釋了事實，事實支持了結論。我們再舉一例來說明歸納法。

約翰是某公司的推銷人員，他的銷售業績落後於公司內其他的銷售人員。他的經理珍妮想要了解其中的原因。珍妮假設：銷售技巧、拜訪客戶的次數、市場潛力、競爭者的降價這些因素，是造成約翰銷售業績不佳的原因。這些可能的原因都是假說（hypotheses）。這些假說都是基於珍妮對於「銷售業績不佳」的若干證據或猜測所做的歸納。這些假說中有些可能是眞的，而且珍妮對於各假說的信賴程度也會不同。準此，珍妮必須蒐集更多的證據來驗證這些假說。研究的工作（或挑戰性）就在於決定要蒐集哪些證據，並設計研究方法來蒐集、測量這些證據。

三、反射式思考的雙重運動

在推理的過程中，歸納與演繹可以並用。杜威（John Dewey）將此過程稱爲「反射式思考的雙重運動」（double movement of reflective thought）。[17] 歸納產生於當我們觀察到一件事實並問道：「爲什麼會這樣？」在回答這個問題時，我們會做暫時性的解釋（也就是假說）。如果這個假說可以解釋此事件或情況（事實），則此假說是「似乎合理的」（plausible）。演繹就是我們測試此假說是否能解釋此事實的過程。圖 1-2 是以一個例子來說明歸納與演繹：

- 你對產品做促銷，但銷售量未增加。（事實 1）
- 你問道：「為什麼銷售量未增加？」（歸納）
- 你提出暫時性的解釋（假說）來回答這個問題：促銷執行不力。（假說）
- 你利用這個假說來做結論（演繹）：促銷執行不力，銷售量就不會增加。你從經驗中知道，無效的促銷不會增加銷售量。（演繹 1）

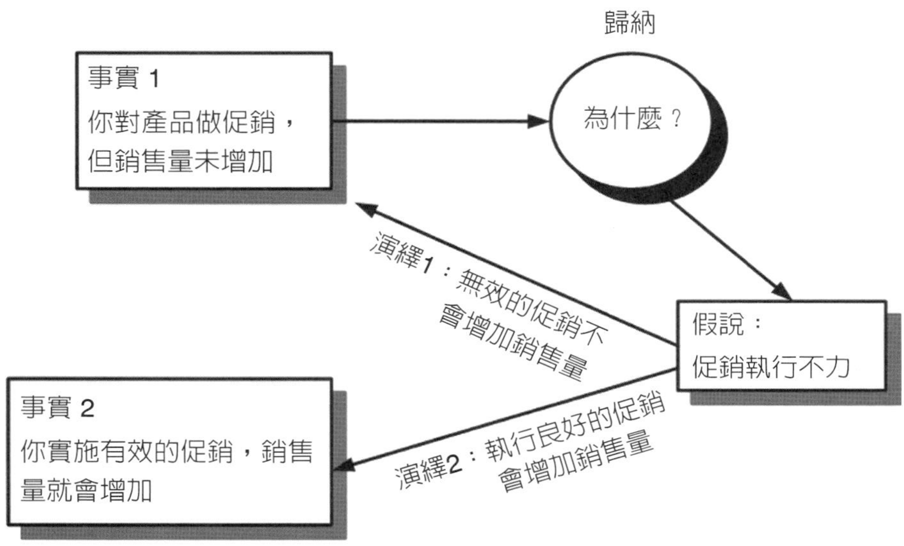

圖 1-2　歸納與演繹之例

這是循環式推理（circular reasoning）的例子。在這個例子中有二個關鍵：(1)我們不能夠從假說中去演繹出一個最初的事實（事實 1）來解釋這個事實；(2)在測試假說時，我們必須能夠演繹出可以被驗證的其他事實（事實 2）。這就是古典研究（classical research）的菁華所在。我們必須從假說中演繹其他的特定的事實或事件，然後蒐集資料來驗證這個演繹的眞實性如何。在這個例子中我們做這樣的演繹：

- 執行良好的促銷會增加銷售量。（演繹 2）
- 你實施有效的促銷，銷售量就會增加。（事實 2）

我們再以上述約翰銷售業績不佳的例子來解釋反射式思考的雙重運動，如圖 1-3 所示。最初的觀察（事實 1）導致假說的建立：約翰懶惰。我們從這個假說中演繹出一些其他的事實。這些事實是事實 2 與事實 3。我們再進行研究來驗證事實 2 與事實 3 是否是眞實的。如果是眞實的，這些事實就確認了我們的假說；如果不是眞實的，這些事實就沒有確認我們的假說，而我們必須尋找其他的解釋。

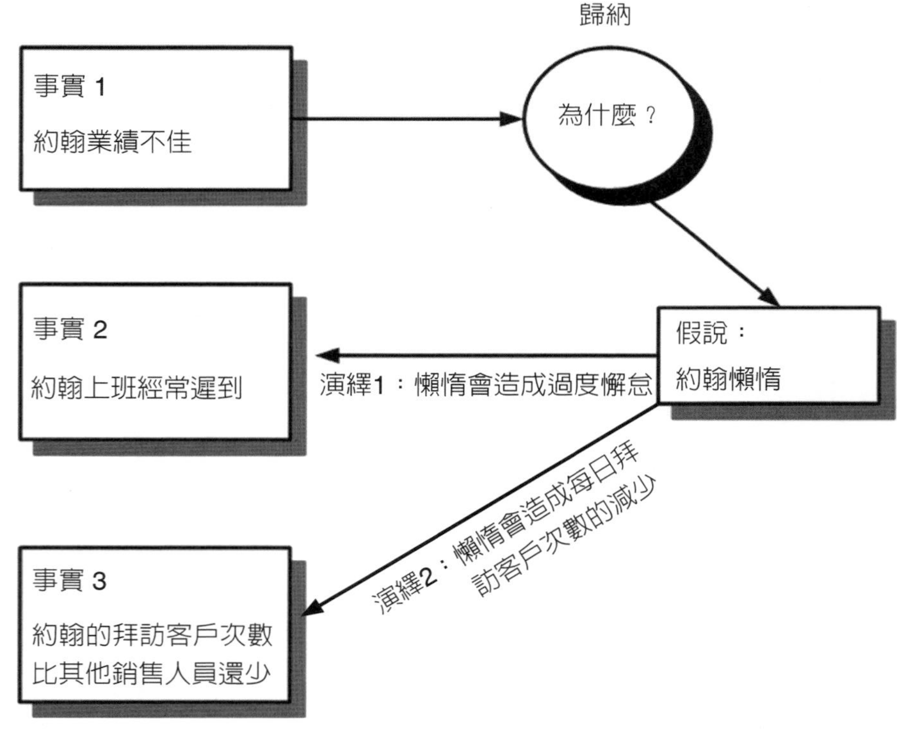

圖 1-3　歸納與演繹之範例（為什麼約翰業績不佳）

在大多數的企業研究中，其過程比上述的例子複雜得多。研究者通常會發展若干個假說來解釋所要探討的現象。研究者會進行嚴謹的研究設計，並利用適當的統計技術來驗證這些假說。

1-8 經典研究

在企業管理方面的經典之作有很多。以下介紹幾個常被美國教科書引用的研究：

一、閔茲柏格的五種組織設計

閔茲柏格（Henry Mintzberg, 1983）曾以組織的五個組成要素來說明組織設計（organizational design）。[18] 每個組織都由五個基本的部分所組成：（如圖 1-4 所示）

(1) 作業核心（the operation core）。由負責生產最終產品的員工所組成。
(2) 策略頂端（the strategic apex）。由負責組織營運的高階管理者所組成。
(3) 中間聯機（the middle line）。由連結作業核心及策略頂端的管理者所組成。
(4) 技術份子（the technostructure）。由負責產生標準規格或模式的分析師所組成。
(5) 支援幕僚（the support staff）。由提供間接支援的員工所組成。

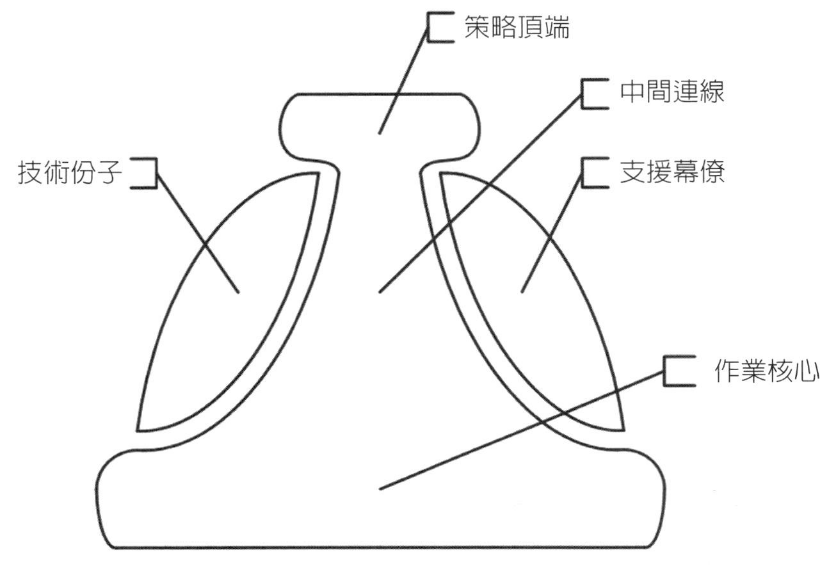

圖 1-4　組織中的五個組成部分

組織的主控權放在不同的部分，就會形成不同的組織結構，因此可產生五種不同的組織設計，如表 1-3 所示。[19]

表 1-3　主控權與組織設計類型

主控權	組織設計類型
作業核心	專業官僚
策略頂端	簡單結構
中間連線	事業單位結構
技術份子	機械官僚
支援幕僚	特別專案

二、技術與組織設計

最早對技術與結構的關係做深入研究的學者，首推伍華德（Joan Woodward, 1965）。在她的研究中，她將技術區分爲三類：[20]

(1) 小量批次及單位生產（unit small-batch and unit production）。單位生產是指訂單生產，因此在接受訂單之後，才開始製造產品，以滿足顧客的特定需要。這個技術非常仰賴人工作業者（如師傅、技師）的手工，因此不是機械化的（mechanized），其結果也不易預測。如果你訂做一件襯衫，這就是單位生產應用技術之例。

(2) 大量批次及大量生產（large-batch and mass production）。大量生產，顧名思義是生產大量的標準化產品，例如，裝配線生產。增你智公司（Zenith Corporation）利用大量生產的方式生產電視機的映射管。

(3) 連續性程式生產（continuous process production）。在連續性程式生產的技術之下，整個生產程式是機械化的，因此無所謂開始及結束。這個生產方式比大量生產更具機械化及標準化。組織對其製造過程具有高度的控制，而結果也非常容易預測。例如，化工廠、煉油廠、製酒廠、核子能源廠所用的生產技術即是。

伍華德發現，組織績效、組織設計及技術之間具有很密切的關係。利用小量批次及單位生產技術，而且所採取的是新古典派設計的組織，會獲得卓越的績效。

在小量批次及單位生產技術之下的工作型態是專業化低、工作深度高、工作範圍廣的。這類工作所配合的是複雜度低、正式化程度低、集權程度低的組織結構。

其理由是在利用這些技術時，員工必須有相當大的自主權。

相反地，大量批次及大量生產、連續性程式生產技術的應用則不須員工具有自主權。

伍華德的研究發現證實這件事實：管理者必須考慮到技術對組織設計的影響。她提醒管理者應考慮技術在影響工作行爲中所扮演的角色。

在「技術影響組織設計」方面，伍華德的研究發現可歸納如下：

(1) 技術愈複雜（例如從單位生產到程式生產），則管理者的人數愈多，管理層級數也愈多。
(2) 技術愈複雜，則行政人員及幕僚人員的人數愈多。
(3) 第一線管理者的管理幅度隨著單位生產制度到大量生產制度而漸增，隨著大量生產制度到程式生產制度而漸減。

就直覺上來看，例行性的技術（routine technology，如大量批次及大量生產技術、連續性生產技術）應用在古典式的組織設計上會相當有效率，而非例行性技術比較能配合新古典派的組織設計。然而對這個顯而易見的事實的效度加以驗證，是件相當困難的事。伍華德的研究激發了許多後續研究者的興趣，但由於彼等所用的定義及衡量方式不同，故產生不同的結論。

三、組織化的基本考慮——有機式與機械式結構

伯恩斯與斯托克（Burns and Stalker, 1961）曾針對英格蘭與蘇格蘭的 20 家製造商進行研究，其目的在於發掘組織結構、管理實務與環境情況配合的情形。此研究的環境情況是指科技及相關產品市場改變的速率，雖然所採取的方法是描述性的（由於並沒有利用有系統的數量方法，故此研究的信度及外部效度值得質疑），但是此研究分辨了「兩種截然不同的管理實務制度」，也就是說有機式的（organic）及機械式的（mechanic）。[21]

在有機式的組織內，組織結構（指的是：部門化的基礎、權責關係、直線及幕僚的關係）是有彈性的，任務指派也不是十分清楚，主管與部屬的溝通，大多是諮詢式的，而不是命令式的。相反地，在機械式的組織之下，組織的結構顯得相當疆化，任務的指派、責任的歸屬、命令的流程非常明確。機械式的組織結構與有機式的組織結構的特性與差別如圖 1-5 所示。

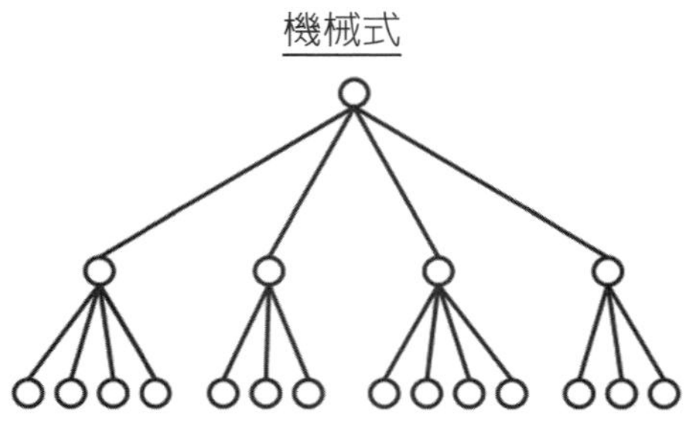

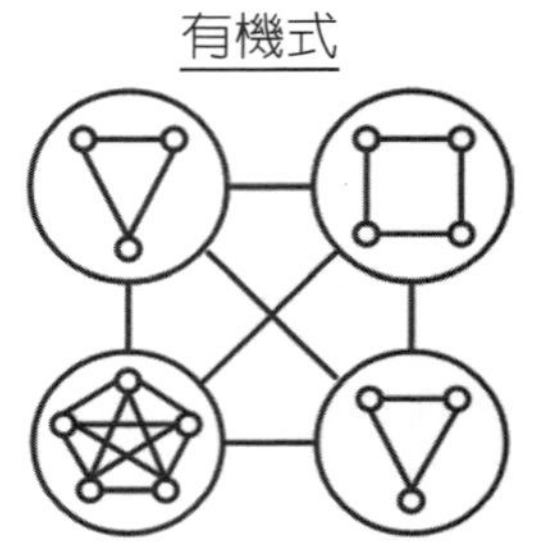

高度分工	跨功能團隊
僵固的部門化	跨階層團隊
清晰的指揮鏈	資訊自由流通
狹窄的控制幅度	寬廣的控制幅度
集權化	分權化
高度正式化	低度正式化

圖 1-5　機械式與有機式的組織結構

研究發現：在穩定的環境中，機械式的組織比較適合；在動態的環境中，有機式的組織比較適合。準此，何種管理實務較佳並無定論，應視環境而定。正如研究者所說：

> 「我們曾企圖強調這二個制度對其特有情況配合的情形。基本上，我們不認為某一個制度在任何狀況之下會優於另外一個。在穩定的環境之下，我們的經驗未曾告訴我們，有機式的管理制度會優於機械式的管理制度。管理的智慧即在於了解沒有一個放諸四海皆準的管理制度。」

四、整合與差異化的管理

勞倫斯及勞許（Lawrence and Lorsch, 1967）對於組織環境對有效組織設計的影響所做的探討，可以說是比較系統化及數量化的研究。[22]

勞倫斯及勞許研究的對向是塑膠業、食品業以及容器業，並以市場、技術、以及科學（即研究發展）這三個層面來衡量這三個產業的不確定性程度（uncertainty）。大體而言，塑膠業的不確定性最高，其次爲食品業，再其次爲容器業。他們並以二個構面──差異化（differentiation）以及整合（integration）──爲基礎來進行研究。

差異化指的是，不同功能的經理間，在認知其情感導向的差異，有四個向度──目標導向的差異、時間導向的差異、人際導向的差異，以及結構正式化的差異。整合指的是，因應環境的需要，必須構成一致性的努力，而存在於部門之間的合作狀態。該研究的重要發現如下。

(1) 在塑膠業內，整合、差異化程度高的廠商，其績效必高。
(2) 在這三個產業中，廠商的差異化程度，依序爲塑膠業、食品業以及容器業。而在任何一個行業，高績效廠商均比低績效廠商在差異化方面來得高（在容器業爲相等）。因此，在愈不確定的環境中，高績效廠商的差異化程度愈高。
(3) 在這三個產業之中，高績效廠商在整合程度方面並沒有什麼差別，但是整合的方式不同：在塑膠業高績效廠商是以「整合部門」（integrative department）來做；在食品業是由「個別整合者」（individual integrator）來做；在容器業爲「直接的管理接觸」（direct management contact）。表 1-4 是該項研究的重要資料。

表 1-4　三種環境之下，差異化與整合的平均數

產業	績效高低	差異化的平均數	整合的平均數
塑膠業	高	10.7	5.6
	低	9.0	5.1
食品業	高	8.0	5.3
	低	6.5	5.0
容器業	高	5.7	5.7
	低	5.7	4.8

資料來源：Paul R. Lawrence, P. R. and Jay W. Lorsch, *Organization and Environment: Managing Differentiation and Integration* (Boston: Division of Research, Graduate School of Business Administration, Harvard University, 1967).

五、結構追隨策略

公司策略的改變會造成組織結構的改變，以及在某職位所需專業技術的改變。1962 年，麻省理工學院教授陳得樂（A. Chandler）的《策略與結構》（*Strategy and Structure*）一書出版以來，「結構追隨策略」（structure follows strategy）的觀念已成爲公司經營的圭臬。[23] 基本上，當環境變化時，公司策略應該隨之改變，繼而組織結構也應做適度的調適。換句話說，人口的成長與遷徙，經濟的景氣或蕭條，技術改變的步調等因素，都會對公司所提供的產品或勞物創造出新的需求或減低現有的需求，公司在這種環境變化的刺激下，自應採取適當的策略以因應之（這些策略包括從產量的增加、地理的擴張、垂直整合，一直到多角化的實施），而組織結構也應從營業單位、部門、事業單位，一直擴展到總公司的設立，來配合策略的實施。

同時，陳得樂在對美國的大型公司（諸如杜邦、通用、施樂百及標準石油）作過廣泛的研究之後，結論道：美國公司在擴展時，其結構型態會跟著改變。在受到環境的刺激時，公司會面臨到下列情況：

(1)創造新的策略；
(2)新的行政問題隨之而生；
(3)經濟績效衰退；
(4)創造新的適當結構；
(5)利潤恢復到先前的水準。

陳得樂發現，在早期階段，像杜邦這樣的公司傾向於具有集權式的組織結構（centralized structure），而這個結構頗能配合其有限產品的生產及銷售。但當公司增加新產品線，買下供應商（即垂直向後整合），並自創其配銷通路（即垂直向前整合）時，集權的組織結構便不再適當。此時，公司必須採取具有半自主性的事業單位的分權式結構（decentralized structure）或稱 M 型結構。[24]

六、費德勒情境領導模式

權變模式認為，最適當的領導是領導者個性與情境因素的互動關係所造成的。這個觀點濫觴於費德勒（F. E. Fiedler）。他認為特殊的個性變數在決定領導者的績效中，扮演著一個關鍵性的角色。他並發展出「最不受歡迎的同事」（least preferred coworker）量表來衡量這個激勵的導向（motivational orientation）。他利用這個量表，詢問各個受測試的主管就他們與人共事的經驗中，勾勒出具有哪些特性的同事是他們（也就是這些受測試的主管）最不願共事的。[25] 這個量表的每個向度均由極端的形容詞所組成，列之如下：

愉快的	——	不愉快的
友善的	——	敵意的
拒人於千里之外的	——	容納別人的
緊張的	——	輕鬆的
疏遠的	——	親近的
冷漠的	——	溫暖的

支持性的	——	具有敵意的
沈悶的	——	有趣的
好爭辯的	——	隨和的
陰鬱的	——	開朗的
開放的	——	警戒的
倒戈的	——	忠誠的
不值得信賴的	——	值得信賴的
體貼的	——	不體貼的
不爽快的	——	爽快的
典雅的	——	不典雅的
沒有誠意的	——	有誠意的

將這些量表給予適當的點數之後，研究者可設定高的 LPC 評點，表示對「不受歡迎的同事」的評斷採取比較寬容的態度，也就是說，具有高 LPC 評點的受測試主管是「關係導向」（relationship oriented）；這些主管會透過良好的人際關係來完成某種任務。相反地，低的 LPC 評點表示受測試主管是「任務導向」（task oriented）；他們會藉著明確而標準化的工作程式、大公無私的胸襟去完成某件任務。因此「高 LPC 評點」的領導者認爲，良好的人際關係是完成某件任務的先決條件。而「低 LPC 評點」的主管則認爲任務第一，人際關係倒在其次。

費德勒模式的第二個關鍵因素就是「情境有利性」（situational favorableness），也就是領導者在某種情境之下，所具有的控制力及影響力。「情境有利性」是採用三個不同的指標來加以衡量——領導者與部屬之間關係的品質、任務結構化程度，以及領導者所具有的職權。如果某領導者得到部屬的支持，同時也知道應該做什麼、如何做，他們也具有對部屬施以獎懲的工具的話，那麼這樣的領導者就比較具有控制力及影響力（也就是說，其「情境有利性」較高）。詳言之，

(1) 領導者和部屬的關係。部屬對領導者信任、有信心、尊敬的程度。
(2) 工作結構。工作指派程式化的程度。
(3) 職位權力。領導者在權力上的變項，例如：遴選、解僱、訓練、升遷、調薪等的影響力大小。

那麼「情境有利性」與「領導者的 LPC 評點」之間到底有什麼關係？具有

高、低 LPC 評點的領導者在什麼狀況之下表現最好？費德勒經過廣泛的研究之後，獲得了一致性的結論：在情況極有利或極不利的情況之下，以任務爲導向（也就是「低 LPC 評點」）的領導者最爲有效。另一方面，在情況對領導者而言，是中度有利或不利的情況之下，以人際關係爲導向的領導者最爲有效。這種情形可以從圖 1-6 看得很清楚。

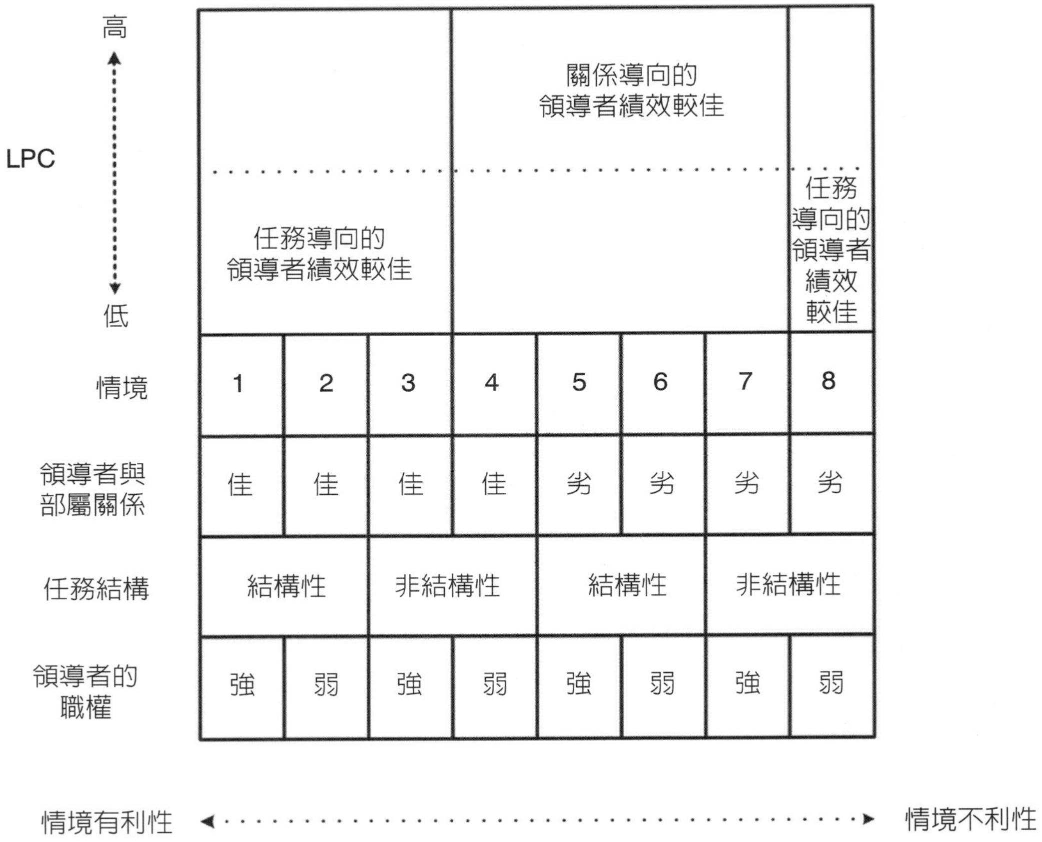

LPC（高 ↔ 低）

LPC 高				關係導向的領導者績效較佳				
LPC 低	任務導向的領導者績效較佳							任務導向的領導者績效較佳
情境	1	2	3	4	5	6	7	8
領導者與部屬關係	佳	佳	佳	佳	劣	劣	劣	劣
任務結構	結構性		非結構性		結構性		非結構性	
領導者的職權	強	弱	強	弱	強	弱	強	弱

情境有利性 ◄······► 情境不利性

圖 1-6　各種不同情況之下的領導績效

費德勒模式使我們能夠預測，在一個特定的工作上，哪一類型的領導者會最有績效，同時也建議如何改變情境因素以配合領導者的人格特質。但是，這個模式並沒有告訴我們，如何改變領導者的人格特質以適應環境。再說，工作情況也不是一成不變的；而這些改變通常都不是領導者所能控制的。

在某一個情況之下，能夠發揮領導效能的主管，在一個新的情況之下，能夠繼續發揮這種效能嗎？如果他的領導行爲不做某些修正，我們很懷疑領導效能會增進多少。「江山易改，本性難移」，任何一個領導者的「激勵變數」（例如，偏好建立人際關係、或是處處以任務為重）會具有穩定性、持久性。我們認為，領導者具有彈性的領導風格的情形是不太可能的；我們訓練一個領導者，使他們調整其人格特質以適應環境的可能性極為渺茫。

費德勒深知領導者的風格不易改變，因此共同的發展了一個稱為「領導者配合」的訓練課程，此課程著重於訓練領導者如何做情況診斷，並且如何改變這些情況來配合領導者的風格。訓練課程共費時三到四小時，內容包括個案研討，受訓者要回答有關個案的各種問題，在答對了之後，再進行下一個個案。在進行個案討論之前，使受訓者先了解費德勒情境理論的精義，然後再填寫 LPC 量表來決定他們所偏好的領導風格（這些「風格」就是他們必須塑造，而且配合他們所面臨情況的特質）。準此，費德勒認為，操縱情況因素來配合領導風格，似乎比改變風格來配合情況簡單得多。

綜合言之，我們該如何應用費德勒的模式呢？我們可從領導者型態和情境的配合中尋得。個人的 LPC 分數可以決定他們最適當的情境，而這情境是由領導者和部屬之間的關係、工作結構、職位權力所構成的，但我們要記得費德勒的觀點：每個人的領導型態是固定的。此外，有兩種方法可以增加領導效能。一是使領導者配合情境，例如：在一個滿足度不高的組織中，工作取向的領導者會使績效增加；另一個方法是改變情境，配合領導者，情境的配合可由工作結構和職位權力的增減達成。假設一個工作取向的領導者在 4 的情況下，若他能增加他的職位權力，則這位領導者將會創造出 3 的情境，讓績效增加。

認知資源論——費德勒情境模式的最新補充資料。近年來，費德勒與其同事賈西亞（Joe Garcia）共同致力研究如何處理先前模式中的一些重大疏忽，以使其模式具有更完整的觀念性架構。[26] 他們企圖去解釋領導者獲得良好團體績效的過程。此過程稱為認知資源論（cognitive-resource theory）。認知資源論有兩個前提假設：

(1) 有智慧、有才幹的領導者比欠缺智慧、才幹的領導者更能明確地陳述許多有效的計畫、決策及行動策略；
(2) 領導者可經由指導式行為（directive behavior）向部屬傳達他們的計畫、決策和策略。

在此，費德勒與賈西亞顯示了壓力與認知資源（如經驗、年資、智慧）對領導者績效的重要影響。此新理論的本質可以濃縮成三個預測結果：

(1) 只有在支持性、沒有壓力的領導環境裡，指導式行爲如能與高智慧連結，才會產生良好績效；
(2) 在高度壓力的情境中，工作經驗與工作績效呈正相關；
(3) 在領導者感覺沒有壓力的情境下，領導者的智慧能力與團體績效有關。

1-9 企業研究的道德議題

企業經營的任何活動都需符合道德的原則，企業研究也不例外。在企業研究中的道德目標，就是要確信在研究過程中，沒有任何人受到傷害或受到不利的影響。研究者大致能夠符合這個道德目標，但是違反道德的研究活動還是屢見不鮮，例如，違反「不得公開揭露」的規定或默契、不信守對受測者保密的承諾、扭曲研究結果、欺騙民眾、煽動不法行爲、逃避法律責任等。

不論是進行量化研究或質性研究，在企業研究道德方面，研究者應對以下的對象肩負道德責任：

(1) 社會大眾
(2) 受測對象
(3) 研究委託者（客戶）
(4) 研究助理人員

一、對社會大眾的道德

社會大眾有被告知的權利（the right to be informed），如果研究人員發現了某些因素對於人的健康、安全有害，則研究者應負起道德責任，揭露此項研究報告，不要因爲害怕得罪了某些廠商、影響了自己的商業利益，而有所隱瞞。例如，某個汽車製造商的研究人員，發現了某型汽車在受到某種撞擊之後會發生爆炸，就應將此危險據實告知社會大眾。

如果某個研究結果與社會大眾息息相關（例如，成藥的效果、地震的發生機率、空氣污染的嚴重性、經濟景象的預測、選情的預測等），則社會大眾有權利要求這項研究是可觀的、周全的、忠實的（未曾扭曲的）、有科學根據的。研究者不應預設立場或竄改研究結果，以迎合、支持、詆毀、恫嚇某些個人、群體或訴求。

二、對受測對象的道德

在研究設計的道德方面，首先我們要保護受測者。不論是以進行調查研究、實驗研究或觀察研究來蒐集資料，研究者都應保證受測者的權益不致受損。一般而言，在進行研究時，要確信受測者不會受到傷害、不會感到不安（焦慮）、痛苦、尷尬、或隱私權的被侵犯。為了確保對受測者的傷害或不利影響減到最低，研究者必須遵循以下的規定：[27]

(1) 在蒐集資料時，要明確地向受測者解釋這個研究的預期利益（成果），不要誇大其詞，也不要隱瞞研究的成果，以至於使得受測者有提供不實答案的傾向。
(2) 要向受測者解釋他們的權益會受到適當的保護，以及如何保護他們的權益。例如，研究完成之後，會將他們的個人基本資料（如姓名、電話號碼、地址等）加以銷毀等。
(3) 要確信得到受訪者的同意。受訪者同意接受訪談，並不表示他（她）同意回答任何一個問題。訪談者應該先說明：「問題中有若干個敏感的問題，如果您覺得不妥，可以不必回答」。

茲將以上說明的各重點，分別加以討論如下。

1. 研究成果

當與受測者接觸時，要充分說明研究所可能帶來的利益。首先，研究者必須簡介自己、所屬公司（或所屬研究單位）以及研究的預期利益。這樣的話，受訪者比較會坦然、誠實地回答所問的問題。

但是，有時候研究者必須隱藏研究或實驗的眞正目的，以免造成研究偏差（research bias）。[28] 這種情形就涉及到欺騙（deception）的情形。

2. 欺騙

欺騙的情形發生在受測者只被告知眞實現象的一部分，而不是全貌。有人認為永遠不要欺騙受測者，但有人卻提出了二個可利用正當欺騙（legitimate deception）的理由：(1)在調查或實驗進行前，避免造成受測者的偏差；(2)保護第三者的隱私權（例如，在受客戶委託進行研究的情況下）。不論如何，研究者均不應為了增加回收率或回答率而欺騙受測者。

如因避免研究誤差而進行欺騙，固然可以諒解（再說，這是見仁見智的事）。但不論如何，絕對不可以造成受測者在生理上、心理上的傷害；如果在實驗中造成參與者的憂慮與心理疾病，要趕快延醫診療。除此之外，在進行研究之前，要得到受測者的同意（informed consent）。

3. 同意

在進行研究之前，要獲得研究者的同意，至於是否要獲得書面上的同意，則是見仁見智的事。如果實驗的對象是兒童，得到他們父母的同意是明智之舉。如果研究的主題是心理偏差的問題，最好得到受測者的同意。如果不能對受測者的隱私權做百分之百的保護，必須先向受測者據實以告，並獲得他（她）的同意。對大多數的企業研究而言，只獲得受測者的口頭同意（verbal consent）即可。研究完成之後，要據實告知受欺騙的受測者。

4. 告知

告知（debriefing）指的是向研究參與者解釋實情，包括了說明研究的主要目的及要欺騙的理由。如果受測者在被告知實情之後，產生心理上、生理上的不良反應，要立即延醫診療。

即使在研究進行時並未欺騙受測者，告訴他們研究的重要成果是很好的事。如果是以調查及訪談的方式進行研究，要向受測者提供簡要的、綜合的報告即可。通常他們不會要求額外的資訊。對受測者保持良好的信譽會對以後的研究有所幫助。

如果所進行的是實驗研究，則必須將研究結果告知所有的參與者。要詳細地告訴他們所測試的研究假設及研究的目的，使他們了解為什麼實驗要這樣進行。對研究者而言，他（她）可以趁機了解受測者的事後反應，說不定可以獲得後續研究的靈感。

告知的程度要多麼詳實才會減低受測者對於受騙的反應呢？研究顯示：大多數的受測者對於暫時性的受騙並不介意，在被告知之後，對於研究價值均給予正面性的評價。[29] 筆者認為，這是一個在道德上相當棘手、敏感的問題，還是以「戒慎恐懼」的心態來處理為上。

5. 隱私權

隱私權（right to privacy）的維護及尊重在有些國家（如美國）做得相當徹底，但在有些國家則不然。事實上，如果對受測者的隱私權不加以保證維護的話，不僅得不到正確的資訊，而且可能根本得不到任何資訊。例如，在錄影帶消費行為的研究中，在電話訪談中問道：「請問您多久看一次色情錄影帶？」這種敏感性的問題，如果受訪者得不到對隱私權保護的保證，你想會有多少人據實以告？

對隱私權的保證不僅可以增加研究的效度，而且也會保護受測者。研究者必須禁止任何人檢索到會揭露受測者個人資料的資訊。只有簽署「不得揭露資訊」表格的其他研究人員、資料編輯及輸入人員，才可以看到有關受測者的個人資料。資料在建檔成爲電腦的資料庫檔案之後均應銷毀（但是要注意電腦資料檔案的備份）。

如果不必看到姓名就會聯想到是誰的資料，或是在公司內進行小規模的調查（尤其是涉及到員工滿意度的調查），資料的機密性更應嚴加控制。在公司內部的人力資源調查中，對於資料的機密性尤須愼重處理。[30]

隱私權比機密性所涵蓋的意義還廣。隱私權表示個人可以拒絕被訪談或在訪談中拒絕回答某些問題。每個人都有在私人地方從事私人活動而不被觀察的權利。爲了維護受訪者隱私權，一個有道德意識的研究者必須得到受訪者的許可，必須告訴受訪者有拒答任何問題的權利。他們會在白天（用餐時間除外）來安排訪談，或者事先預定訪談的時間及地點。電話訪談應力求精簡，而且要在適當的時間進行。觀察研究應觀察在公開場合的行爲（public behavior）。

三、對研究委託者的道德

對研究委託者（或稱客戶）必須遵循道德的規範。不論所進行的是新產品、市場、人力資源、財務或其他研究，均應符合道德標準。

1. 機密性

客戶所要求保護的機密性通常可分爲兩種：

(1) 不要揭露他們（即客戶）的名字。許多公司在進行新產品測試時，因不願見到公司的形象會影響到測試的結果，或者不願競爭者知道他們可能採取的行銷策略，因此不願揭露公司的名字。這也是爲什麼公司會找外界的顧問公司（或行銷研究公司）幫他們做研究的原因。行銷研究公司必須在研究設計上、實際的研究行動上，確實做到研究的機密性。
(2) 不要揭露研究的目的及細節。客戶可能正在測試一個新的（但是還未獲得專利權的）產品觀念，因此絕不希望競爭者聽到風聲。或者客戶可能想要調查員工的宿怨，但又不想引起工會的注意。不論什麼原因，客戶有權利要求研究者嚴守機密。

2. 高品質研究

在研究者與委託者之間的另外一個重要道德因素，就是客戶有權利要求研究者進行高品質（quality research）。從研究計畫書的提出到正式的研究設計，研究者對於所涵蓋的研究步驟（資料的蒐集、分析、解釋、最終報告的提出）都要確信使用適當的技術及方法。有道德的研究者會竭盡所能，發揮其專業素養，戮力解決客戶所委託解決的的問題。有時候客戶會要求用哪些高級的技術，但如果這些技術不適用或不合乎成本效應（划不來），研究者必須據實以告，不應一味順應、討好客戶。對研究項目的設計應掌握「在最小的成本下，獲得最大的效益」這個原則，不應有「規模做得愈大愈好，反正是客戶付錢」的不良心態。

高品質研究的第二個問題涉及到「報告技術」（reporting technique）的問題。我們常聽說：「數位會說謊」這句話，但研究者的主要任務就是讓數字不會說謊（呈現該呈現的）。在研究設計、抽樣、統計分析這些方面，都有適用的條件；有道德的研究者會注意這些限制條件，除非可以克服（滿足）這些限制條件，否則應採取另外的適當技術。同時，研究的結論必須根據所發現的事實，絕不是先想好了答案（尤其是客戶所希望的答案），再去拼湊能夠獲得這個答案的資料。除此以外，他（她）會以圖形、表格來客觀呈現有關的資料。

3. 客戶的道德

在企業研究中，難免有些客戶會要求研究者提供被受訪者的名單、竄改資料、扭曲資料分析及解釋，做出對客戶有利的結論。這些都是客戶的不道德行爲。

客戶可能以不續約爲要脅，或以金錢誘惑。如果研究者不秉持操守，就會「一失足成千古恨」，最後弄得聲名狼藉。如果客戶可以買通你，他會想任何出高價的人都可以買通你，他怎麼會相信你呢？有鑑於此，研究者應堅持道德操守，如果客戶對於你在道義上的勸告仍無動於衷的話，寧可放棄研究。

四、對研究助理人員的道德

對研究者而言，另外一個道德問題，就是其助理人員及本身的安全問題。研究者在做研究設計時，要考慮到其助理人員（訪談者、調查者、實驗者、觀察者）的安全問題。如果訪談的地區是在鄉村偏遠、人煙稀少的地方，或者犯罪率高的城市，要讓研究助理人員結伴而行。不要爲了省一點差旅費而忽略了助理人員的安全。如果不能保護助理人員的安全，則研究負責人不僅要負道義上的責任，也很可能擔負法律上的責任。在沒有相當的安全保證之下，研究人員可能會「舍遠求近」（例如，不按照規定訪問偏遠的地方）或者乾脆自己塡上不實的資料來交差。

研究助理人員必須依照抽樣計畫來進行；在訪談或觀察時，不要誤導受測對象；要忠實地記錄資料。研究助理的不道德行爲（例如，竄改資料、不實地去做調查等）是絕對不能容忍的事。如果研究助理不能克盡其責，研究負責人要負最大的責任。有鑒於此，研究者在研究進行前，必須對助理人員施以適當的訓練，在研究進行時施以適當的監督。

複習題

1. 試扼要說明企業研究。
2. 何謂研究？試扼要說明。
3. 研究問題可以說是林林總總，不一而足，試舉例說明它們包括了哪些問題？
4. 不同的權威學者對於「研究」一詞曾給予不同的定義。試加以闡述。
5. 專題研究有哪些特性？
6. 研究可用量化或質性、基礎或應用來加以區分。試加以說明。
7. 試說明與比較研究方式。
8. 一般而言，研究目的有四：(1)對現象加以報導；(2)對現象加以描述；(3)對現象加以解釋；(4)對現象加以預測。試分別加以說明。
9. 社會科學的主要哲學觀念或思維學派有：本體論、認識論、方法論、方法、典範。試分別加以說明。
10. 研究者想要證實其研究假說的程度，決定了他所使用的研究方法。試加以說明。
11. 為什麼要學習研究方法？
12. 在組織內的各企業功能（生產、行銷、資訊管理、人事、研究發展、財務）的管理者，也會因為獲得研究技術而獲益匪淺。為什麼？
13. 企業研究是科學嗎？試加以闡述。
14. 人類思想上有哪些是一個專業的研究者在進行研究時所應極力避免的謬誤？
15. 獲得知識的來源有哪些？試繪圖說明。
16. 何謂演繹？何謂歸納？試舉例說明。
17. 試舉例說明「反射式思考的雙重運動」。
18. 在企業管理方面的經典之作有很多。試說明閔茲柏格（Henry Mintzberg, 1983）的五種組織設計。
19. 試說明伯恩斯與斯托克（Burns and Stalker, 1961）對有機式與機械式結構的研究。
20. 試說明勞倫斯及勞許（Lawrence and Lorsch, 1967）的整合與差異化的管理研究。

21. 試說明陳得樂（A. Chandler, 1962）結構追隨策略的研究結論。
22. 試說明費德勒（F. E. Fiedler）的情境領導模式。
23. 試說明費德勒情境模式的最新補充資料——認知資源論。
24. 在企業研究道德方面，研究者應對哪些對象肩負道德責任？試扼要說明。
25. 企業研究者如何肩負對社會大眾的道德？
26. 企業研究者如何肩負對受測對象的道德？
27. 企業研究者如何肩負對研究委託者的道德？
28. 企業研究者如何肩負對研究助理人員的道德？

練習題

1. 決定一個研究題目。請注意：以下各章的練習會要求你對此研究題目「加一些料」，所以請慎選。如果按部就班，徹底做到以下各章所要求的要素，必可預期獲得期末「有模有樣」的論文。
2. 社會科學研究方法中，我們常把它歸類為量化研究法與質化研究法兩種。量化研究最早是源於自然科學的研究典範，強調實證的觀念，量化研究雖然在社會科學研究上常被使用，但也有人不以為然，認為社會科學與自然科學畢竟不能一概而論，不能一味套用自然科學的研究典範，因此有質化研究的倡行。試上網，例如全國博碩士論文資訊網（http://etds.ncl.edu.tw/theabs/index.html），或者貴校的圖書館網站，找量化研究、質性研究論文各一篇（當然其主題是你有興趣研究的主題）。比較這兩篇論文的研究方法。
3. 試說明圖 1-7 中歸納法與演繹法的差別。
4. 試比較圖 1-8 中，Sherlock Holmes 和 Margaret Mead 在辦案、研究方法論上的不同。
5. 施打 H1N1 疫苗有一定的優先順序，最優先的是災區安置場所住民，接著是孕婦、6～12 個月的嬰兒、重大傷病患者，最後才是健康的成年人。試問這種優先次序決定的知識是根據什麼得到的？
6. 你怎麼確信一名演員的行為是真的？還是在演戲？
7. 何謂「經典」？試上網找一些企管方面的經典研究，做成心得摘要，與同學分享。
8. 擁有專業研究技術的人會有美好的事業前程。你同意嗎？為什麼？

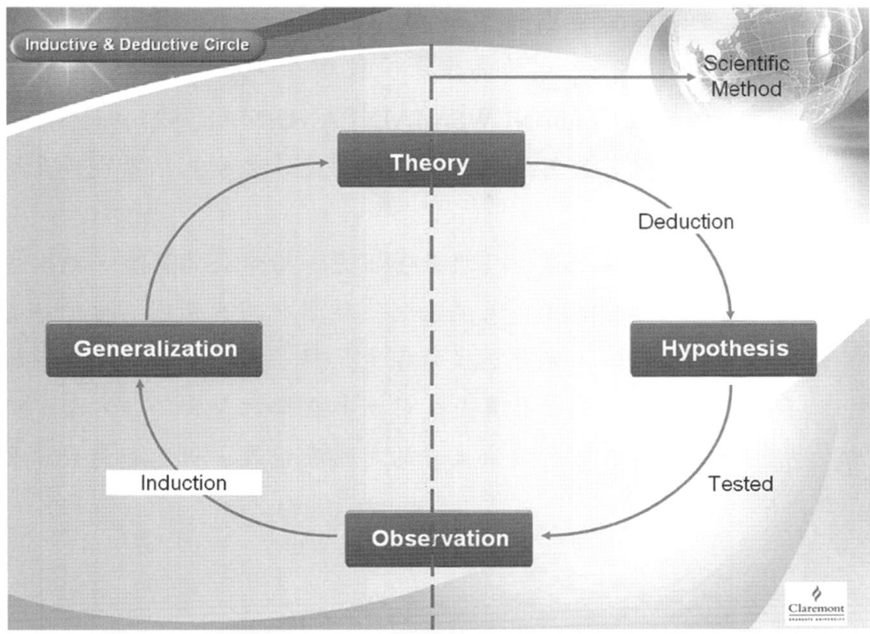

圖 1-7　歸納法與演繹法的差別

資料來源：James Mullooly, PhD California State University, Fresno, Teaching the benefits of qualitative software while maintaining an inductive approach to the analysis of data.

Sherlock Holmes

Margaret Mead

圖 1-8　Sherlock Holmes 和 Margaret Mead

資料來源：James Mullooly, PhD California State University, Fresno, Teaching the benefits of qualitative software while maintaining an inductive approach to the analysis of data.

9. 「堅持只留真相在人間的高耀潔醫師，歷經地方政府打壓，終於挺了過來，在美國立足。今年 82 歲的高耀潔，被譽為『中國民間防愛第一人』」（2009.11.27，http://udn.com/NEWS/MAINLAND/MAI1/5274979.shtml，聯合報）。何謂「真相」？你如何知道你所觀察的是「真相」？要獲得真相，一個人可能會付出什麼代價？
10. 美國著名科學家費曼曾經說道：「思索宇宙是一場偉大的冒險，把生命視為最深刻的宇宙奧秘的一部分，會令人經驗到一種罕有的興奮感，當你試圖探索生命的奧秘卻仍無法解開時，光是這樣的探索，想了解生命和地球起源的好奇，就會令人不禁開心起來……世界真是美好。」在探討企業問題方面，例如，企業行動的背後的深層意義、企業決策者的思路歷程等，研究者是否會有相同的感受？試加以討論。

註　釋

1. F. N. Kerlinger, *Foundations of Behavioral Research* (New York: Holt, Rinehart, and Winston, 1986), pp.28-32.
2. 亦有學者對於「量化研究與質性研究合用」提出質疑，認為「想混入清真寺的基督徒們，或是想混入教堂的回教徒們，請你們自己多保重了」。詳細的討論，請見蕭瑞麟，不用數字的研究，二版（台北：培生集團，2009），頁 129-130。
3. D. R. Cooper and Pamela Schindler, *Business Research Methods* (New York, NY: McGraw-Hill Companies, Inc., 2003), pp.10-12.
4. M. Levine, “Investigative Reporting as a Research Method: An Analysis of Berstein and Woodward’s all the President’s Men,” *American Psychologist*, 35, (1980), pp.628-638.
5. E. O’Sullivan and G. R. Rassel, *Research Methods for Public Administrators* (New York: Longman, Inc., 1989), pp.19-39.
6. 有關「構念」的說明，可參考第四章。
7. 蕭瑞麟，不用數字的研究，二版（台北：培生集團，2009），頁 111-118。
8. 在社會科學的領域中，典範的觀念早已存在。但在 Thomas Kuhn 的《科學革命的結構》（*The Structure of Scientific Revolution*, 1962）一書中，對典範注入了新生命。這本書也啟發了以後的社會學者對於典範的分析。有興趣的讀者可參考：Robert Friedrick, *A Sociology of Sociology* (New York: The Free Press, 1970).; George Ritzer, *Sociology: A Multiple Paradigm Science* (Boston: Allyn and Bacon, 1975).

9. 「satisficing」為蘇格蘭語，在英文為「satisfying」。
10. A. C. Nielsen 是有名的市場調查公司，其專業領域是消費者產品及服務業的分析、收視率調查等。
11. 企業研究方法的觀念及技術源自於社會研究。我們在討論社會學與物理科學的差別時，事實上等於在說明企業研究與物理科學的差別。
12. T. Kuhn, *The Structure of Scientific Revolution* (Chicago: University of Chicago Press, 1962).
13. Francis Bacon, *The Advancement of Learning* (Chicago: Encyclopaedia Britannica, 1987 Printing, c1952). 有興趣的讀者可上網 http://opac2.lib.ncu.edu.tw/search*chi/ 查詢詳細數據。
14. D. R. Cooper and Pamela S. Schindler, *Business Research Methods*, 8th ed. (New York, NY: McGraw-Hill Companies, Inc., 2003), p.33.
15. T. S. Kuhn, *The Structure of Scientific Revolution* (Chicago: University of Chicago Press, 1970).
16. H. Kahane, *Logic and Philosophy*, 2nd ed. (Belmont, CA.: Wadsworth Publishing Company, Inc., 1973), p.3.
17. John Dewey, *How We Think* (Boston: Heath, 1910), p.79.
18. Henry Mintzberg, *Structure in Fives: Designing Effective Organization* (Englewood Cliffs, NJ.: Prentice-Hall, 1983), p.194.
19. 有關資訊系統類型如何配合組織設計類型的討論，可參考：榮泰生，資訊管理學，二版（台北：五南書局，2009），課題 2-2。
20. Joan Woodward, *Industrial Organization: Theory and Practice* (London: Oxford University Press, 1965).
21. T. Burns and G. M. Stalker, *The Management of Innovation* (London, Tavistock, 1961).
22. P. R. Lawrence and J. W. Lorsch, *Organization and Environment: Managing Differentiation and Integration* (Boston: Division of Research, Graduate School of Business Administration, Harvard University, 1967).
23. Alfred Chandler, *Strategy and Structure* (Cambridge, Mass: MIT Press, 1962).

24. Oliver E. Williamson,. "The Multidivisional Structure," *Markets and Hierarchies* (The Free Press, 1975).

25. F. E. Fiedler, *A Theory of Leadership Effectiveness* (New York: McGraw-Hill, 1967).

26. F. E. Fiedler and J. E. Garcia, *New Approaches to Effective Leadership: Cognitive Resources and Organizational Performance* (New York: John Wiley & Sons, 1987).

27. E. O'Sullivan, and G. R. Rassel, *Research Methods for Public Administrators* (New York: Longman Inc., 1989), p.209-210.

28. 這就是事前衡量效應。事前衡量效應又稱為衡量前的效應。衡量前的效應是指：由於衡量的原因，對於後續衡量的結果產生了直接的效應。

29. R. A. Baron, and D. Bryne, *Social Psychology: Understanding Human Interaction* (Boston: Allyn and Bacon, 1991), p.36.

30. F. J. Fowler, *Survey Research Methods*, rev. ed. (Beverly Hills, Calif.: Sage Publications, 1988), p.138.

Chapter 2 研究程序

本章目錄

2-1 高品質研究

在實際進行研究時，如何獲得高品質研究？我們發現，許多花了大量人力與財力進行研究，其研究成果實在「不敢恭維」，因爲：

1. 對於資料如何取得沒有交代，或交代不清，因此無法判斷樣本的代表性。
2. 對於樣本大小的決定，沒有統計理論基礎，或者沒有說明背後的假設。
3. 沒有說明資料的型態及所用的統計方法，以及這個統計方法的限制。
4. 所用的統計方法過於單純，並且很少提到統計結果在統計上的意涵。
5. 統計結果在企業問題上的涵義說明得非常牽強。

上述缺點顯然是因爲研究者在進行研究時缺乏全盤思考所致。一個高品質研究（quality research）會利用專業研究技術，產生可靠的數據（研究成果），在學術領域獲得獨到的見解。相形之下，低品質研究，計畫粗糙，進行草率，在學術領域上只能說是「濫竽充數」。高品質的研究會依循研究程序，循序漸進、前後呼應、環環相扣。以下問題可幫助研究者做整體性思考，如果能對以下各問題能做充分而合理的說明，才可稱爲高品質研究：

1. 爲何要研究這個主題？動機如何（是從文獻探討中發現了什麼可議之處？或是什麼企業問題激發了你去探求的慾望）？目的如何（想要發現什麼、想要解決什麼問題）？研究的範圍如何？限制如何？
2. 這個主題所涉及的相關變數是什麼？這些變數之間的關係如何？（變數之間的關係形成了研究的觀念性架構，conceptual framework）。有什麼理論背景支持，或依據何種推理而形成的？
3. 如何將這些變數的定義轉述成它們的操作性定義？
4. 要向哪些人進行研究？他們的特性如何？是否提出「樣本具有代表性」的證據？要向多少人進行調查？如何決定這樣的人數？
5. 用什麼研究方式（調查研究、實驗研究、觀察研究）來蒐集資料？如果是用次級資料，有無說明資料的來源？其可信度及代表性如何？
6. 如果用調查研究，問卷中各變數的信度（一致性）、效度（代表性）如何？如果用實驗研究，對於實驗變數有無做嚴密的控制？如果用觀察研究，是否有對研究者個人偏差所造成的影響減到最低？是否誠實的說明研究設計的缺點，以及這些缺點對研究結果的影響如何？

7. 以何種統計分析技術來分析資料？限制如何？如何克服這些限制？誤差的機率及統計顯著性的標準如何？
8. 所獲得的研究結果是否基於資料分析的結果？所適用的條件及情形如何？研究的建議是否根據研究的結論？研究的建議是否與研究目的環環相扣？

當學術研究者受企業的委託進行研究時，或者企業界人士（如企業的行銷研究部門人員）進行研究時，上述的條件當然也一樣適用，但是要注意以下特定的情形：

1. 許多研究是屬於探索式的質性研究（見第 13、14 章），因爲研究主題不明，需要探索一番，以企圖發現一些有創意。這類研究只要清楚地說明研究問題的本質即可。
2. 許多研究常涉及到機密性，所以不會說明研究方法、程序及資料的來源等。有時候企業甚至不讓競爭對手知道它正在進行研究。例如康柏電腦（Compaq）及 IBM 公司都不知道對方在推出低價位的桌上型電腦前，曾做過廣泛而深入的研究。
3. 研究者在開始進行研究前，可能已經知道委託者所想要的答案，因此可能會投其所好。事實上，一個資深的研究人員要「動手腳」來改變其研究結論是輕而易舉的事。例如，在品牌偏好的測試中，先問的那個品牌通常會有較高的偏好比例，[1] 或者改變統計上的顯著水準（significance level）會使研究結論得到相反的結果。

2-2 研究程序

專題研究具有清晰的步驟或過程。這個過程是環環相扣的。例如，研究動機強烈、目的清楚，有助於在進行文獻探討時對於主題的掌握；對於研究目的能夠清楚的界定，必然有助於觀念架構的建立；觀念架構一經建立，研究假說的陳述必然相當清楚，事實上，研究假說是對於觀念架構中各構念（變數）之間的關係、因果或者在某種（某些）條件下，這些構念（變數）之間的關係、因果的陳述。觀念架構中各變數的資料類型，決定了用什麼統計分析方法最爲適當。對於假說的驗證成立與否就構成的研究結論，而研究建議也必須根據研究結果來提出。研究程序（research process）以及目前碩博士論文的章節安排如表 2-1 所示。

表 2-1　研究程序

步驟	碩博士論文章節
1. 研究問題的界定	
2. 研究背景、動機與目的	1
3. 文獻探討	2
4. 觀念架構及研究假說	3
5. 研究設計	
6. 資料分析	4
7. 研究結論與建議	5

專題研究是相當具有挑戰性的，正因爲如此，它會讓動機強烈的研究者得到相當大的滿足感。但不可否認的，專題研究的道路上是「荊棘滿佈、困難重重」的。專題研究之所以困難，有幾項原因：(1)研究者沒有把握蒐集到足夠的樣本數資料，而這些樣本要能夠充分的代表母體；(2)研究者必須合理地辨識干擾變數並加以控制；(3)研究者必須具有相當的邏輯推理能力及統計分析能力，包括對統計套裝軟體（如 SPSS Basic、SPSS Amos）輸出結果的解釋能力。

一、量化與質性研究程序

不論進行質性研究或量化研究，均應遵循一定的程序。這些程序包括：

1. 研究問題的界定
2. 研究背景、動機與目的
3. 文獻探討
4. 觀念架構及研究假說（對於質性研究而言，要建立與主題有關的初步理論）。
5. 研究設計
6. 資料分析
7. 研究結論與建議

第 1、2、3 階段與質性研究與量化研究的程序相同。第 4 階段，質性研究是要對對於所要探討的問題，給予初步的假設性解釋或建立初步理論。在第 5 階段研究設計中，質性研究的蒐集資料的方法是以人員訪談、觀察法爲主（當然也包括其他質性技術）。在第 6 階段資料分析中，質性研究是對開放式問題進行編碼及分析。

質性研究是對於現象做主觀詮釋，而量化研究是對於現象做客觀解釋。在研究程序的內容上，量化研究與質性研究的差別如表 2-2 所示。

表 2-2　量化研究與質性研究在研究程序上的差別

	量化研究	質性研究
研究的觀念性架構	建立觀念架構	建立與主題有關的初步理論
蒐集初級資料的方法	郵寄問卷調查、網路調查、實驗法	人員訪談（深度訪談、焦點團體）、觀察法、線上技術等
資料分析	統計分析（利用統計套裝軟體，如 SPSS Basic、SPSS Amos）	內容分析（利用質性資料分析軟體，如 NVivo、ATLAS.ti、QDA Miner）
研究結論	驗證假說	提出命題、建立理論

由於質性研究重視「主觀性」與「參與性」，偏重個案研究，因此容易產生以偏蓋全的現象，但是經由觀察及深入訪談，研究者可能會「挖掘」到由量化研究無法察覺或分析的現象，進而產生非常深入又有創意的研究價值。

二、循環性

我們可將研究程序視爲一個迴圈（圖 2-1）。研究者是從第一步驟開始其研究，在進行到「研究結論與建議」階段時，研究並未因此而停止。如果研究的結論不能完全回答研究的問題，研究者要再重新界定問題、發展假說，重新做研究設計。如此一來，整個研究就像一個循環接著一個循環（circularity）。但在實際上，研究者受到其能力、經費及時間的限制，整個研究不可能因爲求完美，而永無止境的循環下去。

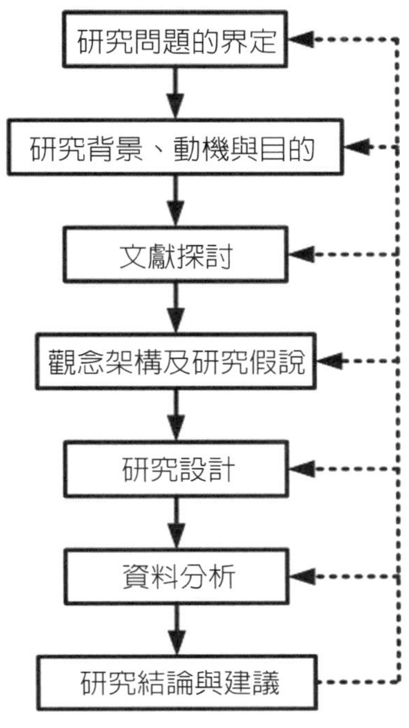

圖 2-1　研究程序的迴圈

三、重複性

如果研究的結論可以對所要驗證的假說提出結果（不論是棄卻或不棄卻假說），我們可以說，這個研究是成功的。但是有時候，研究者可能會再度進行這項研究，以確信研究的結論並不是來自於意外或巧合。如果針對不同的樣本重複研究，其所獲得的研究結論與前次研究的相同（也就是說，對研究假說的棄卻或不棄卻的結論相同），那麼這個研究就得到了相當的證實。

企業研究者應該將他的研究，設計得可以讓別人來重複他的研究。例如，如果某製藥廠商的研究人員建立了這樣的假說：新的避孕藥對婦女不會產生副作用，並針對十名婦女進行一週的研究，而所獲得的結論支持他的假說。如果其他的研究者，能夠針對不同的大樣本，進行無數次的長期研究，而且獲得相同的結論的話，則消費者就會更安心地服用這個避孕藥（如果有必要服用的話）。

雖然重複的研究是相當重要的事，但在實際上，很少研究者會真正地去重複別人的研究。他們會將先前研究的研究假說、樣本特性及問卷內容加以調整，來強化（改善）這個研究。不願意重複別人研究的原因，還包括了研究經費的問題，以及怕別人譏笑爲「炒冷飯」、「了無新意」等。

雖然所有的企業研究專案都會大致遵循上述的步驟，但是如何實現這些步驟，在不同的研究之間卻有很大的不同。在企業研究中，有些研究者是利用調查研究，也有些研究者是利用高度控制的實驗室實驗研究，還有其他的研究者，是利用非控制性的觀察研究。

企業研究是相當有趣的、具挑戰性的、具有極大的差異性，以及困難重重的。企業研究之所以困難，有幾項原因：(1)必須向許多人蒐集許多資料；(2)必須長期蒐集資料；(3)必須控制外在變數（以免混淆了研究假說的測試）；(4)研究者必須具有道德感，不可使得研究個體（受測者）在身體上、心理上受到傷害。

以下我們將概述企業研究的每一步驟。

2-3 研究問題的界定

「問題」是實際現象與預期現象之間有偏差的情形。明確地形成一個研究問題並不容易，但卻是非常重要。研究者雖然由於智力、時間、推理能力、資訊的獲得及解釋等方面有所限制，因此在定義研究問題，設定研究目標時，並不一定能做得盡善盡美，[2] 但是如不將問題界定清楚，則以後各階段的努力均屬枉然。

研究問題的形成比問題的解決更爲重要，因爲要解決問題只要靠數學及實驗技術就可以了，但是要提出問題、提出新的可能性、從新的角度來看舊的問題，就需要創意及想像。[3] 美國行銷協會（American Marketing Association, AMA, 1985）曾提到：「如果要在研究專案的各個階段中挑選一個最重要的階段，這個階段就是問題的形成。」在研究程序中，問題的界定非常重要，因爲它指引了以後各階段的方向及研究範圍。

當一些不尋常的事情發生時，或者當實際的結果偏離於預設的目標時，便可能產生「問題」（problem）。此時研究人員必須要與管理者共同合作，才能將問題界定清楚。[4] 管理者必須說明研究的結果如何幫助他（她）解決問題、做決策，也必須說明造成問題的各種事件。這樣做的話，研究問題庶可界定得更爲清楚。

一、症狀與問題的確認

問題的確認涉及到對於現象的了解。有些企業問題的症狀很容易確認，例如，人員的高離職率、遊客人數在迅速成長一段時間後有愈來愈少的情形、員工的罷工、產品線的利潤下降等。這些情形並不是一個問題，而是一種症狀（symptom）。症狀是顯露於外的現象（explicit phenomena），也就是管理當局所關心的東西，而問題才是造成這些症狀的眞正原因。

在企業組織中，管理者會確認哪些症狀呢？這和他們的認知、問題的緊迫性有關。換句話說，管理者對於問題愈是具有敏銳性，以及問題愈是迫在眉睫，則對這個問題的確認會愈快、愈清楚。以下所提出的各項有助於企業確認問題的所在：

1. 公司目前的狀況如何？有沒有需要特別關注的不良現象存在？
2. 目前的做事方式有沒有可以改進的地方？
3. 在可預見的未來對公司的營運有不良影響的因素是什麼？
4. 有沒有公司可以掌握的機會？
5. 所確認的問題眞的是一個問題嗎？還是另外一個問題的徵候？
6. 對問題的確認是否有足夠的證據？
7. 是否有必要進行研究來確認問題的存在？

二、研究問題的形成

在對企業問題加以確認之後，就要將這些問題轉換成可以加以探索的研究問題（research questions）。但未必所有的企業問題都可以轉換成研究問題，造成這個情形的可能原因有：(1)管理當局認爲研究的成本會大於其價值；(2)進行研究來解決管理問題的需求並不迫切；(3)研究的主題是不能研究的（unresearchable，例如，所擬定研發的抗癌藥物施用於人體不僅違法，也不合乎道德標準）；(4)研究經費短缺、沒有合格的研究人員等。我們現在舉例說明症狀與問題的確認、研究問題的形成：[5]

1. 症狀的確認

大海公司的程式設計員其流動率愈來愈高；常聽到他們對於薪資結構的不滿。

2. 問題的確認

(1) 檢視企業內部及外部資料（了解他們不滿及離職率的情況；了解過去有無不滿的情形；其他公司是否有類似的情形）。
(2) 挑明此問題領域（各部門的薪資制度並不一致；離職面談顯示他們對於薪資結構的不滿；公平會最近警告本公司，有關薪資歧視的問題）。

3. 管理問題的陳述

目前的薪資結構公平嗎？

4. 研究問題的陳述

大海公司影響程式設計員薪資高低的主要因素為何？

在定義問題的最後一個階段，就是要實際的選擇要研究的問題。在企業中，管理者所認為的優先次序，以及他們的認知價值決定了要進行哪一個研究。有關問題的形成應考慮的事項有：

1. 對問題的陳述是否掌握了管理當局所關心的事情？
2. 是否正確說明問題的所在？（這真正的是一個問題嗎？）
3. 問題是否清晰的界定？變數之間的關係是否清楚？
4. 問題的範圍是否清晰的界定？
5. 管理當局所關心的事情是否可藉著研究問題的解決而得到答案？
6. 對問題的陳述是否有個人的偏見？

在對企業研究問題的選擇上，[6] 所應注意的事項如下：

1. 所選擇的研究問題與管理當局所關心的事情是否有關聯性？
2. 是否可蒐集到資料以解決研究問題？
3. 其他的研究問題是否對於解決企業問題有更高的價值？
4. 研究者是否有能力來進行這個研究問題？
5. 是否能在預算及時間之內完成所選擇的研究問題？
6. 選擇這個研究問題的眞正原因是什麼？

在學術研究上，研究者會確認哪些症狀呢？這和他們的觀察的敏銳度、相關文獻的涉獵有關。換句話說，研究者對於問題愈是具有敏銳性，以及對於有關文獻的探討愈深入，則對這個問題的確認會愈清楚。

在對學術研究問題的選擇上，所應注意的事項如下：

1. 所選擇的研究問題是否具有深度及創意？
2. 是否可蒐集到資料以解決研究問題？例如，針對醫院進行研究，是否有能力或「關係」蒐集到資料？
3. 研究者是否有能力來進行這個研究問題？
4. 是否能在所要求的時間之內完成所選擇的研究問題？

5. 選擇這個研究問題的眞正原因是什麼？

2-4 研究背景、動機與目的

研究背景是扼要說明與本研究有關的一些重要課題，例如，研究此題目的重要性（可分別說明爲什麼所要進行研究的變數具有關聯性，包括因果關係、爲什麼研究這些變數的關係是重要的），同時如果研究的標的物是某產業的某產品，研究者可解釋爲什麼以此產業、產品（甚至使用此產品的某些受測對象）爲實證研究對象是重要的。

「研究動機與目的」是研究程序中相當關鍵的階段，因爲動機及目的如果不明確或無意義，那麼以後的各階段必然雜亂無章。所以我們可以了解，研究動機及目的就像指南針一樣，指引了以後各階段的方向及研究範圍。

研究動機是說明什麼因素促使研究者進行這項研究，因此研究動機會與「好奇」或「懷疑」有關。不論是基於對某現象的好奇或者懷疑，研究者的心中通常會這樣想：什麼因素和結果（例如，員工士氣不振、資金週轉不靈、網路行銷業績下滑、降價策略未能奏效等）有關？什麼因素造成了這個結果？

在「什麼因素和結果有關」這部分，研究者應如此思考：哪些因素與這個結果有關？爲什麼是這些因素？有沒有其他因素？此外，研究者也會「懷疑」：如果是這些因素與這個結果有關，那麼各因素與結果相關的程度如何？爲什麼某個因素的相關性特別大？

在「什麼因素造成了這個結果」這部分，研究者應如此思考：哪些因素會造成這個結果？爲什麼是這些因素？有沒有其他因素？此外，研究者也會「懷疑」：如果是這些因素造成了這個結果，那麼各因素影響的程度如何？爲什麼某個因素影響特別大？

上述的「結果」大多數是負面的，當然正面的結果也值得探索，以發現與成功（正面結果）有關的因素以及原因。負面的結果就是「問題」所在。「問題」（problem）是實際現象與預期的現象之間有偏差的情形。

如第 1 章 1-1 節所述，研究的目的有四種：(1)對現象加以報導（reporting）；(2)對現象加以描述（description）；(3)對現象加以解釋（explanation）；(4)對現象加以預測（prediction）。[7] 因此研究者應說明其研究的目的是上述的哪一種。

研究目的就是研究者想要澄清的研究問題，在陳述研究問題的陳述上，通常是以變數表示，例如：「本研究旨在探討甲變數是否與乙變數具有正面關係」、「本研究旨在探討甲變數是否是造成乙變數的主要原因」等。

2-5 文獻探討

文獻探討又稱爲探索（exploration），就是對已出版的相關書籍、期刊中的相關文章，或前人做過的相關研究加以了解。除此之外，研究者還必須向專精於該研究主題的人士（尤其是持反面觀點的人士）請教，俾能擴展研究視野。

由於網際網路科技的普及與發展，研究者在做文獻探討時，可以透過網際網路（Internet）去檢索有關的研究論文。例如進入「全國博碩士論文資訊網」（http://datas.ncl.edu.tw/theabs/1/）。

文獻探討的結果可以使得研究者修正他的研究問題，更確定變數之間的關係，以幫助他建立研究的觀念架構。

在撰寫專題學術論文方面，文獻探討依照「深度」分爲以下層次：(1)將與研究論文有關的文獻加以分類臚列；(2)將有關的論文加以整合並作比較；(3)將有關的論文加以整合，並根據推理加以評論。顯然，第二層次比第一層次所費的功夫更多，第三層次比前兩個層次所費的思維更多。在台灣的碩士論文中，能做到第二層次的比較多；在美國的學術論文中，如 MIS Quarterly、Journal of Marketing，所要求的是第三層次。

2-6 觀念架構及研究假說

在對於有關的文獻做一番探討，或者做過簡單的探索式研究（exploratory study）之後，研究者可以對於原先的問題加以微調（fine-tuning）或略爲修改。此時對於研究問題的界定應十分清楚。

一、觀念架構

研究者必須建立觀念架構。觀念架構（conceptual framework）描述了研究變數之間的關係，是整個研究的建構基礎（building blocks）。研究目的與觀念架構是相互呼應的。觀念架構可用圖形來表示，如此便會一目了然，如圖 2-2 所示。圖形中的箭頭表示「會影響」，直線（無箭頭）表示「有關係」。

關聯式（A 與 B 有關聯性）

因果式（A 與 B 是造成 C 的原因）

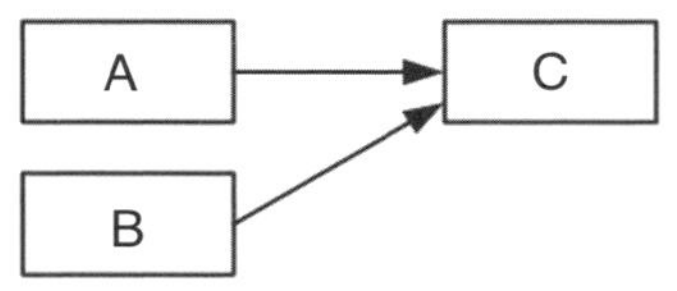

互動式（B 為干擾變數、A 與 B 有互動作用）

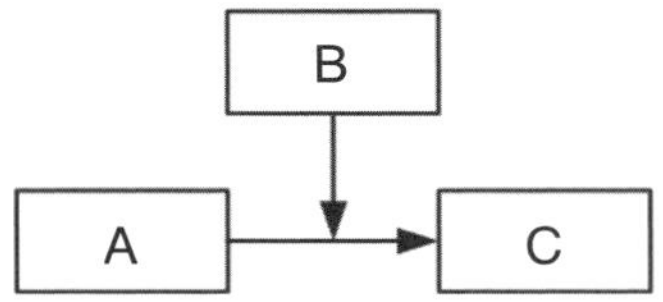

圖 2-2　觀念架構的表示法

「假說」（hypothesis）是對於研究變數所做的猜測或假定。假說是根據觀念架構中各變數的關係加以發展而得。假說的棄卻或不棄卻便形成了研究結論。假說的陳述應以統計檢定的虛無假說來描述。近年來，許多研究者傾向於以「正面」來敘述假說，詳細的說明可見：榮泰生著，SPSS 與研究方法，二版（台北：五南書局，2009）。

「假說」是以可測試的形式來加以描述的，並可以預測兩個（或以上）變數之間的關係。換句話說，如果我們認爲變數之間有關聯性存在，必須先將它們陳述成爲「假說」，然後再以實證的方式來測試這個假說。[8]

「假說」的定義爲：「暫時性的臆測（assumption），目的在於測試其邏輯性及實證性的結果。」「假說」代表著目前可獲得的證據的不足，因此它只能提出暫時性的解釋。本書認爲，「假說」是對現象的暫時性解釋，而測試此假說的證據至少是潛在可獲得的。一個陳述要如何，才可以稱得上是一個「假說」呢？首先，它必須是對「一個可以實證研究的事實」的陳述，也就是說，我們可以透過調查（及其他的研究方法）來證明其爲眞或僞的陳述。「假說」應排除價值判斷或規範性的（normative）陳述。例如，「每個人每週至少應上量販店一次」，這個陳述是規範性的，因爲它說明了人應該怎樣，而不是一件可以驗證其爲眞或僞的事實陳述。「50% 的台北市民每週至少上量販店一次」是對一件事實的陳述，因此可以被測試。

「假說」顯然不是期盼的事情或有關於價值的事（雖然研究者的價值觀會影響他如何選擇「假說」）。「假說」是事實的一個暫時性的、未經證實的陳述而已。這個陳述如要得到證實，必須經過測試；要經過測試，此陳述要儘可能的精確。例如，我們認爲智慧和快樂可能有關，我們可以詢問的最簡單的問題是：「智慧和快樂有關嗎？」

如果我們假設在這兩個變數之間的確存在著某種關係，我們就可以推測它們的關係。這個推理性的陳述（通常僅是預感或猜測）就是我們的「假說」。例如，我們聽說有許多天才都是鬱鬱寡歡的，就可以推測「人愈有智慧愈不快樂」。如果智慧及快樂可以被適當地測量，則這是一個適當的「假說」。

「假說」是我們將變數指派到個案上的陳述。個案（case）是「假說」所討論（提及）的實體，而變數則是隸屬於個體的特性、特徵或屬性。[9] 例如「榮經理（個案）具有高於一般水準的成就動機（變數）」。如果假說中個案的數目超過一個，此假說就稱爲通則，例如「大海公司的經理們（若干個個案）都具有高級一般水準的成就動機（變數）」。

在研究中，建立假說有三個優點：(1)它可以使研究者專注於所要探討的變數的關係；(2)它可使研究者思考研究發現的涵義；(3)它可使研究者進行統計上的測試。

在研究上，「假說」具有若干個重要的功能。「假說」最重要的功能在於它們能引導著整個研究方向。在資訊充斥的現代研究環境，研究者常常因涉及到與研究主題無關的資訊，而使得研究報告顯得臃腫不堪，不僅如此，到後來也可能忽略了所要探討的主題。如果整個研究能夠集中於「假說」，就會很容易地判斷哪些資訊應該或不應該包含在其研究的範圍內。同時，「假說」也是研究結論的基礎（研究結論就是要對「假說」的棄卻與否提出證據的說明）。

在引導研究的方向方面，「假說」所扮演的角色如何？如果我們的「假說」是「在採購決策中，夫妻在角色扮演上的認知有所不同」，這個「假說」說明了研究的對象（夫妻）、研究系絡（research context）、採購決策及研究主題（他們對其角色的認知）。

根據上述「假說」的特性，最好的研究設計可能是以調查研究來蒐集資料（用實驗研究、觀察研究均不甚恰當）。除此以外，我們有興趣研究的是夫妻在採購決策中所扮演的角色，因此，夫妻在其他場合或情境所扮演的角色就不在研究探討之列。對上述的「假說」再做深入的探討，可能還要考慮到夫妻之間的年齡差異、社會階層、教育背景、個性差異這些有關的變數，所以在我們的文獻探討、研究報告中要涵蓋、討論這些變數。

建立假說的靈感有很多來源。通常研究者從日常生活中、研究過程中都會看到某些現象，而對於描述這些現象的變數之間關係，研究者就可以建立一個假說來驗證。除此之外，過去的研究、既有的、似是而非的信念，都可以幫助我們建立假說。例如，許多研究顯示：在政治抱負上，大一學生比大四學生較為保守。這些研究告訴我們，學年與政治信念有關。我們可以針對不同的樣本重複測試這個假說，或將此假說加以延伸、調整之後再加以測試。

有許多既有的、似是而非的信念可以幫助我們建立假說。這些例子有：善有善報、天才與瘋子僅一線之隔、男大當婚、女大當嫁等。雖然社會科學家常被譏諷為「炒冷飯專家」，或盡是在不言而喻的常識上打轉，但是如果我們對「每個人所認定的就是眞的」這個假說做測試，會發現其實並不是眞的，因為「眾口鑠金，一時披靡」，以訛傳訛的現象在我們的社會比比皆是。

二、如何建立可測試的假說？

1. 可測試及量化

「『假說』必須要能被測試」這句話需要澄清一下。我們以上述「天才都是鬱鬱寡歡的」這個陳述來說明。我們可以說這個陳述是命題（命題就是對變數之間的關係加以陳述的最原始形式）。除非我們可以對智慧及快樂這兩個觀念加以測量，並給予操作性定義，否則不能稱為可測試的假說。「可測試」是指可以用資料分析來棄卻（或不棄卻）此假說。命題由於陳述得相當籠統，其觀念的定義又不清楚，所以很難說資料分析的結果是否足以棄卻或不棄卻該命題。從這裡我們可以了解，將變數加以量化的重要性——量化可以剔除模糊性。例如，雖然智慧與鬱鬱寡歡不容易被測試（因為爭辯很多），但假如我們可以利用一個 IQ 量表來測量智慧，以及另外一個適當的量表來測量快樂，那麼我們就可以說：「IQ 分數愈高，在快樂測試的分數愈低。」這就是可測試的假說。

在建立假說時，常容易犯的錯誤是「二合一」（double barreled），也就是將兩個假說合而為一。如果棄卻其中一個假說，但是不棄卻另外一個假說的話呢？

2. 研究實例

現在我們從有關的研究中舉三個有關於「假說」的例子。第一個例子似乎與我們的常識格格不入：過度學習會降低績效。[10] 這個假說是一個變數（過度學習）與另外一個變數（績效降低）的關係。由於這兩個變數的界定非常清楚，而且又可以測量，研究者就可進行此假說的測試。

第二個假說是以虛無的形式（null form）來建立的：心智功能的練習對於該功能的未來學習毫無影響。[11] 在這個假說中，變數之間的關係非常明確，其中一個變數（心智功能的練習，例如，增加記憶力的練習）與另外一個變數的關係是「毫無影響」。但在這個假說中，我們會碰到如何測量「心智功能」及「未來學習」的問題。如果能解決測量的問題，這個假說就成立了。

第三個假說中的變數間的關係是間接的，它常是以「兩組人員在某些特徵上的不同」來建立的。例如，H_{1-1}：中等地位階層家庭的兒童比下等地位階層家庭的兒童更不喜歡手工繪圖。[12] 這個假說是「H_{1-2}：兒童對於手工繪圖的喜好隨著其家庭的社會階層而異」的進一步延伸。如果我們測試的是 H_{1-2}，那麼 H_{1-1} 可以說是 H_{1-2} 的次假說（subhypothesis）或是 H_{1-2} 的特定預測（specific prediction）。

我們再說明一個與第三個假說之例有「異曲同工」之妙的假說。這個假說是：具有同樣或類似職業角色的人，會對與該職業有關的認知實體（cognitive objects）具有類似的態度。[13] 在這個假說中，變數之間的關係是職業角色與態度（例如，教育家對於教育的態度）。為了要測試這個假說，我們至少要用到兩組樣本，每組樣本代表著不同的職業角色，然後再比較這兩組人士的態度。

3. 發展假說之例

位於波士頓的新英格蘭水族館，發現遊客人數在迅速成長一段時間後便會愈來愈少。這個情況並不是一個問題，而是一種症狀（symptom）。症狀是顯露於外的現象（explicit phenomena），而問題是造成此種現象的眞正原因。管理當局認為眞正的問題可能在於水族館無法吸引週末的遊客。同時，管理當局希望了解平常與週末遊客的不同之處，因為這些資訊可以幫助他們安排一般節目及特別節目。如果該館的目的在於吸引更多的週末遊客，那麼廣告的訴求重點，必須針對週末遊客共有的特性。因此，研究的結果有助於產品及促銷策略。

準此，研究者可設定如下的目標：

1. 了解週末與平常遊客有何不同。
2. 了解週末遊客來參觀的動機及滿意度，及其共有的特性（人口統計變數）。

研究者可建立假說如下：

H_{1-1}：遊客別（週末遊客與平時遊客）與教育程度別具有顯著差異。

H_{1-2}：遊客別（週末遊客與平時遊客）與年齡別具有顯著差異。

H_{1-3}：遊客別（週末遊客與平時遊客）與性別是具有顯著差異。

H_{1-4}：遊客別（週末遊客與平時遊客）與職業別具有顯著差異。

H_{2-1}：不同教育程度別的週末遊客，其滿意度因動機的不同而有顯著性的差異。

H_{2-2}：不同年齡別的週末遊客，其滿意度因動機的不同而有顯著性的差異。

H_{2-3}：不同性別的週末遊客，其滿意度因動機的不同而有顯著性的差異。

H_{2-4}：不同職業別的週末遊客，其滿意度因動機的不同而有顯著性的差異。

2-7　研究設計

研究設計（research design）可以被視為是研究者所設計的進程計畫，在正式進行研究時，研究者只要「按圖索驥」即可。研究設計是實現研究目的、回答研究問題的藍本。由於在研究的方法、技術及抽樣計畫上有許多種類可供選擇，因此如何做好研究設計是一件極具挑戰性的工作。

例如，我們可能是用調查、實驗或觀察來蒐集初級資料。如果我們選擇的是調查研究，是要用郵寄問卷、電腦訪談、電話訪談，還是人員訪談？我們要一次蒐集所有的資料，還是分不同的時間來蒐集（用縱斷面研究，還是橫斷面研究）？問卷的種類如何（是否要用隱藏式的或直接的，還是用結構式的或非結構式的）？問題的用字如何？問題的次序如何？問題是開放式的，還是封閉式的？怎麼測量問卷的信度及效度？會造成反應誤差嗎？如何避免？要對資料蒐集人員做怎樣的訓練？要用抽樣還是普查的方式？要用怎樣的抽樣方式（機率或非機率抽樣，如果採取其中一種方式，要用哪一種抽樣方法）？以上的各問題只不過是在考慮使用調查研究之後所要考慮的部分問題。

由於可以利用的研究工具有很多，所以研究者要從各種可能的角度來看研究設計的問題，例如，他要想到是否可以用實驗研究、觀察研究來探討同樣的問題？在實務上，由於研究時間的限制，一般的研究者不可能進行多重方法（multimethod）來進行多重研究（multistudy），但是研究者至少必須考慮到各種可能的方法，並從中選擇一個最有效的方法。

一、研究設計的考慮因素

研究設計的過程包括了下列事項的決定：要研究哪些變數、如何測量這些變數、用什麼方法來研究、研究對象是誰、如何蒐集及分析資料，以及所分析的資訊如何替研究問題提出答案。

我們現在舉個例子說明研究設計。假如我們是一個大型消費品製造公司的研究人員，管理當局百思不解製造部門員工日益嚴重的離職問題，要我們研究一下是不是獎勵制度出了問題。我們所面對的最基本研究主題是：「爲了減少製造部門員工的離職問題，本公司應該施行怎樣的獎勵制度？」我們必須選擇適當的方法來解決這個問題。要解決這個研究問題，我們首先要做好研究設計，以決定如何進行這個研究。許多技術性的研究將研究設計稱爲研究方法論（research methodology）。

我們要考慮的第一個問題是採取哪一類型的研究設計（type of research design）。我們如果在事前（a priori）確認幾個獎勵制度，然後施行於製造部門的同仁，再看看不同的獎勵制度對他們的離職率的影響。這種方法就是實驗研究設計。或者我們以詢問的方式，問製造部門的同仁心裡所喜歡的獎勵制度是什麼，經過分析之後，我們再設計出一套獎勵制度並加以實現。這種方式就叫作事後式（ex post facto）或調查研究設計。

各種研究設計都有其優缺點，所以我們要權衡利弊得失，看看哪一種設計方式最具有生產力（以最小的成本獲得最大的結果）。我們所選擇的研究方式（或稱研究設計的類型）會影響到我們要研究的什麼變數（這涉及到觀念架構的建立、測量的問題）、用什麼方法來測量這些變數（這涉及到量表的問題）、要向誰進行研究（這是抽樣的問題）、如何蒐集資料（這是資料蒐集的問題），以及如何分析這些資料（這是資料分析的問題）。

從研究者的觀點而言，由於研究經費的限制及研究方法的優劣互見，研究者對於研究設計中所涉及的因素必須要作取捨，例如，如果我們選擇了實驗研究，就必須放棄調查研究。在這種情況之下，研究者只能獲得滿意的解決方案（satisfying solution），而無法獲得最佳的解決方案（optimal solution）。我們對於要決定選擇哪一種研究設計比較好，這要看我們的研究經驗以及對於各種設計方法的了解程度而定。

在開始從事研究，或第一次撰寫研究論文的學者或學生，總是想要進行一個前所未有的、與眾不同的，甚至驚天動地的研究。他們的雄心壯志殊堪嘉許，但是在大多數的情況之下，在實際進行研究時，不是資料難以獲得，就是參考文獻極爲有限，使得前功盡棄，必須重新設定研究主題、重做研究設計。

我們必須了解，研究主題並不是在真空中發展出來的，而是研究者經過深思熟慮之後，或是從研讀前人的研究中，所獲得的靈感而得。同時，在研究主題決定之後，研究者必須詳細做好他的研究設計。我們所做的研究設計會因為研究類型（質性／量化研究）、研究的結構化、研究方式、研究環境的眞質性、研究者對變數的控制、受測者知覺（反應誤差）這些因素的不同而異。茲將這些因素逐一說明如下：

1. 研究類型

如第 1 章所述，研究類型可分為量化研究、質性研究。量化研究又稱為統計研究（statistical study），質性研究是以分析個案為主，故又可稱為個案研究（case study）。量化研究所涉及的是研究的廣度，而不是深度。這類研究試圖從樣本的特性來推論母體的特性，並用數量方法來測試研究假說。

質性研究則專注於幾個事件、情境，並對其間的關係做深入的探討，因此它所涉及的是研究的深度，而不是廣度。質性研究中常用的個案研究法，其所強調的是對問題的解決、評估及策略的擬定提供有價值的觀點。

雖然質性研究曾被諷刺為「科學廢物」（scientifically worthless），因為它連最起碼的要求（例如兩個消費群體的態度平均數差異性檢定）都做不到，但是它們在科學研究上還是扮演著相當重要的角色。一個設計嚴謹的個案研究，可以向「放諸四海皆準」的理論提出挑戰，並且能夠提供許多有創意的命題。

如果我們再深入的來看量化研究，可以發現其抽樣的方法及精確度影響到了研究結果適用的範圍。範圍是指理論可以應用到實體事件的寬度。如果研究的對象是若干個個人（例如輔仁大學管理學研究所一年級的同學們），那麼研究結果的一般化能力（generalization）是有限的（我們能夠把這個研究結論推廣到輔大的其他系、班級或其他的大學嗎？）。在這種情形之下，我們可以說這個研究的範圍是狹窄的。反之，如果針對某些特定的個人樣本（例如，美國蓋洛普民意測驗中所選定的樣本），所發現的研究結論，可以應用到更大的團體（如全國），則此研究的範圍是寬廣的。

2. 研究的結構化

研究的結構化的意思是研究過程是否嚴謹、精確、定型。我們可依研究的結構化程度來分辨探索式研究及正式研究。探索式研究的結構通常比較鬆散，而正式研究的結構比較嚴謹。

3. 研究方式

如果某研究者企圖替未來的研究鋪路，換句話說，他想要替未來的研究建立研究假說（hypotheses），則此研究屬於探索式研究（exploratory study）。如果研究的企圖在於測試研究假說，並替研究問題提出答案，則此研究屬於正式研究（formal study）。

正式研究包括描述式研究、因果式研究。如果研究者企圖發掘誰、什麼、何處、何時、多少，那麼這個研究就是描述式研究（descriptive study）。如果研究者企圖了解「爲什麼」（例如爲什麼甲的改變會造成乙的改變），則這個研究就是因果式研究（causal study）。例如，在有關消費者行爲的研究中，如果研究所涉及的是消費的次數、時間、地點，則這個研究屬於描述式研究；如果研究企圖解釋變數之間的原因，例如，爲什麼甲城市的消費會高於乙城市，則這個研究屬於因果式研究。

4. 研究環境的真實性

依研究環境的眞實性，我們可以分辨現場研究（field study）以及實驗室研究（laboratory study）。模擬（simulation）就是對系統或過程加以複製（replicate）。愈來愈多的企業研究會用到模擬法，尤其是作業研究。在眞實情況下的各種變數及其間的關係可以用數學模式（mathematical model）來表示。角色扮演及其他行爲活動也是模擬。

5. 研究者對變數的控制

依研究者對變數控制能力的不同，我們可以分辨實驗（experiment）及事後研究設計（ex post facto design）。在實驗研究中，研究者可以操弄自變數，並探究自變數對於依變數的影響（所以實驗研究適用於因果式的研究，見第 10 章）。事後研究設計（例如，調查研究，見第 8 章），研究者對於變數沒有控制能力，他們只能研究已發生了什麼事，或者正在發生什麼事。如果使用事後研究設計，研究者雖然不能操弄變數，但還是有某種程度的控制力。例如，他可以決定哪些變數爲常數；他可以決定抽樣方法；他可以設定統計上的顯著水準來影響研究結論。

6. 受測者知覺（反應誤差）

研究設計的誤差。研究設計的基本目的在於引導研究者來解決研究問題。因此，愈是嚴謹的研究設計，愈能夠減少研究誤差，進而也愈能夠提供有效的資訊。不可否認的，在研究設計的過程中，總有許多誤差影響著研究的嚴謹度。研究設計的誤差可分爲規劃誤差（planning errors）、資料蒐集誤差（data collection errors）、資料分析誤差（data analysis errors），以及報告誤差（report errors）。[14] 事實上，在研究設計的各階段皆有產生誤差的可能。研究者應對於造成這些誤差的原因加以了解，並且採取適當措施以減少這些誤差。

任何所選擇的研究主題都會用到某種研究方法（例如，調查研究、實驗研究、觀察研究），而利用各種研究方法以蒐集資料時，會遇到不同的反應問題（reactivity）。所謂「反應問題」就是反應誤差（reactivity error）的意思，也就是被研究者在研究者面前所表現的不自然、做作等，因而影響資料正確性的問題。這種情形在以觀察的方法來蒐集資料時更是明顯。

反應誤差（reactivity error）是指：由於企業研究（例如，實驗室研究）的人工化，以及（或者）研究者的行爲對依變數所造成的影響。原因在於受測者並不是對實驗的情況做應有的反應，而是太過投入，將實驗視爲解決自己問題的過程。有關反應誤差的詳細說明，見第 10 章。

如果被觀察的個體知道自己被觀察，他們通常會有自我意識（self-conscious），進而有意識的、無意識地改變自己的行爲。因此，諷刺的是，就是因爲研究者的出現，反而觀察不到他想觀察的正常行爲。調查研究也有反應誤差的問題。調查研究者會發現，他（她）在問卷中所提出的問題，可能是問卷填答者從未想過的問題，現在爲了填答問卷，必須「擠出」一些看法來；或者問卷的問法會使得填答者填答他們認爲研究者所希望的答案。

在進行企業研究時，研究者與被研究者的互動常會造成反應誤差。這種情形會影響到研究者的價值觀，扭曲了對資料的解釋。但是「成爲研究對象的一份子」也有好處：研究者只有和被研究的對象所想的一樣，才會眞正了解他們的想法和行爲。根據這種看法，要研究某一群體（如黑手黨），就必須打入他們的生活圈，說他們的語言，學習他們的規範（norms）、價値和風俗。這就是觀察典範（observational paradigm）或觀察研究的基本前提。我們將在第 12 章說明。

二、研究設計的 6W

我們可以用 6W 來說明研究設計。這 6W 是 What、Who、How、When、How many、Where。如表 2-3 所示。

表 2-3　研究設計的 6W

6W	所涉及到的問題	論文中的內涵（標題）
1. What	變數的操作性定義是什麼？	操作性定義
	題項標記（在 SPSS 建檔時所用的標記）是什麼？[15]	問卷設計
	問卷題號及問題（說明所要蒐集的變數）與設計內容（測量該變數的題項）是什麼？	
2. Who	研究的分析單位是誰？	分析單位
3. How	如何蒐集初級資料？	資料蒐集方法
	如何分析資料？	資料分析
	如何決定受訪者？	抽樣方法
4. How many	要向多少受訪者蒐集資料？	樣本大小決定
5. When	何時開始蒐集資料？何時結束？	時間幅度
	蒐集何時的資料？	
6. Where	在何處蒐集資料？	地點

1. What

(1) 操作性定義

研究者也必須對研究變數的操作性定義加以說明。操作性定義（operational definition）顧名思義是對於變數的操作性加以說明，也就是此研究變數在此研究中是如何測量的。操作性定義的做成當然必須根據文獻探討而來。而所要做「操作性定義」的變數就是觀念性架構中所呈現的變數。換言之，研究者必須依據文獻探討中的發現，對觀念性架構中的每個變數下定義。對變數「操作性定義」的說明可以比較「口語化」。而變數的操作性定義便是問卷設計的依據。從這裡我們又看出「環環相扣」的道理。

操作性定義（operational definition）是具有明確的、特定的測試標準的陳述。這些陳述必須要有實證的參考物（empirical referents），也就是說要能夠使我們透過感官來加以計數、測量。研究者不論是在定義實體的東西（例如，個人電腦）或者是抽象的觀念（例如，個性、成就動機），都要說明它們是如何被觀察的。要了解操作性定義，先要了解「觀念」。有關「觀念」的詳細說明，可見第 4 章。

「定義」（definition）有許多類型，我們最熟悉的一種是字典定義（dictionary definition）。在字典裡，「觀念」是用它的同義字（synonym）來定義的。例如，顧客的定義是「惠顧者」；惠顧者的定義是「顧客或客戶」；客戶的定義是「享受專業服務的顧客，或商店的惠顧者」。這種循環式的定義（circular definition）在日常生活中固然可以幫助溝通、增加了解，但是在研究上應絕對避免。在專題研究中，我們要對各「觀念」做嚴謹的定義。

(2)問卷設計

研究者必須說明問卷設計的方式。專題研究論文的整份問卷可放在附錄中，但在研究設計中應整體性、扼要地說明問卷的構成，如「問卷的第一部分是蒐集有關受測者的財物激勵誘因資料」等，同時也必須對衡量變數、題項標記（在 SPSS 建檔時所用的標記）、問卷題號與設計內容加以說明，例如：

衡量變數	題項標記（SPSS）	問卷題號與設計內容
（一）3C 通路品牌知名度	品牌知名度 1	1-1　您非常熟悉這家 3C 通路連鎖店。
	品牌知名度 2	1-2　您聽過這家 3C 通路連鎖店。
	品牌知名度 3	1-3　如您需要家電、資訊與通訊產品，會第一個想到這家 3C 通路連鎖店。
	品牌知名度 4	1-4　如您需要家電、資訊與通訊產品，會第一個想到這家 3C 通路連鎖店。
（二）3C 通路知覺品質	知覺品質 1	2-1　您認為這家 3C 通路連鎖店的可靠性是非常高的。
	知覺品質 2	2-2　您認為這家 3C 通路連鎖店的品質具有一致性的。
	知覺品質 3	2-3　您認為這家 3C 通路連鎖店的品質會影響您的購買決策。
	知覺品質 4	2-4　您認為這家 3C 通路連鎖店是高品質的。
	知覺品質 5	2-5　您認為這家 3C 通路連鎖店的促銷活動是物超所值的。
（三）3C 通路品牌聯想	品牌聯想 1	3-1　您非常認同這家 3C 通路連鎖店的品牌形象。
	品牌聯想 2	3-2　您可以很快地回想起這家 3C 通路連鎖店的一些特性。
	品牌聯想 3	3-3　您可以很容易地想起這家 3C 通路連鎖店在您心目中的形象。
	品牌聯想 4	3-4　您認為這家 3C 通路連鎖店與其他品牌連鎖店相較之下，是與衆不同的。
（四）購買意願	購買意願 1	4-1　您到這家 3C 通路連鎖店購買產品的可能性。
	購買意願 2	4-2　您到這家 3C 通路連鎖店購買產品的意願。
	購買意願 3	4-3　您推薦他人到這家 3C 通路連鎖店購買產品的可能性。

設計問卷是一種藝術，需要許多創意。幸運的是，在設計成功的問卷時，有許多原則可茲運用。首先，問卷的內容必須與研究的觀念性架構相互呼應。問卷中的問題必須儘量使填答者容易回答。譬如說，打「✓」的題目會比開放式的問題容易回答。除非有必要，否則不要去問個人的隱私（例如，所得收入、年齡等），如果有必要，也必須讓填答者勾出代表某項範圍的那一格，而不是直接填答實際的數據。用字必須言簡意賅，對於易生混淆的文字也應界定清楚（例如，何謂「好」的社會福利政策？）。值得一提的是，先前的問題不應影響對後續問題的回答（例如，前五個問題都是在問對政黨的意見，這樣會影響「你最支持哪一個政黨？」的答案）。有關問卷設計的詳細說明，見第 5 章「量表」。

在正式地使用問卷之前應先經過預試（pretests）的過程，也就是讓受試者向研究人員解釋問卷中每一題的意義，以早期發現可能隱藏的問題。

在問卷設計時，研究者必須決定哪些是開放性的問題（open-ended questions），哪些是封閉性問題（close-ended questions）。

封閉性問題通常會限制填答者做某種特定的回答，例如，以選擇或勾選的方式來回答「你認爲下列哪一項最能說明你（妳）參加反核運動的動機？」這個問題中的各個回答類別（response category）。開放性問題是由填答者自由地表達他（她）的想法或意見（例如，「一般而言，你（妳）對於核子試爆的意見如何？」）。這類問題在分析、歸類、比較、電腦處理上，會比較費時費力。

2. Who

分析單位

每項研究的分析單位（unit of analysis）也不盡相同。分析單位可以是企業個體、非營利組織及個人等。

大規模的研究稱爲總體研究（macro research）。任何涉及到廣大地理區域，或對廣大人口集合（例如，洲、國家、州、省、縣）進行普查（census），都屬於總體研究。分析單位是個人的研究，稱爲個體研究（micro research）。但是以研究對象的人數來看，總體、個體研究的分界點在哪裡？關於這一點，研究者之間並沒有獲得共識。也許明確地說明分界點並沒有什麼意義，重要的是，在選擇適當的研究問題時，要清楚界定分析單位應用適當的分析單位。

3. How

(1)資料蒐集方法

研究者必須詳細說明資料蒐集的方式（例如，以網頁問卷方式來蒐集）。資料的蒐集可以簡單到定點的觀察，也可以複雜到進行跨國性的龐大調查。我們所選擇的研究方式大大地影響到我們蒐集資料的方式。問卷、標準化測驗、觀察表、實驗室記錄表、刻度尺規等都是記錄原始資料的工具。

研究者必須設計如何來蒐集資料。我們有必要了解三種蒐集初級資料的方法：

調查研究　調查研究（survey research）是在蒐集初級資料方面相當普遍的方法。經過調查研究所蒐集的資料，經過分析之後，可以幫助我們了解人們的信念、感覺、態度、過去的行為、現在想要做的行為、知識、所有權、個人特性及其他的描述性因素（descriptive terms）。研究結果也可以提出關聯性（association）的證據（例如，人口的密度與犯罪率的關係），但是不能提出因果關係的證據（例如，人口密度是造成犯罪的原因）。

調查研究是有系統地蒐集受測者的資料，以了解及（或）預測有關群體的某些行為。這些資訊是以某種形式的問卷來蒐集的。

調查法依研究目的、性質、技術、所需經費的不同，又可細分為人員訪談（personal interview）、電話訪談（telephone interview）、問卷調查（mail）及電腦訪談（computer interview）。近年來由於科技的進步，在調查技術上也有相當突破性的發展。

在電話訪談方面，最進步的應屬於「電腦輔助訪談」（computer-assisted telephone interviewing, CATI）的方式，訪談者一面在電話中聽被訪者的答案，一面將此答案鍵入電腦中（在電腦螢光幕上顯示的是問卷的內容），如此可省下大量的資料整理、編碼、建檔的時間。

近年來由於網際網路的普及，利用網頁做為蒐集初級資料的工具已經蔚為風氣。事實上，有許多網站提供免費的網路問卷設計，同時，我們也可利用功能強大的程式來設計網路問卷，有關這方面的討論可見第 9 章。

實驗研究　實驗研究（experiment research）的意義是：由實驗者操弄一個（或以上）的變數，以便測量一個（或以上）的結果。被操弄的變數稱為自變數（independent variable）或是預測變數（predictive variable）。可以反映出自變數的結果（效應）的，稱為依變數（dependent variable）或準則變數（criterion variable）。依變數的高低至少有一部分是受到自變數的高低、強弱所影響。

暴露於自變數操弄環境的實體，稱為實驗組（treatment group），這個實體（受測對象）可以是人員或商店。在實驗中，自變數一直維持不變的那些個體所組成的組，稱為控制組（control group）。

實驗可分為實驗室實驗（laboratory experiment）、現場實驗（field

experiment，又稱實地實驗）兩種。實驗室實驗是將受試者聚集在一個特定的地點，並施以實驗處理（例如，觀賞廣告影片）。實驗室實驗的優點在於可對自變數做較為嚴密的控制，但其缺點在於實驗結果對眞實世界的代表性。實驗研究可用在現場實驗或調查研究上。在某商店的一般採購情況下，測試消費者對於某新產品的反應。現場實驗的優點，在於行銷者可對行銷決策進行較為直接的測試。而其缺點則是：易受意外事件（如天候、經濟消息）的影響；遞延效果（carryover effects），亦即受試者先前做過的實驗（或先前類似的經驗）會對這次實驗造成影響；只能控制若干個變數；外在變數不易掌握。例如，銷售量的增加係由於價格下降所致，抑或由於受試者的友人的建議，抑或由於廣告的效果，甚或由於企業本身的運氣則不得而知。有關實驗法的詳細說明，見第 10 章。

觀察研究　觀察研究（observation research）是了解非語言行為（nonverbal behavior）的基本技術。雖然觀察研究涉及到視覺化的資料蒐集（用看的），但是研究者也可以用其他的方法（用聽的、用摸的、用嗅的）來蒐集資料。使用觀察研究，並不表示就不能用其他的研究方法（調查研究、觀察研究）。觀察研究常是調查研究的初步研究，而且也常與文件研究（document study）或實驗一起進行。

觀察研究有兩種主要的類型：參與式（participant）與非參與式（nonparticipant）。在參與式的觀察中，研究者是待觀察的某一活動的參與者，他會隱瞞他的雙重角色，不讓其他參與者知道。例如，要觀察某一政黨活動的參與者，要實際加入這個政黨，參加開會、遊行及其他活動。在非參與式的觀察中，研究者並不參與活動，也不會假裝是該組織的一員。有關如何以觀察研究蒐集初級資料的討論，見第 12 章。

(2) 資料分析

研究者必須說明利用什麼統計技術來分析觀念架構中的各變數，並且要說明利用什麼版本的軟體中的什麼技術處理哪個變數。

研究人員必須決定及說明要用什麼抽樣方法、樣本要有什麼特性（即抽樣對象）以及要對多少人（即樣本大小）進行研究。有關抽樣方法、樣本大小決定的說明，見第 6 章。

(3) 抽樣方法

幾乎所有的調查均需依賴抽樣。現代的抽樣技術是基於現代統計學技術及機率理論發展出來的，因此抽樣的正確度相當高，再說，即使有誤差存在，誤差的範圍也很容易測知。

抽樣的邏輯是相對單純的。我們首先決定研究的母體（population），例如，全國已登記的選民，然後再從這個母體中抽取樣本。樣本要能正確地代表母體，使得我們從樣本中所獲得的數據最好能與從母體中所獲得的數據是一樣正確的。值得注意的是，樣本要具有母體的代表性是相當重要的，換句話說，樣本應是母體的縮影，但這並不是說，母體必須是均質性（homogeneity）的。機率理論的發展可使我們確信相對小的樣本亦能具有相當的代表性，也能使我們估計抽樣誤差，減少其他的錯誤（例如，編碼錯誤等）。

抽樣的結果是否正確，與樣本大小（sample size）息息相關。由於統計抽樣理論的進步，即使全國性的調查，數千人所組成的樣本亦頗具代表性。根據 Sudman（1976）的研究報告，全美國的財務、醫療、態度調查的樣本數也不過是維持在千人左右。有 25% 的全國性態度調查其樣本數僅有 500 人。[16]

在理想上，我們希望能針對母體做調查。如果我們針對全台灣人民做調查，發現教育程度與族群意識成負相關，我們對這個結論的相信程度自然遠高於對 1,000 人所做的研究。但是全國性的調查不僅曠日廢時，而且所需的經費又相當龐大，我們只有退而求其次——進行抽樣調查。我們可以從母體定義「樣本」這個子集合。抽樣率 100% 表示抽選了整個母體；抽樣率 1% 表示樣本數佔母體的百分之一。

我們從樣本中計算某屬性的值（又稱統計量，例如，樣本的所得平均），再據以推算母體的參數值（parameters，例如母體的所得平均）的範圍。

我們應從上（母體）到下（樣本或部分母體）來進行，例如，從二百萬個潛在的受訪者中，抽出 4,000 個隨機樣本。我們不應該由下而上進行，也就是不應該先決定最低的樣本數，因爲這樣的話，除非我們能事先確認母體，否則無法（或很難）估計樣本的適當性。不錯，研究者有一個樣本，但它是個什麼東西的樣本呢？

例如，我們的研究主題是「台北市民對於交通的意見」，並在 Sogo 百貨公司門口向路過的人做調查，這樣的話，我們就可以獲得了適當的隨機樣本了嗎？如果調查的時間是上班時間，那麼隨機調查的對象比較不可能有待在家的人（失業的人、退休的人）。因此在上班時間進行調查的隨機樣本雖然是母體的一部分，但是不具有代表性，因此不能稱爲是適當的隨機樣本。但是如果我們研究的主題是「上班時間路過 Sogo 百貨公司者對於交通的意見」，那麼上述的抽樣法就算適當。從這裡我們可以了解：如果我們事前有台北市民的清單，並從中抽取樣本，那麼樣本不僅具有代表性，而且其適當性也容易判斷。

4. How many

樣本大小的決定

研究者必須說明樣本大小是如何決定的。樣本大小決定的方式有很多，我們將在第 6 章詳細說明。

5. When

時間幅度

時間幅度是指研究是涉及到某一時間的橫斷面研究（cross-sectional study），還是涉及到長時間（不同時點）的縱斷面研究（longitudinal study）。

研究可以「對時間的處理」的不同，而分爲橫斷面研究與縱斷面研究。橫斷面研究是在某一時點，針對不同年齡、教育程度、所得水準、種族、宗教等，進行大樣本的研究。相形之下，縱斷面研究是在一段時的時間（通常是幾個星期、月，甚至幾年）來蒐集資料。顯然縱斷面研究的困難度更高，費用更大，也許就因爲這樣，研究者通常會用小樣本。如果在不同的時點，所採用的樣本都是一樣，這種研究就是趨勢研究（trend analysis）。縱斷面研究的資料亦可能由不同的研究者在不同的時點來提供。

調查研究是詢問受測者一些問題的方法。這些問題通常是他們的意見或是一些事實資料。在理論上，調查研究是屬於橫斷面研究，雖然在實際上問卷回收的時間可能要費上數月之久。橫斷面研究的典型類型是普查。普查是在同一天對全國民眾進行訪談。

6. Where

地點

研究者必須說明在何處蒐集資料。如以網路問卷進行調查，則無地點的問題。如以一般問卷調查、人員訪談的方式蒐集資料，則應說明地點，如榮老師教室、xx 百貨公司門口等。

三、預試

在正式、大規模的蒐集資料之前，我們進行預試（pilot testing）。預試的目的在於早期發現研究設計及測量工具的缺點並做修正，以免在大規模、正式的調查進行之後，枉費許多時間與費用。研究者必須說明預試的期間與進行方式。

我們可以對母體進行抽樣，並對這些樣本進行模擬，以了解消費者的反應。並可以改正問卷的缺點（哪些問題很難回答、哪些問題太過敏感等）。通常預試對象的人數從 25 到 100 人不等，視所選擇的研究方法而定。在預試中，受測的樣本不必經過正式的統計抽樣來決定，有時只要方便即可。值得注意的是：受測者在接受預試之後，對於所測試的主題會有比較深入地了解，在正式測試時會造成一些偏差現象，這種偏差稱爲「事前測量誤差」。

2-8 資料分析

統計分析依分析的複雜度以及解決問題的層次，可分爲單變量分析（univariate analysis）、雙變量分析（bivariate analysis）與多變量分析（multivariate analysis）。一般而言，單變量分析包括：出現的頻率（frequencies）、平均數、變異數、偏態、峰度等。雙變量分析包括：相關係數分析、交叉分析等。多變量分析包括：因素分析、迴歸分析、區別分析、變異數分析等。詳細的彙總說明，可見本書第 11 章「量化研究資料分析」。如果要了解如何操作，可參考：榮泰生著，《SPSS 與研究方法》（台北：五南書局，2009）。

在資料分析這個階段，研究者應呈現資料分析的結果，呈現的方式可用 SPSS 的輸出或自製表格，當然以 SPSS 的輸出來呈現較具有說服力，但有時輸出報表過多（尤其是針對不同變數用同一方法時），研究者可以自行編製彙總表。

2-9 研究結論與建議

一、研究結論

經過分析的資料，將可使研究者研判對於研究假說是否應棄卻。假說的棄卻或不棄卻，或者假說的成立與否，在研究上都有價值。

二、研究建議

研究者應解釋研究在企業問題上的涵義。研究建議應具體，使企業有明確的方向可循、有明確的行動方案可用，切忌曲高和寡、流於空洞、華而不實。例如，「企業唯有群策群力、精益求精、設計有效的組織結構、落實企業策略」這種說法就流於空洞，因爲缺少了「如何」的描述。

複習題

1. 試替「高品質研究」下一個定義。
2. 當學術研究者受企業的委託進行研究時，或者企業界人士（如企業的行銷研究部門人員）進行研究時，要注意哪些特定的情形？
3. 試列表扼要說明研究程序。
4. 何謂研究的循環性 (circularity)？
5. 試比較量化研究、質性研究的程序。
6. 研究為什麼要具有重複性 (replication)？
7. 試扼要說明研究問題的界定。
8. 如何確認症狀與問題？
9. 試說明研究問題的形成。
10. 在對企業研究問題的選擇上，所應注意哪些事項？
11. 在學術研究上，研究者應確認哪些症狀？
12. 在對學術研究問題的選擇上，應注意哪些事項？
13. 研究背景、動機與目的要描述什麼？
14. 研究者如何進行文獻探討？
15. 在撰寫專題學術論文方面，文獻探討依照「深度」分為哪些層次？
16. 何謂觀念架構？試繪圖說明觀念架構的表示法。
17. 如何建立可測試的假說？試舉研究實例加以說明。
18. 試舉例說明如何發展假說？
19. 何謂研究設計？
20. 研究設計應考慮的因素有哪些？
21. 何謂研究設計的 6W？
22. 試說明操作性定義。
23. 研究者如何說明問卷設計的方式、分析單位、資料蒐集的方法？
24. 研究人員必須決定及說明抽樣計畫。何謂抽樣計畫？
25. 預試的目的是什麼？應如何進行？
26. 在論文中應如何說明資料分析？
27. 如何提出研究結論與建議？

練習題

1. 就第 1 章所選定的研究題目，做以下的練習：
   (1)研究問題的界定
   (2)研究背景、動機與目的
2. 上網找一些研究論文，了解並評論它們的研究程序。
3. 上網找一些說明研究程序的講義或 PPT，比較一下它們所說的研究程序和本章所說明的研究程序。
4. 2006 年，英國學者全鐸拉（T. Chandola）的研究團隊發現：胖小孩通常與較低的智商有正相關。到底是肥胖導致智商較低呢？還是智商較低導致肥胖？要回答這些研究問題，應如何設計這項研究？
5. 約翰・奈斯比特（John Naisbitt）的《中國大趨勢：新社會的八大支柱》是站在全球的高度，精闢地提出了「中國新社會的八大支柱」理論——解放思想、「自上而下」與「自下而上」的結合、規劃「森林」，讓「樹木」自由生長、摸著石頭過河、藝術與學術的萌動、融入世界、自由與公平、從奧運金牌到諾貝爾獎。並由此總結出中國發展的大趨勢——中國在創造一個嶄新的社會、經濟和政治體制，它的新型經濟模式已經把中國提升到了世界經濟的領域。試說明其研究設計並提出閱後心得。
6. 一項涵蓋 30 年，幾乎納入北歐所有人口的大型研究顯示，使用手機與罹患腦瘤之間並無關聯。試說明此研究的研究設計。
7. 阿茲海默症（Alzheimer's disease，最常見的老年失智症類型）和癌症是兩種看似毫無關聯的疾病。但美國最近的一項研究發現，阿茲海默症患者較不可能得到癌症，反之亦然。試說明此研究的研究設計。

註　釋

1. R. L. Day, "Position Bias in Paired Product Test," *Journal of Marketing Research*, February 1969, p.100. published by American Marketing Association.
2. 這是 Herbert Simon（1947）所認為的「有限理性」（bounded rationality）的關係使然。如欲對有限理性及其相關的觀念加以了解，可參考：Herbert Simon, Administrative Behavior（台北：巨浪書局，1957）；或榮泰生著，策略管理學，第五版（台北：華泰書局，民 91 年）。

3. Albert Einstein and L. Infeld, *The Evolution of Physics* (New York: Simon & Schuster, 1938), p.5.
4. P. W. Conner, "Research Request Step Can Enhance Use of Results," *Marketing News*, January 4, 1985, p.41.
5. Problem Definition, *Marketing Research Techniques*, Series No.2 (Chicago: American Marketing Association, 1958), p.5.
6. 從事獨立研究者，其研究問題的選擇主要是受到典範（paradigm）及價值觀的影響，有關這些可參考第 1 章的說明。
7. D. R. Cooper and Pamela Schindler, *Business Research Methods* (New York, NY: McGraw-Hill Companies, Inc., 2003), pp.10-12.
8. 在以前統計學的書上都用「假設檢定」這個術語。但是近年來，為了分辨假設（assumption）與假說（hypothesis）的不同，所以將「假設檢定」稱為「假設檢定」。
9. W. N. Stephens, *Hypotheses and Evidence* (New York: Thomas Y. Crowell, 1968), p.5.
10. E. Langer and L. Imber, "When Practice Makes Imperfect: Debilitating Effects of Learning," *Journal of Personality and Social Psychology* (37), 1980, pp.2014-2-24.
11. 以口語來說，就是「不論你多麼努力地加強現在的記憶力，學習各種增加記憶的方法，對於以後學習某些東西的記憶力並不會有任何幫助。」詳細的討論可參考：A. Gates and G. Taylor, "An Experimental Study of the Nature of Improvement Resulting from Practice in a Mental Function," *Journal of Educational Psychology* (16), 1925, pp.583-592.
12. T. Alper, H. Blane and B. Adams, "Reactions of Middle and Lower Class Children to Finger Paints as a Function of Class Differences in Child-Training Practice," *Journal of Abnormal and Sociology* (51), 1955, pp.439-448.
13. 由個人所認知的任何實質、抽象的實體，例如人、群體、政府及教育等。
14. D. Davis and R. M. Cosenza, *Business Research for Decision Making*, 3rd ed. (Belmont, CA.: Wadsworth Publishing Company, 1993), pp.118-119.
15. 題項標記是否要呈現在論文中，這種看法見仁見智。有些學者認為不必呈現。
16. Seymour Sudman, *Applied Sampling* (New York: Academic Press, 1976).

Chapter 3 研究計畫書

本章目錄

3-1 意義與目的

研究計畫書（research proposal）又稱爲工作計畫（work plan）、大綱、研究企圖的說明或是草案。[1] 它說明了：(1)要做什麼事？(2)爲什麼要這樣做？(3)如何做？(4)在什麼地方做？(5)向誰做？以及(6)做這些事有什麼好處？[2]

有些學生及剛開始做研究的人員認爲計畫書是多此一舉的，事實上，這些人士才特別需要提出研究計畫書。因爲計畫書就像是地圖一樣，在以後正式進行研究時，研究者可以按圖索驥，不至於迷失研究方向。研究計畫書甚至還包括了在某一個方法行不通時要怎麼處理的說明，就好像地圖中說明如果道路阻塞時可以走哪些岔路一樣。

因此，在進行正式的研究之前，研究者通常要寫研究計畫書。計畫書被有關當局或贊助單位（如基金會、國科會、企業主管或論文審查委員會）通過之後，才按照計畫書的內容進行正式的研究。因此，計畫書的重點在於使得有關當局明瞭研究的目的以及所提議的研究方法。當然，研究進行的時間、所需要的費用也要說明清楚。至於是否要說明背景資料及研究技術（例如資料分析的細節），則要看有關當局的規定而定。

研究計畫書在頁數及複雜程度上的規定方面有著很大的差異。博士論文的研究計畫書通常會超過 50 頁；而向基金會或政府有關當局所提的研究計畫書不過幾頁而已，而且也有固定的格式可資依循。企業研究的計畫書大約 1～10 頁左右。

每個計畫書不論其頁數多寡，均應包括二個最基本的部分：(1)對研究問題、目的及假設的說明；(2)對研究要如何進行的說明。以管理者（或者贊助單位）的觀點而言，要研究者提出研究計畫書有以下的好處：

1. 可確信研究者了解管理問題

計畫書必須清楚的說明所要解決的問題，以及所期待的結果。如果研究者走錯了研究方向、誤會了研究主題，或者所提議的研究不能提供管理者所需的資訊，則在投入大量的資源（時間、物力、財力）之前，可以對研究的問題加以修正或停止這項研究。

2. 可扮演控制的角色

當研究計畫書被批准之後，它就變成了研究者必須要履行的「約定」。如果這個研究是受外部組織委託以訂約式來進行的，則計畫書就變成了「契約上的義務」。因此，管理當局可將計畫書做爲一個控制的工具，以確信眞正的研究會按照計畫書的內容去做。

3. 可使管理者評估所提議的研究方法

對研究方法先做評估，可以確信研究的結果會提供管理者所需要的資訊。同樣地，如果研究方法及研究技術不是很恰當的話，可在投入大量資源之前加以修正。

4. 可幫助管理者判斷研究的相對價值及品質

在有限的研究經費之下，計畫書的提出會迫使管理者思考該研究是否必須優先去進行。如果計畫書是外包的（委託企業外面的研究人員去做的），計畫書是評估各被委託單位的相對價值及品質的標準。

對研究者而言，研究計畫書有以下的優點：

(1) 可使研究者確信所擬研究的問題是管理當局所需要了解的問題；
(2) 在正式進行研究之前，迫使研究者思考如何進行研究；
(3) 可使研究者擬定行動計畫（action plan），也就是要考慮及說明如何將研究計畫加以落實；
(4) 在研究者與管理者之間達成共識，使得雙方都有保障。

3-2 研究計畫的贊助者

研究計畫的贊助者或主辦單位（sponsor）是贊成及支持研究（財務上或精神上的支持、研究內容上的指導）、驗收研究成果的個人、委員會。所有的研究都有不同形式的「贊助者」。學生在課堂上被規定要繳交的學期報告、碩博士研究生要撰寫的論文，其「贊助者」就是任課教授、指導教授，或者論文審查委員會。

不論是替企業內部本身而做（解決企業內部的問題），或者受委託的（企業內部的研究人員受外部企業委託，來解決他們的管理問題）的研究，研究的主辦單位就是企業的管理當局。研究計畫書就是讓委託的單位了解研究的誠意、評估研究人員對於研究問題是否清楚、研究的內容及範圍是否恰當、研究人員是否具有研究技術。研究計畫書揭露了研究者的學術訓練、組織能力及邏輯能力。在規劃上潦潦草草的、在文字使用上彎彎扭扭的、在組織、結構上零零散散的研究計畫書，會大大地影響到研究者的聲譽。依筆者的觀點，這種研究計畫書不如不提。

3-3 發展步驟

針對企業內部所做研究計畫書，其發展步驟是從「管理者描述問題，並陳述管理問題」開始，到最後被批准，開始進行研究時為止。詳細的步驟可從圖 3-1 看得很清楚。

如果是向企業外部承接的研究專案，企業通常會收到「計畫書申請表」（request for proposal, RFP），此時研究單位人員僅需按照固定的格式提供內容即可。值得注意的是，委託單位對於計畫書中所呈現的專業性、組織力、邏輯能力的要求仍然是一樣嚴格的。

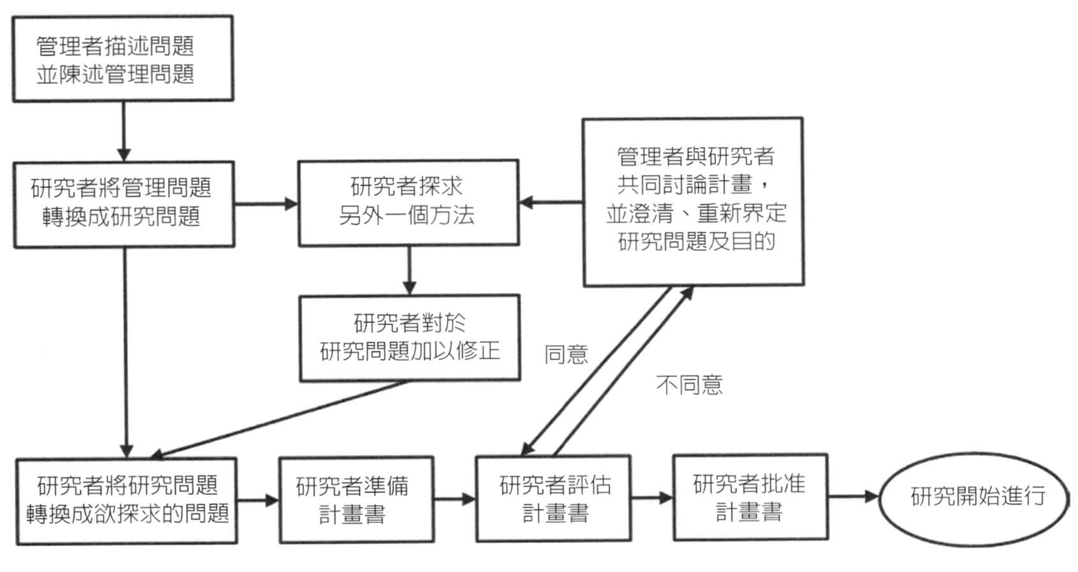

圖 3-1 計畫書發展的步驟

資料來源：Donald R. Cooper and Pamela S. Schindler, *Business Research Methods*（NY, NY: McGraw-Hill Companies, Inc., 2003）, p.97.

3-4 類 型

隨著研究專案的類型、主辦單位（研究的贊助者）是個人還是組織，以及研究專案成本的不同，研究計畫書的複雜度（degree of complexity）也不盡相同。

如表 3-1 所示，向政府機構提出的研究計畫書最為複雜，究其原因可能是因為政府機構的研究專案所提供的研究經費相當龐大，所需的研究時間也比較長的緣故。另一方面，企業內部的研究單位為了企業本身所進行的探索式研究

（exploratory study），或是學生的研究報告，對於研究目的、研究方法、所需時間等只要提出 1～3 頁的說明即可，因此相對上比較簡單。

表 3-1　研究計畫書的複雜程度

類型 ＼ 複雜程度	最低		最高	
企業內部研究	探索式研究	小規模研究	大規模研究	
企業外部研究	探索式訂約研究	小規模訂約研究	大規模訂約研究	政府研究
學生的報告	期末報告	碩士論文	博士論文	
說明：企業內部、外部研究是指委託研究的單位而言；如果委託的單位是別的公司或組織機構（如大學、政府機構），則稱為企業外部研究。				

3-5　結構內容

表 3-2、表 3-3、表 3-4 分別顯示企業內部、企業外部及學生報告的研究計畫書中的各個模組（module）。根據研究計畫書類型的不同，其所應包括的模組（在這裡可以認爲是「階段」）也不盡相同。當然，我們在實際做研究計畫書時，會隨著有關當局的規定而加以增減，表 3-2、表 3-3、表 3-4 所顯示的只是一個「一般原則」而已。[3]

表 3-2　企業內部研究的研究計畫書模組

模組	探索式研究	小規模研究	大規模研究
彙總報告		✓	✓
問題的陳述	✓	✓	✓
研究目的	✓	✓	✓
文獻探討			✓
研究的重要性及益處			✓
研究設計	✓	✓	✓
資料分析			
資料分析的預期結果		✓	✓
研究者的資歷			
研究預算		✓	✓
研究排程	✓	✓	✓
設備及特殊資源			✓
專案管理			✓
參考文獻			✓
附錄			✓

表 3-3　企業外部研究的研究計畫書模組

模組	探索式研究	小規模研究	大規模研究	政府補助
彙總報告	✓	✓	✓	✓
問題的陳述	✓	✓	✓	✓
研究目的	✓	✓	✓	✓
文獻探討			✓	✓
研究的重要性及益處	✓	✓	✓	✓
研究設計	✓	✓	✓	✓
資料分析			✓	✓
資料分析的預期結果		✓	✓	✓
研究者的資歷	✓	✓	✓	✓
研究預算	✓	✓	✓	✓
研究排程	✓	✓	✓	✓
設備及特殊資源	✓	✓	✓	✓
專案管理			✓	✓
參考文獻			✓	✓
附錄			✓	✓

表 3-4　學生的學期報告及論文的研究計畫書模組

模組	學期報告	碩士論文	博士論文
彙總報告			
問題的陳述	✓	✓	✓
研究目的	✓	✓	✓
文獻探討		✓	✓
研究的重要性及益處			✓
研究設計		✓	✓
資料分析		✓	✓
資料分析的預期結果		✓	✓
研究者的資歷			
研究預算			
研究排程		✓	✓
設備及特殊資源		✓	✓
專案管理			
參考文獻	✓	✓	✓
附錄		✓	✓

茲將研究計畫書中各模組簡要說明如下：

1. 彙總報告

彙總報告（executive summary）[4] 可使日理萬機的管理者或研究贊助者很快地了解研究計畫書的要旨。

彙總報告的目的在於獲得高級主管的正面評價，然後他們會交給其幕僚人員做全面性的詳細評估。因此，彙總報告應對於研究問題、研究目的、研究方法做簡要的敘述。

2. 問題的陳述

研究計畫書在「問題的陳述」在這方面要說明研究問題、問題的背景（或研究動機）、預期結果、問題涵蓋的範圍（研究範圍）。對問題的陳述應簡單明瞭、言簡意賅、切忌長篇大論、陳腔濫調。在看完「問題的陳述」之後，研究贊助者應能充分了解研究的重點、研究的重要性，以及爲什麼要進行這個研究，才能夠了解必須改變現狀的理由。[5]

3. 研究目的

如果是探索式的研究，則研究的目的就是說明要探索什麼東西；如果是因果式研究，則可以陳述研究假說的方式來說明研究目的。研究目的必須是明確的、實質的、可達成的。在條列研究目的時，要先列出最重要的目的。一般性的目的要先列出，然後再列出特定的目的。

在研究程序中的各階段要能環環相扣是相當重要的事。研究者要確信研究目的、研究假設、資料分析、研究結果等都能環環相扣、相互呼應。例如，研究設計要能實現研究目的；資料分析要能分析到研究假設中各變數的關係；研究結果要能從資料分析的結果所衍生，並能替研究問題提出答案。

4. 文獻探討

文獻探討（literature review）就是對過去的、現代的有關研究、公司的或產業的資料做一番檢視。研究者必須以整體性的觀點，先對於有關的文獻、相關的次級資料加以探討，然後再探討與研究主題息息相關的特定研究。

在進行文獻探討時，要跳過所參考的文獻中不相關的細節，要注意有關研究的重要結論、其研究設計等。在研究計畫書撰寫「文獻探討」這部分的內容時，要說明爲什麼這些所探討的研究可應用到你的研究上；這些所探討的相關研究在設計上有何缺點；你如何避免這些同樣的缺點。如果你的研究是針對次級資料做研究，要討論這些資料的相關性，以及這些資料是否有偏差。

在做文獻探討時，要引用原始文章或論文，並不是你在有關文獻中所看到其所引用的文章，這樣可以表示你對原創者的尊重，至少可避免「以訛傳訛」的情形。

在研究計畫書撰寫「文獻探討」這部分的內容時，在結尾部分必須要將所探討的文獻做摘要（最好以表格的方式呈現），並要說明這些文獻如何會強化你的研究主題，使你覺得做這個研究更具有必要性。當然文獻探討的結果也可能讓你了解是否有必要調整研究問題。

5. 研究的重要性及益處

在研究計畫書撰寫「研究的重要性及益處」這部分的內容時，要說明做這個研究的好處，並且要特別說明「現在馬上要做這個研究」的重要性。通常「研究的重要性」這一節只要幾段文字就可以說明清楚。如果你發現自己寫不出研究的重要性，就表示你還沒徹底了解研究問題。

「研究的重要性及益處」這一節就是要使你確實澄清最困擾著管理當局（或贊助單位）的問題。如果管理當局或贊助單位所困擾的是工會問題，你的研究就必須揭露出工會問題的癥結所在，讓管理當局掌握工會問題中的關鍵因素；並提議如何化解勞資糾紛。這些就是你做工會研究的重要性及益處。

6. 研究設計

研究設計就是說明在技術上如何去做才能夠實現研究的目的。研究設計的項目包括：抽樣方法及樣本大小、資料蒐集方法、測量工具、測量程序等的說明。如果在這些項目中，有幾種方式可供選擇，要說明爲什麼要用所選擇的那種方法。

7. 資料分析

對大型的訂約式研究或者是博士論文，要另闢「資料分析」這一節來說明資料分析所用的統計技術。如果是小規模的研究，資料分析包含在「研究設計」那一節就可以了。在研究計畫書中「資料分析」這一節要說明資料類型、如何處理資料，以及所選用的統計技術的適用條件。

資料分析的目的在於使的管理當局了解你所使用的分析技術是適當的。爲了避免冗長的文字敘述，可以用資料分析流程圖來代替。

8. 資料分析的預期結果

對資料分析的預期結果的說明，可以使贊助單位了解資料分析的結果是否與研究目的環環相扣，換句話說，是否能夠替研究問題提出答案。同時也要說明透過這些統計分析所獲得的預期結果，在所欲探討的企業管理問題上、策略規劃上、行動方案上有何重要的涵義。

9. 研究者的資歷

在「研究者的資歷」這一節中，要說明研究主持人的資格。如果參與研究的人員不止一人，在實務上通常會以研究人員的學歷爲次序來呈現。在研究者的資歷中，要說明研究經驗、實務經驗、所加入的專業協會（如專業經理人協會、管科會、美國行銷協會）等。也許研究者在校（或在其他的職訓班）所修習過的有關課程，可以放在附錄中加以說明。

10. 預算的編列

預算（budget）是以貨幣（金錢）來表示行動方案（dollar representation of an action plan），也就是說，欲執行研究活動所需要的經費就是預算。預算的編列要按照贊助單位的規定，例如以「祕書行政費用」這一項爲例，有些贊助單位規定要單獨編列；有些則規定要編列在研究指導者的費用項目中；有些則規定要編列在固定費用中。在小規模的訂約研究中，對預算的說明不應超過 1～2 頁。表 3-5 是在商業研究中預算編列的例子。

表 3-5　商業研究中預算編列之例

電視廣告效果調查企劃案成本預估		
調查企劃		$1,500
問卷設計		1,500
訪員費	100×@240	24,000
督導費	3×@800	2,400
問卷印刷		500
複查費	50×@5	250
資料編碼及輸入		2,000
電腦分析		3,000
報告撰寫		3,000
報告打字		1,500
雜費（差旅、聯絡）		8,000
總額		$47,650

11. 研究排程

排程（schedule）應包括研究專案的各個主要階段、時間表及完成該階段的里程碑（milestone）。例如研究主要階段包括：

(1) 探索式訪談。

(2)最後的研究計畫書的提出。
(3)問卷的修正。
(4)現場訪談。
(5)資料的編輯及編碼。
(6)資料分析。
(7)提出研究結論。

排程如能以甘特圖（Gantt chart）來顯示，不僅清晰易懂，而且也可節省冗長的文字敘述。圖 3-2 就是利用 Microsoft Project 所做出的甘特圖之例。

圖 3-2　研究排程的甘特圖（以 Microsoft Project 做成）

甘特圖的最大限制在於無法顯示出各個活動之間的關係，譬如說，如果一個活動延誤了，到底有哪些活動會受影響，影響又有多大，我們無法從干特圖中看出這些關係。如果是大型的、複雜的研究，我們還要以要徑法（critical path method）來表示。[6]

如果要表示出活動間的關係，我們就要用要徑法或網路圖。在要徑法中，會明顯地表示出何種活動必須在何種活動之前完成，我們也可以找出要徑（critical path），也就是一群活動的組合，而這些活動的延誤會造成整個專案的延誤。對於簡單的活動而言，用手工繪出要徑圖或網路圖即可，然而對於複雜的專案而言，我們必須借助電腦及適當的軟體。

12. 設備及特殊資源

研究計畫書也應說明研究所需的設備及特殊資源。例如電腦輔助訪談所需要的設備及特殊資源包括了：個人電腦、數據機、通訊網路及有關軟體等。除此之外，資料分析所需要的電腦硬體（處理速度及磁碟容量等）及軟體（如 SPSS、SAS、BMDP 或 Minitab）也應加以說明。

13. 專案管理

在研究計畫書中列出專案管理這一節的目的，在於使得贊助單位了解研究專案組織的研究效能及效率。在大型、複雜的研究專案中，除了要提供「流程」的說明外，其主要計畫（master plan）含應包括：

(1) 研究小組的組織（如組織結構、有關人員的職權、直線幕僚的關係等）。
(2) 對於實現研究計畫中各階段的管理及控制（例如，在資料處理這一階段，對於資料正確性的管理及費用的控制等）。
(3) 付款的時間及金額。
(4) 法律責任（如智慧財產權的歸屬及讓度等）。

14. 參考文獻

需要做文獻探討的研究專案，必須列出所參考的文獻。研究者要遵循研究贊助單位所規定的格式。如果沒有特殊規定，可以參考管科會的格式（網址：（http://www.management.org.tw/））：

文　獻　　文獻部分，請將中文列於前，英文列於後，中文按姓名筆劃，英文按字母次序排列，請參考下列簡例。其他未列規定，則以美國發行之期刊 Academy Management 為準。

(一)中文稿

（書　籍）　賴士葆，1995。生產/作業管理——理論與實務，台北：華泰文化事業有限公司。

（報　告）　楊仁壽，1997。動態決策理論之研究(1)：長短期與特定模糊標的設定的效果，國科會補助研究報告 NSC 86-2417-H-224-001。

（未發表）　周淑貞，1997。管理當局盈餘預測與盈餘管理關係之實證研究，國立政治大學會計研究所未出版碩士論文。

（會　議）　陳明德，1997。建構虛擬企業：程序再造和電子商務研討會，台大慶齡工業研究中心。

（期　刊）　林明杰，彭凌峰，2000。不同情境下創新專案關鍵成功因素間關係之研究，管理學報，第十七卷第四期，625-642。

(二)英文稿

Reference

（書　籍）　Engel, James F., Roger D. Blockwell and Paul W. Miniard (1990), *Consumer Behavior*, Orlando: Dryden Press.

（報　告）　Simpson B.H. (1975), *Improving the Measurement of Chassis Dynamometer Fuel Economy*, Society of Automotive Engineers Technical Paper Series 750002.

（未發表）　Chen, Y.K. (1976), *A Network Approach to the Capacitated Lot-Siz Problem*, unpublished manuscript, The Wharton School, University of Pennsylvania, Philadelphia, pp. 1-10.

（會　議）　Cook, S.A. (1971), *The Complexity of Theorem-Procedures*, 3rd Annual ACM Symp. Theory of Computing, pp. 151-158.

（期　刊）　Holbrook, Morris B. and Robert M. Schindler (1989), *Some Exploratory Findings on the Development of Musical Tastes*, Journal of Consumer Research, 16(3), pp.119-24.

15. 附　錄

在附錄部分可包括索引、測量工具（如問卷）、研究者的詳細個人資料、預算的詳細數據以及有關設備及特殊資源的細節。

3-6 評　估

企業研究中在擬定研究計畫書的各階段所應掌握的關鍵性因素，就是研究計畫書的評估項目。[7] 在研究計畫書的評估方面，有的是以非常結構化的、數量化的方式來進行；他們會以所建立的評估標準，並對每一個標準從「極差」到「極佳」分別給予不同的分數，有的甚至給予每個評估標準設定其相對重要性（權數）。例如行政院國家科學委員會對研究計畫的評估標準是：

審查重點		最高分數		評定分數	評述
		甲種	乙種		
代表著作	方法運用（推理與方法是否嚴謹）	20	20		
	資料處理與詮釋（資料處理與引用是否得當）	10	15		
	組織結構（均衡而有系統的程度）	10	15		
	文字技巧（通順、準確、扼要的程度）	5	10		
	成果與貢獻（理論或實用價值）	25	20		
五年內著作	著作品質	20	15		
	著作數量	10	5		

有些贊助單位則是以非結構化的、質性的方式來評估，例如：

1. 研究主旨與架構

2. 研究方法（包括研究設計、資料蒐集、抽樣設計、分析方法等）

3. 文獻探討與文字運用

4. 學術或實務貢獻

5. 其他

複習題

1. 試說明研究計畫書的意義與目的。
2. 每個計畫書不論其頁數多寡，均應包括哪兩個最基本的部分？
3. 以管理者（或者贊助單位）的觀點而言，要研究者提出研究計畫書有哪些好處？
4. 對研究者而言，研究計畫書有哪些優點？
5. 研究計畫的贊助者有哪些人或機構？
6. 試繪圖說明研究計畫書的發展步驟。
7. 試說明研究計畫書的類型。
8. 試列表說明研究計畫書的結構內容。
9. 試扼要說明研究計畫書中的各模組。
10. 試說明研究計畫書的評估。

練習題

1. 就第 1 章所選定的研究題目，提出你的研究計畫書。
2. 如何讓碩博士論文計畫書具有說服力？
3. 試說明研究計畫書的寫作要領。
4. 試上網了解向下列單位申請研究的計畫書內容：
   (1)教育部
   (2)行政院國家科學委員會
5. 如果你想要驗證「生活有寄託的人在碰到挫折時，比別人更容易東山再起」這個假說而進行一項研究，試提出你的研究計畫。

註　釋

1. P. D. Leedy, *Practical Research: Planning and Design*, 2nd ed. (New York: Macmillan, 1980), p.79.
2. P. V. Lewis and W. H. Baker, *Business Report Writing* (Columbus, Ohio: Grid, 1978), p.38, p.58.
3. C. T. Brusaw, G. J. Alred and W. E. Oliu, *Handbook of Technical Writing*, 4th ed. (New

York: St. Martin's Press, 1992), p.375.

4. 英文稱為 executive summary，直譯為「高級主管的彙總報告」，顯然這是為了高級主管的閱讀方便所做的彙總報告。

5. P. W. Lewis and W. H. Baker, *Business Report Writing* (Columbus, Ohio: Grid, 1978), p.38-58.

6. 在 1952-53 年間，美國杜邦公司認為網絡分析（network analysis）可以應用到一般複雜作業的規劃上。該公司基於實際上的需要，並經不斷地研發改進，在甘特圖上繼續下工夫，終於在 1955 年發展出「要徑法」的雛型，完成「要徑法」的構想，並將之應用在該公司新廠的擴建計畫中。這樣的發展及應用奠定了網路作業理論的基礎。

7. D. R. Krathwohl, *How to prepare a Research Proposal*, 2nd ed. (Syracuse University Bookstore, 1976), pp.1-5.

第貳篇

研究設計

Chapter 4

本章目錄

4-1 基本觀念

在專題研究中，測量（measurement）是相當重要的一個程序。我們所建立的研究架構不論有多麼嚴謹，所涉及的觀念（變數）不論多麼「面面俱到」，但是如果在測量上發生的問題，則必然會前功盡棄，所有的努力也就付諸東流。

測量是將數字指派到一個觀念（或變數）上。例如，我們利用智商測驗的結果指派到某人的智慧水平上（智商測驗的結果代表這個人的智慧水平）。測驗（例如，智商測驗、托福測驗）的建立稱作量表（scales），將在第 5 章討論。本章所要討論的是：測量的程序、尺度、良好測量工具的特性（測量工具的信度及效度）。

各個「觀念」在測量的簡易度上是截然不同的。如果一個觀念可被直接觀察、所有的受訪者對它並不陌生、沒有爭論性，我們可以說它是相當容易被測量的。例如，個人的身高、體重、年齡等皆是。其他的觀念，例如，信念、態度、集權、忠誠度等，就不易測量，因爲這些觀念不易被直接觀察（雖然它們的效應可能容易被觀察），而且是多元尺度的（multidimensional）。這些觀念在專題研究上非常重要，但是在測量上往往是「荊棘滿佈、困難重重」。

一、量化與質性

測量是決定某一個特定的分析單位的值或水平的過程，這個值或水平可能是質性的（qualitative），也可能是量化的（quantitative）。質性屬性具有標記（label）或名字，而不是數字。當我們以數字來測量某種屬性時，這個屬性稱爲量化屬性（quantitative attribute）。

例如，我們的膚色是質性的，而不是量化的。其他還有許多質性變數（qualitative variable），例如政黨（國民黨、民進黨、新黨……）、宗教（基督教、天主教、佛教……）。[1] 在觀察研究中，質性變數用得相當廣泛。

質性變數的類別可用標記來表示，也可以用數字來表示。值得注意的是：即使用數字表示，這些數字也不具有數學系統中的屬性（例如，加減乘除四則運算）。例如「第一類組」、「第二類組」不能用來相加或相乘。質性變數唯一可以做的數字運算就是計算每一類別的頻率及百分比，例如，計算金髮少女的人數比例。

二、構念與觀念

1. 構念

構念（construct）是心智影像（mental images），也就是浮在腦海中的影像或構想（ideas）。研究者常為了某些特定的研究或是要發展理論來「發明」一些構念。構念是由若干個較為簡單的觀念所組成的。構念與觀念（或稱概念）常易混淆。我們現在舉一個例子來說明它們的差別所在。「組織規模」是一個構念，它包括了員工人數、資本額、營業額、部門數目、產品線總數等觀念。這些觀念是相當具體的、容易測量的。

再舉一個例子來說明構念與觀念。一位產品手冊的技術撰寫員的工作規格（job specifications）包括了三個要素：表達品質、語言能力及工作興趣。圖 4-1 顯示了這些構念中所包括的觀念。

在圖 4-1 下方所呈現的觀念（格式正確、手稿錯誤、打字速度）是相當具體的、容易測量的。例如，我們可以觀察打字速度，即使用最粗糙的方式，我們也

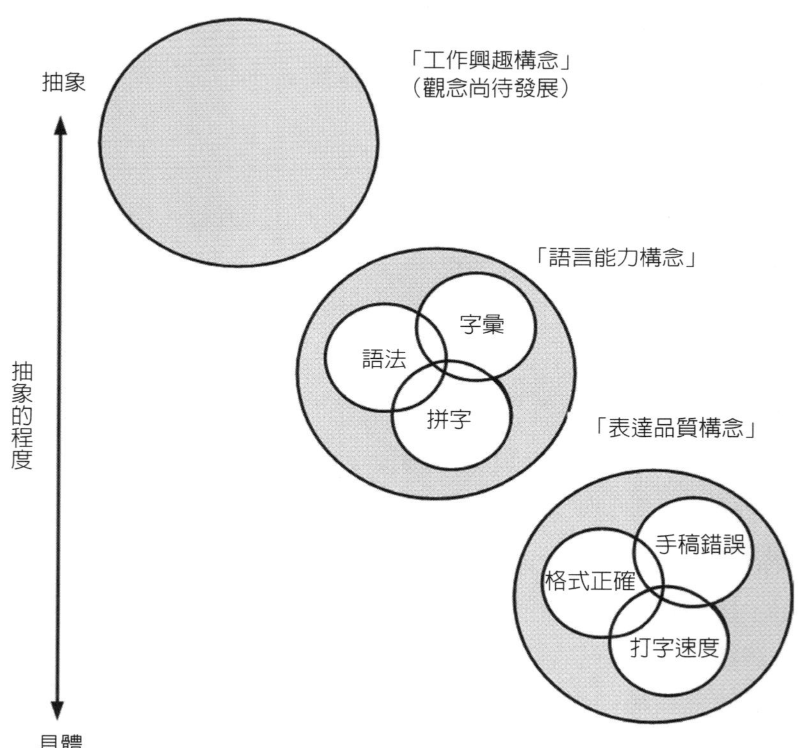

圖 4-1　構念與觀念

可以很容易地分辨打字速度的快慢。打字速度就是「表達品質」這個構念的一個觀念。「表達品質」是一個不存在的實體（nonexistent entity）。它是一個標籤，用來傳遞這三個觀念所共同組成的意義。

圖 4-1 中的另一個層次是由字彙、語法及拼字這三個觀念所構成的「語言能力」構念。「語言能力」這個構念的抽象程度比「表達品質」還高，因爲字彙及語法較難觀察，而且測量起來也更爲複雜。

至於「工作興趣」這個構念，我們還找不到有關的觀念。因爲它最難觀察，也最難測量。它也許包括了許多相當抽象的觀念。研究者常稱這種抽象構念爲「假設式構念」（hypothetical construct），因爲相關的觀念或數據還沒有找到。它只是被假設存在，尚待更多的驗證。如果有一天，研究者發現了相關的觀念，而且支持其間的關聯性（觀念與構念間的關聯性）的命題也成立，則研究者就可以建立一個支持這個構念的觀念架構（conceptual scheme）。

2. 觀念

如果我們要傳遞某個物件或事件的訊息，必須有一個共同的基礎（否則我說的是桃子，你想的是李子），這個共同的基礎就是「觀念」。「觀念」就是伴隨著某特定的物件、事件、條件或情境的一系列意義（meaning）或特性（characteristics）。

「觀念」產生的過程和我們如何獲得知覺（perceptions）是一樣的。知覺是我們將所看到的、所聽到的、所嚐到的、所聞到的、所摸到的刺激（這些都稱爲「資訊輸入」）加以選擇、組織（organizing）、解釋，以產生某種意義（或賦予某一個標籤）的過程。換句話說，所謂知覺是指：個人如何選擇、組織及解釋其感官印象（sensory impressions），並對於刺激到感官印象的環境事件賦予某種意義（或賦予某一個標籤）的過程。例如，我們看到一個人在有規則的慢慢跑步，我們就會賦予這個動作一個叫做「慢跑」的標記，這個標記表示了「慢跑」這個觀念。

有些「觀念」也許不可能直接地被觀察，例如，正義、友情等。但也有些「觀念」是明顯的、可以觀察的某種指示物（referents），例如，電腦、學校等。有些「觀念」是二分的（dichotomous，只有二個可能的值），例如，性別（男性、女性）。

(1) 觀念的來源

一般人常用的「觀念」是隨著時間的推移而發展出來的，其間包括了「互相共用」的情形。我們從個人日常生活的經驗中，也會獲得許多觀念。不同的文化環境中有屬於他們自己的獨特觀念，如果要移植到別的文化，可能不是一蹴可幾的。

在企業研究所涉及的觀念非常多，有時候我們會利用到其他的學術領域的特殊觀念或新觀念。例如，在企業研究中，我們曾借用了心理學在學習論上的連結論（connectionism）、接近論（contiguity）、增強論（reinforcement）及符號格式塔論（sign-gestalt）等來研究組織學習（organizational learning）；[2] 亦曾引用了物理學的布朗運動（Brown movement）來研究群體行為，引力論（gravitation theory）來研究「為什麼消費者會在某處購買」，借用距離的觀念（concept of distance）來測量消費者之間在態度上的差異程度。

但老是借用總不是辦法。做為一個企業研究者，我們必須：(1)對於所借用的觀念給予新的意義（如企業研究中的「模式」就是一例）；(2)對於所借用的觀念給予新的標記（如企業研究中的「地位壓力」即是一例）。在這種情形下，我們是在創造新的術語。醫學家、物理學家、資訊學家及其他學術領域的研究者所使用的術語（觀念），非外行人所能了解。這些術語可以增加某一學術領域專家與專家之間的溝通效率。

(2)「觀念」對研究的重要性

「觀念」是所有思想與溝通的基礎，但是我們極少注意到它們是什麼，以及在使用上所碰到的問題。大多數的研究缺點都源自於對於「觀念」的界定不清所致。研究者在發展假說時，必須利用到「觀念」；在蒐集資料、測試假說時，必須要利用到測量的觀念。有時候我們還必須創造（發明）一些新的觀念，來解釋我們的研究及研究發現。一個研究是否成功取決於：(1)研究者對於「觀念」的界定是否清楚；以及(2)別人是否能理解研究中的「觀念」。

例如，我們在調查受測對象的「家庭總收入」時，如果不將此觀念說明清楚，受測對象所提供的答案必然是「一個觀念，各自表述」的。要清楚說明「家庭總收入」這個觀念，我們至少必須界定：(1)時間幅度（是一週？一個月？或者一年）；(2)稅前或稅後；(3)家長的收入或全部家庭成員的收入；(4)薪資或工資，有無包括年終獎金、意外的收入、資本財收入等。

(3)使用「觀念」時的問題

在企業研究中，我們在「觀念」的使用上會遇到更多的困難。原因之一在於：人們對於同一個標記下的觀念會產生不同的理解（賦予不同的意義）。人們對於有些「觀念」的了解大多是一致的，在研究的溝通上（例如，以問卷填答）也不成問題。這些觀念包括：紅色、貓、椅子、員工、妻子等。但是有些觀念則不然，這些觀念包括：家計單位、零售交易、正常使用、重度使用者、消費等。更具挑戰性的是，有些觀念看似熟悉，但卻不易了解，例如，領導力、激勵、個性、社會階層、家庭生命週期、官僚主義、獨裁等。在研究文獻中，「個性」這個觀念就有 400 多種的定義。[3]

以上說明的各個觀念在抽象的程度上各有不同，在是否具有客觀的參考物（objective referents）上也不一樣。「個人電腦」是一個客觀的觀念，因爲它有客觀的參考物（我們可以明確地指出什麼是個人電腦）。但是有些觀念（如正義、友情、個性等）並沒有客觀的參考物，也很難加以視覺化。這些抽象的觀念稱爲構念。

4-2　測量程序

一、測量的組成因素

測量所涉及的是依據一組法則，將數字（或標記）指派給某一個實證事件（empirical event）。實證事件是指某物件、個體或群體中可被觀察的屬性（如主管的性別、員工的工作滿足）。雖然測量工具有很多類型和種類，但其測量程序（measurement process）總是離不開以下的三個步驟（這三個步驟亦可稱爲是測量的組成因素）：(1)觀察實證事件；(2)利用數字（或標記）來表示這些事件（也就是決定測量的方式）；(3)利用一組映成規則（mapping rules）。圖 4-2 解釋了實證事件、數字（或標記）及映成規則的情形。

實證事件	映成法則	數字（或標記）
主管的性別	如果是男性，則指派 1 如果是女性，則指派 0	1 或 0

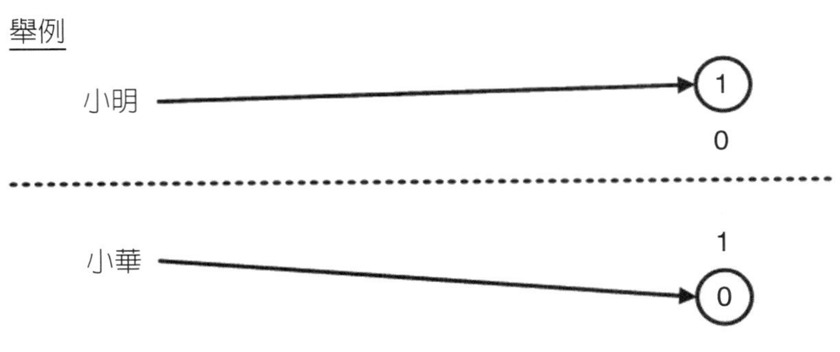

圖 4-2　測量程序（測量的組成因素）之例——主管的性別

三、觀念與操作性定義

通常研究的主體（或稱實證事件），在觀念層次上包含對象（objects）及觀念（concepts）兩個內容（例如，「中產階級的社會疏離感」就是實證事件，其對象部分爲中產階級，其觀念部分爲社會疏離感）。「性別」這個觀念並不複雜，但在專題研究上有許多複雜的觀念，例如，社會疏離感、信念、認知偏差、種族偏見等皆是。

研究者將觀念經過操作性定義（operational definition）的處理之後，將更爲方便觀察到（或調查到）代表著這個觀念的各次觀念，研究者再以數字（或標記）指派到每一個次觀念上（也就是決定測量的方式），以便進行統計上的分析。

一般而言，由操作性定義發展到測量工具是沒有什麼問題的。在研究設計上，最難克服的問題在於將觀念這個觀念層次（conceptual level）的東西，轉換成操作性定義這個實證層次（empirical level）的東西，而不失其正確性。圖 4-3 表示此二者之間的關係，由圖中可知研究者所需了解的是測量和眞實（原來的觀念）之間的「同構」（isomorphic）的程度。換句話說，研究者希望藉由測量來探知眞實的構形（configuration），以期對眞實現象有更深（更正確）的了解。同構程度愈高，及表示測量的效度愈高。

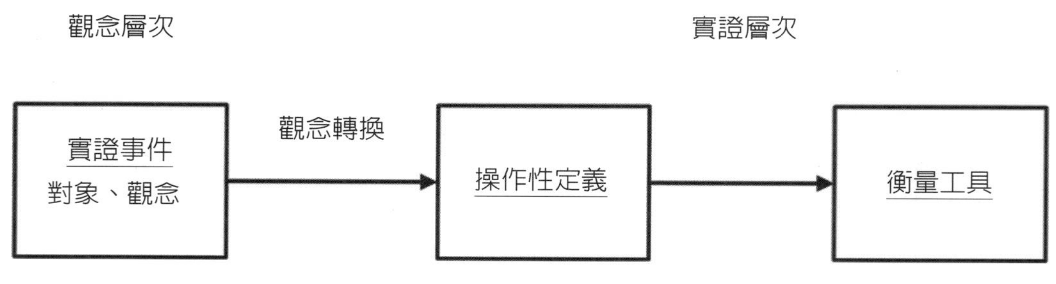

圖 4-3　觀念與測量的關係圖

同樣一個觀念中可能包括了許多次觀念，研究者在依據經驗判斷、邏輯推理或參考相關文獻之後，可發展出一些操作性定義來涵蓋這個次觀念，希望對於原來的觀念可做更完整的探討。這些操作性定義可能是對的，也可能對了一部分，甚至有可能是錯的，如圖 4-4 所示。

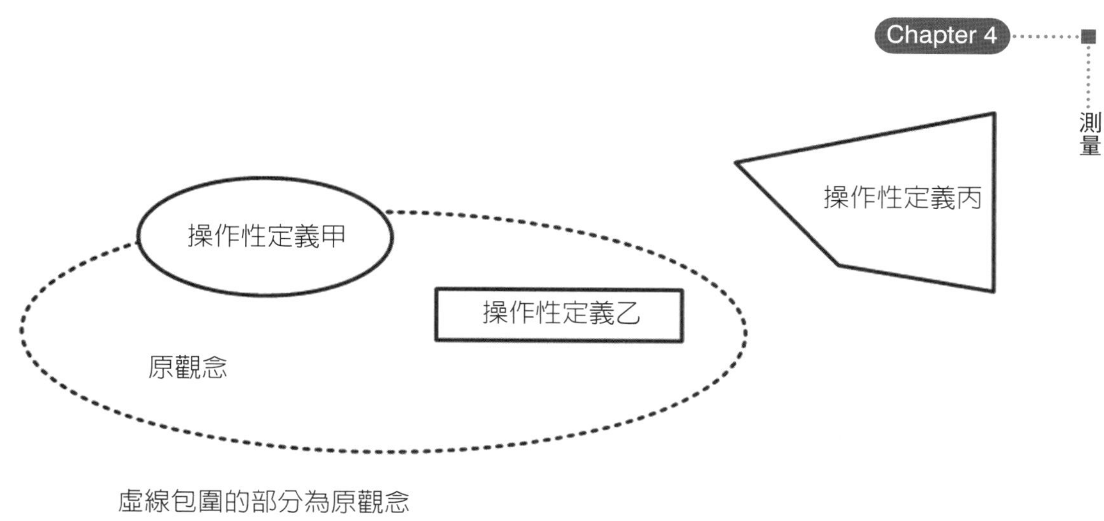

圖 4-4　觀念與操作性定義的關係圖

圖 4-4 中操作性定義甲只觸及了觀念的邊緣，定義乙則正確掌握了原觀念的部分內涵，而定義丙則爲錯誤的操作性定義（它可能是探討其他不同的觀念）。如果某公司在在考績 / 工作績效評等（這是一個觀念）上，列有學歷、完工件數及忠貞愛國等評分欄；就學歷而言，高的學歷並不表示高的工作績效（這種情形類似定義甲）；完工件數則實際與工作績效有密切的關係（類似定義乙）；而員工是否忠黨愛國，則與工作績效無關（類似定義丙；可能測試的是其他的觀念）。若要對眞實觀念有正確的了解，則需要更多正確的操作性定義，來共同描繪出眞實的觀念，以達到同構的要求（或者理想）。

4-3　測量尺度

測量尺度（measurement scale）共有四種類別：名義尺度（nominal scale）、次序尺度（ordinal scale）、區間尺度（interval scale，或稱等距尺度）以及比率尺度（ratio scale）。[4] 這四個尺度依序有「疊床架屋」的情況（也就是說，後面的那個測量尺度具有前面的那個特性），再加上一些額外的特性。値得一提的是，SPSS 在「變數檢視」中將變數的測量（Measurement）分爲尺度（Scale）、次序的（Ordinal）、名義的（Nominal），而尺度包括區間（或等距）尺度（Interval）、比率尺度（Ratio）。

資料類型

我的球衣號碼是 1 號、我考試得了第 1 名、我以前居住的波士頓冬天時的溫度是攝氏 1 度、我在留學的時候 1 天的飯錢只花 1 美元。以上的「1」雖然都是阿拉伯數字的「1」，但是它們的尺度或類型不同。

1. 名義尺度

名義尺度是區分物件或事件的數字或標記。也許最普遍的例子就是我們將性別變數中的男性指定爲 1，將女性指定爲 0。當然我們也可以將男性指定爲 0，將女性指定爲 1；利用符號將男性指定爲 M，將女性指定爲 F；或逕自分別以「男性」、「女性」來區分。

質性變數的類別只是分類的標記而已（在這裡，即使是以數字來分類，也是標記），並不表示哪一個類別比較優秀，而且被分在同一類別的個體都是「對等的」（equivalent），例如，被分在「0」這一組的男性都是對等的。

基本上，以名義尺度來測量的變數至少有兩種類別，而且這些類別是獨特的、互斥的以及盡舉的（exhaustive）。「盡舉的」的意思是指：對每一個個體而言，都有適當的類別。「互斥的」的意思是指：每一個個體都會符合某一個唯一的類別。例如，性別即是。性別被稱爲是「自然的二分法」（natural dichotomy）。[5]

2. 次序尺度

次序尺度很像名義尺度，因爲它是互斥的、盡舉的。除此之外，次序尺度的類別並不具有同樣的層級（例如，冠軍、亞軍就不具有同樣的層級，而大專聯考的第一類組、第二類組就具有同樣的層級）。

我們經常會遇到相同的次序的問題（例如，環球小姐選拔，二人同列第一）。我們將某地區足球比賽的成績依其勝負場數加以記錄如下（假設所有隊伍的比賽場數皆相同，而且沒有和局）（表 4-1）：

表 4-1　10 個隊伍的勝負一覽表

隊伍	勝	負
A	4	6
B	6	4
C	8	2
D	10	0
E	0	10
F	5	5
G	8	2
H	4	6
I	9	1
J	4	6

基於比賽的結果記錄，我們可排定以下的次序：D、I、C、G、B、F、A、H、J、E。同時，我們發現了平手的現象：C 與 G 平手，A、H 與 J 平手。

通常我們將平手視爲是相同的。由於 C 與 G 的勝數次數相同，如果將之排爲第三名與第四名，則不僅不公平，而且也隱藏了重要的資訊。如果我們將此兩隊都給第三名或第四名，則不甚恰當，因爲在我們的次序測量系統（ordinal measuring system）中，每個等級只有一個。第一名到第十名的總和是 55（1 + 2 + 3 + …… + 10），如果我們將此兩隊都給第三名或第四名，則總和會變成 54 或 56。由於我們要維持測量系統的整體一致性，故將平等的那個次序（3 及 4）加起來，再除以平手的數目（也就是 2），而得到 3.5。同樣地，A、H 與 J 也是平手，因此它們的等級都是 8，也就是（7 + 8 + 9）/3。如果平手的數目是偶數，則等級就會出現小數。如果平手的數目是奇數，則等級就會出現整數。

等級是具有遞移性的（及符合數學上的連結律），如果某個體在某個屬性上的值的等級是 r（例如身高第 r 名），則必優於另一個個體在此屬性的等級是 r + 1 者（例如身高第 r + 1 名）。同理，如果某個體在某個屬性上的值的等級是 r + 1（例如，身高第 r + 1 名），則必優於另一個個體在此屬性的等級是 r + 2 者（例如，身高第 r + 2 名）。因此我們可以說，$r > r + 1$，同時 $r + 1 > r + 2$，則 $r > r + 2$。但是我們不知道 r 值的原始評點大於 r + 1 值的原始評點有多少，或者等級之間的原始評點的差距是否相同。

我們從下面五個人的身高次序的例子，便能了解得更爲清楚（表 4-2）：

表 4-2　五個人的身高次序

個體	身高次序	原始評點（身高）	備註
小傑	1	185	
小中	2	180	
小華	3	179	可認為這個等級是 r
小民	4	170	可認為這個等級是 r + 1
小國	5	164	可認為這個等級是 r + 2
註：身高依高低次序排列，第 1 名為身高最高者。			

3. 區間尺度

以年齡爲例，如果以名義尺度來處理，就是將它分成不同的年齡層；如果以次序尺度來處理，就是將個人依年齡的高低加以排序；如果我們以個體活在世間的年數來看，就是以區間尺度（interval scale）來處理。利用區間尺度，我們可以看出個體在某一屬性（例如，年齡）上的差距，例如，最年長者比次年長者多三歲。在區間尺度上，每個差距是一樣的，例如，80 歲和 79 歲所相差的一歲，與 15 歲 14 歲所相差的一歲是一樣的。

在區間尺度中，零點的位置並非固定的，而且測量單位也是任意的（arbitrary）。區間尺度中最普遍的例子就是攝氏（Celsius, C）及華氏溫度（Fahrenheit, F）。同樣的自然現象——水的沸點——在攝氏、華氏溫度計上代表著不同的值（攝氏 0 度、華氏 32 度）。在水銀刻度上，攝氏 20 度及 30 度的差距，等於攝氏 40 度與 50 度的差距。不同尺度的溫度可以用 F = 32 + (9/5)C 這個公式加以轉換。

4. 比率尺度

如果代表某個個體屬性的值是區間尺度的話，我們就可以將這些值做加減運算；如果代表某個個體屬性的值是比率尺度（ratio scale）的話，我們就可以將這些值做乘除運算。因此，比率尺度具有絕對的、固定的、非任意的（nonarbitrary）零點。我們曾以年齡來說明區間尺度，事實上，年齡超過了區間尺度的規定，因爲它有絕對的零點（零點是「非任意的」，而且也沒有負值）。是否具有「非任意的零點」，是比率尺度與區間尺度唯一的差別所在——比率尺度具有非任意的零點，而區間尺度不具有非任意的零點（也就是零點的位置並非固定的）。「體重」具有非任意的零點，而且沒有負值，所以是比率尺度。如果某個體的屬性以非任意的零點爲參考點，而且測量的單位是固定的話，我們就可以對這個屬性的值做乘除的運算。例如，20 歲是 10 歲的「二倍老」，15 歲是 30 歲的「一半年輕」。

要看一個尺度是否爲比率尺度（也就是零點是否爲絕對的），最有效的方法就是看看「零是否可測量『沒有』的情況」，而且是否有負值（比率尺度沒有負值），例如，「零缺點」表示「沒有缺點」，而負缺點則從來未曾被界定過，因此缺點數是比率尺度。依照同理來判斷，家庭人口數、體重、身高等都是比率尺度。如果一個人不存在，則他的體重就是零，但從來沒有體重爲負數者。我們可將上述的四種尺度彙總說明（表 4-3）。

表 4-3　四種尺度的彙總說明

尺度類型	尺度的特性	基本的實證操作
名義	沒有次序、距離或原點	平等性的決定
次序	有次序，但沒有距離或獨特的原點	大於或小於的決定
區間	有次序、距離，但沒有獨特的原點	區間或差異的平等性的決定
比率	有次序、距離及獨特的原點	比率的平等性的決定

資料來源：Donald R. Cooper and C. Pamela Schindler, *Business Research Method* (New York, NY: McGraw-Hill Companies, Inc., 2003), p.223.

離散或連續　離散（又稱間斷）的測量尺度（discrete measurement）並沒有小數，而連續的測量尺度（continuous measurement）則有。例如，家庭人口數是離散的，而年齡是連續的（如 48.5 歲）。要分辨一個變數是離散的還是連續的，最簡單的方法就是看它是用「算有幾個的」，還是用測量的。[6] 換句話說，離散變數具有某一特定的值，而連續變數具有無限的值。一般而言，離散變數的值是一個整數接著一個整數，而連續變數的值與值之間會有很多潛在的值。

從觀察研究中所蒐集到的資料大多數是名義的或質性的，離散的。量化資料可以是離散的，也可以是連續的。次序尺度通常是離散的，雖然它常被視爲在測量某個連續帶上的東西。區間及比率尺度可以是離散的（例如，家庭人口數），也可以是連續的（例如，年齡、身高）。

4-4　良好測量工具的特性

一、信度及效度的意義

信度（reliability）、效度（validity）及實用性（practicality）任何測量工具所不可或缺的條件。企業對應徵人員的口試是否能有效的判定應徵者的工作潛力，是一個相當具有爭辯性的議題。此問題的癥結所在並不在於口試的存廢，而在於測量工具（口試）本身的有效性。

信度指的是測量結果的一致性（consistency）或穩定性（stability），也就是研究者對於相同的或相似的現象（或群體）進行不同的測量（不同形式的或不同時間的），其所得的結果一致的程度。任何測量的觀測值包括了實際值與誤差值兩部分，而信度愈高表示其誤差值愈低，如此則所得的觀測值就不會因形式或時間的改變而變動，故有相當的穩定性。

所謂效度包含二個條件，第一個條件是，該測量工具確實是在測量其所要探討的觀念，而非其他觀念（例如，測量「智慧」的工具，就是測量「智慧」，而不是測量像忠誠、信念等其他觀念）；第二個條件是，能正確地測量出該觀念（例如，智商是 100 的人，透過測量工具所測得的智商就是 100）。第一個條件是獲得效度的必要條件，但非充分條件。顯然獲得第一個條件比獲得第二個條件來得重要。例如，我們要測量小華的智慧（intelligence），因此我們就用智商測驗這個測量工具來測驗小華，得到智商分數是 90 分，但實際上小華的智商是 100。這個測量工具雖然不正確（不準），但至少它所測的觀念（亦即智慧）是正確的。如果我們能改善這個智商測驗，那麼它就會變得更為有效。但是如果我們用其他的測量工具來測小華的智商，而得到的分數是 100，就不能說這個測量工具有效，因為這個測量工具根本不是在測量智慧（也許是在測量其他的觀念，或者根本沒有測量任何觀念）。

效度是測量的首要條件，信度是效度不可或缺的輔助品。換句話說，信度是效度的必要條件，而非充分條件。一個測驗如無信度，則無效度，但有信度，未必有效度。

實用性是指測量工具的經濟性、方便性及可解釋性（interpretability）。

二、信度及效度的圖解說明

如前所述，效度所涉及的是正確性的問題，信度所涉及的是「與現象或個體的改變（或不變）保持一致」的問題。我們現在用圖解的方式來說明信度與效度。

假設我用來福槍來練靶。如圖 4-5 所示。在甲的情況中，我們看到所有的彈痕散佈在靶上的各處，幾乎沒有一致性。在測量工具的術語中，我們會認為這個測量工具不可靠。既然這個測量工具不值得信賴，那還有什麼正確性（效度）可言？所以除非測量工具有信度，否則不可能有效度。

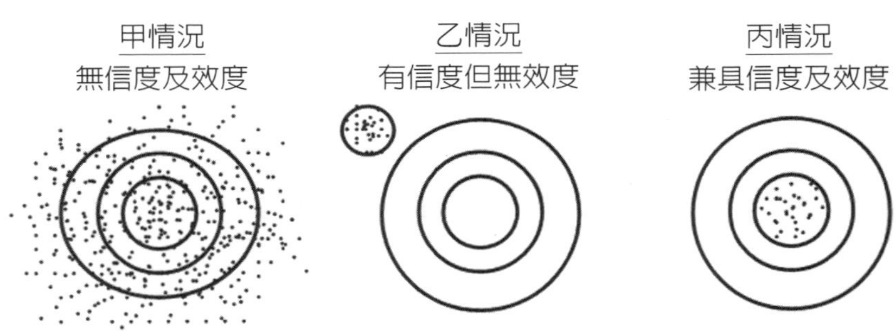

圖 4-5　信度及效度的的圖例

資料來源：Duane Davis and Robert M. Cosenza, *Business Research for Decision Making*, 3rd ed. (Belmont, CA.: Wadsworth Publishing Company, 1993), p.174.

在乙的情況中，彈痕很集中，但是遠離紅心。用測量工具的術語來說，它很有信度，但是沒有效度。換句話說，這個測量工具在一致的測量別的東西，而不是我們想要測量的觀念。這個現象告訴我們：測量工具若有信度，但不見得有效度。丙的情況就是兼具信度及效度的情形。

4-5 信度測量[7]

如前所述，信度是一致性的問題。如果我們用某一個測量工具來測量某一個觀念，而個體在這個觀念（屬性）上的值一直不變的話，所測量出來的值一直保持不變，則我們可以說這個測量工具具有信度。如果這個觀念的值改變了，測量工具如能正確地顯示出這種改變，則此測量工具也是具有信度的。測量工具不具信度的情形是怎樣？如果我的體重一直保持在 65 公斤，但我幾次用家裡的磅秤（體重計）來量體重的時候，所顯示出來的值有時偏高、有時偏低，那麼這個榜秤就沒有信度，原因可能是裡面的彈簧鬆了。在專題研究中，像問卷這樣的測量工具常常因爲語意的問題、尺度標示的問題、分類模糊的問題，而使得填答者因不知所云而就自己的理解加以填答，造成了填答者之間頗不一致的現象，喪失了問卷的信度。

我們可用測量工具的相同或不同，測量時點的相同或不同，將測量工具分成以下四種：

1. 內部一致性信度（internal consistency reliability）
2. 複本信度（alternate-form reliability）
3. 再測信度（test-retest reliability）
4. 複本再測信度（alternate-form retest reliability）

圖 4-6 說明了上述的情形。茲將上述信度說明如後：

圖 4-6 信度的類型

一、內部一致性信度

研究者常以折半法（split-half method）來考驗測量工具的內部一致性信度。研究者在建立測量工具時，將原有的題目數擴充爲二倍，其中有一半是另一半的重複，研究者以前一半與後一半的得分來看此測量工具的信度。

榮老師的數學考題從最簡單的到最難的共有五題。但是他現在從最簡單的到最難的題目，依每個不同的困難度各出二題，共十題。如表 4-4 所示。

表 4-4　題號與困難度

題號	困難度	小傑得分
1	最簡單	10
2		10
3	略簡單	9
4		8
5	不簡單也不難	7
6		8
7	略難	6
8		5
9	最難	4
10		4

榮老師現在拿給小傑做測驗，如果小傑在第 1、3、5、7、9 題的得分與在第 2、4、6、8、10 題的得分的相關係數很高的話，那麼這份考卷在測量「數學能力」上就具有高的信度。

二、複本信度

譬如說，這個方法就是用兩個磅秤在同一時點測量某個人的體重（事實上，應該是用一個磅秤秤完了之後，再馬上用第二個磅秤來秤）。如果所得到的兩個體重值之間的差距愈小，則此磅秤的信度愈高。或者研究者設計二份問卷（題目不同，但都是測量同一個觀念），並對同一環境下的兩組人分別進行施測，如果這兩組人的評點的相關係數很高，我們就可以說這個問卷具有高的信度。

上述兩種方法的缺點在於如何確信每一半或複本都是眞正的在測量同樣的觀念。同時，兩個複本之間的相關係數很高的話，則可表示在測量同一個觀念；兩個複本之間的相關係數很低的話，則可表示在測量不同的觀念。這與我們先前所說明的效標效度有何不同？因此有人認為，複本信度所測量的其實不是在測量信度，而是在測量效標效度。

三、再測信度

Siegel and Hodge（1968）認為信度的定義是同一個測量工具上得分（評點）的一致性，而不是兩個複本上得分的一致性，因此，信度的測量最好還是針對同樣的測量工具做重複的測試。[8]

如果我連續兩個月每天用磅秤秤我的體重，在結束的時候我發現體重比兩個月前重了五公斤，我們可以說這個磅秤缺乏信度嗎？不見得，因為也許我這兩個月來應酬不斷，天天吃吃喝喝，因此體重增加了五公斤。所以信度並不是表示「一直保持不變的」意思，而是表示「當有所改變時，應顯示值的改變；當沒有改變時，就不顯示值的改變」。表 4-5 是將以上所說明的信度加以彙總。

表 4-5　信度的彙總說明

類型	係數	測量什麼？	方法
內部一致性	折半 Kuder-Richardson Formula 20 & 21 Cronbach Alpha	測量工具的項目是否為同質性，是否能反映出同樣的構念	特殊的相關分析公式
複本	對稱	某一工具與其複本是否能產生同樣的或類似的結果的程度。在同時（或稍有時差）進行測試。	相關分析
再測	穩定	從受測者的分數中推論測試工具的可信賴程度。在六個月內同樣的測驗對同樣的對象施測兩次	相關分析

四、Cronbach α

由於 Cronbach α（Alpha）是在專題研究中常用來做為測試信度的標準，我們在此特別列出其公式：

$$\alpha=\frac{k}{k-1}\left[1-\frac{\sum_{i=1}^{k}\sigma_i^2}{\sum_{i=1}^{k}\sigma_i^2+2\sum_{i}^{k}\sum_{j}^{k}\rho_{ij}}\right]$$

k ＝測量某一觀念的題目數

σ_i ＝題目 i 的變異數

ρ_{ij} ＝相關題目的共變數（covariance）

Cronbach α 值 $\geqq$ 0.70 時，屬於高信度；0.35 $\leqq$ Cronbach α 值 $<$ 0.70 時，屬於尚可；Cronbach α 值 $<$ 0.35，則爲低信度。[9]

4-6 效度測量

在一般學術研究中常出現的效度有下列三種。但是因爲測量的困難，研究者只能選擇其中某些來說明某變數的效度。

1. 內容效度（content validity），又稱表面效度（face validity）、邏輯效度（logical validity）。
2. 效標關聯效度（criterion-related validity），又稱實用效度（pragmatic validity）。Selltiz 等人（1976）將實用效度再分爲同時效度（concurrent validity）及預測效度（predictive validity）。[10]
3. 建構效度（constructive validity），分爲收斂效度、區別效度。這兩個效度要同時獲得，才可認爲具有建構效度。

茲將上述三類的效度說明如後：

一、內容效度

測量工具的內容效度是指該測量工具是否涵蓋了它所要測量的某一觀念的所有項目（層面）。大體而言，如果測量工具涵蓋了它所要測量的某一觀念的代表性項目（層面），也就是說具體而微，則此測量工具庶幾可認爲是具有內容效度。

決定一個測量工具是否具有內容效度，多半是靠研究者的判斷，在實際進行研究時，要做這種判斷並不是一件容易的事。研究者必須考慮兩件事情：(1)測量工具是否眞正地測量到他（她）所認爲要測量的觀念（變數）；(2)測量工具是否涵蓋了所要測量的觀念（變數）的各項目（各層面）。

例如，我們要測量的觀念是「智慧」，但所問的問題中有一項是詢問受測者的年齡，則這一題就不具有測量智慧的內容效度，因爲年齡並不包含在智慧的定義範圍內。

反過來說，如果測量工具似乎是在測量某個我們想要測量的觀念，我們可以說這個測量工具具有內容效度。如前所述，內容效度多少要靠研究者的判斷（也就是在觀念的定義上或者語義上的判斷）。內容效度最大的問題是：(1)研究者之間對於應如何測量某個觀念並沒有共識；(2)某個觀念是多元尺度的，並包含有次觀念；(3)測量上是曠日廢時的。

二、效標效度

效標效度，又稱爲實用效度、同時效度與預測效度，涉及到對於同一觀念的多重測量。同時效度是指某一測量工具在描述目前的特殊現象的有效性。例如，我們用偏見量表（prejudice scale）來分辨哪些人有偏見、哪些人沒有偏見（或者偏見的程度）。預測效度是指某一測量工具能夠預測未來的能力。例如，美國的商學研究所入學測驗（Graduate Management Admission Test, GMAT）用來預測申請者在未來商業界的成功潛力。

又如某工廠以員工的完工件數（效標變項）做爲測量績效的指標，現在廠長想如何找到另外一個指標來做爲甄選員工的依據呢？（新的申請者尚未就任，如何知道他的工作件數？）經過研究之後，他發現手指靈巧與完工件數呈正相關（也就是有效標關聯效度），因此他以後在甄選新進員工時，即以手指靈巧的測驗分數做爲甄選的標準。因爲完工件數的效標可同時獲得，故爲同時效度。

在企業中常可見到所謂的管理人才發展的訓練計畫，受訓人員以後的管理能力其績效可能要在若干年後才能夠獲得。若訓練成績（目前所獲得的預測變項分數）與管理能力（未來求得的效標變項分數）有高度相關的話，則表示此訓練計畫有良好的預測效度。

然而這些測量工具是否能分辨、能預測並不是效標效度的主要目的。具有效標效度的測量工具可做爲一個基準，可用來做爲檢視另外一個測量工具的指標。譬如說，我們知道有一個能夠有效的測量「偏見」的測量工具，就可以將受測者在新的測量工具（新的測量「偏見」的量表）的得分與在原來的測量工具上的得分加以比較，如果這兩個分數非常類似的話，那麼新的測量工具就具有效標效度（或者更明確的說，具有同時效標效度）。

然而，問題是我們如何知道原來的測量工具本身具有效度而做爲新的測量工具的基準呢？首先，原來的測量工具必須要有內容效度。有沒有內容效度雖然很難被證實，但是至少要看起來有效度。此外，原來的測量工具要被使用過而且得到證實。在測量偏見的例子中，這個量表要至少被使用過很多次，能夠分辨出具有或不具有偏見者，而令研究者感到相當的滿意。此外，測量工具的做成（量表的發展）是根據所要測量的觀念的定義而來。

另外一個問題是，既然原來的測量工具具有效度，那麼爲什麼要發展一個新的測量工具呢？其中可能的原因是，原來的測量工具雖然具有效度、正確性，但是所包含的題目數太多，實際運用起來比較費時費力；或者分類的方式不夠周延，以至於使得受測者很難回答；或者所使用的字眼太過老舊，已不合時宜（例如，稱「原住民」爲「山地同胞」是不合時宜的）；或者不具有外部效度（external validity，對某一群人適用，但是對另外一群人則不適用）。

三、建構效度

假設我們建構了兩類指標的社會階層，分爲第一類指標和第二類指標（每類對於社會階層都有不同的分法）。假設我們有一個理論包含了這樣的命題：社會階層與偏見呈反比（社會階層愈高，偏見程度愈低）。如果我們用第一類指標針對受測者來測試這個理論，得到了證實之後，我們再用第二類指標社會階層針對受測者來測試這個理論，而且也得到了證實，我們可以說新的測量工具（第二類的指標）具有建構效度。

從以上的說明，我們可以了解：建構效度是指測量工具能夠測量理論的概念或特質的程度而言。一般說來，在建構效度考驗的過程中，必須先從某一理論建構著手，然後再測量及分析，以驗證其結果是否符合原理論及建構。建構效度所包含的內容更爲複雜。它包含了兩個或以上的觀念，以及兩個或以上的操作性定義，並探討構念間及定義間的相互關係。在討論理論建構時，必須考慮到周延性及排他性的問題。周延性的要求在於對原理論建構的充分了解，而排他性的要求則在於將不相關的理論建構排除在外。收斂效度（convergent validity）所探討的是周延性的問題，而區別效度（discriminant validity）所探討的是排他性的問題。

1. 收斂效度與區別效度——相關係數

我們現在用圖解的例子來說明收斂效度與區別效度。我們現在要衡量兩個變數，分別爲自尊與內控。自尊是由三個題項（分別稱爲自尊$_1$、自尊$_2$、自尊$_3$）來衡量，而內控也是由三個題項（分別稱爲內控$_1$、內控$_2$、內控$_3$）來衡量。這六個題項都是由李克五點尺度來衡量。如果自尊的各題項其相關係數很高，則自尊具有收斂效度；如果內控的各題項其相關係數很高，則內控具有收斂效度；如果自尊的各題項與內控的各題項其相關係數很低，則自尊與內控具有區別效度，如圖 4-7 所示。[11]

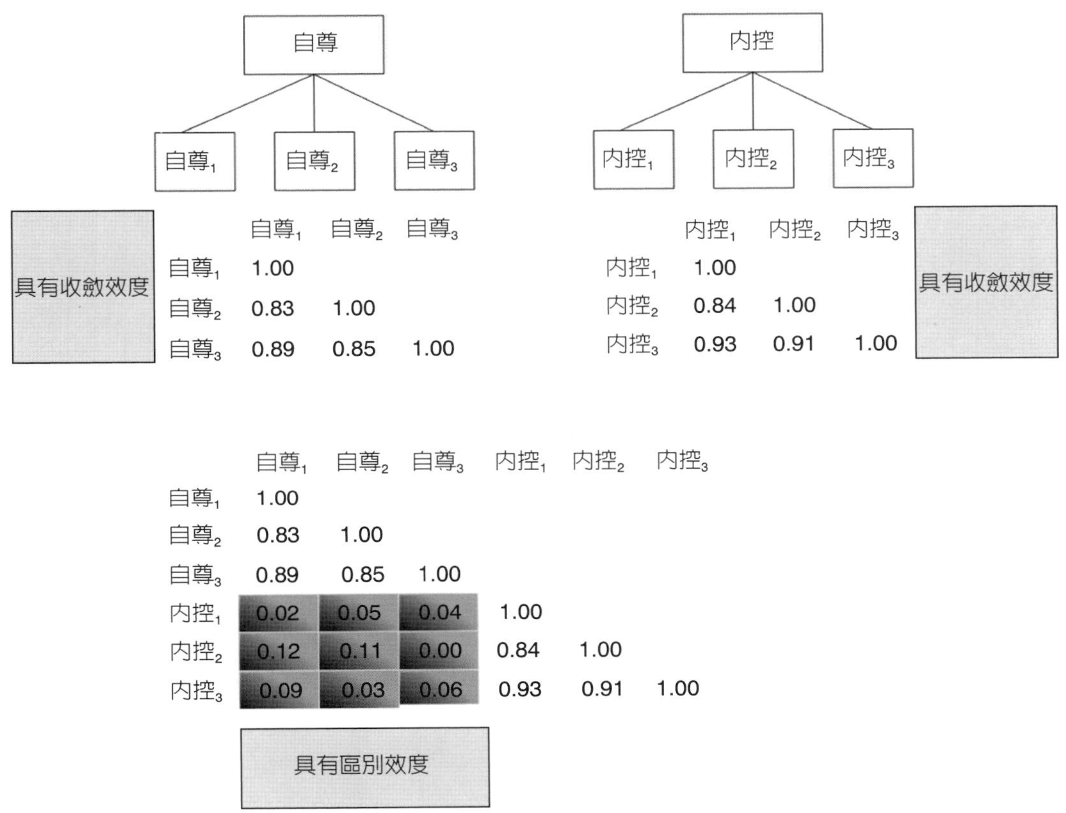

	自尊1	自尊2	自尊3
自尊1	1.00		
自尊2	0.83	1.00	
自尊3	0.89	0.85	1.00

	內控1	內控2	內控3
內控1	1.00		
內控2	0.84	1.00	
內控3	0.93	0.91	1.00

	自尊1	自尊2	自尊3	內控1	內控2	內控3
自尊1	1.00					
自尊2	0.83	1.00				
自尊3	0.89	0.85	1.00			
內控1	0.02	0.05	0.04	1.00		
內控2	0.12	0.11	0.00	0.84	1.00	
內控3	0.09	0.03	0.06	0.93	0.91	1.00

圖 4-7　收斂效度與區別效度

2. 收斂效度與區別效度——因素負荷量

我們也可以用因素分析的負荷量來判斷收斂效度與區別效度。下例是利用 SPSS 針對「生活形態」（共有 23 個題項，每一題項以李克五點尺度法衡量）進行因素分析。「轉軸後」的成分矩陣如表 4-6 所示。此表顯示了因素與變數的相關係數，稱為因素負荷量（factor loading）。例如變數 VAR01 與因素 1 的負荷量是 0.733，與因素 2 的負荷量是 0.149，與因素 3 的負荷量是 0.016，……。[12]

表 4-6　轉軸後的成分矩陣

	成分（因素）						
	1	2	3	4	5	6	7
var09 第 9 題	.741	.139	−.241	.103	−.181	−.026	−.110
var01 第 1 題	.733	.149	.016	−.037	−.165	−.107	.004
var16 第 16 題	.699	.245	.208	−.066	−.336	−.014	.221
var08 第 8 題	.681	.204	−.395	.061	−.089	−.067	−.036
var10 第 10 題	.622	−.207	.057	−.323	.171	.095	−.032
var03 第 3 題	.599	.311	.267	−.031	.144	−.324	.187
var11 第 11 題	.520	.256	.205	−.030	.137	.398	−.137
var14 第 14 題	.087	.804	−.055	.139	−.070	.157	−.198
var22 第 22 題	.184	.770	.101	−.089	−.040	−.094	.008
var19 第 19 題	.315	.732	.035	.015	.111	.099	.074
var04 第 4 題	−.001	−.070	.784	.272	−.054	−.166	.033
var23 第 23 題	.022	.022	.692	.136	.160	.394	−.120
var20 第 20 題	−.005	.151	.667	.221	.127	.032	.189
var18 第 18 題	−.112	.107	.435	.389	.241	.287	−.127
var15 第 15 題	−.005	.102	.165	.763	.017	.086	.068
var02 第 2 題	.041	.014	.243	.700	.196	−.029	.132
var06 第 6 題	−.146	−.212	.183	.636	.229	.030	−.028
var12 第 12 題	−.173	−.088	.052	.021	.719	.259	−.263
var05 第 5 題	.020	.046	.270	.204	.668	−.085	.117
var13 第 13 題	−.144	.043	−.030	.243	.584	.082	.265
var21 第 21 題	−.217	.307	.107	−.026	.191	.640	.321
var07 第 7 題	.009	−.469	.002	.363	.021	.536	.117
var17 第 17 題	.017	−.131	.058	.131	.052	.107	.861

萃取方法：主成分分析。旋轉方法：旋轉方法：含 Kaiser 常態化的 Varimax 法。

將因素負荷量大於 0.5 者集結成一個成分（因素），並將之命名。對同一因素，其對應的題項的因素負荷量均大於 0.5，就可認爲此變數（生活形態）的收斂效度佳。在區別效度的檢驗方面，每一題項在其所屬的成分（因素）中，其因素負荷量要大於 0.5。符合此條件的題項愈多，則此變數的區別效度就愈高。從另外一個角度來看，收斂效度是指，每一題項在其所屬的成分（因素）中，其因素負荷量必須接近 1；而區別效度是指，每一題項在其不所屬的成分（因素）中，其因素負荷量必須接近 0。第 18 題（以虛線表示）不符合以上說明的條件，故應刪除，以增加此變數（生活形態）的收斂效度與區別效度。

3. 其他方式

學者也對於收斂效度與區別效度提出了其他的處理方式。收斂效度可用「對因素負荷量進行 t 檢定」來檢視，[13] 而區別效度可用「每一個潛在變數（構念）的抽取變異數（Variance Extract）」與「此潛在變數與其他潛在變數的相關係數平方（判定係數）」的比較來檢視。[14]

4. 彙總說明

三種類型的效度，從內容效度到效標效度到建構效度，可以說是漸進式的、累積式的。換句話說，後面的類型具有前面類型的特性，再加上些新的特性。茲將上述的效度彙總說明如表 4-7 所示：

表 4-7　效度的彙總說明

類型	測量什麼？	方法
內容	項目的內涵所能適當的代表所研究的觀念（所有相關項目的總和）的程度	判斷式的或是以陪審團進行內容效度比率的估計
效標關聯	預測變項所能適當的預測效標變項的相關層面的程度	相關分析
同時	對目前情況的描述；效標變項的資料可以與預測分數同時獲得	
預測	對未來情況的預測；過了一段時間後，才能測量效標變項	
建構	回答這樣的問題：「造成測量工具變異的原因是什麼？」企圖確認所測量的構念，以及決定測試工具的代表性	判斷式的；所建立的測試工具與既有的工具的相關性；複質一複法分析（multitrait- multimethod analysis）[15]

4-7　測量工具的實用性考慮

在科學的嚴謹度上，測量工具自然要求信度與效度，但是在實務上，測量工具是以具有經濟性、方便性及可解釋性（interpretability）為主。[16] 但這並不是說，在實務上測量工具就可以完全不顧及信度與效度。

一、經濟性

在實務上由於研究經費的限制，所以必須犧牲一些理想。測量工具的長度（例如，用三十個題目來測量人們的社會滿意度）固然可以增加信度，但是爲了節省成本，我們必須犧牲某種程度的信度，藉著減少題目的數目來減低成本。

二、方便性

方便性是指測量工具容易操作的情形。如果一個問卷說明得夠仔細、清晰，並以相關的例子加以輔助說明，則會使得填答者相當容易填答。不可否認的，觀念愈複雜，愈需要做清晰、詳盡的解釋。當然，問卷的設計、佈置（版面配置）的好壞也會影響填答的是否方便回答。問題的語意不清、排列的擁擠、複製（影印）的模糊、表格的斷頁等，都會影響填答者是否方便填答。

三、可解釋性

可解釋性的意思是指由設計者所設計出來的測量工具可以很容易地被其他的研究者解讀。由專家學者所發展出來的標準化測驗（測量工具或量表）的可解釋性就很高。可解釋性的達成包括了對於下列事項的詳細解說：

1. 該測量工具的功能以及設計該測量工具的步驟；
2. 如何使用該測量工具；
3. 如何計分（給予每一項目的分數或評點）以及計分的規定；
4. 適合受測的對象（以及此測量工具是以什麼受測對象而做成的）；
5. 信度的證據；
6. 每題與每題之間的評點的相關性；
7. 此測量工具與其他測試工具的相關性。

4-8 誤　差

測量工具的誤差是指缺乏效度與信度的問題。我們要注意：這種誤差是專題研究中很多類型的誤差的一種。表 4-8 列出了在進行專題研究每一階段可能產生的誤差。即使在研究開始前，研究者可能因爲選擇研究主題的不當（選了一個不相關、不重要的主題），而犯了嚴重的錯誤。

表 4-8　研究階段所產生的誤差

研究階段	可能的誤差
1. 建立觀念及假設（包括操作性定義）	缺乏內容效度（由於假設界定的模糊不清、用詞不當）。
2. 建立測量工具（例如問卷）	缺乏信度（對問卷中的問題用詞錯誤或模糊不清）。
3. 抽樣	缺乏外部效度（抽樣的不當）。
4. 資料蒐集	不能控制環境、受訪者的個人因素（如疲倦）、研究者與受訪者之間的問題、研究工具的失靈（錄音不良、設備故障）、訪談者的誤解。
5. 編碼	由於資料的漏失、難讀、或編碼本身的錯誤。
6. 資料分析	統計技術的誤用，資料的解釋錯誤，統計結果在社會問題上的推論錯誤。

在專題研究的各階段所可能產生的誤差，在嚴重性上各有不同，同時研究者是否有能力去剔除、改正它們也有所不同。誤差可能是隨機的（random），也可能是系統性的（systematic）。在許多情況下，我們將誤差歸因於隨機的，也就是像在實驗環境中那些不可控制的、沒有任何固定形式的誤差（如實驗對象的疲倦等）。

在隨機的誤差中，有些誤差會使得眞正的值產生偏高的現象，有些誤差會使得眞正的值產生偏低的現象，因此，如果被觀察（或者被實驗、被調查）的對象的人數夠大的話，抽樣誤差（高低的誤差）會相互抵銷。這就是所謂的大數法則（law of large numbers）。

相形之下，系統性誤差會以一定的形式出現，因此不會有高低相抵、正負相消的情況。但是因爲是定形的，所以有時容易被察覺，進而可加以校正或剔除。假如有位資料輸入人員一直把 1 打成是 2，這就是系統性誤差。如果我們發現了這個錯誤，也很容易改正。但如果沒有發現這個錯誤，所造成的影響也不嚴重，因爲以一個常數來改一個變數的值，並不會影響該變數與其他變數的相關係數值。[17]

4-9　測量工具的發展

在專題研究中，有許多構念是相當容易測量的。例如，在工資與員工福利支付的這個研究主題中，工資與社會福利支出都是量化的金額資料，因此在測量上是相當容易、精確的。但是在許多其他的研究中，構念的測量就不是那麼單純了。例如，當我們在測量族群意識這個構念時，必須將這個構念分解成觀念，再據以發展

操作性定義。Lazarfeld（1950）認爲要發展一個測量工具必須歷經以下的步驟：[18]

1. 構念的發展（construct development）；
2. 構念的規格確認（construct specification）；
3. 指標的建立（selection of indicators）；
4. 指標值的形成（formation of indexes）。

茲將上述步驟說明如下：

一、構念的發展

第一步就是發展構念（construct）。當研究者發展大海公司的「公司形象」這個構念時，他心中對於「公司形象」指的是什麼（例如，指的是公司在各群體之間所建立的聲望）多少有些概念。然而「公司形象」的所包含的層面到底有哪些呢？在發展這個概念時，他應該想出公司與各群體互動的特殊方式及特性。

二、構念的規格確認

第二步就是將原來的構念（亦即「公司形象」）細分成幾個組成因素（或是觀念）。「公司形象」可以再細分爲以下這四個部分：

1. 公司公民（corporate citizen）：公司被社區居民認爲對社區的貢獻情形；
2. 生態責任（ecological responsibility）：公司在廢物處理、保護環境上的努力程度；
3. 雇主（employer）：公司是否被認爲是適合工作的場所，或是被認爲是值得終身投效的地方；
4. 滿足顧客需求（supplier of consumer needs）：顧客對於公司的產品及服務的看法如何。

我們可以利用統計技術來決定哪些觀念是構成「公司形象」這個構念的一部分。Cohen（1963）的研究中，曾利用集群分析（cluster analysis）產生了能代表「公司形象」的六個構面：產品聲望、雇主角色、對顧客的態度、公司的領導力、對社區的貢獻以及關心個人。[19]

三、指標的建立

在建立了有關的四個觀念之後，接著就要發展如何測量這些觀念的指標。這些指標可以是問問題的形式，也可以是統計上的測量（例如，問次數、頻率、百分比等）。例如，在測量「公司公民」時，可以下列的問題來問：

下列的各描述中，哪一個最能代表大海公司在我們社區做為一個「公司公民」的情形：
- ☐ 大海公司是社區活動的發起者
- ☐ 大海公司是社區活動的支持者但不是發起者
- ☐ 大海公司在社區活動的支持方面表現得平平
- ☐ 大海公司在社區活動的支持方面表現得很差

像上述的問法以及填答的方式是屬於單一尺度指標值（single-scale index）。這種方式曾受到許多批評，因爲不如多重因素指標值來得有效（具有效度）。如果我們用多重因素指標值來測量「公司公民」，所問的問題形式是像這樣的：

請就下列的每一題，勾選最能說明大海公司的情形：

	極同意	同意	無意見	不同意	極不同意
1. 社區活動資金的贊助者	____	____	____	____	____
2. 高等教育的支持者	____	____	____	____	____
3. 地方政府的支持者	____	____	____	____	____
4. 公民發展計畫的支持者	____	____	____	____	____

四、指標值的形成

在這個步驟中，我們要把各個觀念結合成單一指標值。在以多重因素指標來表達「公司公民」的例子中，我們將極同意到極不同意分別給予 5、4、3、2、1 的評點，然後就每一個評點（得分）加以彙總，算出平均數以形成單一指標值。因此，經過給予每一個項目的尺度值（scale value）之後，我們可由原先的四個指標變成了單一指標值，這個單一指標值就代表著「公司公民」。

同樣地，我們可用同樣的方式（過程）來建立「生態責任」、「雇主」、「滿足顧客需求」這些構念的單一指標值。最後，「公司形象」這個構念的指標值就是這四個觀念的單一指標值的總和。這個彙總的「公司形象」指標值就可以拿來和其他的公司的「公司形象」指標值做比較（當然其他公司的「公司形象」指標值要以同樣的層面來測量）。

複習題

1. 試扼要說明測量的基本觀念。
2. 試比較量化與質性測量。
3. 構念與觀念有何不同？試繪圖說明。
4. 試說明觀念的來源。
5. 「觀念」對研究有何重要？
6. 使用「觀念」時有哪些問題？
7. 試繪圖說明測量的組成因素。
8. 觀念與操作性定義有何不同？試繪圖說明。
9. 試說明四種測量尺度。
10. 試比較離散與連續的測量尺度。
11. 試比較信度及效度。
12. 試繪圖說明信度與效度。
13. 我們可用測量工具的相同或不同，測量時點的相同或不同，將信度分成哪幾種？試繪圖說明。
14. 何謂內部一致性信度？
15. 何謂複本信度？
16. 何謂再測信度？
17. 試列表彙總說明各種信度。
18. 試解釋 Cronbach α。
19. 效度有哪幾種？
20. 試說明內容效度。
21. 何謂效標效度？
22. 試解釋建構效度。
23. 試說明如何以相關係數來測量收斂效度與區別效度。
24. 試說明如何以因素負荷量來測量收斂效度與區別效度。
25. 試說明測量效度的其他方式。
26. 試列表彙總說明三種類型的效度。

27. 在實用性方面，測量工具應考慮哪些因素？
28. 試列表說明測量工具的誤差。
29. 如何發展測量工具？

練習題

1. 就第 1 章所選定的研究題目，做以下的練習：
   (1)說明個變數的資料類型。
   (2)說明各變數的操作性定義。
   (3)試說明如何測量個變數的信度與效度。
2. 試說明下列各項在信度、效度上的意義：
   (1)磅秤
   (2)升大學的指考
   (3)新聞報導
3. 在分析質性資料時，常用的量化方法有哪些？提示：可參考：榮泰生著，SPSS 與研究方法，二版（台北：五南圖書出版公司，2009）。
4. 試上網找一些你有興趣的「觀念」（例如下列各項），並說明如何衡量這些觀念，也就是說明這些觀念（變數）的操作性定義：
   (1)偏藍（政黨色彩）
   (2)夯（年輕人近年來的流行話）
   (3)生活型態中的「興趣」
5. 「哈佛商業評論」（HBR）評選全球最佳上市企業執行長，蘋果公司的喬布斯（Steve Jobs）拔得頭籌，主因是他在任內替股東創造了最大報酬。該雜誌的評比方式堪稱嚴苛，除了計算執行長在位時公司每天的股東總報酬（TSR）和整體產業與國家總報酬的比率，也分析經通膨等因素調整後的市值變化。經過資料蒐集和分析，HBR 把喬布斯列為全球最佳執行長，因為從他 1997 年重返蘋果坐鎮到今年 9 月止，共替股東創造了 3,188% 的驚人報酬（年複合報酬率為 34%），公司市值暴增了 1,500 億美元。（莊雅婷，2009.12.23 聯合報 A13 版，資料原始來源：哈佛商業評論。網站：udn.com/NEWS/WORLD/WOR2/5324265.shtml）。試問：以此標準（工具）來評選最佳企業執行長是否具有效度？原因為何？
6. 知名的《國際生活》（International Living）雜誌公布 2010 年〈最佳生活指

數〉，是該雜誌第 30 份年度全球最佳生活指數報告，評鑑 194 個國家，法國連五年拿第一，台灣拿第 57 名，中國 97 名（2010.01.07，編譯彭淮棟綜合報導，聯合晚報）。這項指數評鑑應包含哪些主題？

7. 台灣女性潛力嶄露頭角！主計處依據聯合國計畫署（UNDP）「性別發展指數」調查自行加入我國資料評比，台灣女性潛力全球排第 20 名，在亞洲國家名列第二，僅次於日本（14 名），高於南韓的 26 名。(許玉君，2010-03-07/聯合報/A3 版/焦點，網站：http://udndata.com/)。試說明測量女性潛力的向度。

8. 美國一項研究發現，當前的唯我世代（Generation Me）大學生要比 20 年前的大學生自私得多，對他人也比較沒有同理心，缺乏同理心的情況在進入 21 世紀後惡化地最快。密西根大學「社會學研究院」研究人員康拉斯分析 1979 到 2009 年間進行的 72 項同理心相關研究，發現 1980 年代以來，大學生同理心已喪失近 4 成，2000 年之後，更每況愈下。這 72 項研究在 30 年間共調查了近 1 萬 4000 名美國大學生，密大這項研究的相關論文已在美國心理科學學會年會發表。（夏嘉玲編譯，2010-05-30 聯合報，網站：http://udn.com/）。試說明如何測量「同理心」？並說明造成大學生同理心日漸喪失的可能原因。

註　釋

1. 請注意：這些都是名義尺度（nominal scale），故不能以出現的次序來判定孰優孰劣。
2. 讀者如對這些課題有興趣，可參考：榮泰生，組織學習論之探討—辦公室自動化自動化之實證研究（台北：國立政治大學企業管理研究所未出版的博士論文，民 77 年）。
3. K. R. Hoover, *The Elements of Social Scientific Thinking*, 5th ed. (New York: St. Martin's Press, Inc., 1991), p.5.
4. S. S. Stevens, "Mathematics, Measurement, and Psychophysics," In *Handbook of Experimental Psychology*, Edited by S. S. Stevens (New York: Wiley, 1951).
5. A. L. Stinchcombe, *Constructing Social Theories* (New York: Harcourt Brace Jovanovich, 1968).
6. J. H. Johnson, *Doing Field Research* (New York: The Free Press, 1975).
7. 有關信度的 SPSS 處理，可參考：榮泰生著，SPSS 與研究方法，二版（台北：五南圖書出版公司，2009），8.4 節。

8. P. M. Siegel and R. W. Hodge, "A Causal Approach to the Study of Measurement Error," in *Methodology in Social Research*, edited by Huber M. Blalock and Ann B. Blalock (New York: McGraw-Hill, 1968).
9. J. P. Gilford, *Psychometric Methods*, 2nd ed. (New York, NY: McGraw-Hill, 1954).
10. Claire Selltiz, Lawrence J. Wrightsman, and Stuart W. Cook, *Research Methods in Social Relations*, 3rd ed. (New York: Holt, Rinehart & Winston, 1976), pp.168-169.
11. 取材自 http://www.socialresearchmethods.net/kb/convdisc.htm。
12. 此例選自：榮泰生著，SPSS 與研究方法（台北：五南圖書出版公司，2009），第 8 章，8.3 節。
13. J. Y. L. Thong et. Al., "Top management Support, External Expertise and Information system Implementation in Small Business," Information Systems Research, Vol.7, No.2, June 1996, pp.248-267.
14. C. Fornell and D. F. Larcker, "Evaluating Structural Equation Models with Unobservable Variables and Measurement Error," Journal of Marketing Research, Vol. 18, No.1, 1982, pp.39-50.
15. 複質—複法分析（multitrait-multimethod analysis）是由 Campbell and Fiske 於 1959 年提出來的。但是自從提出以來被使用的情形很少。原因之一是其「完全交叉衡量設計」（fully-cross measurement design）過於複雜，而且在實際研究中很難做到。詳細的說明，可參考：http://www.socialresearchmethods.net/kb/convdisc.htm。
16. R. L. Thorndike and E. Hagen, *Measurement and Evaluation in Psychology and Education*, 3rd ed., (New York: John Wiley & Sons, 1969), p.5.
17. 就好像我們把等數二邊的值各加一個相同的常數，並不會影響其相等的關係，例如 2＝2 變成 3＝3，其相等的關係並不會改變。
18. P. M. Lazarfeld, "Evidence and Inference in Social Research," in *Evidence and Inference*, ed. David Lerner (Glencoe, Ill.: The Free Press, 1950), pp.108-17.
19. R. Cohen, "The Measurement of Corporate Images," in *The Corporation and Its Public*, ed. John W. Wiley, Jr. (New York: John Wiley & Sons, 1963), pp.48-63.

Chapter 5  

本章目錄

5-1 量表的本質

專題研究中所涉及的觀念（或構念）通常是非常複雜的、抽象的，如果再加上粗糙、不精確的測量工具的話，無異雪上加霜，使我們研究結果的正確性大打折扣。我們希望測量工具是有效的，也就是說，在以一個測量工具來測量某一觀念時，其眞實分數（true score）與測試分數（test score）的差距要愈小愈好（最好沒有差距）。但是這個差距的大小會隨著我們所要測量的觀念而定；如果觀念非常具體，而測量工具又是標準化的工具，則此差距會非常小（甚至沒有）。這個例子好像我們用尺來量電腦桌的長度與寬度。如果所測量的觀念是比較抽象的（例如，輔大學生對於拜耳撤廠的態度），而且測量的工具又不具有標準化（例如，以問問題的方式來測量態度），我們就沒有十足把握所測得的分數會代表著眞正的分數。這好像我們用手臂來測量電腦桌的長度與寬度。

量表法或稱尺度法（scaling）是將某數字（或符號）指派到物體的某個屬性上，以將此數字的某些特性分享給該屬性。[1] 例如我們將數字量表指派到各種不同的冷熱程度。以這個量表所做成的測量工具就是溫度計。

嚴格地說，我們是將數字指派給某個個體的屬性的指示物（indicant）。例如，我們要測量一個人（個體）的家庭生命週期（屬性），我們就會設計問題（指示物）來加以測量。

量表，尤其是態度量表，用在專題研究中具有三個主要的目的：(1)測量；(2)藉著澄清操作性定義來幫助觀念（變數）的界定；(3)在測量敏感性問題時，不使受測者知道研究的目的，以免產生偏差。

5-2 選擇量表的考慮因素

我們可以用很多角度來看量表設計的問題，但以下我們只說明與專題研究有關的方法。在選擇量表時，要考慮以下的五個問題：(1)研究目的；(2)比較／非比較量表；(3)偏好程度；(4)量表屬性；(5)向度數目。

一、研究目的

設計量表的目的有二：(1)測量研究對象的某些特性；(2)利用受測對象做爲評審來看刺激物有無不同。例如，我們可以將具有同意、不同意這二個量表的政府管制方案向受測對象詢問。如果我們有興趣研究的是受測者，我們就可以合併那些答案相同的受測者，並將他們歸類爲保守派或激進派。在這裡，我們所強調的是測量不同人的態度差異。至於第二個研究目的呢？我們可用同樣的數據，但將研究重心放在「人們如何看這些不同的管制方案」，所以研究所強調的是管制方案的差異。

二、比較／非比較量表

量表可以分爲二種：比較式量表（comparative scale）與非比較式量表（noncomparative scale）。在比較式（等級）量表法中，要受測者做選擇、做比較，例如，從兩款新轎車中，選擇一個比較具有吸引力的轎車。非比較式量表法是要受測者對於某個個體（物件）加以評分，但不直接參考其他的個體（或物件）。例如要受測者在五點量表上（五個格子的量表上）評估新轎車的款式。

三、偏好程度

量表設計也涉及到偏好測量（preference measurement）或非偏好評估（nonpreference evaluation）。在偏好測量中，要受測者選擇出所偏好的個體（或物件）。在非偏好的評估中，要受測者判斷哪一個個體（或物件）具有更多的某些特性，而不必顯露他的偏好。

四、量表屬性

量表也可以用其本身所具有的屬性來看。我們在設計某一變數的量表時，必須考慮到所涉及的變數是下列哪一種屬性：

1. 名義的或名目的（離散的、標記式的類別，例如，男女）；
2. 次序的（順序的類別，例如，非常同意、無意見、非常不同意）；
3. 區間的或等距的（順序的類別中，每一個次序間的區間是一樣的，例如，華氏溫度）；
4. 比率的（區間的測量，但有固定的零點，例如，年齡）。

以名義量表爲例，名義量表基本上是建立互斥的（exclusive）的類別。類別的數目要是盡舉的（exhaustive），而每一類別之內的元素要具有同質性。

五、向度數目

量表可以分爲單元量表（unidimensional scale）或多元量表（multidimensional scale）。單元量表的意思是，我們只測量受測者或個體的一個屬性或向度（dimension）。例如，我們只以「可提攜性」（promotability）來測量員工的潛力。但是我們也可以用幾個向度來測量「可提攜性」這個變數，然後再將在各向度上的得分加以加總。多元量表法是以若干個向度的屬性空間（attribute space）來測量，例如，「可提攜性」可以三個獨特的向度（管理績效、技術績效、團隊精神）來表示。

5-3 常用的量表

在專題研究中有許多量表技術（scaling techniques），由於篇幅的關係，本書不可能將適用在特殊情況的各種量表一一加以介紹；[2] 我們將介紹在專題研究中常用的量表。專題研究常用的量表分爲二類：評等量表（rating scales）及態度量表（attitude scales）。評等量表是受測者針對一個人、物件或其他現象，在一個連續帶上的某一點（或類別中的某一類）對單一向度（single dimension）加以評估，然後再對其所評估的那一點（或那一類）指派一個數值。

態度量表是測量受測者對於某物件或現象的傾向的一系列測量工具。[3] 態度量表與評等量表的不同點在於前者是比較複雜的、多重項目量表。[4] 事實上，態度量表只不過是評等量表的組合而已，其目的在於測量受測者對於某件行爲或物件的感覺。

我們了解，在專題研究中，以問問題的方式來測量某個觀念是相當普遍的事。例如，我們可問某經理有關他對某部屬的意見，他可能回答的方式及答案有：「很不錯的機械工」、「小過不斷、大過不犯」、「工會的激進份子」、「值得信賴」或者「工作起來很有幹勁，但常常遲到」。這些回答表示了他在評估他的員工時的不同參考架構（frames of reference）。但是這些回答這麼的分歧，我們怎麼去分析呢？

我們可以用兩種方法來增加這些答案的可分析性及有用性。第一，將每個屬性分開來，要求受測者就每一屬性分別加以評估；第二，我們建立一個結構化的工具來代替自由回答的方式。我們在將定性的向度加以量化時，可用評等量表法（rating scale）。

5-4 評等量表

評等量表分爲：非比較式評等量表（noncomparative rating scale）、比較式評等量表（comparative rating scale）、等級排序式評等量表（rank order rating scale）及固定總和評等量表（constant-sum rating scale）。

一、非比較式評等量表

當我們以評等量表來評斷某個物體的屬性時，我們並不參考其他類似的個體。專題研究中常用的評等量表有：圖形式評等量表（graphic rating scales）、逐項列舉式評等量表或簡稱逐項式量表（itemized rating scales）。茲將此兩種量表說明如下：

1. 圖形式評等量表

圖形式（graphic）、非比較式的評等量表有時被稱爲是連續式評等量表（continuous rating scale），這類量表是要求在一個涵蓋著整個評點範圍的連續帶上做標記，以表示他（她）的評估情形。由於是在一個連續帶上做標記，所以在理論上有無限多的可能評點。

這類量表又稱溫度計表（thermometer chart）。受測者在圖形量表上寫出代表某一物件的程度（圖 5-1）。例如：

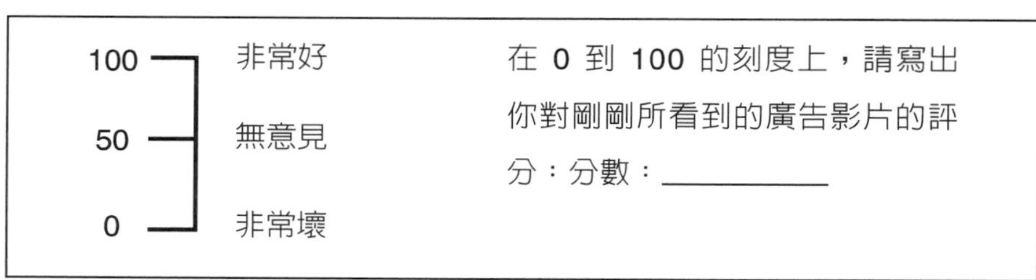

圖 5-1 溫度計表

圖形式評等量表（圖 5-2）另外的變化是以量表的兩端表示態度的兩個極端，受測者只要在這個量表上的適當位置打「✓」號即可，例如：

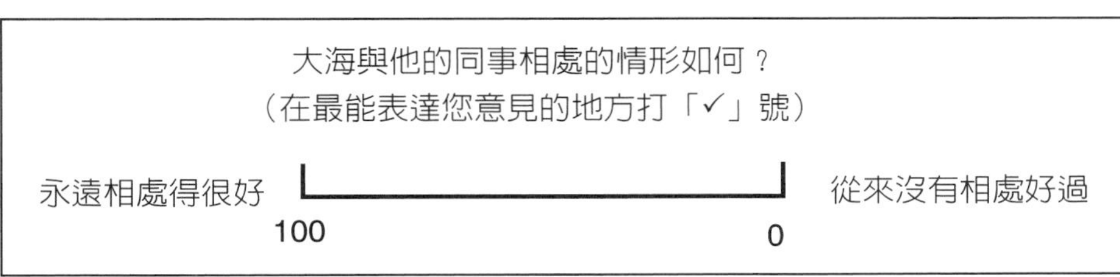

圖 5-2　圖形式評等量表

用圖形式評等量表來測量時，對於標記的定義常常是不清楚的，例如，什麼叫作「永遠」、「從來」、「相處」、「很好」等，受測者在回答這些問題時，都會使用自己的參考架構。事實上，許多其他的量表均有同樣的缺點。圖形式評等量表還有以下的變化（圖 5-3）：[5]

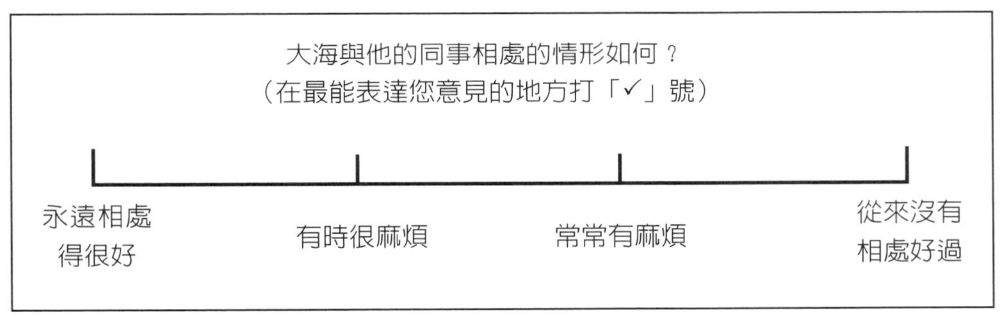

圖 5-3　圖形式評等量表的變化

從上述的例子中我們可以了解：研究者可以或不必提供量表評點（scale point）。量表評點也就是數字，以及（或者）簡短的說明。受測者在其上做標記之後，研究者會適當地將直線加以分類，並給予評點（分數）。這些分數是區間資料（interval data）。

雖然圖形式評等量表在建立上非常簡單，但是它不如逐項式量表那麼具有信度，而且所提供的額外資訊有相當有限，所以在專題研究上的運用並不普遍。[6]

2. 逐項式評等量表

逐項式評等量表需要受測者在有限的類別中挑選一個類別（這些類別是以其量表位置加以排列）。逐項式評等量表的例子如下（圖 5-4、圖 5-5）：

大海與他的同事相處的情形如何？
（在最能表達您意見的地方打「✓」號）

☐ 永遠相處得很好　☐ 有時很麻煩　☐ 常常有麻煩　☐ 從來沒有相處好過

永遠相處得很好　☐ 1　☐ 2　☐ 3　☐ 4　☐ 5　從來沒有相處好過

三點尺度

是 ____　不一定 ____　不是 ____

四點尺度

許多 ____　有一些 ____　幾乎沒有 ____　完全沒有 ____

五點尺度

完全同意 ____　略同意 ____　無意見 ____　略不同意 ____　完全不同意 ____

圖 5-4　逐項式評等量表例一

長量表

好　____ : ____ : ____ : ____ : ____ : ____ :　壞

現代化　____ : ____ : ____ : ____ : ____ : ____ :　落後

Stapel 尺度

☐　☐　☐　☐　☐　☐

－　口味　＋

圖 5-5　逐項式評等量表例二

另外一種的逐項式評等量表中有若干個陳述，受測者從其中勾選最能表達其意見的那個陳述；這些陳述是以某種屬性的漸進程度來呈現的。通常有五到七個陳述（圖 5-6）：

大海與同事相處的情形如何？

- ☐ 幾乎總是與同事有摩擦或衝突
- ☐ 常常與同事有爭執，次數比其他同事還多
- ☐ 有時候和同事有摩擦，次數與其他同事差不多
- ☐ 不常和同事摩擦，次數比其他同事還少
- ☐ 幾乎從來沒有與同事有摩擦或衝突

圖 5-6　逐項式評等量表（有若干個陳述）

這種量表的設計比較不容易，而且陳述的說明也不是那麼精確，但不可否認的，逐項列舉式比較能夠向受測者提供較爲豐富的資訊及字句的意義，比較能夠使得受測者有相同的參考架構。圖 5-7 是測量產品或服務滿意度的三種評等量表。[7]

D-T 尺度（Delighted Terrible）

7	6	5	4	3	2	1
☐	☐	☐	☐	☐	☐	☐
非常滿意	很滿意	略滿意	無意見	略不滿意	很不滿意	非常不滿意

百分比尺度

100%　90%　80%　70%　60%　50%　40%　30%　20%　10%　0%

非常滿意　　　　　　　　　　　　　　　　非常不滿意

需求 S-D 尺度（Semantic Differential）

非常好 ____ : ____ : ____ : ____ : ____ : ____ : ____ 非常差

(7)　　　　　　　　　　　　(1)

圖 5-7　測量產品或服務滿意度的三種評等量表

如對逐項式平價量表進一步的研究，我們可從文字敘述、類別的數目、平衡式與非平衡式類別、奇數或偶數類別、強迫式或非強迫式這些較度來分析。

(1) 文字敘述

有些量表類別會伴隨著文字敘述（verbal description），例如圖 5-7 中的 D-T 量表（尺度）；有些量表類別是以數字表示，例如，表中的百分比量表；有些量表則是除了兩端之外沒有標記（文字敘述），例如，圖 5-7 中的 S-D 量表（尺度）。

以文字敘述的類別是否會對回答的正確性有所影響？學者發現：對每個類別做文字敘述並不會增加最終資料的正確性及可信度。[8]

有許多量表的類別是以圖畫來代替文字，例如圖 5-8 中的「微笑量表」（smile face scale）最適合用在針對五歲小孩的調查研究上。[9]

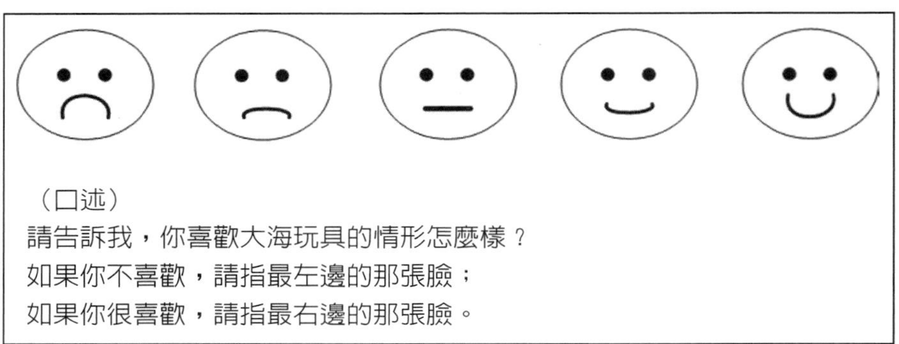

圖 5-8　微笑量表

(2) 類別的數目

評等的方式可能是「喜歡－不喜歡」這兩個類別的（或稱二點）量表，或者「同意－無意見－不同意」三點量表，以及其他具有更多類別的量表。到底要用三點量表好呢？還是五點、七點量表？學者之間並沒有共識。在專題研究中，所用的量表從三點到七點不等，而且用幾點量表似乎沒有什麼差別。學者曾將 1940 年代的論文加以整理，發現有 3/4 以上的論文皆用五點量表來測量態度；將最近的論文加以整理，發現用五點量表還是相當普遍，但是用較長量表（如七點量表）的情形有愈來愈多的趨勢。[10]

(3) 平衡式與非平衡式類別

研究者也必須決定是否用平衡式（balanced）或非平衡式（unbalanced）的類別。平衡式量表的意思是指「滿意」與「不滿意」的類別數目是相同的。研究者在決定是否用平衡式量表時，應考慮所希望獲得的資訊類型以及他所假設的態度分數在母體中分佈的情形。在一項針對某一品牌的消費者所做的研究中，研究者如果能夠很合理的假設：大多數的消費者對於此品牌有好的整體態度（如果研究者所要測量的是此品牌的某一屬性，那麼這個假設就顯得脆弱了）。在此情況下，具有「有利」的類別比「不利」的類別還多的非平衡式量表，可能比較能反映出實在的情形。

(4) 奇數或偶數的類別

偶數類別和平衡式類別（「有利」和「不利」的類別數目相同）可以說是一體的兩面。如果我們用的是奇數類別，則中間那個項目通常被視爲是中性的（neutral point）。

表 5-1 顯示了一項針對 3,000 位女性家長所做的「購買意圖」的研究結果；在研究中如果包含了中性選項（也就是奇數類別）會特別影響到相鄰的選項（類別）。再仔細研究一下，發現這個影響是非對稱性的，也就是說，中性選項的出現影響「可能不會買」這個類別的程度比較大。我們也可以發現：中性選項的出現，高檔類別（top box，也就是「絕對會購買」這類）也受到不同程度的影響。

表 5-1　針對 3,000 位女性家長所做的「購買意圖」（%）的研究結果

反應	類別的數目	時間幅度／產品					
		30 天後			7 天後		
		牙刷	電池	燈泡	餡餅作料	電影	pizza
絕對會購買	4	16%	21%	26%	16%	13%	15%
	5	19%	23%	28%	16%	14%	15%
可能會購買	4	23	28	30	22	15	17
	5	27	35	35	30	20	23
無意見	5	22	25	22	26	25	21
可能不會購買	4	19	15	11	19	21	18
	5	33	28	24	33	39	31
絕對不會購買	4	20	11	11	17	26	29
	5	21	14	13	21	27	31

資料來源："Measuring Purchase Intent," *Research on Research* 2（Chicago: Market Facts Inc.）, p.1

由於這類的反應類別在專題研究中常用到，尤其是在產品觀念測試方面，所以我們在比較不同類別的研究報告結果時，要特別注意，才不會造成在解釋上高估或低估的現象。

到底有沒有所謂的「中性態度」？學者之間的看法有相當大的出入。反對者認爲態度要嘛就有利，要嘛就不利，不可能有中性的。這只是代表一種看法，但不可否認的，這些人會用偶數類別的量表。

(5)強迫式或非強迫式

另外一個在評等量表的設計上相當重要的考慮因素就是，是否要用強迫式（forced），還是用非強迫式量表（unforced scale）。顧名思義，強迫式量表是要受測者一定要在量表的類別上表態。如果受測者對這個主題眞的「無意見」（如「不喜歡也不討厭」），或者是不知道這個主題，他就會勾選「無意見」，這樣的話，我們就沒有「強迫」他表達實情。所以我們要加上「不知道」這個類別。

(6)小結

我們現在對於逐項式評等量表的重要考慮因素加以彙總說明，並提出一般性的建議，如表 5-2 所示。

表 5-2　評等量表的重要考慮因素及一般性的建議

課題	一般性的建議
1. 文字說明	至少要對某些類別做清楚的文字說明。
2. 類別的數目	如果要將分數加總，用五種類別即可；如果要比較個體的屬性，至多可用到九種類別。
3. 平衡式或非平衡式	除非明確的知道受測者的態度是非平衡式的（如所有的人都做「有利」的評估），否則用平衡式的。
4. 奇數或偶數類別	如果受測者能感覺到「中性」態度，用奇數類別，否則用偶數類別。
5. 強迫或非強迫式	除非所有的受測者對於要測試的主題有所了解，否則用非強迫式。

資料來源：Donald, S. Tull and Del I. Hawkins, *Marketing Research: Measurement and Methods*, 6th ed.（New York: Macmillan Publishing Company, 1993）, p.380.

我們將非比較式中逐項式評等量表的各種變化整理如表 5-3 所示。在本節說明評等量表時，我們曾說過：「當我們以評等量表來評斷某個物體的屬性時，並不參考其他類似的個體」，但是受測者在評估某個體或物件時，還是會有某些標準，只是這些標準不是外顯的（explicit）而已。在比較式評等量表（comparative rating scale）中，受測者被要求要與某些標準做比較，例如，在工作評估表中會以某個標準的工作爲基礎，要受測者做比較。

表 5-3　逐項式評等量表的各種變化

1. 平衡式、強迫選擇、奇數類別的量表（測量某一特性屬性的態度）				
你喜歡大海飲料的口味嗎？				
非常喜歡	喜歡	無意見	不喜歡	非常不喜歡
▢	▢	▢	▢	▢

2. 非平衡式、強迫選擇、奇數類別的量表（測量整體性的態度）				
你對於此廣告的反應如何？				
非常熱烈	熱烈	無意見	略熱烈	非常不熱烈
▢	▢	▢	▢	▢

3. 平衡式、強迫選擇、偶數類別的量表（測量整體性的態度）					
整體而言，你覺得超白牙膏如何？					
非常好	很好	有些好	有些壞	很壞	非常壞
▢	▢	▢	▢	▢	▢

4. 非平衡式、非強迫選擇、偶數類別的量表（測量整體性的態度）							
你覺得大海軟體公司的銷售人員如何？							
非常友善	友善	略友善	無意見	略不友善	不友善	非常不友善	不知道
▢	▢	▢	▢	▢	▢	▢	▢

二、比較式評等量表

在使用等級量表時，受測者就兩個（或以上）的個體中做選擇。通常要受測者選出他認爲「最好的」或「最喜歡的」。我們在做兩個個體的比較時，結論會很清楚，孰優孰劣立見分曉。但我們在做三個以上的個體的比較時，結論就可能「令人迷惑」了。例如，我們做甲、乙、丙三個產品品牌的比較，要受測者從這三個品牌中勾選一個最好的品牌，假設我們獲得的結論是這樣的：40% 的人認爲甲最好；30% 的人認爲乙最好；30% 的人認爲丙最好。我們可以結論甲最好嗎？不要忘了，有 60% 的人認爲乙或丙比甲好。這樣的困惑可利用成對比較法（paired comparison）以及等級排列技術（rank-order technique）來加以解決。

非比較式的圖形式、逐項式評等量表可以轉換成比較式的評等量表，只要引進一個比較點（comparison point）就可以了。在比較式評等量表中，圖形式的在專題研究上用得比較少，而逐項式則是非常普遍（這個情形和非比較式一樣）。我們在非比較式中所討論的逐項式評等量表的各種變化（例如，平衡式、強迫式等），也可以適用在比較式的評等量表中。

1. 偏好及區別的成對測量

假設大海飲料公司想要藉著減少飲料中的含糖量來調降價格，但是該公司不想讓消費者注意到在口味上的變化。因此它必須決定含糖量要減少多少才不會引起消費者的注意。像這樣的問題就要測量消費者對於產品（或品牌）的區別力（ability to discriminate）。

大海公司需要面對的另外一個重要問題，就是要決定在市場上推出兩種類似品牌中的哪一種？以消費行爲的研究觀點來看，就是消費者是否比較偏好新品牌，比較不喜歡現有的品牌？像這樣的問題就需要測量消費者對於類似產品的區別力及偏好（preference）。[11]

2. 成對比較法

用此方法，受測者可以很清楚的在兩個個體之間做選擇。在專題研究中，新產品測試研究（product-test study）常用成對比較法——研究者將新的飲料口味與既有的品牌做比較。通常要比較的刺激物（stimulus，例如，品牌、行銷方案等）有兩種以上的話，會造成受測者的困惑或不耐。

根據經驗，如果問卷中還有其他的題目，5、6 個刺激物應不算不合理；如果只有成對比較的題目，則 15 個刺激物應不算太過分。在不減少刺激物數目的前提下，如何減少受測者做比較的次數呢？有一種方法就是要某些受測者只對某些刺激物做比較就可以了，但是每個成對的刺激物被比較的次數要一樣。

成對比較的數據可以用幾種方式來處理。如果比較的結果有相當程度的一致性，就會產生這樣的情形：受測者對於甲的偏好大於乙，對於乙的偏好大於丙，則對於甲的偏好會大於丙。但是這種遞移（transitivity）的情況未必這麼完美，但應不至於太離譜才對。

假設我們想要了解 200 位受測者心中最喜歡的品牌，並分別要求這些受測者就五種品牌來做成對比較，所獲得的結果如表 5-4 所示。

從表 5-4 中我們可以看到乙品牌是最受歡迎的品牌。雖然成對比較法所呈現的是次序資料（ordinal data），我們也可以將它們轉換成區間量表（interval data）。

表 5-4　五種品牌的成對比較結果之一

品牌	甲	乙	丙	丁	戊
甲	-	164	138	50	70
乙	36	-	54	14	30
丙	62	146	-	32	50
丁	150	186	168	-	118
戊	138	170	150	82	-
總和	378	666	510	178	268
次序	3	1	2	5	4

Thurstone（1927）所提出的比較判斷法則（Law of Comparative Judgement）可將偏好次數表（頻率）（如表 5-4 的數據）轉換成 Z 矩陣。[12] Guilford（1954）所提出的綜合標準法（composite-standard method）與 Thurstone 方法會產生同樣的結果，但在計算上比較容易。[13] 我們現在來說明綜合標準法。

第一步，利用表 5-4 的數據計算各欄的平均比率值（mean proportion, M_p），以乙牌爲例：

M_p =(C + 0.5N) / nN = 666 + 0.5(200) / 5(200) = 0.766

M_p = 該欄的平均比率

C = 某一品牌（刺激物）的總選擇數

第二步，從常態分配表中，查出 M_p 的 Z 值。當 $M_p < 0.5$ 時，Z 爲正值；當 $M_p > 0.5$ 時，Z 爲負值。以乙牌爲例，我們查常態分配表所得到的 Z 值是 0.62（注意：有些常態表是以常態分配的一半來表示 Z 值所涵蓋的面積，所以我們要以 1 – 0.766 = 0.234 這個值去查表）。

第三步，將 Z 值全部調整爲正值（R_j）。由於 Z 值是區間量表，零是專斷值（arbitrary value），因此我們可以將最小的 Z 值加上其本身的絕對值，並將其他的量表項目（Z 值）也加上這個最小值的絕對值。情形如表 5-5 所示。

表 5-5　五種品牌的成對比較結果之二

品牌	甲	乙	丙	丁	戊
甲	-	164	138	50	70
乙	36	-	54	14	30
丙	62	146	-	32	50
丁	150	186	168	-	118
戊	138	170	150	82	-
總和	378	666	510	178	268
次序	3	1	2	5	4
M_p	0.478	0.766	0.61	0.278	0.368
Z_j	−0.06	0.62	0.28	−0.59	−0.34
R_j	0.53	1.21	0.87	0	0.25

3. 兩組成對比較法

成對比較法是要受測者做「二擇一」的選擇，但是在許多情況下，很多人無法做比較，結果造成了偏好測量的混淆。

兩組成對比較法（double-paired comparison）的目的在於同時測量區別力及偏好。研究者以兩組（共四個）個體（人、或產品、或品牌等）要受測者測量。我們假設這四個個體分別為 A_1、A_2、B_1、B_2，其中 A_1 和 A_2 非常類似，B_1 和 B_2 非常類似。受測者並不知道要測的是兩種品牌，研究者要求他們就這四種品牌排列偏好次序。具有區別力的受測者會將他們所喜歡的兩個品牌先排，然後再排比較不喜歡的那兩個品牌。如果他在這兩組成對的品牌中做交叉排列（例如，A_1、B_1、A_2、B_2），則表示他沒有區別力。

這種測驗對受測者的要求頗高，所以不能有太多的組別，以致於使得沒有人可以真正的做區別，結果使得我們看不出哪些人有區別力，哪些人沒有區別力。

4. 一致性偏好區別測試

另一個可同時測量偏好與區別力的方法是一致性偏好區別測試（constant preference discrimination test）。這個技術要受測者做數次（通常四到八次）的重複成對比較。假設以七喜及可口可樂來做口味測試，如果你在八次的測試中，某一個品牌「贏過」另外一個品牌的次數約有一半的次數（四次），則表示你無法分辨出這種個飲料口味的差別。具有區別力的受測者會一致性地表示出他對其中某一品牌的偏好。

5. 三角區別及三角偏好測試

三角區別（triangle discrimination）及三角偏好（triangle preference）測試進行的方式和成對比較法相同，只是在要測試的產品中有兩個是屬於同一類的產品的兩個樣本，而第三個是另外一種產品（可用 A_1、A_2、B 來表示）。在三角區別測試中，要求受測者挑出哪個產品最能區別另外兩個產品。此時並不做偏好的測量，之後只針對那些具有區別力的人進行偏好測試。

三角偏好測試有時被稱爲偏好排序法（preference ranking），是要受測者就三種品牌中排列其偏好次序。具有區別力的受測者會把「畸零的品牌」（odd brand）放在第一位或第三位，因此我們可同時測量區別力及偏好。

三、等級排列評等量表

1. 加總評點法

加總評點法（summated rating）就是將每一題的得分加總，每一題最高只給一分。例如，大海公司想要促銷嬰兒食品，想了解消費者對於婦女生育的態度。該公司所設計的問卷的部分內容如下：

題目	同意	不同意
1. 結婚的目的在於生育下一代	1	0
2. 生育是婦女最神聖的責任	1	0
3. 一男一女比二男、二女還好	1	0
4. 沒有孩子的婦女會有殘缺感	1	0
5. 未曾養育過孩子的父親不算是一個「真正的男人」	1	0

我們可以說，總分得五分的人具有強烈的生育態度。這類量表有兩個困難點：

(1) 我們無法確信所有的問題都在測量同樣的東西（即對生育的態度）；

(2) 得到同樣分數的不同人，並不表示具有同樣程度的態度（除非這些量表是有效的、單元尺度的、線性的）。

2. 等級排列技術

另外一個比較量表法就是要受測者依所選擇的項目來排定次序。一般而言，這個方法既直接又簡單，所以在實務上常用得到。如果針對 7 個品牌做比較，用成對比較法要做 21 次，而等級次序法只要做 7 次就可以了。我們也可以用 Guilford

（1954）的綜合標準法將次序量表轉換成區間量表。

受測者以某種標準來評估人、物件、現象。這個類型有許多變化。例如：

請依照您最想購買的車子加以排列（1 代表最想購買，4 代表最不想購買）：

_____ BMW　　_____ Mercedes 450 SL

_____ Corvette　　_____ Jaguar

又如：

就以下的陳述，以 1 到 4 排定次序。1 代表最具有解釋力的敘述。

我選擇做系統分析師的理由是：

_____ 工作有意義
_____ 待遇較高
_____ 有機會做創造性的工作
_____ 能夠成長

四、固定總和評等量表

在固定總和評等量表（constant-sum rating scale）中，受測者要依某種標準，將總點數（分數）分配到各個實驗個體（項目）中。如果對甲的偏好兩倍於乙，則甲的分數應是乙的兩倍（因為這些資料是比率量表的資料）。固定總和評等量表的例子如下：

請將總分 100 分分配給以下的各電視品牌。分數愈高，表示品質愈好。

RCA _____
大同 _____
聲寶 _____
三洋 _____
普騰 _____

總分　100

5-5　評等量表的問題

在要求受測者在評等量表上做勾選時，通常我們會假設評估者能夠及願意做最佳的、公正的判斷。但是這些評估者也是具有七情六慾的人，做公正的判斷可能只是理想而已。在評估時，所產生的誤差有五種類型：

1. 分配誤差（distribution error），包括仁慈誤差（leniency error）、嚴峻誤差（severity error）及中間傾向誤差（central tendency error）
2. 暈輪效應（halo effect）
3. 自我中心效應（egoecentric error）
4. 循序效應（sequential error）
5. 評估者的偏差（evaluator bias）

在我們先前所舉的例子中，大多數是消費者如何評估產品、品牌等的例子，現在我們以主管評估部屬的情形來說明評估上的偏差。在評估員工的績效時，主管往往多少會涉及以主觀因素（elements of subjectivity）來判斷。當事實資料無法蒐集時，或蒐集得不完全時，主管自然免不了要用主觀判斷。然而，主觀判斷的信度、效度較差，此乃不爭的事實。茲將評估績效所可能產生的誤差（errors）列述如下：

一、分配誤差

分配誤差可分爲仁慈誤差、嚴竣誤差或稱負向仁慈誤差、中間傾向誤差。各種情形如圖 5-9 所示。

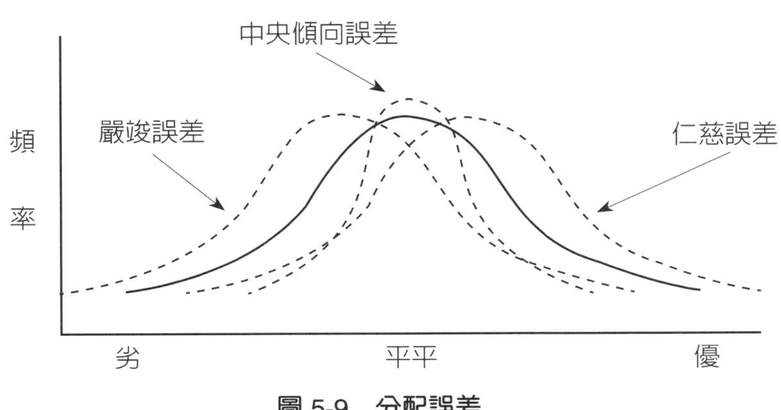

圖 5-9　分配誤差

特別「仁慈」的主管會將他的部屬評估得特別好，因此他所評估得最差的部屬的績效，仍較「嚴竣」的主管所評估得最好的部屬的績效爲高。

主管的不願反映出「管理不當」的情形，就容易產生仁慈誤差；而主管刻意反映出別的部們的管理不當，就容易產生嚴竣誤差。而中間傾向的誤差導致於主管不願將部屬評估得特別好或特別差。

這爲了避免上述的誤差，我們可用強迫分配法（forced distribution of rating）。所謂強迫分配法乃是硬性規定績效最佳（7%）、次佳（24 %）、平平（38%）、次差（24%）、最差（7%）的比率，如圖 5-10 所示。

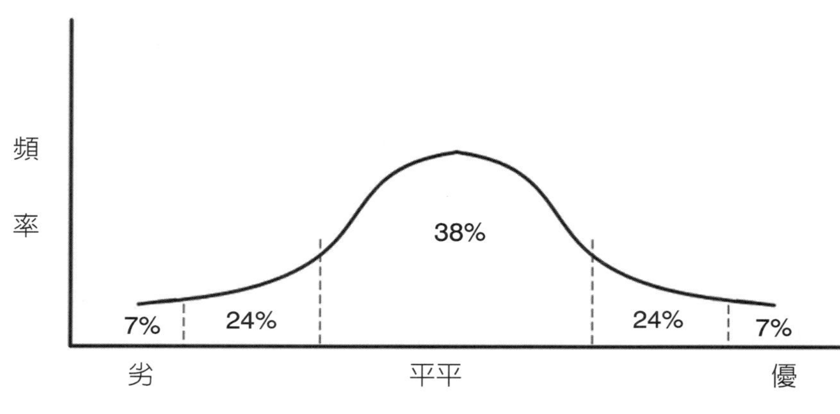

圖 5-10　強迫分配法

二、暈輪效應

一般人常容易犯「類化」或「以偏蓋全」的錯誤，或是從對某人的某一個屬性的判斷，來推論此人其他的屬性——這就是人事心理學上所說的「暈輪效應」。評估者可用「水平式評估」（horizontal rating，每一次所有的受評者在同一量表上被評估）的方式，或「評估層面兩極端的調換」（reversal of the rating poles，有些題的「極同意」在最左邊有些題的「極同意」在右邊）來減低暈輪效應對評估正確性的影響。

三、自我中心效應

自我中心效應的產生特別是因爲評估者以其自我知覺（self-perception）作爲評估的標準，可細分爲「對比效應」（contrast effect）及「類似效應」（similarity effect）。

對比效應所指的是，評估者由於受自我知覺的影響，會有此種傾向：將被評估者評估得與自我知覺的完全相反，這好像是在說：「由於我是一個卓越的主管，因此沒有任何一個部屬會比我行。」而類似效應所指的是，評估者將被評估者評估得與自我知覺的完全一致。這好像是在說：「由於我是一個卓越的主管，因此我的任何一個部屬都會和我一樣行。」

四、循序效應

在評估部屬的績效，主管會使用到若干個層面，這些層面出現的先後次序亦可能造成評估的偏差。有時後評估者對被評估者的第一個層面評估得很好（或過分好），就把被評估者在第二個層面的表現故意壓低，以企圖「彌補」回來；或者有些主管想到由於某個部屬在第一個層面所表現得非常好，在第二個層面所表現得自然會好。不論是何種情形，只要是以後的評估受到先前所做的評估的影響，都可稱之爲循序效應。

改正之道可從評估表格的改進著手。如果用很多種表格，而這些表格的內容相同，但次序不同，就可以減低循序效應對評估正確性的影響。

五、評估者的偏差

主管在評估部屬時，有意無意之間（通常是無意的）受到部屬的工作階層、工作分類、年齡、服務年數、性別、省籍、宗教等等的影響。

5-6　態度量表

專題研究中常用的態度量表有李克尺度法（Likert scale）、語意差別法（semantic differential）及 Stapel 尺度法。

一、李克尺度法

李克尺度法是由 Rensis Likert（1970）所發展的，因而得名。評估者以同意或不同意對某些態度、物件、個人或事件加以評點。[14] 通常李克尺度法是五點或七點。研究者將各敘述（各題）的分數加總以獲得態度總分。

表 5-6 是李克尺度法之例。大海超市可用這些量表來測量顧客的態度。值得注意的是：(1)反應類別只有文字標記，沒有數字標記。研究者在彙總了受測者的資料（所做的標記）之後，可依「非常同意」到「非常不同意」分別給予 1 到 5 的評

點（分數），或者是另外一組的數字（例如，2、−1、0、+1、+2）；(2)在表 5-6 中，第 1、3、4 題是對商店做有利的態度陳述，而第 2、5、6 題是對商店做不利的態度陳述。一個好的李克量表在有利、不利的陳述數目方面要保持相等。這樣的話，才不會產生誤差。

表 5-6　測量顧客態度的李克尺度法

在下列的各敘述中，請在最能表示你大海超市態度的五種類別中打勾。如果你「非常同意」該敘述，請在右邊的「非常同意」處打勾（✓）。					
	非常不同意	不同意	無意見	同意	非常同意
1. 櫃檯結帳人員是友善的	▢	▢	▢	▢	▢
2. 結帳速度很慢	▢	▢	▢	▢	▢
3. 價格合理	▢	▢	▢	▢	▢
4. 產品項目齊全	▢	▢	▢	▢	▢
5. 營業時間不方便	▢	▢	▢	▢	▢
6. 行進路線不清楚	▢	▢	▢	▢	▢

1. 正反敘述的分數指派

研究者在彙總每一題的分數時，各題的分數高低應永遠保持一致的態度方向。換句話說，在有利的敘述中（如第 1、3、4 題）的「非常同意」與在不利的敘述中（如第 2、5、6 題）的「非常不同意」要指派相同的評點（即給予相同的分數）。

2. 對各敘述應注意事項

李克尺度法的有用性決定於對各陳述的精心設計。要注意：(1)這些敘述必須要有足夠的充分性、差異性，才可望捕捉到「態度」的有關層面；(2)所有的陳述必須要清晰易懂，切忌模稜兩可；(3)每個陳述都必須要有敏感性，以區別具有不同態度的受測者。例如，如果有一題是「大海超市是全國最大的超市」，不論受測者對此超市持有利或不利的態度，都會「非常同意」這個敘述，因此我們便無法分辨出這些人的眞正態度。像這樣的題目應從問卷中加以剔除。

3. 好的李克尺度法的做成

如何做成一個好的李克尺度法？首先，我們要建立一個與測量某一個態度有關的大量敘述，然後再剔除掉那些模糊的、不具區別力的敘述。[15] 這些詳細的步驟超出了本書的範圍，但我們可以扼要的說明如下：

假設大海超市想要發展 20 個項目（敘述）的量表，來測量人們對於不同超市的態度。第一步就是發展大量的敘述，或者說建立一個項目庫（pools of items），例如，100 個敘述。在建立這些項目庫時，並沒有一般的規則可資依循，但是要涵蓋能夠影響態度的各層面（因素）。管理者的判斷或者探索式研究（例如，訪談超市的職員等）都會對建立項目庫有所幫助。

第二步，將具有最初 100 題的問卷（每個敘述都可讓受測者在「非常同意」到「非常不同意」這五類做標記）交由具有代表性的樣本（顧客）來填答。將問卷蒐集之後，將每個類別分別給予 1 到 5 的分數，高的分數代表有利的態度（要注意每個敘述的態度方向）。由於總共有 100 題，所以某一個顧客的分數會從 100 分到 500 之間（假設他每一題都有勾選）。這個分數代表著此顧客的態度總分（雖然這是相當「粗造的」態度總分）。

爲了說明的方便，假設甲乙二人在第 15、38 題的分數是這樣的：

受測者（顧客）	第 15 題的分數	第 38 題的分數	總分
甲	3	4	428
乙	3	1	256

以態度總分來看，甲的總分高於乙（甲比較具有有利的態度），我們再看第 15、38 題的分數，發現第 15 題的區別能力比第 38 題差。如果我們用這個觀念延伸到所有的敘述及所有的受測者，會發現該項目與總分相關程度高的話，[16] 該項目就很可能會被選上（成爲最後量表的項目）。我們可以「項目—總分相關程度」的大小，挑選前 20 個項目（題目）。

最後，我們可將這些比較具有效度、信度及敏感性的 20 題包含在正式的問卷中，向顧客做實際的測試。我們可以獲得顧客對於不同超市（如小山超市、大海超市）的態度分數，以進行比較分析。態度總分高的表示具有比較有利的態度，但是要注意：態度總分之間沒有倍數的關係，例如大海超市的平均態度分數是 80，小山超市的平均態度分數是 40 分，我們不能說前者的態度是後者的二倍（因爲這些數據是區間量表之故）。

二、語意差別法

語意差別法（semantic differential）或稱語意差別量表（semantic differential scale），其目的在於探求字句及觀念的認知意義。[17] 專題研究學者曾將原版的語意差別量表加以修改以運用在消費者態度的測量上。[18] 語意差別法也是具有幾個要評估者加以勾選的項目，如表 5-7 所示。

表 5-7　語意差別量表的項目

以下是對大海超市的態度調查。請在適當的格子上打勾（✓）。

1.友善的櫃檯結帳人員	___	___	___	___	___	___	___	不友善的櫃檯結帳人員
2.緩慢的結帳速度	___	___	___	___	___	___	___	很快的結帳速度
3.低價	___	___	___	___	___	___	___	高價
4.產品項目齊全	___	___	___	___	___	___	___	產品項目不齊全
5.不方便的營業時間	___	___	___	___	___	___	___	方便的營業時間
6.行進路線不清楚	___	___	___	___	___	___	___	行進路線清楚

表 5-7 的語意差別量表項目突顯了三個主要的基本特色：

1. 它是利用一組由兩個對立的形容詞（而不是完整的句子）構成的雙極量表來評估任何觀念（如公司、產品、品牌等）。受測者的標記代表其感覺的方向及強度。
2. 每一對的兩極化形容詞均由七類量表分開，在其中沒有任何數字或文字說明。
3. 在有些量表上，有利的描述呈現在右邊；在有些量表上，有利的描述呈現在左邊。這個道理和李克尺度法中混雜著有利、不利的敘述是一樣的。

態度的總分是由每項的總分加總而得。七類量表可分別給予 1 到 7 的分數，但對不利的項目，分數給予的方式要相反。對於態度總分的解釋和李克尺度法是一樣的。語意差別法最普遍的應用就是建立圖形輪廓（pictorial profile），如圖 5-11 所示。在每一項目上的那一點表示著所有受測者的平均分數。

圖 5-11 所表示的是杜撰的二個超市的圖形輪廓。為了方便閱讀，可將有例的敘述放在同一邊。從圖中我們可以發現：在顧客的心目中，大海超市在「友善的櫃檯結帳人員」、「產品項目齊全」、「方便的營業時間」方面比小山超市還好。

語意差別量表具有相當大的實用價值及管理涵義，像圖 5-11 所提供的資訊可以勾勒出在顧客眼中企業的相對優勢及弱點。語意差別法是當今專題研究中被使用得最為廣泛的技術。[19] 然而要發展一個有用的語意差別量表並非易事，我們在李克尺度法中說明的注意事項，也同樣的可以應用在這裡。

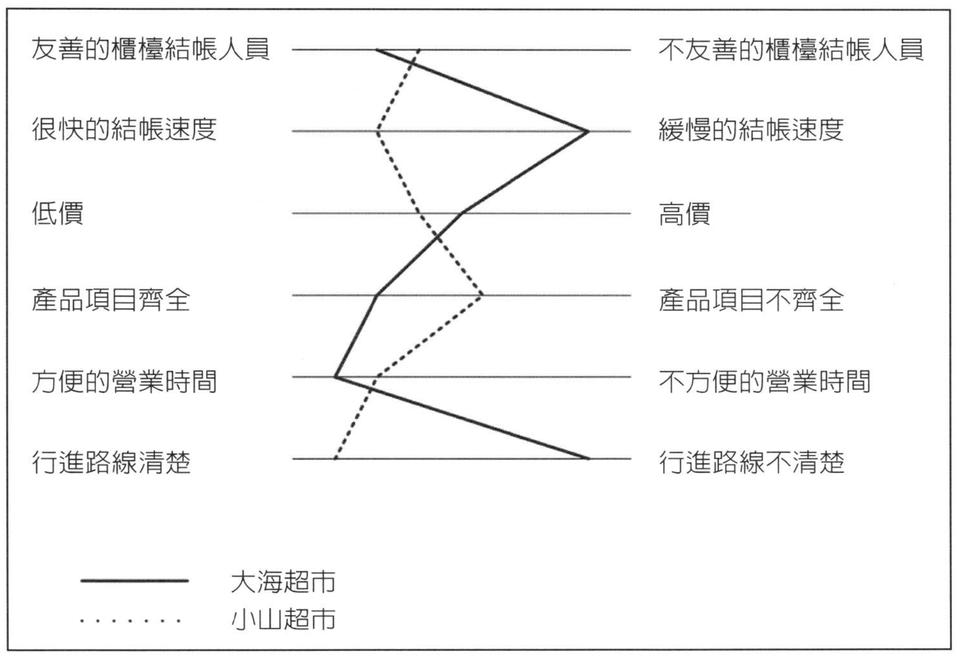

圖 5-11　大海超市與小山超市的圖形輪廓

三、Stapel 尺度法

Stapel 尺度是語意差別量表的一種變化，如表 5-8 所示。Stapel 尺度有四個主要的特色：

表 5-8　Stapel 尺度法之例（只舉三項做例子）

	+4		+4		+4
	+3		+3		+3
	+2		+2		+2
	+1		+1		+1
友善的櫃檯結帳人員	−1	緩慢的結帳程序	−1	低價	−1
	−2		−2		−2
	−3		−3		−3
	−4		−4		−4
	−5		−5		−5

1. 每一個項目都有一個片語表示；
2. 每一個項目都有 10 個反應類別；
3. 每一個項目都是強迫選擇量表（因為它的類別總數是偶數的）；
4. 反應類別只有數字，沒有文字標記。

在對以 Stapel 尺度所蒐集的資料進行分析時，所使用的方法與語意差別法相同，我們也可以據此資料建立圖形輪廓。Stapel 尺度最大的優點在於不必呈現完整的敘述（如李克尺度法）或者兩極化的形容詞（如語意差別法），因而使得敘述的呈現比較簡單。但是 Stapel 尺度的格式似乎比較複雜，這可能是為什麼運用的廣泛性不如李克尺度法、語意差別法的原因吧！（這個原因純屬筆者的臆測）研究顯示：在施測的容易度及態度的統計推定上，Stapel 尺度與語意差別法並沒有顯著性的差異。[20] 另外的研究顯示，由李克尺度法、語意差別法及 Stapel 尺度所獲得的態度分數非常類似。[21]

複習題

1. 試說明量表的本質。
2. 我們可以用很多角度來看量表設計的問題，但以下我們只說明與專題研究有關的方法。在選擇量表時，要考慮哪些問題？
3. 試說明常用的量表。
4. 評等量表有哪幾種？
5. 試說明非比較式評等量表。
6. 試列表彙總說明逐項式評等量表的重要考慮因素，並提出一般性的建議。
7. 試列表彙總說明非比較式中逐項式評等量表的各種變化。
8. 試說明比較式評等量表。
9. 試說明等級排列評等量表。
10. 何謂固定總和評等量表？
11. 評等量表有哪些問題？試扼要說明。
12. 何謂分配誤差？試繪圖加以說明。
13. 何謂暈輪效應？
14. 試舉例說明自我中心效應。
15. 何謂循序效應？

16. 評估者何以會有偏差？
17. 態度量表有哪三種？
18. 試說明李克尺度法。
19. 試說明在利用李克尺度法時，正反敘述的分數指派。
20. 試說明在利用李克尺度法時，對各敘述應注意事項。
21. 如何做成好的李克尺度法？
22. 試說明語意差別法。
23. 何謂 Stapel 尺度法？有何特色？

練習題

1. 就第 1 章所選定的研究題目，說明衡量各變數的量表。
2. 上網蒐集下列量表或你有興趣的量表，說明量表的編製過程並作評論：
   (1)中小學教師權能量表
   (2)幼兒多元智能發展量表
   (3)兒童版網路成癮量表
   (4)生態旅遊發展衝擊量表
   (5)青少年父子親密感量表
   (6)大專學生個人需求量表問卷與量表
3. 政大英文系教授陳超明批評技職院校將英檢當成指標不切實際，成效不如預期，只有百分之廿通過初級，中級更只有百分之三到五。其實一般大學也是如此。多年來，教育部一直不放棄將英檢作為大學補助及評鑑的指標。你認為此指標具有效度嗎？為什麼？
4. 智商（IQ）代表一個人的聰明的程度，但美國伊利諾大學對情緒智商（EQ）進行研究發現，經過 EQ 訓練的孩子，學術表現高出 11%，因此目前很多美國的中小學，都開設有 EQ 訓練的課程。如何測量一個人的 IQ 與 EQ？

註　釋

1. A. Allen, *Techniques of Attitude Scale Construction* (New York: Appleton-Century-Crofts, 1957).
2. 如有興趣進一步研究其他量表，可參考：Warren S. Torgerson, *Theory and*

Methods of Scaling (New York: John Wiley & Sons, 1957); Charles Osgood, George Suci, and Percy Tannenbaun, *The Measurement of Meaning* (Champaign, IL.: University of Illinois Press, 1957). 有關量表的高級應用（例如，利用多元尺度法等）我們將在第11章「量化研究資料分析」中加以說明。

3. D. Davis and R. M. Cosenza, *Business Research for Decision Making*, 3rd ed. (Belmont, CA.: Wadsworth Publishing Company, 1993), pp.199-202.
4. C. Selltiz, L. S. Wrightsman, and S. W. Cook, *Research Methods in Social Relations* (New York: Holt, Rinehart and Winston, 1976), Chapter 12.
5. M. Parten, Surveys, *Polls, and Samples: Practical Procedures* (New York: Harper & Row, 1950), pp.190-92.
6. L. W. Friedman and H. H. Friedman, "Comparison of Itemized vs. Graphic Rating Scales," *Journal of Market Research Society*, July 1986, pp.285-290.
7. R. A. Westbrook, "A Measuring Scale for Measuring Product/Service Satisfaction," *Journal of Marketing*, Fall 1980, p.69.
8. H. H. Friedman and H. H. Leefer, "Level Versus Position in Rating Scales," *Journal of the Academy of Marketing Science*, Spring 1981, pp.88-92.
9. J. P. Neelankavil, V. Obrien, and R. Tashjian, "Techniques to Obtain Market-related Information from Very Young Children," *Journal of Advertising Research*, June/July 1985, p.45.
10. D. D. Day, "Methods in Attitude Research," American Sociological Review 5, 1940, pp.395-410.
11. B. S. Buchanan and D. G. Morrison, "Taste Tests," *Psychology and Marketing*, Spring 1984, pp.69-91.
12. L. L. Thurstone, "A Law of Comparative Judgement," *Psychological Review* 34, 1927, pp.273-86.
13. J. P. Guilford, *Psychometric Methods* (New York: McGraw-Hill, 1954), pp.278-79.
14. R. Likert, "A Technique for the Measurement of Attitudes," in *Attitude Measurement*, ed. Gene F. Summers (Chicago: Rand McNally, 1970), pp.149-58.
15. G. A. Churchill, "A Paradigm for Developing Better Measures of Marketing Constructs," *Journal of Marketing Research* 16, February 1979, pp.64-73.
16. 這就是「項目—總分相關」（item-total correlation）。
17. 此方法是由 Osgood, Suci and Tannenbaun 所發展的。如欲進一步了解，可參考：

C. E. Osgood, G. J. Suci, and P. H. Tannenbaun, *The Measurement of Meaning* (Urbana, Ill.: University of Illinois Press, 1957).

18. W. A. Mindak, "Fitting the Semantic Differential to the Marketing Problem," *Journal of Marketing* 25, April 1961, pp.29-33.

19. B. A. Greenberg, J. L. Goldstucker, and D. N. Bellenger, "What Techniques Are Used by Marketing Researchers in Business?" *Journal of Marketing* 41, April 1977, pp.62-68.

20. D. I. Hawkins, G. Albaun, and R. Best, "Staple Scale or Semantic Differential in Marketing Research?" *Journal of Marketing Research* 11, August 1974, pp.318-322.

21. D. Menezes and N. F. Elbert, "Alternate Semantic Scaling Formats for Measuring Store Image: An Evaluation," *Journal of Marketing Research* 16, February 1979, pp.80-87.

Chapter 6 抽樣計畫

本章目錄

抽樣計畫可分抽樣程序與樣本大小的決定。本章將對此兩重要課題詳加說明。

6-1 了解抽樣

一、抽樣的基本觀念

幾乎所有的調查均需依賴抽樣。現代的抽樣技術是基於現代統計學技術及機率理論發展出來的，因此抽樣的正確度相當高，再說，即使有誤差存在，誤差的範圍也很容易測知。

抽樣的邏輯是相對單純的。我們首先決定研究的母體（population），例如，全國已登記的選民，然後再從這個母體中抽取樣本。樣本要能正確地代表母體，使得我們從樣本中所獲得的數據最好能與從母體中所獲得的數據是一樣正確的。值得注意的是，樣本要具有母體的代表性是相當重要的。換句話說，樣本應是母體的縮影，但是這並不是說，母體必須具有均質性（homogeneity）。機率理論的發展可使我們確信相對小的樣本就能具有相當的代表性，也能使我們估計抽樣誤差。

抽樣的結果是否正確與樣本大小（sample size）息息相關。由於統計抽樣理論的進步，即使全國性的調查，數千人所組成的樣本亦頗具代表性。根據 Sudman（1976）的研究報告，全美國的財務、醫療、態度調查的樣本數也不過是維持在千人左右。有 25% 的全國性態度調查其樣本數僅有 500 人。[1]

二、樣本與母體

在理想上，我們希望能針對母體做調查。如果我們針對全台灣人民做調查，發現教育程度與族群意識成負相關，我們對這個結論的相信程度自然遠高於對 1,000 人所做的研究。但是全國性的調查不僅曠日廢時，而且所需的經費又相當龐大，我們只有退而求其次——進行抽樣調查。我們可以從母體定義「樣本」這個子集合。抽樣率 100% 表示抽選了整個母體；抽樣率 1% 表示樣本數佔母體的百分之一。

我們從樣本中計算某屬性的值（又稱統計量，例如，樣本的所得平均），再據以推算母體的參數值（parameters，例如，母體的所得平均）的範圍。

我們應從上（母體）到下（樣本或部分母體）來進行，例如，從二百萬個潛在的受訪者中，抽出 4,000 個隨機樣本。我們不應該由下而上進行，也就是不應該先決定最低的樣本數，因爲這樣的話，除非我們能事先確認母體，否則無法（或很難）估計樣本的適當性。不錯，研究者有一個樣本，但那是個什麼東西的樣本呢？

例如，我們的研究主題是「台北市民對於交通的意見」，並在今日百貨門口向路過的人做調查，這樣的話，我們就可以獲得適當的隨機樣本了嗎？如果調查的時間是上班時間，那麼隨機調查的對象比較不可能有待在家的人（失業的人、退休的人）。因此，在上班時間進行調查的隨機樣本雖然是母體的一部分，但卻不具有代表性，因此不能稱為是適當的隨機樣本。但是如果我們研究的主題是「上班時間路過今日百貨公司者對於交通的意見」，那麼上述的抽樣法就算適當。從這裡我們可以了解：如果我們事前有台北市民的清單，並從中抽取樣本，那麼樣本不僅具有代表性，而且其適當性也容易判斷。

三、抽樣的優點

如果設計得周密，抽樣的正確性是相當高的。此外，在時間及金錢上的節省亦是相當可觀的。針對整個母體做調查所花的時間，自然比針對樣本的時間還長，而時間是一個相當關鍵性的因素。調查（不像觀察或文件研究）至少在理論上是在單一時點進行的，這樣的話，調查對象的意見才可以相互比較。如果調查的時點與時點的距離很長，那麼調查前期的意見如何與後期做比較？如果調查的是整個母體，那麼要在短時間內完成是相當困難的（除非透過許多訪員的協助），調查的時間一拖長，研究者就不容易知道調查對象的差異究竟因何而起——是因為他們本身的差異呢？還是因為時間所造成的。

要在同時間找到如此龐大數目的訪員實非易事，而且又會有濫竽充數之虞。此外，如果訪員的數目過於龐大，在管理上既困難又繁瑣。不如精簡訪員人數，對他們施以有效的管理及監督，以提升調查的品質。

6-2 抽樣程序

抽樣程序（sampling process）包含了七個循序的步驟。表 6-1 列出了這些步驟的名稱及扼要說明。

表 6-1　抽樣步驟的名稱及扼要說明

步驟	扼要說明
1. 定義母體	以元素、單位、範圍、時間來定義母體
2. 確認抽樣架構	決定能夠代表母體的工具，例如，電話簿、地圖或城市目錄
3. 確認抽樣單位	決定抽樣單位（例如，城市街道、公司、家計單位、個人）
4. 確認抽樣方法	描述如何抽選樣本單位的方法
5. 決定樣本大小	決定從母體元素中所形成樣本的數目
6. 擬定抽樣計畫	說明抽選抽樣單位的作業過程
7. 選取樣本	說明實地去抽樣的負責單位及工作細節，也就是將抽樣計畫加以落實的過程

一、第一步——定義母體

針對採購代理商所做的調查，其母體可定義爲「過去三年來購買過我們任何產品的所有公司及政府代理商」。針對價格所做的調查，其母體可定義爲「2010 年 10 月 15 日到 10 月 31 日在台北市各超市中所有競爭牌的價格」。要把母體定義得完整，就必須包括元素（element）、抽樣單位（sampling unit）、範圍（extent）及時間（time）。在上述採購代理商的例子中，其母體的定義如下：

元素：採購代理商
抽樣單位：公司及政府代理商
範圍：購買過我們的任何產品
時間：過去三年來

在上述價格調查的例子中，其母體的界定如下：

元素：所有競爭牌的價格
抽樣單位：超級市場
範圍：台北市
時間：2010 年 10 月 15 日到 10 月 31 日

在對母體的定義中如果少了一項，就會使得母體的定義不完整。我們不應小覷「母體定義不完整」這件事，因爲它對抽樣、調查結果、決策的正確性影響可以說是「失之毫釐，差之千里」。

從上述的例子，我們可以知道：抽樣的第一步就是決定母體，也就是我們所要研究的對象。研究對象又稱爲分析單位（units of analysis）。

分析單位通常以個人爲最多，但有時也包括俱樂部、產業、城市、縣、國家等。分析對象的總和稱爲母體。在母體內成爲抽樣目標的實體稱爲抽樣元素（sampling element）。在有關生育的研究中，任何撫養子女的已婚婦女均是抽樣元素。抽樣單位（sampling unit）可以是單一的抽樣元素，亦可以是一群抽樣元素。

二、第二步——建立抽樣架構

抽樣架構（sampling frame）是包含了所有抽樣單位的集合，例如，電話簿、地圖、城市目錄、受薪名單、某大學學生註冊名單等。如果抽樣元素等於抽樣單位的話，那麼在理論上抽樣架構就包括了所有在樣本中的個體（人）。研究者在開始抽樣之前，要列出母體中的各個體（或獲得母體中各個體的名單）。但有時這個名單也不見得準確，因爲它可能沒有包括出生的人、死亡的人、遷徙的人等。但如果未列在名單的人是隨機樣本，而與包含在名單中的人之間沒有任何系統性差異的話（例如，未包含在名單上的人都是窮人，如前述文藝文摘所做的調查），那麼即使未列在名單的人數再多，也不會造成嚴重的錯誤。

用電話簿來抽樣（也就是說，以電話簿做爲抽樣架構），經常會將沒有電話的人，或有電話不願登記的人，包含在抽樣架構中。在美國，未登記電話的家計單位佔總家計單位的 41%，在某些城市這個比例更高達 60%。[2] 同時，登記兩具電話的人，會有更大的被抽選機率。一個完美的抽樣架構要使得「母體元素只能出現一次」。

地圖也常被用來做爲抽樣架構，研究者可在某城市的地圖上先抽選某些地區，然後再從這些地區中抽取某些家計單位。

如果研究者採取機率抽樣（probability sampling），則必須要有抽樣架構；如果採取的是「非機率抽樣」，則不必。有關機率、非機率抽樣的觀念及方法，將於抽樣程序的第四步加以說明。

三、第三步——確認抽樣單位

抽樣單位是要從母體元素中加以抽取，以形成樣本的基本單位。例如，我們要以「13 歲以上的男性」做爲樣本，我們就可以直接向他們進行抽樣，在這個例子中，抽樣元素就等於抽樣單位。然而如果我們先抽取家計單位，再就所抽取的家計單位中抽取 13 歲以上的男性，那麼抽樣單位（家計單位）就與抽樣元素（13 歲以上男性）不同了。

所抽取的抽樣單位是依抽樣架構而定。如果研究者可以獲得完整的、正確的母體元素的名單（例如，採購代理商名錄），他就可以直接進行抽樣；如果他沒有採購代理商名錄，他就必須以公司做爲基本的抽樣單位。

抽樣單位的決定多少也受限於整個研究專案的設計。如果研究專案所設計的資料蒐集方法是電話訪問法，那麼電話訪問的抽樣單位就是在電話簿上做過登記者。

到府個人訪談及電話訪談的抽樣單位，值得我們特別注意。是不是碰巧開門的人，或是接到電話的人就是我們要訪談的對象呢？訪問碰巧在家的人會低算了（under-represent）在工作的人、旅遊的人、常常外膳的人，高算了（over-represent）年長的人、長期臥病的人、失業的人、在家帶小孩的婦女，或喜歡待在家的人。如果訪問的對象是個人，則對家計單位中成人的選取方式，以隨機的方式比較好，例如，我們可以用「下一個生日法」("next birthday" method），來訪問其生日最接近我們所接觸到的第一個人的人。

四、第四步——確認抽樣方法

抽樣的目的在於以適當的方法，來探討有關母體的特性。究其原因不外乎合乎經濟性、掌握時效、母體過大等原因。故如何以適當的方式進行抽樣設計，實爲行銷研究的關鍵因素。

抽樣方法是抽取樣本單位的方法。在決定用什麼抽樣方法之前，要考慮以下的五種選擇：

1. 機率或非機率抽樣（probability or nonprobability sampling）
2. 單一單位或集群單位（single unit or cluster unit）
3. 非分層或分層抽樣（unstratified or stratified sampling）
4. 相同的單位機率或不同的單位機率（equal unit probability or unequal unit probability）
5. 單階段或多階段抽樣（single stage or multistage sampling）

1. 機率或非機率抽樣

一般而言，抽樣設計可分爲機率抽樣（母體中個元素被抽取的機率爲已知）與非機率抽樣（以研究者的判斷來選擇樣本）兩種。值得注意的是，機率爲已知

（known chance）與機率爲相等（equal chance）這兩個意義不一樣，前者是研究者可以計算出每一個元素被選擇的機率。

(1)機率抽樣：包括簡單隨機抽樣法、系統抽樣法、分層抽樣法以及集群抽樣法。
(2)非機率抽樣：包括便利抽樣法、配額抽樣法、立意抽樣法、判斷抽樣法。

茲將上述抽樣方法，扼要說明如下：

(1)機率抽樣

簡單隨機抽樣法。母體中，每一個單位被做爲樣本單位的機率相同。根據這個定義，如果在抽樣架構中應該在名單內的人被剔除了，或者有些人被登錄兩次，就不能稱爲隨機了。在隨機抽樣的過程中，已經被抽取的樣本將不再置回（或不再出現在原名單中），因此假設抽樣架構中的人數是 1,000 人，則每個人被抽取的機率是 1/1000，如果已抽取了 200 人又不再置回的話，剩下被抽取的機率就變成 1/800。不重複（不再置回）的隨機抽樣稱爲簡單隨機抽樣法（simple random sampling）。

常用的簡單隨機抽樣法有二，即(1)摸彩法，將母體中各元素的名字寫在卡片上，丟入箱中加以攪和之後，然後再隨機抽取；(2）利用亂數表（random number tables），比較有名的亂數表有費雪與葉茲（Fisher and Yates）以及蘭得公司（Rand Corporation）的「百萬亂數表」（A Million Random Digits）。

系統抽樣法　例如母體有 8,000 人，樣本大小決定爲 100 人，則樣本區間爲 8000/100 = 80，假定從 1 到 80 之中，我們隨機抽出了 15，則樣本單位的號碼依次爲 15, 175, 255……，直到樣本數達到 100 人時爲止。

從上述的例子我們可以了解，若樣本區間爲 k，則 1/k 就代表樣本數佔母體數的比例（若 k 爲 80 人，則樣本佔母體數的比例是 1/80）。而系統抽樣法是在抽樣架構中，每隔 k 個抽出一個樣本。一般而言，第一個樣本是隨機抽取的。我們也可以「第一個樣本是否爲隨機抽取」這個情形，再將系統抽樣法細分爲「隨機開始的系統抽樣法」（systematic sampling with a random start）以及「非隨機開始的系統抽樣法」（systematic sampling without a random start）。

在其他條件不變之下，簡單隨機抽樣法的正確度會高於系統抽樣法。系統抽樣法可被視爲是隨機抽樣法的「實用的近似法」（practical approximation）。雖然隨機抽樣法比較具有正確性，而且也不需要「隨機的抽樣架構」這個假設，但是系統抽樣法比較切合實際，而且在一定的成本下，比較能提供更多的資訊。此外，系統抽樣法比較容易處理（尤其是對新手而言），因此可減少誤差。一般而言，方法愈複雜，產生誤差的機會愈大。

我們可以了解，系統抽樣法對於抽樣架構正確性的要求（或依賴）高於隨機抽樣法。

分層抽樣法 先將母體的所有基本單位，以某種基礎（例如，所得收入）分成若干相互排斥的組或層，然後再分別從各組或各層中以簡單隨機抽樣法抽取樣本，如圖6-1所示。

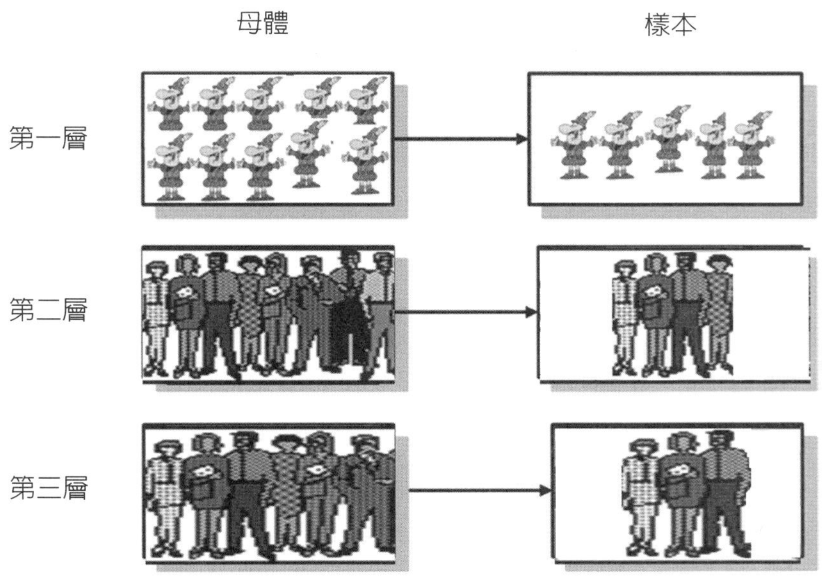

圖 6-1 分層抽樣法

集群抽樣法 在簡單隨機抽樣中，每一個母體元素是個別抽取的，然而我們可以把母體分成若干個群（也就是說由母體元素組成的群），然後再在每一群中進行隨機抽樣。這就是集群抽樣法（cluster sampling）。我們馬上會聯想到：集群抽樣法與分層抽樣法的差異何在？表 6-2 比較了這二種方法。

表 6-2　分層抽樣法與集群抽樣法的比較

分層抽樣法	集群抽樣法
1. 我們將母體分成若干個層，每個層內具有許多母體元素。	1. 我們將母體分成許多群，每個群內具有若干個母體元素。
2. 分層的基礎是與我們所要研究的變數息息相關的標準（例如，以年齡分層來研究不同年齡層的家具購買行為）。	2. 分群的基礎是以資料蒐集的方便性或可獲得性。
3. 我們希望層內的同質性高，層間的異質性高。	3. 我們希望群內的異質性高，群間的同質性高。

如果施行得良好的話，集群抽樣法會獲得母體母數的不偏估計值（unbiased estimate）。集群抽樣法的使用時機爲：(1)需要比簡單隨機抽樣更高的經濟效率時；(2)無法獲得抽樣元素所組成的樣本架構時。

集群抽樣法的統計效率通常低於簡單隨機抽樣，主要的原因在於集群通常是同質性的。住在同一街道的人（或是成爲一群的人），通常在社會地位、所得收入上是類似的。

雖然集群抽樣法的統計效率偏低，但其經濟效率卻足以彌補這個缺點。在權衡統計效率及經濟效率時，要看它們的淨相對效率（net relative efficiency）。例如，如果用集群抽樣法所抽取的 690 位受訪對象，其代表性（或稱代表母體的正確性）等於用隨機抽樣法所抽出的 424 人。但是用集群抽樣法每個樣本的成本是 20 元；用隨機抽樣法，每個樣本的成本是 40 元。在這個情況之下，集群抽樣法是比較具有吸引力的。

在集群抽樣法中，有一個以地區爲群的抽樣法稱爲地區抽樣法（area sampling）。它的作法是這樣的：從一個城市的所有 N 個街道區中，隨機抽選幾個街道爲樣本區，然後在各樣本區中進行普查。

現在我們將各機率抽樣法的類型及其優缺點彙總說明如表 6-3 所示。

表 6-3　機率抽樣的比較

類型	說明	優點	缺點
1. 簡單隨機	每個母體元素都有相同的機率被抽選成為樣本。利用亂數表抽取樣本。	施行容易（可利用電話自動撥號）。	需要母體元素的名單；施行時較費時；需要較大的樣本數；會有較大的誤差；較昂貴。
2. 系統抽樣	從母體中的抽樣區間內隨機（或不隨機）抽取一個樣本，依抽樣比率（1/k），每隔 k 抽取一個樣本。	設計方面很簡單；比簡單隨機抽樣更容易使用；容易決定平均數或比率的抽樣分配；比簡單隨機抽樣更便宜。	母體的週期性會扭曲了樣本及結果；如果母體名單有單調的現象，則起始點的位置會扭曲估計值（estimates）。
3. 分層抽樣	將母體分成次母體或層，然後再在每一層使用簡單隨機抽樣。	研究者可控制每一層的樣本數；提高統計上的效率；可分析每一層的資料；每一層可用不同的抽樣方法。	如果每一層的抽樣比例不同，可能會產生更大的誤差；昂貴；每層的抽樣架構不易獲得。
4. 集群抽樣	將母體分成內部異質性的次母體，有些次母體是以隨機抽樣的方式抽取次母體。	如果做得精確，會獲得母體母數的不偏估計值（unbiased estimate）；就經濟上的考量，比簡單隨機抽樣更有效率；每個樣本的單位成本較低（尤其是地理區域的集群）；不需要母體名單即可進行。	由於次母體的同質性，減低了統計上的效率（造成了更大的錯誤）。

(2) 非機率抽樣法

便利抽樣法　顧名思義，便利抽樣法純粹是以便利爲基礎的一種抽樣法，樣本的選擇僅考慮到獲得或衡量的便利，譬如說，調查者在水族館前訪問參觀者即是一例。

配額抽樣法　配額抽樣法是做到「樣本多少具有母體的代表性」。首先將母體分爲若干個次群體，然後再以先前決定的配額數（總抽樣數）來決定每個次群體的配額數（樣本數），以使得以各類別的樣本數來看，樣本的組成好像是母體組成的縮影。分類的類別可以是單向度的（例如，年齡）、雙向度的（例如，年齡、性別），或者三向度的（例如，年齡、性別、教育程度）。表 6-4 顯示了針對大海大學的學生進行雙向度配額抽樣的結果。在表中，由於母體中有 14% 的學生是大一男生（共 1,400 人），因此在 100 個配額數中，大一男生應是 14 人。

表 6-4　雙向度配額抽樣法之例

學生 ＼ 年級	大海大學的學生 母體 10,000 人		各類別樣本數 總配額數為 100 人	
	男生	女生	男生	女生
大一	1,400	1,200	14	12
大二	1,300	1,100	13	11
大三	1,100	1,000	11	10
大四	1,000	900	14	9
研究生	600	400	6	4

然後依照同樣的方法，再決定其他次母體（subpopulation）樣本的大小。在實際訪談時，對每一個訪問員指派「配額」，要他在某個次母體中訪問一定數額的樣本單位。

立意抽樣法　立意抽樣法是指研究者以某種先前設定的標準來進行抽樣。在這種情況下，即使研究者知道這些樣本不具有母體的代表性，但還是以這些樣本作爲研究對象。例如研究者刻意找某些工程師來評估其口袋型計算器，以作爲產品設計改進的參考。

判斷抽樣法　判斷抽樣法，顧名思義是靠研究者的判斷來決定樣本。研究者必須對於母體有相當程度的了解，才能夠發揮判斷抽樣法的功用。判斷抽樣法中，有一種方式是雪球抽樣法（snowball sampling），這種方法是利用隨機方法來選取原始受訪者，然後再經由原始受訪者的介紹或者提供的資訊，去找其他的受訪者。雪球抽樣法的主要目的之一，就是方便我們去調查母體中具有某種特殊的特性的人。

(3) 機率與非機率抽樣的選擇

研究者在選擇機率與非機率抽樣所依據的是「成本與價值原則」(cost versus value principle）。我們所選擇的抽樣方法就是價值高於成本最大者。

這個原則說起來簡單，但做起來並不容易。眞正的困難點在於機率與非機率抽樣價值與成本估算的問題。以下的五個問題有助於我們估算相對的價值：

- 我們需要哪些類型的資訊——平均數、比率或是預估的總數。例如，我們是不是要知道贊成核四建廠的人數比率、贊成評點的平均數以及預估三年後贊成者的人數？
- 所能容忍的誤差多少？所從事的這個研究是否需要非常正確的估計母數（母體中某屬性的值）？

・非抽樣誤差可能有多大？母體界定、抽樣架構、選擇、非反應、代理資訊（surrogate information）、[3] 衡量及實驗的誤差可能有多大？
・就我們所要衡量的變數而言，母體的均質性如何？這個變數在抽樣單位的變異程度如何？
・抽樣錯誤（或樣本提供的資訊不實）所造成的代價有多高？

一般而言，如果需要預估總數、錯誤的容忍度低、母體的異質性高、非抽樣誤差低以及抽樣誤差的代價高，則以機率抽樣法爲佳。

(4) 抽樣誤差

抽樣時不免有誤差存在。抽樣誤差指的是，樣本的統計值不能百分之百地代表母體的數目。譬如說，在抽樣時總有可能抽到母體中特殊的單位。而反應誤差純粹是因爲詢問或觀察的方法不當所致，在抽樣調查時，發生這項誤差的原因如下：

(1) 問卷設計者或資料蒐集者的個人偏差
(2) 受測者的社會預期或心理因素
(3) 受測者之間在接受觀察或詢問時，是否處於相同的環境

抽樣誤差之例　有些行銷研究人員對於抽樣有所誤解，認爲抽樣是產生所有誤差的根源。他們甚至懷疑像尼爾森（A. C. Nielsen）收視率調查、蓋洛普民意測驗（Gallup polls）這樣的調查的抽樣正確性，因爲他們從來沒有被調查過，也從來不知道有誰被調查過。在抽樣錯誤上，比較有名的例子是 1936 年「文藝文摘」（Literary Digest）預測藍登（Alf Landon）會在總統大選中贏羅斯福的例子。這個預測的錯誤完全是因爲抽樣不當所致。「文藝文摘」彼時並沒有全國登記投票者的名單，因此就以電話簿及駕照登記簿做爲抽樣的對象。在那個經濟不景氣的年代，許多美國人沒有電話，也沒有車子，但都是支持羅斯福的廣大群眾。這項選情預測顯然是針對富人所做的民測，而不是針對廣大群眾所做的，因此造成預測上的錯誤是可以理解的。另外一個例子是 1948 年的美國大選，根據蓋洛普民意測驗顯示，杜威將是勝選者，但是結果卻是杜魯門獲勝。這個預測錯誤應歸因於調查結束得太早了，以至於沒有估算到無定見的人士，以及配額抽樣法（quota sampling）的使用不當。

2. 單一單位或集群單位

在單一單位抽樣法（single unit sampling）中，每個抽樣單位是分別被抽取

的；在集群抽樣（cluster sampling）中，抽樣單位是「成群的人」。如果抽樣單位是家計單位，則單一抽樣法是以家計為抽取的單位，而集群抽樣法是以城市街道為抽樣單位，調查訪問的對象是所抽選街道上的家計單位。

要用單一單位抽樣法或集群抽樣法所考慮的因素，同樣的也是成本與價值。就每一個抽樣單位而言，集群抽樣法通常花費較少，但是就抽樣誤差而言，集群抽樣法則比較大，因為它的「集群內的差異性」比較少之故。

假設我們要抽取 150 個樣本，做為個人訪談的對象。如果我們用的是單一單位抽樣法，則被抽取的家計單位可能散佈在城市中的每個地方。這樣的話，他們在社會地位、所得收入、教育程度等的差異性可能比較大，也會比較具有代表性。

相形之下，如果我們用的是集群抽樣法，先抽選 10 個街道，再在其中抽取 15 個家計單位，如此社會地位等的差異性就不會太大，因為「物以類聚」。每個抽樣單位的人員訪談成本會比較低，因為在集群內每個抽樣單位都住在附近。

如果對錯誤的容忍度低、母體的異質性高、抽樣錯誤的代價高的話，以單一單位抽樣法為佳。

3. 非分層或分層抽樣

母體中的共同屬性，可以用來分成區隔（segment）的稱為層（stratum）。年齡層（例如，35～49 歲）、所得層（例如，家庭的年收入在一百萬以上）等都是層。

分層抽樣法就是將每一層視為是單獨的次母體（subpopulation）。如果家計單位戶長的年齡可以分為「18～34」、「35～49」、「50 以上」這些層，每一層都是獨立的次母體。研究者再分別從這些層中抽取樣本。

分層抽樣法的優點是：

(1) 處理上比較簡單。例如，如果我們的調查對象是銀行的客戶，我們可就定期存款、活期存款、抵押貸款的客戶這三層分別抽樣，這樣做的話比不分層還簡單。
(2) 我們可以了解每一層某屬性（例如，所得）的平均值、比率等資料。
(3) 設計良好的分層抽樣所需的樣本數比不分層還少（因為在同一層內的樣本，其屬性較為接近，只抽幾個就會比較具有代表性）。

每個層內的樣本愈類似，則代表該層的樣本數就可以愈少。如果某一層內的樣本完全相同（這是一個相當極端的例子），那麼在這一層只要抽取一人即具有相當的代表性。因此我們可以了解：某一層的同質性（homogeneity）愈高，所需的樣本數愈少。

4. 相同的單位機率或不同的單位機率

造成抽樣誤差的主要根源是我們的常識不足，而好的抽樣方法又不是以常識就可以了解的。譬如說，常識告訴我們：好的抽樣方法是每個樣本被抽取的機率是相同的，但是有些抽樣卻是以「不同的單位機率」（樣本被抽取的機率不同）比較好。

舉例而言，如果我們的研究主題是「不同年齡層的家具購買行爲研究」，並以「18～34」、「35～49」、「50 以上」這三個年齡層來抽取樣本。我們不難發現，「18～34」、「35～49」這兩個年齡層內的人，他們購買數量的差異性必然會大於「50 以上」這個年齡層內的人。所以，對「50 以上」這個年齡層的取樣數（或取樣比率）應該低一點，並將所減少的比率分配到前二個年齡層。

因此，如果我們相信（最好能夠證實）每一層在某個屬性上的變異數是不同的話（有的層的變異程度大，有的層的變異程度小），我們應該以「不同的單位機率」這個方式來進行抽樣。

5. 單階段或多階段抽樣

在抽樣的過程中應該要有幾個階段，端看是否能獲得抽樣架構而定。在實務上，多階段的抽樣通常是先抽取區域，再抽取街道，再就所抽取的街道中利用系統抽樣法以抽取家計單位。但是，如果我們能夠完整的、正確的獲得家計單位的名錄（也就是說獲得正確的抽樣架構），就不必經過多階段的過程。

五、第五步——決定樣本大小

在有限或無限母體之下，我們可用估計母體平均數或比率的方式，來決定樣本的大小。如果我們不用這些機率的方式來決定樣本的大小，也可以用非機率的方式，例如，所能負擔法（all you can afford）、同類型研究的樣本平均數（the average for samples for similar studies）及每格所需樣本數（required size per cell）。當然，我們在決定樣本的大小時，還要考慮到特殊事件、非反應的問題。有關這些方法、觀念及術語將於第 6-3 節詳細說明。

六、第六步——擬定抽樣計畫

抽樣計畫說明了如何將到目前爲止的決策加以落實。如果研究者決定家計單位是抽樣元素，而街道是抽樣單位，那麼「家計單位」的操作性定義如何？如何告訴訪談員在碰到「受訪者家人和其遠親住在同一棟公寓」時，如何分辨家庭及家計單位？如何教導訪談員在一個街道中如何進行系統抽樣？如果所抽取的房屋無人居住，訪談員應如何處理？如果受訪對象不在家，那麼再度訪問的程序是什麼？家計單位中的人，年紀要多大才有資格代表回答問題？

七、第七步——選取樣本

抽樣程序的最後一個步驟就是眞正的抽取樣本。這些工作需要負責單位及實地工作者的全力支援，尤其是人員訪談更需如此。

6-3 樣本大小的決定

一、決定樣本大小的基本觀念

在抽樣時，我們必須決定要從母體中抽取多少樣本，才能夠達成我們的研究目標。一般人誤以爲樣本應愈大愈好，因此，以爲 20,000 人所組成的樣本會比 2,000 人來得好。1936 年，「文藝文摘」的慘痛經驗（Literary Digest fiasco）告訴我們：樣本寧可短小精悍（具有母體的代表性），也不要大而無當。[4]

以非機率抽樣的方式所得到的樣本並不能讓我們計算抽樣誤差，並做統計推定，因此，本章所討論的重點並不在非機率抽樣這方面。本章說明的重心是在利用簡單隨機抽樣中所獲得的樣本，因爲這樣的話，我們可以：(1)基於樣本的資料來推定母體的母數；(2)利用統計方法來估計可能的誤差（也就是樣本統計量與母體母數的差距）。

二、基本的統計觀念

在這一節，我們要複習一下幾個與樣本大小的決定息息相關的統計觀念。這些統計觀念包括：樣本平均數（sample mean）、樣本比率（sample proportion）、樣本標準差（standard deviation of a sample）及常態分配（normal distribution）。

1. 樣本平均數

樣本平均數，有時也稱爲算術平均數（arithmetic mean）或算術平均（arithmetic average），就是所觀察的樣本值總數除以樣本數。例如，四個商店的銷售額如下：

商店甲	1.5 百萬
商店乙	2.2 百萬
商店丙	1.8 百萬
商店丁	2.9 百萬
總和	8.4 百萬

則樣本平均數是 8.4 百萬/4 = 2.1 百萬。

樣本平均數（$\overline{X}$）是母體平均數（μ）的估計值（estimate），這些母體母數包括了所得、年齡、購買量、銷售量等等，而我們是根據這些變數中的某一個來進行抽樣的。

2. 樣本比率

樣本比率是指具有某種特性（例如，擁有花旗信用卡）佔樣本總數的比率。例如，我們向 100 個樣本做調查，其中有 60 人擁有花旗信用卡，那麼樣本比率是 0.60，這個比率將用來做爲我們推定母體比率（p）的推定值。

3. 樣本標準差

樣本標準差就是樣本數據的變化程度（variability）。我們將用這個數據來推定母體的變異數（δ）。計算一組樣本數據的變異數的公式如下：

$$S=\sqrt{\frac{\Sigma\,(X-\overline{X})}{n-1}}$$

其中：

X = 個別的觀察值或衡量值

$\overline{X}$ = 樣本平均數

n = 樣本大小

假設大海商店 10 天來的銷售額是這樣的：

第幾天	銷售額
1	$130
2	250
3	319
4	256
5	435
6	251
7	145
8	110
9	215
10	405
總和	$2,516

則樣本平均數（$\overline{X}$）是這樣的：

$$\overline{X} = \frac{\$2,516}{10} = \$251.6$$

標準差的計算是這樣的：

$$S = \sqrt{\frac{\Sigma\,(X - \overline{X})}{n-1}} = \sqrt{\frac{(130-251.60)^2 + (250-251.60)^2 + \cdots\cdots + (405-251.60)^2}{10-1}}$$

$$= \$110.1$$

4. 常態分配

常態分配是一個標準化的鐘型機率曲線（bell-shaped probability curve），在此曲線下所涵蓋的面積表示觀察值在此範圍內所發生的機率。常態分配的中心點就是平均值，與中心點的距離是以「有幾個標準差」來表示。圖 6-2 表示在常態分配下，平均數加減 1、2、3 個標準差所涵蓋的面積。Z 表示標準差的數目。在統計抽樣方面，具有參考性的 Z 值如下：

從 Z = −1 到 Z = +1，區間面積 = 0.683
從 Z = −1.96 到 Z = +1.96，區間面積 = 0.95
從 Z = −2 到 Z = +2，區間面積 = 0.954
從 Z = −3 到 Z = +3，區間面積 = 0.997

95% 的區間是我們常用來決定樣本大小的範圍。明確的說，涵蓋 95% 的信賴區間（confidence interval）的 Z 值是從 Z = −1.96 到 Z = +1.96。

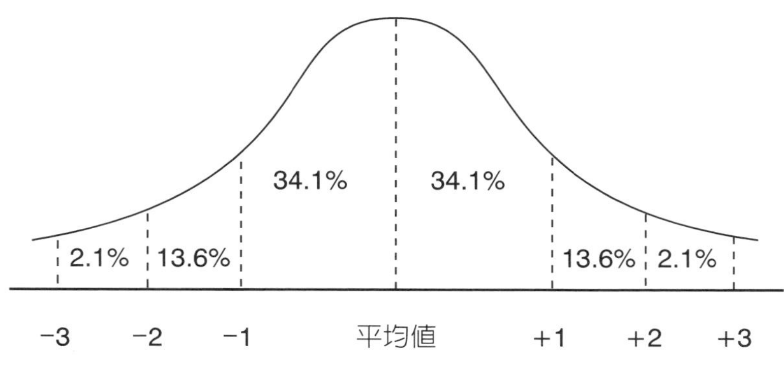

圖 6-2　常態分配曲線下的面積估計值

6-4　平均數、比率的樣本統計量分配

如果我們從同樣的母體中，簡單隨機抽取若干個樣本，計算其樣本統計量（例如，年齡）的平均數或比率，然後再簡單隨機抽取第二組樣本（樣本數相同），再計算其樣本統計量的平均數或比率。如果我們計算各組的樣本統計量的平均數，會發現樣本統計量的估計值會趨近於母體母數。譬如，從同樣的母體中，分別抽取 15 組不同的樣本，分別計算其平均數或比率，獲得到 15 個不同的平均數或比率。樣本數愈大，則樣本統計量的平均數愈會散佈在真實的母體母數的周圍。

一、平均數的抽樣分配

平均數的抽樣分配（sampling distribution）就是在母體均數、變異程度及樣本大小不變的情況下，各組樣本的平均值的可能分配。對大樣本（$n \geqq 30$）而言，平均數的抽樣分配呈常態分配的狀態，並可以下列公式表示：

$$E(\overline{X}) = \mu$$

以及

$$\sigma_{\bar{x}} = \frac{\sigma}{\sqrt{n}}$$

其中：

$E(\overline{X})$ = 樣本平均數的平均數
μ = 母體平均數
n = 樣本大小
σ = 母體母數的標準差
$\sigma_{\bar{x}}$ = 樣本平均數的標準差或標準誤[5]

例如，假設母體的平均所得是 $15,000，標準差是 $4,000，如圖 6-3(a) 所示。如果我們要從母體中抽取 100 個樣本，則抽樣分配的平均數及標準誤如下，如圖 6-3(b) 所示。

(a)

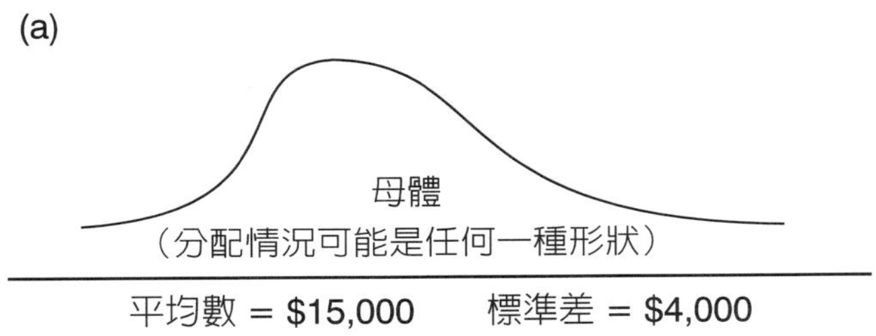

(b)

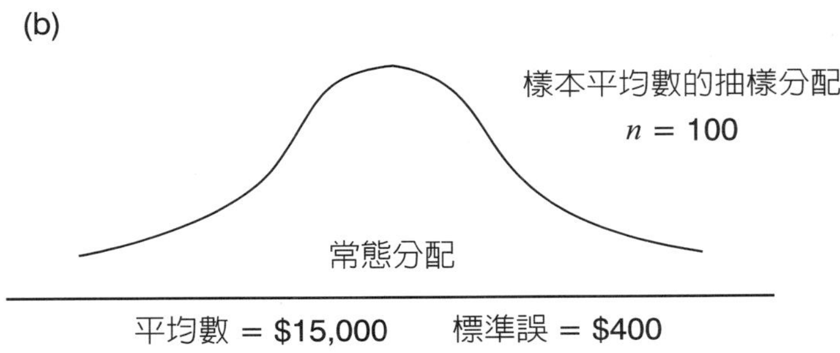

(c)

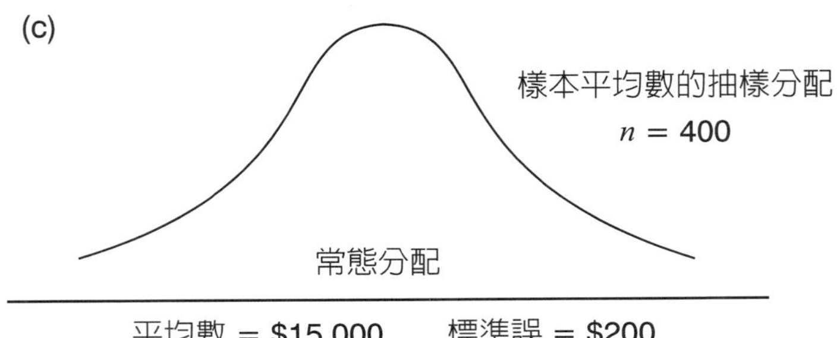

圖 6-3　樣本平均數的抽樣分配（樣本數愈大，樣本的標準誤愈小）

換句話說，如果我們重複地從母體中抽取若干組樣本（每組 100 個樣本），則樣本平均數的平均值是 $15,000，樣本平均數的估計標準誤是 $400。

如果我們從母體中取樣的數目較大（例如，n = 400），則我們所得到的抽樣分配將會有同樣的期望值（$15,000），但是變異的程度較小，也就是說，樣本平均數的標準誤是 $\frac{\$4,000}{\sqrt{400}}$ =$200。在這種情況之下，樣本平均數將會圍繞在母體母數的四周，如圖 6-3(c) 所示。

根據先前的說明，95% 的樣本平均數會落在母體平均數的 1.96 個標準誤範圍內。換句話說，任何樣本數為 400 的樣本，其平均數落在 1.96($200) = $392（也就是從 $14,608 到 $15,392）範圍內的機率是 95%。

二、比率的抽樣分配

比率的抽樣分配與樣本平均數的抽樣分配的基本理念是相同的，也就是說，樣本數愈大，則樣本比率（樣本中具有某種特性的比率）愈趨近於眞正的母體比率。從母體中隨機抽樣的比率，其抽樣分配會呈常態分配，其：

$$E(p) = \pi$$

$$\sigma_p = \sqrt{\frac{\pi(1-\pi)}{n}}$$

其中：

p = 樣本比率

π = 母體比率

n = 樣本大小

σ_p = 樣本比率的標準誤

例如，假設母體中有 40% 的人贊成全民健保，我們從母體中抽取若干組樣本（每組有 100 個樣本），則其抽樣分配是這樣的：

$$E(p) = \pi = 0.4$$

$$\sigma_p = \sqrt{\frac{0.4(1-0.4)}{100}} = 0.049$$

同樣地，我們可以了解，樣本數的增加會減少抽樣分配的變異程度。如果我們所取樣的數目是 100，則樣本比率落在 0.304（即 0.40 − 1.96(0.049)）及 0.496（即 0.40 + 1.96(0.049)）的機率是 95%。

6-5 信賴區間

信賴區間（confidence interval）是統計上的術語，表示我們認為對眞實的母體母數值的估計有多接近的程度。雖然信賴區間這個術語較少出現在報章雜誌上的調查報告中（例如，蓋洛普民意測驗報告），但是他們所使用的字眼是「可能誤差」(likely error）。如果完全以統計的術語來說明信賴區間的話，可能是這樣的：「根據對 1,500 位受測者的調查，我們能 95% 地確信，認為有飛碟的人的比率從 0.28 到 0.32」。

一、平均數的區間——大樣本

我們可用以下的方法來估計在大樣本（樣本數大於 30）下的母體平均數的區間：

1. 用樣本平均數做為區間的中點。
2. 決定母體平均數眞正會落在該區間的信賴度，同時選擇適當的 Z 值：
   90% 的信賴區間，Z = 1.65
   95% 的信賴區間，Z = 1.96
   95.45% 的信賴區間，Z = 2
   99% 的信賴區間，Z = 2.58
   99.74% 的信賴區間，Z = 3

如果我們要用其他的信賴區間，可以查常態分配表，去找符合某信賴區間的 Z 值。例如，如果我們要 99.4% 確信母體平均數會落在此區間，適當的 Z 值是 2.75。

3. 將相關值帶入公式，求得區間值：

$$信賴區間 = \overline{X} + Z\frac{S}{\sqrt{n}}$$

其中：

$\overline{X}$ = 樣本平均數
Z = 對應於某區間水準的 Z 值
S = 樣本的標準差
n = 樣本數

假設我們向 1,000 人進行調查，發現他們（樣本）每日平均的娛樂費是 \$8.37，而樣本的「每日娛樂費」的變異數是 \$5.25。如果所希望的信賴度 95%，我們可以下列公式計算出信賴區間：

$$\text{信賴區間} = 8.37 + 1.96\frac{5.25}{\sqrt{1000}} = 8.37 \pm 0.33$$

因此，我們得到的信賴區間是從 \$8.04 到 \$8.70。準此，我們可以 95% 的確信母體每日的平均娛樂費會從 \$8.04 到 \$8.70。

二、平均數的區間——小樣本

我們可用以下的方法來估計在小樣本（樣本數小於 30）下的母體平均數的區間：

1. 用樣本平均數做爲區間的中點。
2. 決定母體平均數眞正會落在該區間的信賴度，然而由於是小樣本，我們要用「學生 t 分配」（student t distribution），而不是常態分配。適當的 t 值將隨著樣本數的不同而定。首先，我們要計算出自由度（degree of freedom, df），然後我們要將所希望的信賴程度從 1 中扣除，以算出所剩下的雙尾面積（total tail area）。換句話說，如果我們要 95% 的信賴程度，我們要在 t 分配表中找 0.05 的對應部分。例如在 95% 的信賴水準之下，樣本數爲 20 的 t 值是 2.093。
3. 將相關値帶入公式，求得區間値：

其中：

信賴區間 $= \overline{X} \pm t\frac{S}{\sqrt{n}}$

假設我們向 15 個家庭進行調查，發現他們（樣本）每月平均的娛樂費是 \$25，而樣本的「每月娛樂費」的變異數是 \$7.65。如果所希望的信賴度 90%（母體平均數會落在此區間的可能性有 90%），我們去查 t 分配表，df = 15 − 1 = 14，找到 0.10（即 1 − 0.9）那一欄，發現 t = 1.761，我們可以下列公式計算出信賴區間：

信賴區間 $= 25.00 \pm 1.761\ \frac{7.65}{\sqrt{14}} = 25.00 \pm 3.48$

因此，我們得到的信賴區間是從 \$21.52 到 \$28.48。準此，我們可以 90% 的確信母體每月的平均娛樂費會從 \$21.52 到 \$28.48。

三、比率的區間

我們可用以下的方法來估計母體比率的區間：

(1) 用樣本比率做為區間的中點。

(2) 決定母體比率真正會落在該區間的信賴度，同時選擇適當的 Z 值：

90% 的信賴區間，$Z = 1.65$

95% 的信賴區間，$Z = 1.96$

95.45% 的信賴區間，$Z = 2$

99% 的信賴區間，$Z = 2.58$

99.74% 的信賴區間，$Z = 3$

如果我們要用其他的信賴區間，可以查常態分配表，去找符合某信賴區間的 Z 值。例如，如果我們要 99.4% 確信母體比率會落在此區間，適當的 Z 值是 2.75。

(3) 將相關值帶入公式，求得區間值：

信賴區間 $= P \pm Z\sqrt{\frac{P(1-P)}{n}}$

其中：

P = 樣本比率

Z = 對應於某區間水準的 Z 值

n = 樣本大小

假設我們在五股交流道某定點隨機觀察駕車路過的 100 位駕駛員，發現他們（樣本）有 60% 的人有繫上安全帶。如果所希望的信賴度 95%，我們可以下列公式計算出信賴區間：

$$\text{信賴區間} = 0.60 \pm 1.96\sqrt{\frac{0.6\,(1-0.6)}{100}} = 0.60 \pm 0.09$$

因此，我們得到的信賴區間是從 0.504 到 0.696。準此，我們可以 95% 的確信母體比率（繫上安全帶的人佔母體的比率）會從 0.504 到 0.696。

一般雜誌社、報社所做的調查樣本數約在 1,000 人到 1,500 人之間，視調查者所需要的正確度而定。例如，假設樣本數是 1,050，樣本比率是 0.51，則在 95% 的信賴水準之下，誤差值是 0.03（3%），也就是：

$$1.96\sqrt{\frac{0.51\,(1-0.49)}{1050}} = 0.03$$

6-6　決定樣本大小的公式與應用

在決定樣本的大小時，我們要事先決定信賴區間的大小。由於最大的可能誤差（maximum likely error, E）是信賴區間的一半，因此信賴區間是我們決定樣本大小的基礎。

一、以估計母體平均數來決定樣本大小

當我們以估計母體平均數來決定樣本大小時，即使我們現在還不知道樣本數有多少，但還是可以建立母體平均數的信賴水準。公式建立的概念是這樣的：

首先，我們以兩種不同的角度來決定某信賴區間下的抽樣誤差（sampling error）：(1) E，也就是我們願意接受的最大誤差：(2) Z 乘以樣本平均數的標準誤。由於這二個數值在曲線的尺度上代表著相同的距離，我們就可以設定它們爲相等，並解 n 值：

$$E = Z\frac{\sigma}{\sqrt{n}} \quad 或 \quad E^2 = \frac{Z^2\sigma^2}{n}$$

因此：

$$n = \frac{Z^2\sigma^2}{E^2}$$

應用

值得提醒的是：在 95% 的信賴區間之下，$Z = 1.96$；在 99% 的信賴區間之下，$Z = 2.58$。

假如我們要研究某特定人口每年的娛樂支出；而且我們根據過去的研究估計，母體的標準差為 \$300，此外，我們要 95% 的確信我們的樣本平均數會落在母體平均數的 \$50 之內。在這種情況下，$Z = 1.96$，$\sigma = \$300$，$E = \$50$。根據公式，我們可以算出所需樣本的大小：

$$n = \frac{1.96^2\,(300)^2}{(30)^2} = 139 \text{（個樣本）}$$

在決定樣本的大小方面，最困難的部分莫在於估計母體的標準差。畢竟，如果我們對於母體能充分了解的話，就沒有必要對其母數進行任何有關的研究。如果我們不能藉著參考過去的研究，來估計母體的標準差的話，我們還可以靠自己的判斷，或者以小樣本進行探索式的研究。

我們也可以從相對容許誤差（relative allowable error），而不是絕對誤差，來決定樣本的大小。在這種情形之下，標準差（σ）及容許誤差（E）是以「對眞實的母體平均數的比例」來表示。其公式如下：

$$n = \frac{Z^2\text{（}\sigma\text{ 占母體平均數的 \%）}^2}{\text{（}E\text{ 占母體平均數的 \%）}^2} = \frac{Z^2\left(\frac{\sigma}{\mu} \times 100\right)^2}{\left(\frac{E}{\mu} \times 100\right)^2}$$

μ 代表母體的平均數，至於此數字是多少並無關緊要，因為在分子、分母中會互相抵銷。

例如，我們要了解大海大學企管所的畢業生每年的平均收入是多少。同時經過我們大略估計發現：母體的標準差大約是母體平均數的 40%，如果我們要 95% 的確信樣本平均數會落在母體平均數的 10% 範圍內，代入公式所得到的樣本大小如下：

$$n=\frac{(1.96)^2\,(40)^2}{(10)^2}=62$$（個樣本）

三、以估計母體比率來決定樣本大小

當我們以估計母體比率來決定樣本大小時，即使我們現在還不知道樣本數有多少，但還是可以建立母體比率的信賴水準。公式建立的概念是這樣的：

首先，我們以兩種不同的角度來決定某信賴區間下的抽樣誤差：(1)E，也就是我們願意接受的最大誤差：(2)Z 乘以樣本比率數的標準誤。由於這二個數值在曲線的尺度上代表著相同的距離，我們就可以設定它們為相等，並解 n 值：

$$E=Z\frac{\pi(1-\pi)}{\sqrt{\pi}} \quad 或 \quad E^2=\frac{Z^2\,(\pi)\,(1-\pi)}{n}$$

因此：

$$n=\frac{Z^2\,(\pi)\,(1-\pi)}{E^2}$$

應用

值得注意的是：如果無法估計出母體中含有某些特性的比率值，可用比較保守的來估計。

在運用此公式時，我們要看看是否能夠約略地估計母體比率值，在公式中，樣本的大小是隨著 $\pi(1-\pi)$ 而變化，當 $\pi=0.5$ 時，此乘積最大，如下表所示：

π	$(1-\pi)$	$\pi(1-\pi)$
0.5	0.5	0.25
0.4	0.6	0.24
0.3	0.7	0.21
0.2	0.8	0.16
0.1	0.9	0.09

從這裡我們可以看出來，當 π 很小或很大時，π(1 － π) 會變得很小。因此如果我們能夠有信心的減少 π 值的話，就可以利用小樣本，這樣的話，我們可以節省一筆費用。

假設我們要決定本國人口中相信幽浮的人的比率，同時我們有 95% 的確信樣本比率會落在母體比率的 3 個百分點範圍內。首先我們要決定眞正的比率是 > 0.5 還是 < 0.5，由於我們不了解大眾對於幽浮的看法如何，所以我們用比較保守的 p = 0.5 來估計，代入公式：

$$n=\frac{(1.96)^2(0.5)^2(0.5)^2}{(0.03)^2}$$

表 6-5 是在各種 π 值及 Z 值下的樣本數。我們可以從表 6-5 看出來，如果可以壓低母體比率，則樣本數就會變小。

表 6-5　95% 的信賴水準的最大容許誤差（E）及不同母體比率（π）下的樣本數

Z ＼ 母體比率		π								
		0.1	0.2	0.3	0.4	0.5	0.6	0.7	0.8	0.9
95% 信賴水準下的最大容許誤差	0.01	3,457	6,147	8,067	9,220	9,604	9,220	8,067	6,147	3,457
	0.02	865	1,537	2,017	2,305	2,401	2,305	2,017	1,537	865
	0.03	335	683	897	1,025	1,068	1,025	897	683	385
	0.04	217	385	505	577	601	577	505	385	217
	0.05	139	246	323	369	385	369	323	246	139
	0.10	35	62	81	93	97	93	81	62	35

6-7　有限母體之下的樣本大小決定

到目前爲止，我們均假設：與母體比較，我們所抽取的樣本是相對小的。不論母體數有 50,000、200,000 或 280,000，我們的樣本數總是一樣的。

然而，有些時候樣本佔母體的比率很大，在這種情況下，我們必須稍加改變樣本決定的程序。如果我們從 1,000 人抽取 900 人，那麼我們對於母體的平均數或比率，必然會有相當程度的了解。換句話說，當樣本數 n 趨近於母體數 N 時，抽樣誤差會變小；如果 n = N，那麼我們就是在做普查了。

一、以估計母體平均數來決定樣本大小

在有限母體下，以估計母體平均數來決定樣本大小時，其公式如下：

$$n=\frac{\sigma^2}{\frac{E^2}{Z^2}+\frac{\sigma^2}{N}}$$

N 是母體的大小，其他的符號如前。假設在前述娛樂支出的例子中，如果母體有 2,000 人，代入上述公式：

$$n=\frac{(300)^2}{\frac{(50)^2}{(1.96)^2}+\frac{(300)^2}{2000}}=130$$

我們發現，當母體數從「非常大」到「2,000 人」時，我們的樣本數減少得非常有限——從 139 人減少到 130 人。同時，在同樣的信賴水準及正確率的要求下，如果母體有 200 人，我們只要抽取 82 人就可以了。

二、以估計母體比率來決定樣本大小

在有限母體之下，以估計母體比率來決定樣本大小時，所使用的公式如下：

$$n=\frac{\pi(1-\pi)}{\frac{E^2}{Z^2}+\frac{\pi(1-\pi)}{N}}$$

N 是母體大小，其他的符號如前。例如，在前述「相信幽浮」的例子中，假設母體只有 2,000 人，我們可代入公式求得 n：

$$n=\frac{0.5(1-0.5)}{\frac{(0.03)^2}{(1.96)^2}+\frac{0.5(1-0.5)}{2000}}=696$$

我們發現，當母體數從「非常大」到「2,000 人」時，我們的樣本數從 1,068 人減少到 696 人。同時，在同樣的信賴水準及正確率的要求下，如果母體有 500 人，我們只要抽取 341 人就可以了。

6-8 分層抽樣法的樣本大小決定

到目前爲止，我們所討論的都是以「從母體中簡單隨機抽取樣本」爲基礎，來說明如何決定樣本的大小。如果我們採用的是分層抽樣法，我們就必須決定每一層的樣本數。每層樣本數的決定，隨著分層抽樣是否爲比例式的或非比例式的而定。採取非比例式分層抽樣的理由，是因爲有些層的變異程度比較小的緣故。

一、比例式分層抽樣

在比例式分層抽樣中，如果在母體中有一層佔母體的比例是 $x\%$，則該層所擁有的樣本數與總樣本數的比例也是 $x\%$。例如，母體有 10,000 個單位，總樣本數決定爲 1,000 個單位，則樣本比例爲：

$$\frac{\text{樣本大小}}{\text{母體大小}} = \frac{1,000}{10,000} = 10\%$$

若將母體分爲四層，各層所含的單位數如下表左邊的部分所示，則樣本亦須按 10% 比例抽樣，各層的樣本數分別爲 200，100，200，500。

母體		樣本
層	各層單位數	
1	$n_1 = 2,000$	200
2	$n_2 = 1,000$	100
3	$n_3 = 2,000$	200
4	$n_4 = 5,000$	500

比例式分層抽樣法在計算上相當簡單。如果調查的目的在於估計母體的平均數，而各層所含的單位數是唯一可獲得的資料，則比例式分層抽樣法是一個很好的方法。

二、非比例式分層抽樣

在非比例式分層抽樣中，我們可以依照下列公式將總樣本數做最適分配（optimal allocation），以使抽樣誤差減到最低。故非比例式分層抽樣法又稱爲最適分配法。公式如下：

$$n_i = \frac{n\, n_i \sigma_i}{\sum n_i \sigma_i}$$

其中：

n ＝總樣本數

n_i ＝ i 層的樣本數

σ_i ＝ i 層的標準差

例如，假如我們想研究在某城市的家計單位每年平均花在家庭維修的費用有多少。我們將母體分為三層，每層人數及其變異數如下：

	每層的家計數	家庭維修費的標準差
甲層	5,000	$20
乙層	3,000	$50
丙層	2,000	$80
總和	10,000	

假設我們要從 10,000 人的母體中抽取 200 人進行調查，則代入公式後每層的樣本數如下：

$$\text{甲層樣本數} = \frac{200\,(5000)\,(20)}{(5000 \times 20) + (3000 \times 50) + (2000 \times 80)} = 49$$

$$\text{乙層樣本數} = \frac{200\,(3000)\,(50)}{(5000 \times 20) + (3000 \times 50) + (2000 \times 80)} = 73$$

$$\text{丙層樣本數} = \frac{200\,(2000)\,(80)}{(5000 \times 20) + (3000 \times 50) + (2000 \times 80)} = 78$$

值得注意的是：甲層雖然佔了母體的 50%，但其樣本數卻佔總樣本數的 25%（即 49/200）。這是因為甲層的變異數比較小，故不需要比較大的樣本來估計其平均數之故。相反地，丙層佔母體 20%，但其樣本數卻佔了總樣本數的 39%（即 78/200），這是因為它的變異數比較大（比其他層相對大）的緣故。

6-9　非機率抽樣的樣本大小決定

當我們以非機率的抽樣方式來決定樣本的大小時，顧名思義，所考慮的不是機率抽樣的問題，而是經費夠不夠、其他的研究怎麼做（用的樣本有多少）等這些因素。利用非機率的方式來決定樣本的大小，並無法做統計上對於母體母數的推定，因此常用在探索式研究的場合。

以下我們將介紹：所能負擔法（all you can afford）、同類型研究的樣本平均數（the average for samples for similar studies）、每格所需樣本數（required size per cell）這三種方式。

一、所能負擔法

利用「所能負擔」來決定樣本的大小時，我們所考慮的因素是：研究專案的預算、調查活動的成本（如郵資、電話費用、實地調查費等）。

二、同類型研究的樣本平均數

我們將數百個研究所使用的樣本大小彙總如表 6-6 所示（Sudman, 1976）。[6] 根據所要研究的次群體的不同，全國性研究的個人、家計單位的樣本數從 1,000 到 2,500 不等；地區性的研究樣本數從 200 到 1,000 不等：若是針對機構所做的研究，所需的樣本數較少，因爲大多數的抽樣均用分層抽樣法，而且每一層的變異程度不高所致。

表 6-6　對個人、家計單位及家計單位所做研究的樣本數

次群體分析的數目	個人或家計單位		機構	
	全國性	地區性	全國性	地區性
沒有或極少	1,000～1,500	200～500	200～500	50～200
一般	1.500～2,500	500～1,000	500～1,000	200～1,000
很多	2,500+	1,000+	1,000+	1,000+

三、每格所需樣本數

在簡單隨機、分層抽樣、立意抽樣或配額抽樣中，在決定總樣本數時，規定每一格（次群體）的最小樣本數。例如，在針對地區性對連鎖商店的態度調查中，

研究者認為可從兩個職業別（藍領與白領）來蒐集資料，而針對每一個職業別又可分為四個年齡層的次群體（年齡層是 12～17、18～24、35～44、45 以上），因此總共有 2×4 = 8 個格子（次群體）。如果每個格子需要 30 個樣本，則總共需要 240 個樣本。如表 6-6 所示，格子數（次群體數）愈多，樣本數要愈大。Sudman（1976）建議，對於最重要的、最具關鍵性的次群體需要 100 個以上的樣本；對於比較不重要的次群體，僅需 20 到 50 個樣本就可以了（重要性事由該格子對決策的攸關性而定）。

6-10 樣本大小、特殊事件及非反應

以上所討論的樣本數決定的方法都忽略了特殊事件（incidence）及非反應（nonresponse）的問題。特殊事件是指某些人由於具有某種特性，因此特別容易被抽取做為樣本的比例。這些特性包括：某產品類別的使用者、女性、國民黨籍等等。非反應是指拒絕參與調查或接觸不到的個人的比例。

我們先前所介紹的抽樣方式都是假設母體中都是合格的受測對象，而且有 100% 的反應率（如問卷回收率），但是事實上卻不然。假設我們要以郵寄問卷調查擁有水族箱的家計單位，利用先前所介紹的公式，我們決定樣本數為 200。然而，如果我們做一下文獻探討，發現在先前的研究中，在所有的家計單位只有 8% 有水族箱，而且根據經驗，只有 75% 的回收率。在這種情況之下，我們要寄出多少問卷？[7]

最簡單的方式，就是利用公式：

最初的樣本數（郵寄問卷數）= 所需樣本數 /（特殊事件×反應率）
= 200 /(0.08×0.75)
= 3,333（份問卷）

然而，這表示要獲得 200 個（或以上）的合格樣本的機率只有一半。在某信賴水準之下，要獲得所需樣本數的最初樣本數（在這個例子是寄發的問卷數），其公式如下：

$$IS = \frac{2X + Z(ZQ) + \sqrt{(ZQ)^2 + 4XQ}}{2P}$$

其中：

IS ＝最初樣本數

X ＝所需樣本數－0.5＝199.5

P ＝特殊事件（百分比）×估計的反應率＝0.08×0.75＝0.06

Q ＝1－P＝1－0.06＝0.94

C ＝以最初樣本數所產生的所需樣本數的信賴水準（如 90%）

Z ＝在標準常態分配下，超過 100(C)% 的值＝1.282（查常態表）

因此，以上例而言，ZQ＝(1.282) (0.94）＝1.205

$$IS=\frac{2(199.5)+1.282(1.205)+\sqrt{(1.205)^2+4(199.5)(0.94)}}{2(0.06)}=3.631$$

因此，在 100 次中有 90 次的機率，3,631 份問卷（最初樣本數）會得到 200 個以上的合格樣本。最初樣本數只不過增加了 298（即 3631 － 3333）或 9%（298/3333），就使得正確率提高了 40%（即 90%－50%）。

複習題

1. 試說明抽樣的基本觀念。
2. 試說明並比較樣本與母體。
3. 試舉例說明抽樣誤差。
4. 抽樣有何優點？
5. 試扼要說明抽樣程序。
6. 如何定義母體？
7. 如何建立抽樣架構？
8. 如何確認抽樣單位？
9. 抽樣方法有哪些？試扼要說明。
10. 試扼要說明機率與非機率抽樣的不同，
11. 試說明機率抽樣的各種方法。
12. 試列表彙總說明各機率抽樣法的類型及其優缺點。
13. 試說明非機率抽樣法的方法。

14. 機率與非機率抽樣的選擇標準是什麼？
15. 何謂抽樣誤差？
16. 在抽樣調查時，發生誤差的原因有哪些？
17. 試扼要說明如何決定樣本大小。
18. 如何擬定抽樣計畫？
19. 如何選取樣本？
20. 試說明決定樣本大小的基本觀念。
21. 幾個與樣本大小的決定息息相關的統計觀念包括：樣本平均數（sample mean）、樣本比率（sample proportion）、樣本標準差（standard deviation of a sample）及常態分配（normal distribution）。試分別加以說明。
22. 何謂平均數的抽樣分配？
23. 何謂比率的抽樣分配？
24. 試說明信賴區間。
25. 試說明在大樣本的情況下平均數的區間。
26. 試說明在小樣本的情況下平均數的區間。
27. 如何估計母體比率的區間？
28. 如何以估計母體平均數來決定樣本大小？
29. 如何以估計母體比率來決定樣本大小？
30. 試舉例說明如何以估計母體平均數來決定樣本大小。
31. 試舉例說明如何以估計母體比率來決定樣本大小。
32. 在有限母體之下，如何以估計母體平均數來決定樣本大小？
33. 在有限母體之下，如何以估計母體比率來決定樣本大小？
34. 在比例式分層抽樣下，如何決定樣本大小？
35. 在非比例式分層抽樣下，如何決定樣本大小？
36. 試說明非機率抽樣的樣本大小決定。
37. 試說明貝氏統計模式的應用。
38. 試說明樣本大小、特殊事件及非反應的關係。

練習題

1. 就第 1 章所選定的研究題目，說明抽樣計畫。
2. 台北市衛生局公布「機智豆」檢驗結果，經抽樣三種不同批號產品，檢驗結果一件檢出仙人掌桿菌超量，已要求業者全面下架回收。試說明如何進行抽樣。

3. 彩虹愛家生命教育協會的「全台生命教育大調查」採隨機抽樣，國小學童回收 1755 份有效問卷、家長回收 1531 份、教師回收 1191 份，在 95% 的信心水準下，抽樣誤差在 3% 以下。試評論以上的抽樣計畫適當嗎？為什麼？以上的抽樣計畫應如何進行？

4. 「這次調查於 11 月 17 日晚間進行，成功訪問了 955 位設籍屏東縣的成年選民，另 259 人拒訪。在 95% 的信心水準下，抽樣誤差在正負 3.2 個百分點以內。調查是以屏東縣住宅電話為母體作尾數兩位隨機抽樣。」（2009.11.21/聯合報/A4 版/要聞）。試評論以上的抽樣計畫適當嗎？為什麼？以上的抽樣計畫應如何進行？

註　釋

1. S. Sudman, *Applied Sampling* (New York: Academic Press, 1976.).
2. "Frame Quiz Results Are In," *The Frame* (Fairfield, CN: Survey Sampling, Inc., Winter 1990), p.3.
3. 代理情況是指：由於實驗情況的人工化，以及（或者）實驗者的行為，造成對依變數的影響。例如，在測試價格變化對銷售量的影響的市場試銷測試中，我們假設競爭者不知道這個測試，或者知道了這個測試但不會採取大量的促銷活動，以「混淆」這個測試。但是我們這個假設的競爭者反應情況可能與真實情況不符，這就是所謂的代理情況。
4. 該研究抽取了二百萬個樣本，但對於母體母數（parameter，例如母體的平均數）的估計非常不準確，因而枉費了大量的時間及成本。
5. 當用在樣本平均數時，我們要用標準誤（standard error），而不是標準差（standard deviation）。
6. S. Sudman,S. *Applied Sampling* (New York: Academic Press, 1976), p.87.
7. 本例是採用 "Estimating sample for Mailouts," Research on Research 32 (Chicago: Market Facts Inc., Undated).

第參篇

資料蒐集與分析方法

Chapter 7 次級資料

本章目錄

7-1 引 例

一、資訊處理公司

位於美國 Kansas 州的 Acxiom 公司是一個規模相當大的資訊處理公司。它對全美一億九千萬民眾的背景與習性，包括職業、信用卡交易內容、鍾愛的度假活動與美食、訂閱哪種雜誌、電話號碼、房地產買賣記錄、汽車車籍註冊，以及是否擁有釣魚執照、是否養有貓狗寵物等，瞭若指掌，從事人口普查及消費者調查少不了它。

可別以爲 Acxiom 公司是在從事什麼不法勾當，他們的主要工作就是在蒐集並整理散處各地的龐大資料，也就是所謂的「資料倉儲」（data warehousing）或是「資料採礦」（data miming）。雖然都是合法的工作，但是在傳統上爲美國人民所珍視，也受到法律保護的個人隱私權卻因電腦新科技的產生而蕩然無存。

運用「資料倉儲」技術，行銷人員、保險推銷員，甚至執法人員所要查詢的資料，包括生活品味、需求、消費習慣等，只要一瞬間，電腦便可透過資料搜尋而將資料呈現在眼前。能夠接觸到鉅細靡遺的消費者（甚至是潛在消費者）的資料，對於深入了解消費者，進而擬定有效的行銷策略，無異有如虎添翼之效。

在美國，像 Acxiom 這樣的資料堆集整理公司有數百家之多，每家都建有龐大的電子資料庫，其中較爲知名的有：施樂百（Sears & Roebuck）公司、賀軒禮品公司（Hallmark Cards）以及全美保險公司（Allstate）等。他們主要的資料都是消費者在使用信用卡時或在結帳櫃檯主動提供的，只是消費者萬萬沒有想到這些資料經過科學的電腦處理之後，會變得如此有用。

二、國圖二代網路系統

國內推動圖書館自動化業務又邁入了新的里程碑。國家圖書館「全國圖書書目資訊網」（http://nbinet.ncl.edu.tw，圖 7-1）啓用屆滿六年後，於 1998 年 4 月 22 日進行系統全面更新使用。參與國圖第二代「全國圖書資訊網路系統」的圖書館數量達到 26 所，收錄的圖書書目記錄則超過 100 萬筆。

國家圖書館從 1991 年就建立「全國圖書資訊網路系統」，六年來累積了 160 餘萬筆書目資料庫，提供各圖書館取用數量達 75 萬餘筆，檢索達 170 餘萬次。

新啓用的「全國圖書資訊網路系統」可提供全國圖書館隨時擷取書目，不需重複進行相同編目建檔工作，提供民眾有效利用圖書館藏書資源。

圖 7-1　全國圖書書目資訊網

7-2　次級資料的優缺點

每一個研究均需要針對一個特定的研究主題來蒐集資料。如果相關資料的來源非常可靠的話，我們的研究分析及結論必然具有相當的可信度。所以，我們對於次級資料的來源及如何選擇次級資料必須有相當程度的了解。

我們可將資料分成二種：初級資料（primary data）及次級資料（secondary data）。初級資料是我們為了解決自己的研究問題而從原始來源（如消費者）所蒐集的資料。例如，我們為了解決公司內生產的問題而蒐集的有關成本資料即是。次級資料是別人為了解決他們自己的研究問題、達成他們的研究目的所產生的資料。

從原始來源來獲得所需的資料，可使得研究者明確地蒐集所想要的資料。他可以依據他的研究需要，將研究變數做操作性定義，再依照此定義去蒐集他所想要的資料。這樣的話，可以剔除（或至少可以操弄、記錄）外在因素對於資料的影響。

一、次級資料的優點

相對於初級資料而言，次級資料的獲得比較快也比較便宜。如果在資料的蒐集上花費大量的金錢及時間，是相當不切實際的。我們不可能不計代價的自己去產生普查報告或產業統計資料。在受到實體上（如地理上）、法律上的限制而不能蒐集初級資料時，我們就必須仰賴次級資料。

二、次級資料的缺點

所蒐集的次級資料可能無法完全符合研究者的需要。因為這些資料是由其他研究者為了他們自己的研究需要所產生的。在變數的操作性定義、變數的衡量單位上都不盡相同。同時，我們也無法判斷其研究的正確性，因為我們對其研究設計、研究條件所知甚少（或根本無從所悉）。而且次級資料通常是過時的，尤其在企業環境詭譎多變的今日，過去的研究的參考價值會比較有限。

7-3 蒐集次級資料的目的

在企業研究上，蒐集次級資料的目的有三：

1. 次級資料提供了豐富的參考資料，這些資料包括了全國的人口分佈、所得平均、政府公債的投資報酬率等。這些資料可能促使我們產生研究動機，或者成為我們做比較研究的對象。例如，內政部編印的《台閩地區人口統計》、《台灣人口統計季刊》等，提供了有關人口成長率、出生率、死亡率、人口總數、人口密度、年齡結構、性別結構等重要資料，研究者從中可以了解相對市場的大小，以擬定有效的目標市場策略及行銷組合策略（產品策略、價格策略、促銷策略、配銷策略）。舉例來說，如果資料顯示台灣老年人、嬰兒的比率有逐年增加的趨勢，這個值得企業考慮的潛在目標市場，會促使研究者針對這些年齡層的人做深入的消費行為研究。
2. 次級資料可使我們了解前人所做過的研究，讓我們了解所擬進行的研究應從何處出發，以及讓我們判斷是否值得進一步地深入探討。
3. 次級資料本身就是可研究的基礎。我們可從有關的次級資料中，彙總做成研究結論。這種分析稱為泛分析（meta analysis）。

7-4 次級資料的類型

次級資料可分爲內部資料（internal data，企業內部的資料）及外部資料（external data）。

一、內部資料

內部資料包括：組織內部的生產、銷售、人力資源、研究發展、財務的管理資訊系統；部門報告、生產彙總報告、財務分析報表、行銷研究報告等。蒐集資料的方法隨著不同的情況而異，而蒐集資料的成功與否決定於是否知道在哪裡找到資料、如何去找這些資料。有時候這些資料是儲存在中央檔案（由總公司來統管）、電腦的資料庫、部門的年鑑報告中。

二、外部資料

企業外部資料的總類相當多。要檢索這些資料也有一定的規則可尋。主要的外部資料來源有五種：電腦化資料庫、期刊、書籍、政府文件、其他。

1. 電腦化資料庫

電腦化資料庫包括了相關的資料檔，每一個資料檔都是由相關的、同一格式的資料記錄（record）所組成，我們可透過電腦進行線上查詢[1]或透過光碟（CD-ROM）來查詢。目前約有 1,500 家廠商提供了約 3,600 個以上的線上資料庫，而且我們可以透過 555 個線上服務系統來查詢。[2] 如果從遠端查詢資料，可以透過網際網路（Internet），查到各個圖書館的目錄及其他電腦化檔案。

2. 期刊

Ulrich 國際期刊目錄（Ulrich's International Directory）32 版列出了全世界 140,000 種期刊（periodicals）。

3. 書籍

據估計，在美國每年約有 47,000 本新書出版，這些有關的書籍提供了相當豐富的資訊。在台灣，可向各大書局索取書目，以了解所編著、所代理的書籍。

4. 政府文件

在美國政府的每月目錄（Monthly Catalog）中列出了近年來 20,000 種政府刊物，這只是所有政府刊物中的一小部分。在台灣，根據行政院主計處的分類，政府統計出版品可分爲四類：統計法則、綜合統計、經濟統計及專業統計（包括地理、人口及社會統計、經濟統計及一般政務統計）。[3]

5. 其他

這些特別蒐集的各種刊物、文件包括了大學的出版刊物、博碩士論文、公司的年度報告、政策白皮書、公會的出版品等。全國博碩士論文資訊網（http://datas.ncl.edu.tw/theabs/1/）蒐集了相當豐富的論文可供參考。

三、尋找過程

當研究人員在蒐集次級資料時，要先確認資料的需要，然後再看看有無內部資料可供使用，如果沒有，再去找企業外部資料，詳細的過程如圖 7-2 所示。

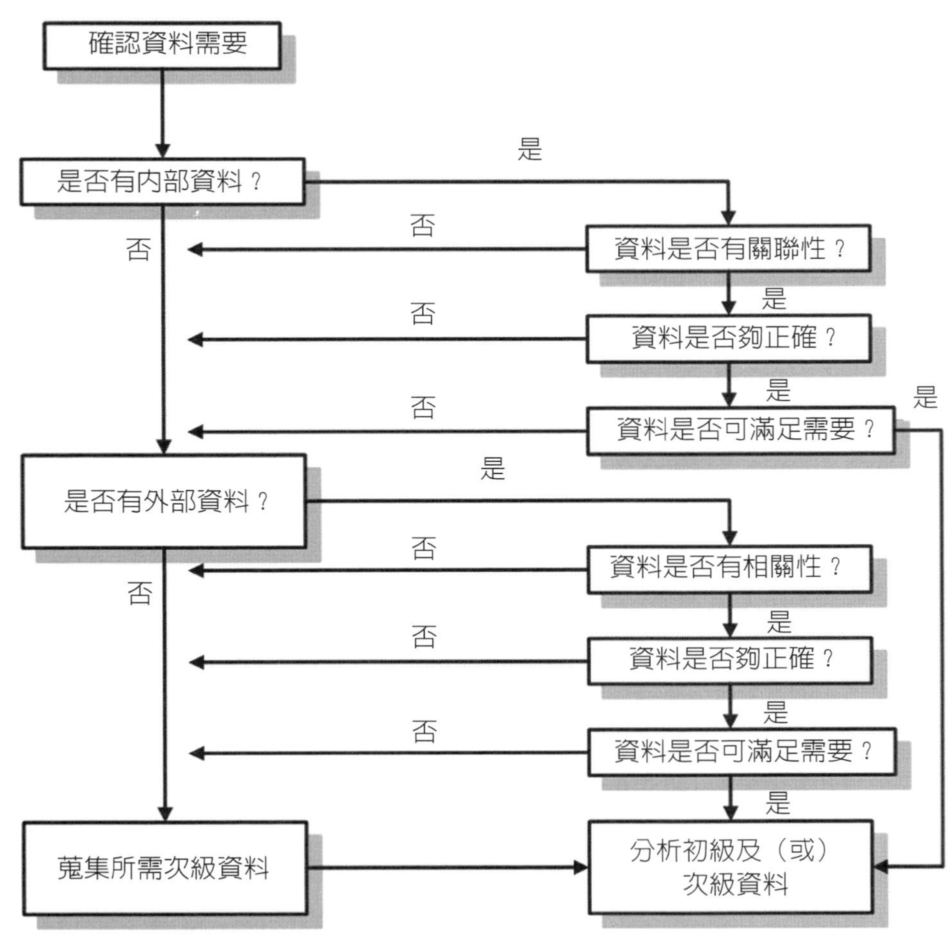

圖 7-2　企業內部及外部次級資料尋找的邏輯步驟

資料來源：A. Parasuraman, *Marketing Research*, 2nd ed. (Reading, MA: Addison-Wesley, 1991), p. 182.

7-5 電腦化資料查詢

蒐集資料最重要的來源就是圖書館。首先我們要了解我們的資訊需要，然後再從圖書館中萃取有關的資料。未來的圖書館將是一個沒有藩籬的知識寶庫；我們在家裡就可以透過網際網路（Internet）來檢索所需的資料。

到圖書館找資料的第一步，就是要知道哪裡可以找到資料的索引及摘要。電子化的索引必須要透過電腦來查詢；文書式（卡片式）的索引必須要靠手工去尋找。

一、次級資料供應者

在美國，最重要的兩個次級資料供應者是 FIND/SVP 以及 Off-The-Shelf Publications。除此以外，還有許多供應者提供電腦終端機線上服務，諸如：Dialog Information Service、Lexis/Nexis、Dow Jones News/ Retrieval、Market Analysis and Information Databases 等。例如，只要和 Dialog Information Service 連上線，公司就可以使用 Dialog Marketing and Advertising Information Service（Dialog 行銷及廣告資訊服務），來檢索有關競爭者銷售、市場佔有率及行銷活動等資料。詳細說明，請參考附錄 7-1。

公司也可以使用 Donnelley Demographic Database（Donnelley 人口統計資料庫）來檢索各地有關人口遷徙、居住、教育、所得等資料。Prompt Database 提供了有關休閒市場的一般熱門品牌，以及滑雪市場的特定熱門品牌等資料。在台灣，潤利、紅木、SRI、RMI 等公司均有豐富的次級資料。

二、電子資料庫

我們可在圖書館做電腦化的查詢（computerized search），我們也可以在家裡透過數據機（modem）來做。透過電腦來查詢資料，不僅快速、周全，又有成本效應。

資料庫是電腦中大量資料檔案的集合，它可以被快速地加以擴充、更新及檢索，以滿足不同的需要。[4] 資料庫分爲二大類：參考式（reference）及原始來源式（source）。

參考式資料庫只提供有關的摘要、索引及有關文獻，例如 ABI/INFORM（Abstracted Business Information）收錄了 7,400 多種期刊索摘，超過 4,300 種全文期刊，其獨家收錄的核心資源包括：[5]

- Journal of Retailing 等頂尖學術期刊
- Incisive Media 之風險管理、保險、金融相關主題之權威期刊
- Business Monitor International Industry Report：BMI 產業分析報告
- First Research：提供 Hoover's 所提供之 300 種產業市場分析工具
- EIU Viewswire exclusive!
- Oxford Analytica-OxResearch
- Oxford Economic Country Briefings
- Wall Street Journal -- Eastern Edition
- Financial Times
- 23,000 篇美加商學博碩士論文
- Social Science Research Network (SSRN) working papers Index
- Hoover's Company Records: 42,000 多家上市及非上市公司資料

ABI/INFORM 已經成爲世界各頂尖商學院不可或缺的商學資源，除了哈佛大學等全美前 10 大商學院外，國際知名的倫敦商學院、洛桑管理學院（IMD）等等，皆採用 ABI/INFORM。圖 7-3 是以 ABI/INFORM 來查詢有關「網路行銷」論文的結果。

原始來源式則包括了該文章的詳細資料，這些資料有些是數字形式的（如普查資料），有些是文字形式的。文字形式的資料提供了全文檢索（full text search）的功能，也就是說，我只要鍵入關鍵字，該資料庫就會去尋找包括這個關鍵字的有關文章。例如道瓊新聞／檢索服務（Dow Jones News/Retrieval Service）、哈佛商業評論資料庫服務等均具有全文檢索的能力。

(a)

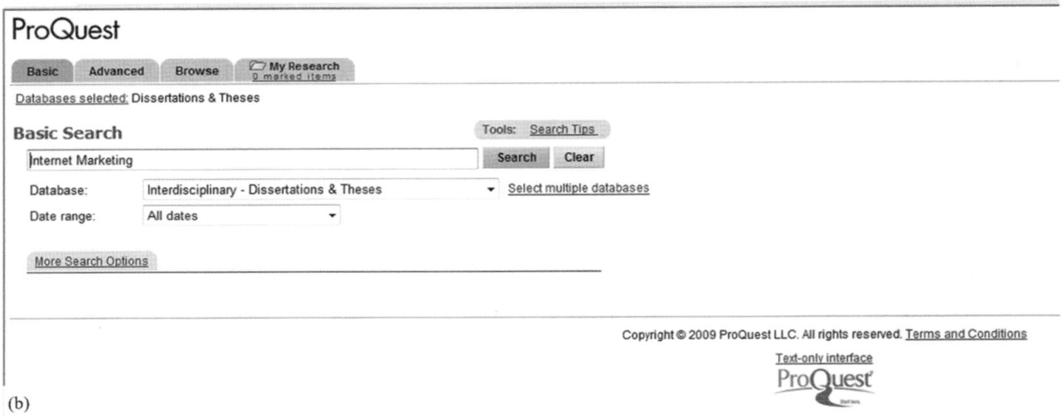

ProQuest

Basic | Advanced | Browse | My Research 0 marked items

Databases selected: Dissertations & Theses

Basic Search

Tools: Search Tips

Internet Marketing [Search] [Clear]

Database: Interdisciplinary - Dissertations & Theses — Select multiple databases

Date range: All dates

More Search Options

Copyright © 2009 ProQuest LLC. All rights reserved. Terms and Conditions

Text-only interface

ProQuest

(b)

ProQuest

Basic | Advanced | Browse | My Research 0 marked items

Databases selected: Dissertations & Theses

Results

283 documents found for: *Internet Marketing* » Refine Search | Set Up Alert | Create RSS Feed

Dissertations

Mark all 0 marked items: Email / Cite / Export

1. A comparative analysis of attitudes toward and responses to email and postal direct mail advertising
by *Staub Garland, Caroline*, M.A., **The University of Texas at El Paso**, 2009, 93 pages; AAT 1465274
Abstract | Preview (114 K) | Order a copy

2. Analysis of the evolution of research areas, themes, and methods in Electronic Commerce
by *Hwang, Taewon*, Ph.D., **The University of Nebraska - Lincoln**, 2009, 158 pages; AAT 3360499
Abstract | Preview (331 K) | Order a copy

3. A phenomenological study of older gay men in San Francisco within the context of socio-cultural change
by *Ellis, Thomas*, Psy.D., **The Wright Institute**, 2009, 92 pages; AAT 3363346
Abstract | Preview (262 K) | Order a copy

4. A process-based search engine
by *Liu, Yaling*, Ph.D., **University of Kansas**, 2009, 191 pages; AAT 3360489
Abstract | Preview (306 K) | Order a copy

5. A study on the relationship between online branding techniques and brand personality for nonprofit organizations
by *Witzig, Lisa W.*, Ph.D., **Capella University**, 2009, 130 pages; AAT 3366460
Abstract | Preview (192 K) | Order a copy

6. Character strengths and social axioms for Caucasian and Mexican-American managers and non-managers
by *Hernandez, Xavier*, Ph.D., **Alliant International University, San Diego**, 2009, 191 pages; AAT 3356839
Abstract | Preview (281 K) | Order a copy

7. Conflict, compromise and consensus: A deeper look at consumer roles, patterns and preferences in culturally diverse families
by *Cross, Samantha N. N.*, Ph.D., **University of California, Irvine**, 2009, 152 pages; AAT 3364932

圖 7-3　(a)鍵入關鍵字「網路行銷」；(b)顯示有關「網路行銷」的論文

三、透過 Internet 檢索

連結著成千上萬的電腦網路系統的 Internet，是由美國的商業機構及政府發展而成。據估計，每天新增的上線人數約有 1,000 人。網際網路（Internet）是呈爆炸性成長的的電子資訊流通系統。

網路瀏覽器軟體（Web browser software）可使你遨遊網海。當我們在觀賞今日美國、雅虎、澳洲雪梨科技大學的網站時，我們所使用的是網路瀏覽器軟體。坊間最受歡迎的網路瀏覽器軟體是 Internet Explorer（微軟公司）、Netscape 9.0（網景公司的產品，它是以版本編號來表示），以及 Firefox 4.0（Mozilla 公司）。Internet Explorer 已經成爲大多數電腦的瀏覽器標準。你可從下列網站免費下載各網路瀏覽器軟體：

・Internet Explorer (www.microsoft.com/downloads)
・Netscape 9.0 (www.brothersobt.com)
・Firefox 4.0 (www.mozilla.org/)

現在我們來簡介與比較 Internet Explorer、Netscape 9.0、Firefox 4.0，以說明如何使用網路瀏覽器軟體。讀者不妨利用這三個網路瀏覽器軟體來上 eBay 網站（www.ebay.com）。每一個網路瀏覽器軟體的工具列都呈現在上方，而且都有像檔案、編輯（File）、檢視（View）、工具（Tool）、說明（Help）這些功能。每個網路瀏覽器軟體雖然都有一些特殊的功能，但都具有以上的基本功能。例如，你在這三個網路瀏覽器軟體中的任何一個點選「檔案」，你就會看到下拉式的工具列，讓你做一些列印、傳送（可傳送此頁面或傳送連結）的工作。

在這三個網路瀏覽器軟體的工具列下面，都有按鈕工具列。我們不打算在這裡詳細說明，你只要在有空時隨便玩玩，就能體會它們的功用。再下來是位址欄（address field）。在 Internet Explorer 中，此位址欄呈現在按鈕工具列的下端，而在 Netscape 9.0、Firefox 4.0，此位址欄是呈現在按鈕工具列的右端。如果你知道要上網的網址，你可在位址欄內點選移下，然後鍵入網址，接著按 Enter 鍵即可。

網路瀏覽器軟體最重要的功能之一就是讓你建立、編輯、組織（維護）你最常造訪的網站清單。在 Internet Explorer 中，這個清單稱爲「我的最愛」（Favorites list）。在 Netscape 9.0、Firefox 4.0 中，這個清單稱爲書籤清單（Bookmarks list）。因此，假如你常造訪 eBay 網站，你就可以在觀賞此網站時將此網站「加到我的最愛」。在 Internet Explorer 中，點選「我的最愛」、「加到我的最愛」；在 Netscape 9.0、Firefox 4.0 中，點選工具列上的標籤（Bookmarks），然後選擇「標籤此網頁」（Bookmark this page）。

網路瀏覽器軟體是相當容易學習的個人生產力軟體。大多數的人都覺得不需要說明書，也不需要別人的教導就可以學會。在連接 Internet 之後，啓動網路瀏覽器軟體（任何一種皆可），然後在網站間東逛逛、西逛逛，旋踵之間，你就成爲上網專家了！

上網眞是簡單！當你啓動網路瀏覽器軟體時，你就會看到首頁（home page），也就是你的網路瀏覽器軟體自動連結的網站（在 Internet Explorer 內，你可以按「工具」、「網際網路選項」，來決定首度出現的畫面。你可以「使用目前的設定」、「使用預設的畫面」或者「使用空白頁」）。你在上某個網站之後，就可以依照你的興趣與需要，點選有關的連結，當然你也可以鍵入新網址，到這個網站瀏覽一番。

如果你不能確定想要上的網站位址，你可以用兩種方式來尋找。第一個方式是利用搜尋引擎（將於下節說明）。第二個方式就是在位址欄內鍵入邏輯名稱。例如，你想在國稅局網站下載報稅單，但你不知道它的網址，你就可以在位址欄直接鍵入「國稅局」。你的網路瀏覽器軟體會自動尋找有關這個關鍵字的網站。（這三種網路瀏覽器軟體都可以做到）。

1. 利用搜尋引擎

《今日美國報》（*America Today*）每兩週定期爲全球資訊網的網友篩選「內容最豐富、最具有娛樂價值、畫面最吸引人，而且最容易使用的網路站台」，將成績以百分法呈現出來，結果發現無論哪一個項目，搜尋引擎（search engine）都是佼佼者，其中又以「YAHOO! 奇摩搜尋」（Yahoo）獨占鰲頭。

事實上，搜尋引擎的市場競爭一直是相當白熱化的，除了雅虎以外，Google、Infoseek、Excite、Lycos、AltaVista、Magellan 等也是相當叫好的搜尋引擎。對於一個網路生手而言，搜尋引擎就像一位親切的導航員。但是這些導航員各有其專長與特色，必須針對他們的專長加以運用，才能夠有最大的收穫。國內的許多網站也提供了搜尋引擎的功能，例如，奇摩站（http://tw.yahoo.com/）就提供了方便、實用的「YAHOO! 奇摩搜尋」。Openfind 網站（http://www.openfind.com.tw/）的查詢服務，是分門別類的，當然我們也可以用關鍵字去查詢。

有時候你想上網找資料，但卻不知道要上哪個網站，這時候你可以鍵入邏輯名稱（如前述），也可以利用搜尋引擎。搜尋引擎（search engine）是一個 Web 上的功能，它可以幫助你尋找各網站，提供你所需要的資訊，以及／或者服務。Web 上有許多種類的搜尋引擎，最普遍的兩種是目錄式搜尋引擎以及眞實搜尋引擎。

目錄式搜尋引擎（directory search engine）會以階層式的清單來顯示各 Web 網站。YAHOO! 就是最受歡迎的目錄式搜尋引擎。如果你想用目錄式搜尋引擎來尋找資訊，首先你要先選定一個特定的目錄，然後再選擇其中的次目錄，如此一層一層的下去直到你找到你所要找網站時爲止。由於是從目錄中尋找次目錄，不斷地縮小範圍，所以目錄式搜尋引擎是屬於階層式的。

眞實搜尋引擎（true search engine）可讓你鍵入關鍵字，然後利用軟體代理技術來尋找 Web 上具有關鍵字的各網站，然後再將各網站加以排序顯示。眞實搜尋引擎並不是不斷的從次目錄中做選擇。Google 就是最受歡迎的眞實搜尋引擎。

爲了說明起見，假設我要尋找「誰是 2004 年學院獎（academy award）得主」（每年一次由電影藝術科學學院（影藝學院）頒發的若干獎項的統稱，旨在表揚電影工業的成就。78 屆的學院獎是由李安獲得。）我們來看看利用目錄式搜尋引擎以及眞實搜尋引擎有何差別。

使用目錄式搜尋引擎　如前述，Yahoo! 是最受歡迎的目錄式搜尋引擎。讀者不妨利用 Yahoo! 的目錄式搜尋引擎來尋找「誰是 2004 年學院獎得主」。這些目錄的程序包括：

- Arts
- Awards
- Movies/Film
- Academy Award
- 76th Annual Academy Awards (2004)

最後一個網頁顯示了你可選擇的網站清單。

以這種方式來搜尋有一個明顯的優點。如果你看倒數的第二個網頁，也就是 Academy Awards，它包含了過去 8 年來（1996～2003 年）有關學院獎的次目錄。因此利用目錄式搜尋引擎，就可以很容易地找到相關的資訊。

你可以使用目錄式搜尋引擎的另外一種方式。例如，在所呈現的第一個網頁中，我們可在「搜尋」右邊的文字方塊內以鍵入「Academy + Awards + 2004」，然後再點選「網頁搜尋」這個按鈕（或直接按 Enter 鍵）。這種方式與上述逐步選擇次目錄的方式非常類似。

你會發現我們在關鍵字中用了兩個「+」號，用這種方式就可限制所呈現的網站要同時具有這三個字（或符合這三個條件）。如果你不要顯示具有某些關鍵字的網站，你可以用「–」號。例如，假設你要找 Miami Dolphin NFL（美國足球聯盟邁阿密海豚隊），你可鍵入「Miami + Dolphin」（邁阿密 + 海豚隊），但搜尋結果可能出現許多「正確的」網站，但也可能出現在邁阿密觀賞海豚（如水族館）的網站。這時候你可以調整一下所輸入的關鍵字，變成「Miami + Dolphin – aquatic – mammal」（邁阿密 + 海豚隊 – 水族館 – 哺乳動物）。如此所呈現的網站更能符合你的需求。

在使用搜尋引擎來搜尋網站方面，如果你使用的是目錄式，而不是逐步選擇次目錄的方式的話，我們強烈建議你要善用加減符號。這樣的話，所顯示的結果比較能夠符合你的需求，而不會出現任何「只要沾到一點邊」的網站。

使用真實搜尋引擎　Google 是最受歡迎的眞實搜尋引擎。使用 Google（www.google.com），你只要用問問題的方式或者輸入關鍵字即可。例如要找「誰是 2004 年學院獎得主」的資料，我們可以鍵入「誰是 2004 年學院獎得主」（Who won the Academy Award in 2004），然後按下「Google 搜尋」（Google Search）或者「好手氣」按鈕即可（中文版的 Google，還有所有網站、所有中文網頁、繁體中文網頁、台灣的網頁可供選擇）。讀者不妨使用 Google 來體會一番。

以上兩種類型的瀏覽器都很容易使用。你要用哪一個？這要看你思考問題的方式而定。有些人喜歡用階層式思考，也些人喜歡用「問問題」的方式思考。無疑地，不論用哪種方式思考，都會有一些適用（比較有效率）的情況。

2. 行政院主計處網站

首先透過 Microsoft Internet（或者 Netscape 的 Communicator）進入「行政院主計處」的網頁（http://www.dgbasey.gov.tw/，圖 7-4），我們就可以檢索有關資料。行政院主計處網站提供了相當豐富的次級資料，包括有：政府預算、政府會計、政府統計及普查、資訊管理、主計法規等重要資訊，詳言之，包括：中央政府總預算，國家經濟成長率、物價指數及失業率等經社指標，全國性農林漁牧業、 工商及服務業、戶口及住宅等普查最新資訊。對於一個企業研究者（尤其是想要了解台灣總體環境的研究者）而言，這些都是相當寶貴的資料。

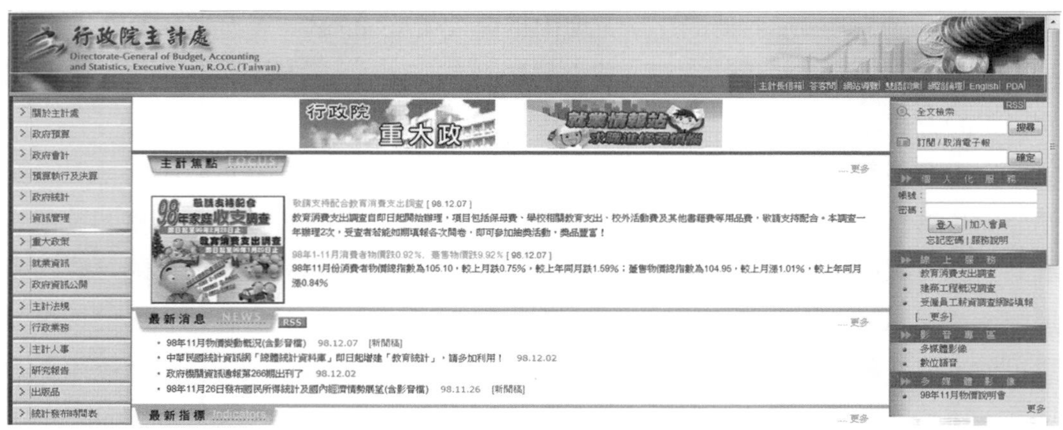

圖 7-4　行政院主計處網站

7-6 次級研究報告的評估

本章所討論的重點在於次級資料的來源，以及檢索這些資料的方法。不可否認的，對次級資料（尤其是研究論文）的評估是相當重要的事。進行評估時有兩個重點必須掌握：(1)所蒐集的資料是否可以滿足研究的需要？(2)資料的正確性如何？

一、所蒐集的資料是否可以滿足研究的需要？

在評估次級資料時要有一個基本的體認：這些資料當初並不是爲了我們的研究目的而產生的。同時我們要知道這些研究論文中對其研究變數的定義如何？這些變數的定義與我們的研究有關嗎？除此之外，我們還要考慮其變數衡量的方式、研究所涵蓋的範圍及時間幅度等。

我們在看到次級資料（研究論文）所引述的來源時，要去找到原始來源，以免造成「以訛傳訛」的情形。同時我們也應了解這些有關的研究論文的抽樣方式以及抽樣對象。從這些角度來評估研究論文，才可以決定這些論文的適用性。

二、資料的正確性如何？

次級資料的正確性當然不容易判斷，除非我們可以舉證說明其研究前提的錯誤，或者我們在同樣的情況下進行重複性研究（再說，爲了證明某人的研究論文是否正確，並不是我們研究的目的）。但是如果研究者的資料得自於是具有公信力的研究機構（如蓋洛普民意調查機構、芝加哥大學等），其研究報告自然令人採信。

附錄 7-1 美國提供次級資料的主要來源

在美國，提供次級資料的主要來源（公司及網址）如下：

1. ActiveMedia, http://www.activemedia.com。Active Media 公司曾出版「1996 年萬維網市場趨勢」報告。此報告討論到在網際網路上所提供的各種商品及服務，及其成功之道。Active Media 公司是在 1994 年由一群高科技人才所成立的，其研究小組專精於線上市場的研究分析及個案研究。
2. Advertising, Marketing and Commerce on the Internet（網路廣告、行銷及商務）。這是由南洋技術大學所提供的網站，它會不定期地提供有關網路廣告、行銷及商務的資料。

3. CommerNet, http://www.commerce.net。CommerNet 與 Nielsen 媒體研究公司（http://www.nielsenmedia.com）共同合作進行「網路再接觸（再度光臨某網站）的人口統計研究」。此研究結論可在網路上免費下載。
4. Coopers & Lybrand, http://www.colybrand.com。Coopers & Lybrand 是著名的專業服務及顧問公司，所服務的對象遍及各產業。該公司的媒體及事業部最近對新媒體的成長做了深入的研究。
5. DataQuest, http://www.dataquest.com。DataQuest 是一個市場情報公司，它可提供有關新媒體及網路方面的研究、諮詢及分析服務。
6. Find/SVP, http://www.findsvp.com。Find/SVP 的新興技術研究群（Emerging Technologies Research Group）專精於「技術改變對消費者及商業影響的研究」。最近所提出的報告是「美國網路使用者研究」。此網站所提供的資料非常廣泛，涵蓋了飲料、生物科技、化學、電腦、藥品、財物分析、食品、健康、高科技、商業自動化、軟體、塑膠及運輸。
7. Forrester Research, http://www.forrester.com。Forrester Research 公司的研究重心在網路對商業的衝擊、策略管理研究、總公司研究及新媒體研究。該公司也對大型企業提供技術策略的建議。
8. Frost & Sullivan, http://www.frost.com。Frost & Sullivan 公司的「研究發布群」（Research Publications Group）定期地追蹤全美 300 種產業的市場資料。這些資料可激發創意，協助企業作規劃及擬定投資決策。
9. Jupiter Communications, http://www.jup.com。Jupiter Communications（木星傳播公司）是技術諮詢公司，廣泛的研究網路成長及人口統計趨勢，尤其對雅虎的使用者更是情有獨鍾。

其他有關提供次級資料的公司及網址如下。讀者可逕自上網了解。

公司名稱	網址
Graphics, Visualization, & Usability	http://www.cc.gatech.edu
Hemes	http://www.personal.umich.edu
IntelliQuest	http://www.intelliquest.com
International Data Corporation (IDC)	http://www.idcresearch.com
Internet Society	http://www.isoc.org
The Market Research Center	http://www.asiresearch.com
Matrix Information and Directory Services, Incorporated (MIDS)	http://www.mids.org
MetaMarketer	http://www.clark.net
Network Wizard	http://www.nv.com
O'Reilly & Associates	http://www.ora.com
SIMBA Information Incorporated	http://www.simbanet.com

複習題

1. 試扼要說明國圖二代網路系統。
2. 試簡述次級資料的本質。
3. 次級資料有何優點與缺點？
4. 在企業研究上，蒐集次級資料的目的有哪些？
5. 試簡述次級資料的類型。
6. 內部資料包括哪些？
7. 外部資料包括哪些？
8. 當研究人員在蒐集次級資料時，要先確認資料的需要，然後再看看有無內部資料可供使用，如果沒有，再去找企業外部資料，試繪圖說明詳細的過程。
9. 試簡述電腦化資料查詢。
10. 次級資料供應者有哪些？
11. 何謂電子資料庫？
12. 如何透過 Internet 來檢索所需資料？
13. 試比較目錄式搜尋引擎、真實搜尋引擎。
14. 如何評估次級研究報告？

練習題

1. 就第 1 章所選定的研究題目，說明次級資料的來源以及所蒐集到的次級資料。
2. 搜尋引擎的市場競爭一直是相當白熱化的，除了雅虎以外，Google、Infoseek、Excite、Lycos、 AltaVista、Magellan 等也是相當叫好的搜尋引擎。此外，Openfind 網站（http://www.openfind.com.tw/）的查詢服務，是分門別類的，當然我們也可以用關鍵字去查詢。試以一個關鍵字（如「量表」）利用以上的搜尋引擎（任選三個）去查詢。製作一個表格，比較這些搜尋引擎。

註　釋

1. 在線上直接檢索系統（on-line direct-access systems）中，線上指的是：直接的連接上電腦，並處於操作狀態。線上作業指的是：在電子傳訊（teleprocessing）的處理中，可使得輸入的資料從原始點（point of origin）直接輸入電腦，或者輸出的資料可以直接傳送到原始點（所使用電腦的地點）。例如外出拜訪客戶的銷售人員，在客戶的所在地利用手提式電腦，經過連線與總公司的電腦主機相連，直接輸入資料以獲得所需的輸出資料（例如，價格、存貨的資料，或者直接列印訂單等）。
2. *Directory of Online Database*, 9.1 (New York: Cuadra/Elsevier Associates, January 1988).
3. 行政院主計處編印，政府統計出版品要覽（台北：行政院主計處）。
4. "Database," *Webster's New World Dictionary*, 2nd college ed. (New York: Simon & Schuster, 1984).
5. http://proquest.umi.com/

Chapter 8 調查研究

本章目錄

8-1 了解調查研究

調查研究（survey method）就是在某一時點（at a single point in time）向一群受訪者（或受試者）蒐集初級資料的方法，在研究者之間使用得相當普遍。以橫斷面（cross-section）來看，這一群受訪者（或受測者）要有母體的代表性（要能代表母體）。被詢問問題的人，稱爲訪談對象或者受訪者（interviewee）或問卷塡答者（respondent）。針對每一個人進行調查，稱爲普查（census）。針對某一個民意（例如，民眾對於毒品、飛彈試射、核四建廠）所進行的調查，稱爲民意調查（public opinion polls）。

上述的「某一時點」並不是指所有的受訪者都在眞正的同一時間被調查，而是指從調查的開始（第一個受訪者）到結束（最後一個受訪者）的時間要愈短愈好，也許在數週、數月之內就要完成調查的工作。但是有些調查從開始到結束的時間拖得相當長（例如，超過一年），而且也會再對原先的受訪者進行二度訪談（或多次訪談），像這樣的調查稱爲陪審式調查（panel studies）。如果在長時間針對某一主題（例如，對墮胎的態度）進行多次訪談，但是所針對的受訪對象不同，像這樣的研究稱爲趨勢研究（trend studies）。跨時間（在相當長的時點之間）所進行的研究稱爲縱斷面研究（longitudinal studies）。

經過調查研究所蒐集的資料，經過分析之後，可以幫助我們了解人們的信念、感覺、態度、過去的行爲、現在想要做的行爲、知識、所有權、個人特性及其他的描述性因素（descriptive terms）。研究結果也可以提出關聯性（association）的證據（例如，對於商品的態度與購買行爲有關），但是不能提出因果關係的證據（例如，對商品的良好態度，是或不是造成購買的原因）。表 8-1 顯示了有名的調查名稱及目的。

表 8-1　有名的調查名稱及目的

調查名稱	調查目的
Habit & Practice Study	為了解消費者的行為，以尋求行銷機會
Concept & Usage Test	為了解消費者對於新產品觀念的接受度及使用後的評價
Naming & Package Test	為了解消費者對於新產品在命名及包裝方面的反應及評價
New Brand Evaluation Study	為了解消費者對於新產品價格的接受度及未來購買意願
Day-After-Recall (DAR)	為了解廣告影片播放後，消費者的回憶狀況及評價
Comprehension Reaction	為了解消費者對於廣告影片的反應及了解度
Store Audit	為了解產品的鋪貨與流通狀況

資料採礦

調查研究的主要目的，在於蒐集大量受測者（或受訪者）的基本資料、態度與行為資料等，經過分析之後，產生足以提升策略效能及效率的資訊。在蒐集大量資料之後，研究者就可利用線上分析處理（Online Analytical Processing, OLAP）及資料採礦（data mining）技術來分析這些資料。許多公司已開始使用資料採礦技術（如 SPSS Clementine），來挖掘（mine）從網路上、企業系統上所得到的顧客資料。OLAP（或多元尺度分析）可回答像這樣的複雜問題：依季別、地區別比較過去兩年來編號為 101 的產品其實際銷售與預期銷售的情形。

然而，資料採礦可以探索在 OLAP 中無法發現的資料，因此，資料採礦是發掘導向的。它可以從大量的資料庫中發掘所隱藏的型式（pattern）及關係，並從這些型式及關係中推論出一些規則、預測出一些行為模式。從資料採礦所得到的資料類型有五種：關聯、循序、分類、集群及預測。

1. 關聯（association）

是與某一事件有關的事情。例如，對超市的消費者購買型式的研究發現：100 位消費者中，有 65 位消費者每購買一包洋芋片會再購買一瓶可樂；如果有促銷活動，則消費者人數增加到 85 位。有了這些資訊，管理者可以做更好的決策（如產品佈置），也可以知道促銷的獲利性。

2. 循序（sequence）

是事件隨著時間而發生的先後次序。例如，100 位消費者中，有 65 位消費者在購買房子之後，會在兩週內購買冰箱；100 位消費者中，有 45 位消費者在購買房子之後，會在一個月內購買烤箱。

3. 分類（classification）

是針對依照某項目加以區分的群體，找出每個群體的特徵。例如，擔心客戶流失量愈來愈大的信用卡公司，可以利用分類技術來確認已經流失的客戶有哪些特徵，並建立一個模式來分析某位客戶會不會流失。如此，公司就可以推出一些方案來留住容易流失的客戶。

4. 集群（clustering）

就是將資料加以集結成群；它有點像分類，但是它事前並沒有界定好的群體。資料採礦工具可以在資料中挖掘出不同的群體（cluster），例如，依照客戶的人口統計變數、個人理財方式將資料分成若干群體。

5. 預測（prediction）

就是利用現有的資料去推測未來。它可以利用現有的變數去推測另一個變數，例如，從現有的資料中找出一些軌跡去推測未來的銷售量。

調查研究是有系統地蒐集受測者的資料，以了解及（或）預測有關群體的某些行爲。這些資訊是以某種形式的問卷來蒐集的。有關問卷設計的問題，將在第 9 章討論。

8-2 訪談類別

訪談可以結構程度（degree of structure）及直接程度（degree of directness）來加以分類。「結構」是指訪談者是否有自由度，是否針對每一個訪談的獨特情況，來改變問卷的內容（其用字、說明等）。「直接」是指受訪者是否了解訪談目的的程度。

一、結構與非結構

在結構性的訪談中，訪談者的誤差可望減到最低，並且適用於非專業的訪談者（因爲他們只要問問題、做記錄就好了）。非結構性的訪談可以獲得比較豐富、完整的資料，對於了解複雜的課題（如個人價值、購買動機等）特別適用。結構化與非結構化訪談的優缺點，如表 8-2 所示。

表 8-2　結構化與非結構化訪談的優缺點

類型	優點	缺點
結構化	・容易管理及教導新研究助理	・不太自然 ・不是在任何情況皆適用 ・事前的準備成本較高
非結構化	・容易了解受測者的感覺 ・某些資料（如受測者的內心感受）只有用這種方法才能蒐集	・費時間、費成本 ・需要有經驗的面談者

二、直接與間接

不論訪談者多麼謹慎地隱藏訪談的目的，受訪者或多或少會知道。對受訪者而言，直接的問題比較容易回答，在各個受訪者之間也代表著同樣的意義。例如，像詢問教育程度、家庭人數等這樣的問題。

但有時候，受訪者不願意或不能夠回答直接的問題。例如，受訪者也許不能夠說明購買某一產品的的潛意識，或者不願意承認他們購買某產品是基於社會上不能接受的理由。在這種情況下，利用間接的訪談是有必要的。

在間接訪談（或稱隱藏式訪談）中，訪談者所問的問題，不會讓受訪者知道研究的目的。例如訪談者要受訪者描述一下「一般人騎機車上班的情形」。事實上，訪談者所要了解的是，受訪者對於機車、使用機車的態度。

結構性及直接性都是程度上的問題，換句話說，它們分別是一個連續帶（continuum），而不是斷續的類別（discrete category）。然而，爲了簡化起見，我們可依照「結構化一直接」、「結構化一間接」、「非結構化一直接」、「非結構化一間接」，來將訪談加以分類。圖 8-1 說明了選擇適當類別的流程圖。

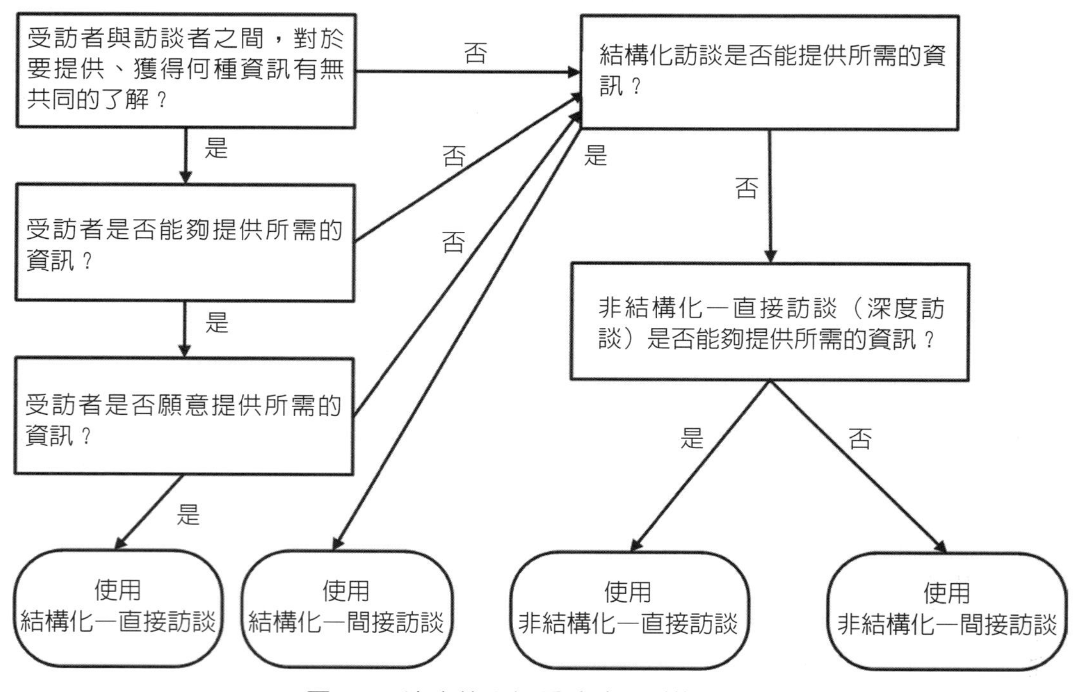

圖 8-1　決定使用何種訪談類型的流程圖

8-3 調查類型

調查可依傳遞資訊、獲得資訊方式的不同，分爲以下五種：

1. 人員訪談（personal interview）
2. 電話訪談（telephone interview）
3. 郵寄問卷調查（mail questionnaire survey）
4. 電腦訪談（computer interview）
5. 網路調查（Internet survey or online survey）

一、人員訪談

人員訪談是以面對面的方式，由訪談者提出問題，並由受訪者回答問題。這是歷史最久，也是最常用的資料蒐集方式。人員訪談的主要優點是：

1. 能彈性改變詢問的方式及內容，以獲得眞正的答案。
2. 有機會觀察受訪者的行爲。
3. 受訪者可事先作準備。

人員訪談的主要缺點是，需要較長時間的準備和作業時間。値得了解的是，人員訪談是一種藝術，它需要：

1. 面談的經驗。
2. 建立進行的步驟。
3. 與受訪者建立互信。
4. 清楚地提出問題。
5. 避免對事件的爭辯。

在人員訪談中，訪談者與受訪者是進行面對面的溝通，至於訪談的地點可以是受訪者的家中，或是在某個地方（例如百貨公司前、研究室等）。在購物地點處攔截的訪談（mall intercept interview），在人員訪談中最爲常見，因爲這種方式有下列的優點：

(1)比逐戶訪談更合乎成本效益。
(2)有機會展示實際的商品或搬動不易的設備。
(3)比較能監督由研究助理所進行的訪談。
(4)所花的時間不多。

在購物地點處攔截的訪談雖然是隨機的，但還是要看看受訪者是否合乎樣本的要求。合格的受訪者（例如，性別、年齡符合樣本的要求）才要邀請他們到購物處內的訪談室進行訪談。換句話說，在便利抽樣法之外，還要加上判斷抽樣法。

二、電話訪談

電話訪談，顧名思義，就是利用電話來蒐集資料。電腦輔助電話訪談（computer-assisted telephone interviewing, CATI）或稱電腦輔助電話訪問系統，是結合電腦、電話設備及通訊科技於一身的電話訪問系統。CATI 是將問卷內容直接呈現在訪談者面前的電腦螢幕上，訪談員根據這些問題，透過電話來詢問受訪者，然後將所聽到的答案直接鍵入到電腦中（或用光筆在螢幕上做選擇）。

CATI 最適合應用在大型的、複雜的調查。爲了提高訪問的效率與品質，目前許多民意調查機構幾乎都設置這套系統。早期的 CATI 系統係以 DOS 版本爲主，不僅耗費時日，而且調查成本甚高，不符經濟效益；隨著視窗系統的快速發展，結合通訊與資訊科技於一身的電腦輔助電話訪問系統乃相繼問世，成爲當前民意調查機構主要運用的電話調查設備。

目前國立大學暨學術研究機構當中設置 CATI 系統者，包括：國立中正大學民意調查研究中心、中央研究院調查研究工作室、輔仁大學、世新大學民意調查研究中心、國立政治大學選舉研究中心、國立成功大學統計系、 佛光大學等。

政黨及政府機關方面設置 CATI 系統者，包括： 民主進步黨中央黨部、親民黨政策研究中心、國民黨革命實踐研究院、行政院與台北市政府研考會等。

民間的民意調查公司設置 CATI 系統者，包括：決策公關民調中心、e 社會資訊有限公司、山水民意研究股份有限公司、觀察家行銷研究有限公司、中視衛星傳播股份有限公司、POWER TV、TVBS 民意調查中心。

由此看來，欲從事民意調查，沒有這一套便捷、快速的電腦輔助電話訪問系統幾乎是不可能的。CATI 有以下的優點：

1. 受訪者所要回答的問題組，決定於他（她）先前所回答的問題。例如，某受訪者的家裡有三歲以下的小孩，就回答某一組的問題；有三歲以上的小孩就回答另一組問題。電腦程式可依不同的回答情況，創造出「個人化」的問卷。
2. 可以自動地對於同樣的問題提供不同的版本。例如，某一題有六個選項，電腦程式可自動地變更這六個選項的次序。這樣做的目的，在於避免暈輪效應（halo effect）。試想，在郵寄問卷中，要設計不同版本的問卷，會有多麻煩。
3. 很容易在極短的時間內改變「壞的」答案、增加新的問題。CATI 是線上系統（on-line system），資料一經輸入即開始進行分析，因此可立即偵測到不一致的答案，並剔除超出範圍的答案。
4. 可有效地進行資料分析。CATI 能自動處理數值以備分析；實際上在電訪尚未完成前就可以開始分析資料，因此可以預測分析結果，也可以知道群組是否已達統計學上有效的樣本數。當數值收集完整之後，就可以輸出到適當的統計軟體（如 SPSS、SAS、Minitab）做進一步分析。

根據學者研究，CATI 在「空白」、「不知道」、「拒訪」和「不一致」方面比其他的調查類型還低，因此可獲得較高品質的資料。同時，在 CATI 的環境下，監督人員可利用系統監督訪談者，以獲得高品質的調查過程（訪談者在進行過程中不至於「摸魚」）。[1]

在美國，收費低廉的 WATS（Wide Area Telephone Service，廣域電話服務）是相當受歡迎的電話訪談工具。除了單機作業之外，CATI 還可以在網路環境下進行作業。典型的 CATI 網路可以連接 60 台個人電腦，其效率與單機作業不相上下。Sawtooth 軟體公司（www.sawtoothsoftware.com）所發展的 Ci3 CATI 系統價格約在 6,000 美元之譜，並可連接六個工作站。

研究者亦可透過網路電話來蒐集資料。只要透過適當的軟體及麥克風來跟電腦連結，Internet 使用者就可以透過系統撥打長途電話或國際電話。詳細的說明，見第 13 章。

三、郵寄問卷調查

郵寄問卷調查的方式就是研究者將問卷寄給填答者，並要求他們寄回填好的問卷。郵寄問卷調查有許多不同的形式。研究者可將問卷隨著雜誌、報紙來寄送。消費者產品的保證卡也是提供資料的來源。

與人員訪談相較，郵寄問卷調查有以下的優點：

1. 郵寄問卷調查是針對廣大群體尋求答案的一種理想方式，而人員訪談一次僅能詢問一個對象。
2. 由於郵寄問卷調查可以不具名，因此比人員訪談較具有隱密性。
3. 由於受測者不需立即回答，故比人員訪談更不具壓力。
4. 所需的技巧較少，成本也較低。

然而，郵寄問卷調查的回收率較低，而且很多受測者不太可能寫出自己的想法（或內心深處的感受）。一般人通常比較不喜歡用寫的方式。

四、電腦訪談

在電腦訪談中，電腦的語音系統會向受訪者提出問題，而受訪者會在其家中的電視螢幕上看到這些問題，並透過裝置（例如，遙控選台器）來選擇答案；或者是電腦透過電話發出問題，由受訪者按電話上的按鍵來回答。這種方式可以剔除受訪者誤差及互動效應。在彈性及速度方面，電腦訪談並不亞於 CATI。對於開放式的問題，電腦訪談則不甚恰當。

五、網路調查

近年來由於網際網路（Internet）的蓬勃發展，進而帶動了電腦商務的興旺，[2] 在網路上做廣告、進行消費者意見調查的情形已是屢見不鮮。業者可以在其首頁（homepage）中設計好問卷（通常都是比較單純的問卷），或者以開放式問卷的方式來詢問上網者的意見。肯得基炸雞公司已將其每月固定兩次、針對 120 人的人員訪談，改變成網路問卷調查，所使用的系統是 Sawtooth 軟體公司的 SSI V5.4 系統（www.sawtoothsoftware.com）。初步研究發現，約 90% 的受訪者「非常喜歡」網路問卷調查的方式。網路問卷調查具有以下的好處：(1)設計問卷的時間，從數小時減少到一小時；(2)大幅降低紙張的浪費；(3)平均填答時間減少了 50%；(4)調查完成的次一天即可完成資料分析；(5)所獲得的資料更爲精確。本章將於 8-5 節詳加說明。

8-4 選擇適當的調查方法

一、標準

我們要用什麼標準來選擇適當的調查方法呢？這些標準有：

1. 問卷的複雜性（complexity）
2. 受訪者（或問卷填答者）完成問卷所需要的時間及努力
3. 資料的正確度
4. 樣本控制
5. 完成調查所需的時間
6. 反應率
7. 成本因素

1. 問卷的複雜性

問卷愈複雜、各題的判斷條件（例如，如果「是」，則答第 x 題，如果「不是」，則填答第 x 題）愈多的話，則用人員、電話、電腦訪談愈適當。

在許多投射技術（例如，主題統覺）上，由於需要視覺化的圖片呈現，人員、電腦訪談是好的調查方法。如果有必須由圖片來呈現的選項（因爲用說的，可能使受訪者記不清楚），則電腦訪談是一個好的方法。在實務上，有關態度資料的蒐集，也常透過電話訪談的方式。

如果訪談者必須呈現眞實的產品、廣告文案、包裝設計或其他的物理特性，以獲得受訪者的反應資料的話，利用電話、郵寄問卷調查的方式並不適當，最好使用人員訪談的方式。

2. 所需要的時間及努力

所需要的資料數量涉及到二個問題：

(1) 受訪者完成問卷所需要的時間是多少？
(2) 受訪者完成問卷所投入的努力要多少？

例如，一個開放性的問題可能要花受訪者五分鐘的時間來完成，而 25 題的選擇題可能也要花上四、五分鐘。但是勾選 25 個選擇題，會比回答開放性問題（寫一篇短文）來得容易。

人員訪談所需要的時間比其他類型的調查研究更長。再說，訪談到一半總不好意思中斷。然而，超過五分鐘的訪談，不論是人員或電話訪談，其拒絕率都會加倍（從 21% 到 41%）。

在受訪者所投入的努力方面，一般而言，人員訪談比郵寄問卷調查還少，而且通常比電話及電腦訪談還少。因爲受訪者對於開放性問題的回答，以及其他冗長問題的回答，均由訪談者做成記錄，受訪者不必費神回答。

在受訪者所花的時間方面，電話訪談通常比人員訪談短。因爲受訪者要掛斷電話實在是不費吹灰之力，而且對於電話訪談者的目的多少有些懷疑。

郵寄問卷調查的回收率會受問題形式的影響較多，受問卷的絕對長度影響較少。開放性問題對於問卷填答者而言，是一項很大的負擔，而同樣長度的選擇題就不是。在直覺上，短的問卷（問題數少的問卷）的回收率會比長的問卷還高，但是這種說法並沒有得到實證上的支持。人員訪談及電話訪談的時間長短，對拒絕率有很大的影響。

3. 資料的正確度

在調查方法中，資料的正確性會受到下列因素的影響：

(1) 敏感性的問題
(2) 訪談者效應（interviewer effect）
(3) 抽樣反應（sampling effect）
(4) 由問卷設計所產生的效應

(1) 敏感性的問題

人員訪談、電話訪談（在某種程度上）需要訪談者與受訪者進行社會互動。因此，受訪者可能不會回答令人尷尬的問題，或是不會誠實回答社會上所不認可的行爲。由於郵寄、電腦訪談不需要社會互動，所以我們可以假設這些方法比較可能會產生正確的答案。但是實證研究的結果顯示：只要問卷設計組織得好，以上的方法都可能獲得正確的答案，除非所調查的是非法使用藥物的問題。

(2) 訪談者效應

訪談者的隨便改變問題、他們的儀表、說話的態度、有意無意提供暗示等因素，都會影響受訪者的回答。訪談者的社會地位、年齡、性別、種族、權威性、訓練、期待、意見及聲音，都會影響調查的結果。當然不同的調查主題所受的影響因素會不相同。

在人員訪談中，訪談者效應最爲顯著。電話訪談多少有些訪談者效應，郵寄問卷、電腦訪談則微乎甚微。

問卷設計得嚴謹，使訪談者不能隨意發揮，也會減低訪談者效應。然而，最根本的解決之道，在於以專業的技術來挑選訪談者，對他們施以專業的訓練，並做好控制。但是，智者千慮，必有一失，訪談者效應終將難免。研究者最好能使用統計方法來評估訪談者效應。

在使用人員、電話訪談時，訪談者作弊（interviewer cheating）的情形。在商業產品的研究上，作弊的現象相當普遍。譬如說，美國 Sears 公司對 10% 的電話訪談做查證，看看是否有實際去做訪談，以及訪談是否適當、完整等。

(3) 其他誤差

在使用郵寄問卷時，塡答者對於令他混淆的問題，並沒有任何尋求澄清的機會。但是如以人員訪談，訪談者就可以幫助澄清問題。郵寄問卷的另一個缺點，就是塡答者在依序回答之前，先將整個問卷瀏覽一遍，或是在看到後面的題目時，改變前面題目的答案。這些都會造成不自然的、未能眞正呈現（或充分揭露）眞實感受的情形。在郵寄問卷中，鼓勵塡答者寄回的說明、對研究目的的說明、後續的接觸等因素，都會影響塡答的正確性。一般而言，這些缺點並非郵寄問卷所獨有，其他的調查方法也會有這樣的問題。

4. 樣本控制

四種調查方法對於樣本的控制是大不相同的。人員訪談對於樣本控制的程度很高。但在購物地點所進行的人員訪談，對於樣本的控制較低，因爲只能訪談到「去購物中心的人」。

在郵寄問卷調查中，研究者常用郵寄清單來選擇要調查的對象，但如果調查對象是家計單位中的某一個人，則由誰來塡答就不易控制了。如果調查的對象是組織，也會遇到類似的問題（例如，總經理常叫秘書代爲塡答）。同時，在不同的組織中，具有相同職位的人所肩負的責任可能不同，因此，如果問卷上所署名的是「採購經理」，那麼在有些公司中實際負責採購的產品經理，便可能成爲「漏網之魚」。

利用電話訪談對於樣本控制的情形如何？電話沒有登記在電話簿上、[3] 或已登記但在訪談時不在家，這些現象都會使得「眞正」要調查的對象成爲「漏網之魚」，而使得樣本的控制不易。

5. 完成調查所需的時間

電話訪談通常在較短的時間即可完成。除此以外，在僱用、訓練、控制及協調訪談員方面，也相對地容易。

研究者可增加人員及電腦訪談者的人數，以減少訪談所需的總時間。但是在超過某一程度之後，在訓練、協調及控制訪談員這方面，就會顯得不經濟。

郵寄問卷所費的時間最長。除了加以催促之外，研究者對於如何縮短回覆時間，實在是無能爲力。

6. 反應率

反應率（response rate）是完成訪談數與總樣本數的比例。一般而言，調查的反應率愈低，其非反應誤差（nonresponse rate）愈高。但是低的反應率並不表示一定沒有非反應誤差。非反應誤差表示受訪者及未受訪者之間的差異現象，造成了研究者作出錯誤的結論或決策的情形。各種調查方法都有「非反應誤差」的潛在問題存在。

7. 成本因素

調查的成本隨著訪談的類型、問卷的特性、所需的反應率、所涵蓋的地理範圍以及調查的時間而定。成本因素不僅包括最初的接觸，也應包括事後成本（電話催促、追蹤郵件等）。

人員訪談所花費的費用較其他方法爲高，電腦訪談因爲可以愼選受訪者，因此可以使費用壓低。電話訪談的費用比人員、電腦訪談更低，但是比郵寄問卷調查高。

二、調查方法的比較

顯然，沒有一個所謂的「完美」的方法。最適當的方法，就是能使研究者以最低的成本，從適當的樣本中獲得適當資訊的方法。表 8-3 彙總了各種方法的特色（選擇標準）。值得注意的是，表 8-3 是一般性的描述，並不見得適用於所有的場合。

表 8-3　調查方法的比較

向度 \ 方法	人員	電話	郵寄	電腦	網路
1. 處理「問卷的複雜性」的能力	優	好	差	好	好
2. 完成問卷所需的時間	非常快	快	平平	快	非常快
3a. 資料的正確度	平平	好	好	好	好
3b. 訪談者效應的控制	差	平平	優	優	優
4. 樣本控制	平平	優	平平	平平	優
5. 完成調查所需的時間	好	優	平平	好	優
6. 反應率	平平	平平	平平	平平	平平
7. 成本因素	平平	好	好	平平	非常好

五種調查方法在使用時並不是互斥的，換句話說，在調查研究中，可以使用二種（或以上）的方法，以期達到擷長補短的效果。由於網路問卷調查已經蔚爲風氣，因此我們將在下節詳細說明。

8-5　網路調查

網路調查（Internet survey）又稱線上調查（online survey），就是利用網路有關科技來蒐集初級資料。值得注意的是，網路調查只是蒐集資料的新方法，即使進行網路調查，研究者仍然要明確地說明研究動機、界定研究目的、仔細而確實地進行文獻探討，建立觀念架構及對假說、操作性定義做明確的陳述。網路調查的獨特之處在於其問卷是以網頁的方式呈現，受測者在此網頁上勾選或填寫之後，按「傳送」就可將資料傳送到研究者的伺服器上。研究者在一段時間之後，可將此伺服器上的資料檔下傳到其個人電腦上，以便利用 SPSS 進行統計分析。如果研究者使用的是主機伺服器（將自己的電腦當成主機），就可以直接使用受訪者所傳回的資料檔，或者利用匯出的方式（如果使用 PhpAdmin）。[4]

在了解消費者行爲、確認新市場及新產品的測試上，網際網路是一個強大的、具有成本效應的行銷研究工具。雖然研究者還會繼續沿用傳統的調查工具，如電話調查、賣場調查（shopping mall surveys）來蒐集資料，但是我們看到有愈來愈多的公司利用互動式網路研究方法（例如，利用視訊會議、語音會議系統）。利用網際網路所進行的線上市場研究通常是更有效率、更快速、更便宜，以及更能獲得廣大地理區域的閱聽眾資料。行銷研究的樣本大小是研究設計良窳與否的重要決定因素。具有母體代表性的樣本愈大，則正確性愈高、研究結果的預測能力愈強。

在網際網路上進行大規模調查所花費的費用，比用其他調查方式大約低20%～80% 左右。例如，在美國，利用電話訪談每一對象的成本可高達 50 美元，對任何企業而言（尤其是剛起步的小型企業），這都是所費不貲的。如果利用線上調查就會便宜許多。

網路行銷調查通常是以互動的方式進行，研究者與被調查者可以交談的方式進行，這樣的話，研究者對於顧客、市場及競爭者就會有更深入的了解。例如，網路行銷者可以確認產品及消費者偏好的改變，確認產品及行銷機會，提供消費者眞正想要購買的產品及服務。網路行銷者也可以了解什麼樣的產品及服務不再受到消費者的青睞。

近年來由於網際網路的普及，網路科技的日新月異，網頁製作的便捷，使得許多企業紛紛投入網路調查的行列。調查內容從公共政策民意調查、社會事件意見調查、網路新聞事件意見調查等生活百態，甚或價値觀念等，不勝枚舉。甚至許多企業、政黨或者廣告行銷業者也開始大量採用網路調查方式，來取得行銷策略擬定時的重要參考資料。許多研究者也以網頁作爲蒐集原始資料的主要介面。網路問卷調查之例，如圖 8-2 所示。

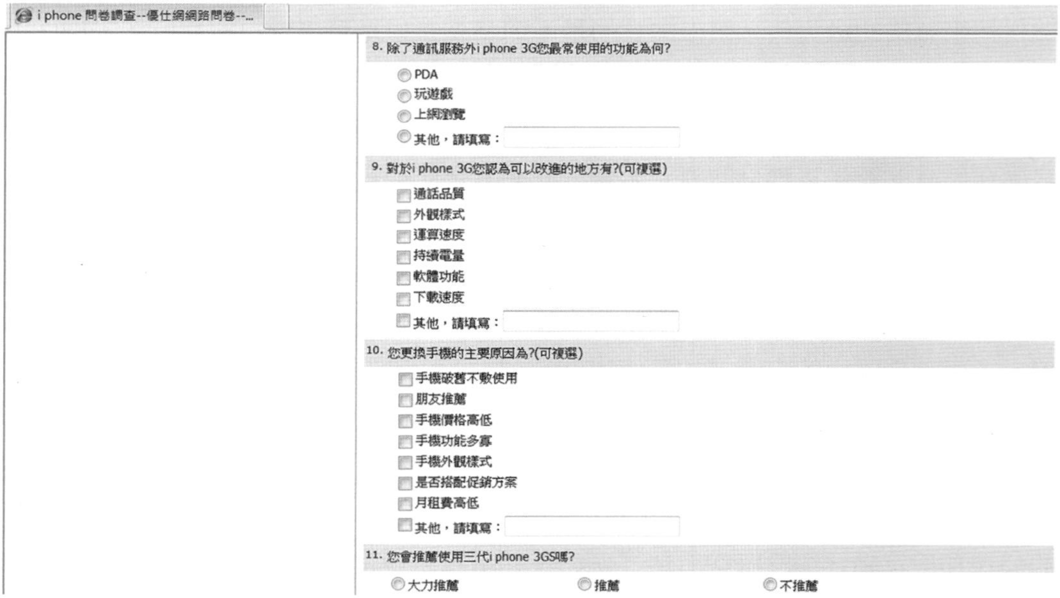

i phone 問卷調查--優仕網網路問卷--...

8. 除了通訊服務外i phone 3G您最常使用的功能為何?

- PDA
- 玩遊戲
- 上網瀏覽
- 其他，請填寫：

9. 對於i phone 3G您認為可以改進的地方有?(可複選)

- 通話品質
- 外觀樣式
- 運算速度
- 持續電量
- 軟體功能
- 下載速度
- 其他，請填寫：

10. 您更換手機的主要原因為?(可複選)

- 手機破舊不敷使用
- 朋友推薦
- 手機價格高低
- 手機功能多寡
- 手機外觀樣式
- 是否搭配促銷方案
- 月租費高低
- 其他，請填寫：

11. 您會推薦使用三代i phone 3GS嗎?

大力推薦　推薦　不推薦

圖 8-2　網路問卷調查之例

一、網路調查目的與資料蒐集內容

網路調查目的（想要了解什麼）與資料蒐集內容（蒐集何種資料）息息相關。表 8-4 說明了調查目的與資料蒐集內容的關係。

表 8-4　網路調查目的與資料蒐集內容

網路調查目的（想要了解什麼）	資料蒐集內容（蒐集何種資料）
進行網路行銷方案是否划算	全世界的網路使用者及目標群體的估計數
有無擴展市場的機會	產業中網路使用的成長
向青年人、中年人、老年人行銷	所選定的使用者的平均年齡
向婦女行銷產品	以性別來區分的市場區隔
針對特定的線上使用者來行銷	以教育別、職位別、所得別來區分的市場區隔
促銷策略是否有效	網路目標市場的行為、網路商業應用趨勢
商業用戶是否增加	網路名稱的註冊數
行銷預算是否要調整	網路對其他媒體的影響
電子商務是否成長	網路購物的行為（包括數量）及網路行銷利潤
電子商務是否有遠景	使用者對電腦及網路的熟悉度、使用率，以及使用網際網路的目的
首頁設計得如何？網頁之間的導引（超連結）如何？	瀏覽器、平台、連接速度

二、網路調查的優點

相較傳統調查而言，網路調查具有以下的優點：成本優勢、速度、跨越時空、彈性、多媒體、精確性、固定樣本。

1. 成本優勢

無論就人力、物力、財力上所花費的成本而言，網路調查會比人員訪談、電話訪談、郵寄問卷、電腦訪談都來得便宜。

2. 速度

就速度上而言，利用網頁設計軟體（如 Microsoft FrontPage）可以迅速有效地設計出網頁問卷。同時，設計妥善的網路調查可以在短期間內獲得充分的數據，進而立即從事統計分析的工作。

3. 跨越時空

網路調查可跨越時空，剔除了時空的藩籬，克服了傳統調查方式所遇到的問題。利用傳統調查方法時，如果晚上打電話，會錯過加班的上班族群或出門約會的年輕族群；如果白天打電話，所接觸到的對象大部分家庭主婦、家中長輩以及孩童。利用網路調查，我們不需要考量網友是否會在特定時間上網，或者擔心是否會錯過部分只在特定時間（如半夜之後）上網的網友。以電子郵件調查而言，所發出的電子郵件會全天候儲存於受測者的郵件伺服器上，他們隨時可以在 Outlook 中以「傳送及接受」的方式隨時收件，並在填答完成之後，傳送出去。

由於網路調查可剔除時空藩籬，對於從事全球消費者行為研究的研究者而言，不啻是一個利器。

4. 彈性

我們可以先刊出探索式問卷（exploratory questionnaire），將所蒐集到的資料加以適當修正後，即刻改刊載正式問卷。如果研究人員對於消費者對某項產品的反應方式沒有把握，可以先期刊出探索式問卷，以開放式問題讓網友填答。經過幾天獲得資訊之後，再重新編擬正式問卷獲得所需的調查數據。

5. 多媒體

網路調查可以向網友呈現精確的文字與圖形、聲音訊息，甚至是立體或動態的圖形。傳統調查研究若要呈現視覺資料，成本是相當可觀的。

6. 精確性優勢

網路調查的問卷在回收後不需要以人工將資料輸入電腦，可避免人為疏失，同時，電腦程式還可以查驗問卷填答是否完整，以及跳答或分枝填答的準確性。網路調查問卷在跳答、分枝問卷（branching，也就是根據某項問題的不同回答，呈現不同版本的問卷提供給受測者填答）的設計上具有高度精確性。

7. 固定樣本

網路調查容易建立固定樣本（panel）。如果調查單位希望能夠針對同一個人長期進行多次訪問，網路調查是一個相當有效的方式。

8. 線上焦點團體

由於網際網路的普及，探索式研究可以用電子郵件、聊天室（chat room）、網路論壇（forum）、虛擬社群（virtual community）的方式來進行。如果能善用先進的通訊科技，如語音會議、視訊會議，都可以有效獲得寶貴的資訊。利用線上焦點團體比電話式焦點團體更為便宜。在新聞群組（news group）寄出一個主題會引發許多迴響與討論。但是線上討論是毫無隱私性的，除非是在企業內網路

（Intranet）內進行。雖然網路論壇不太能代表一般大眾（如果我們所選擇的焦點團體是一般民眾的話），但是從眾多的網友中，我們還是可以從蛛絲馬跡中得到焦點團體成員的意見。

三、網路調查類型

一般而言，網路調查可分為以下三種類型：網站調查型、電子郵件調查型、隨機跳出視窗調查型。

1. 網站調查型

網站調查型（Internet survey）是指由進行調查的單位將調查問卷刊載在網站上，並在各網頁上使用橫幅廣告（banner）、超連結（hyperlink）等方式，邀請受測者進入網站填答。

> 研究者可自己利用適當軟體（例如，微軟的 FrontPage、Macro Media 的軟體）設計網站及網路調查問卷，並上傳到免費的伺服器上。例如，筆者是以微軟的 FrontPage 設計問卷，然後上傳到輔大貿金系的伺服器上。

如果研究者不願意將問卷上傳到別人的伺服器上，或者自己對網路建構、網路問卷設計等技術非常熟悉，則可以在自己的電腦上架設伺服器，成為主機。首先，要有 Windows NT（或 Windows 2000），或者你也可以安裝微軟公司的 IIS（Internet Information Systems）系統，至於在資料庫方面，可安裝 Oracle 資料庫系統，以便接受資料，儲存在既定的檔案中。

> Internet Information Services (IIS) for Microsoft Windows XP Professional 將網路運算的威力帶到了 Windows。有了 IIS，您可以輕易地共用檔案及印表機，或者您可以建立應用程式，在 Web 上安全地發行資訊，以增進您組織共用資訊的方式。IIS 是一個安全的平台，適合用來建立及調配電子商務解決方案，以及重要的 Web 應用程式。
>
> 使用已安裝 IIS 的 Windows XP Professional，提供一個個人及開發的作業系統，讓您可以：安裝個人的 Web 伺服器、在小組中共用資訊、存取資料庫、開發企業內部網路、開發 Web 應用程式。IIS 將公認的 Internet 標準和 Windows 整合在一起，這樣，使用 Web 並不表示要重頭開始學習新的方式來發行、管理或開發內容。

我們可以針對網路調查型在成本和掌控這兩個向度上做說明。使用網路調查型所投注的成本相當高，但是掌控能力也相對高。成本是指在時間、人力、物力、財力上所投入的成本。掌控是指對網路問卷設計（包括內容、格式、佈置等）的自由裁決量或支配能力、對支援網路問卷設計的軟硬體的決定權。

2. 電子郵件調查型

電子郵件調查型（e-mail survey）是將問卷發送到受測者的信箱邀請其填答寄回，或由進行調查的單位將調查問卷刊載在網站上，並發送電子信件附上超連結，邀請受測者進入網站填答。

> 您提出的表單或連結的頁面，需要 Web 伺服器及 FrontPage Server Extensions 才能正確運作。如果您將此 Web 發佈到已安裝 FrontPage Server Extensions 的 Web 伺服器，則此表單或其他 FrontPage 元件就會正確運作。

3. 隨機跳出視窗調查型

隨機跳出視窗調查型（pop-up survey）是指當網友點選一個特定網頁的時候，由系統隨機跳出問卷視窗來邀請網友填答的作法。

複習題

1. 試扼要說明調查研究。
2. 何謂資料採礦？試加以闡述。
3. 從資料採礦所得到的資料類型有五種：關聯、循序、分類、集群及預測。試分別說明。
4. 訪談可以用什麼向度來加以分類？
5. 試比較結構與非結構訪談。
6. 試比較直接與間接訪談。
7. 結構性及直接性都是程度上的問題，換句話說，它們分別是一個連續帶（continuum），而不是斷續的類別（discrete category）。然而為了簡化起見，我們可依照「結構化—直接」、「結構化—間接」、「非結構化—直接」、「非結構化—間接」，來將訪談加以分類。試繪圖說明如何選擇適當的類別。
8. 調查可依傳遞資訊、獲得資訊方式的不同分為哪五種？
9. 試說明人員訪談及其優缺點。

10. 何謂電話訪談？何謂電腦輔助電話訪談（computer-assisted telephone interviewing, CATI）？CATI 有何優點？
11. 何謂郵寄問卷調查？與人員訪談相較，郵寄問卷調查有哪些優點？
12. 試簡要說明電腦訪談。
13. 何謂網路調查？
14. 試說明如何選擇適當的調查方法。
15. 沒有一個所謂的「完美」的調查方法。最適當的方法，就是能使研究者以最低的成本，從適當的樣本中獲得適當資訊的方法。試列表加以比較。
16. 試扼要說明網路調查。
17. 試說明網路調查目的與資料蒐集內容的關係。
18. 網路調查有何優點？
19. 網路調查有哪三種類型？

練習題

1. 就第 1 章所選定的研究題目，說明調查研究（如訪談類別、調查類型，以及／或者網路調查類型）。
2. 「根據美商優比速（UPS）一項跨國調查研究發現，台灣中小企業主，對總體經濟發展與企業競爭力評估，反映出極度焦慮與不安，他們大聲疾呼：台灣並不差，但應該可以更好……。」試說明此調查研究應如何進行？
3. 中共建政 60 周年，強調繼續改革開放，但大陸著名經濟學家曹思源卻發現，大陸私營經濟倒退回 1949 年中共建政時的水平；面對邁入第 61 年的大陸經濟，曹思源認為，將有一場「國進民退」（國營企業增長，民營企業退）的大爭議。「國進民退」現象出現，已引起大陸經濟界的警惕，據說，中共領導層也要求調查研究。試說明此調查研究應如何進行？
4. 以「長尾理論」一書闖出名號的克里斯曾在《經濟學人》（*Economist*）、自然（Nature）、科學（Science）等雜誌工作，目前擔任美國《連線》（*Wired*）雜誌總編輯。在他任內，《連線》已五度獲得「美國國家雜誌獎」（National Magazine Award）提名，是美國新聞界頗負盛名的媒體人及暢銷作家。安德森說，他在經濟學人工作時，因工作需要，他曾對台灣做過完整的調查，拜訪過許多台灣的製造廠商，從自行車、鞋子到半導體業，從山裡到湖邊，多處都曾留下足跡。試說明他如何進行調查研究？

5. 根據美國全國大學與雇主協會（NACE）近日公布的調查，前 15 大高薪大學學位有一個共通點，就是都需要數學技能。試說明如何進行調查及資料分析，才能獲得上述結論。
6. 天下雜誌最近公布了 2009 年 15 至 22 歲高中職及大學生生命教育調查的結果，在 5000 多份的問卷中回收了近八成，所以這個抽樣是具有代表性的。他們問：「現階段的生活，你覺得最痛苦的是？」，有四成以上的大學生表示「不知道自己要做什麼」，而高中生則多為「課業太重」，有百分之五的學生認為「不管做什麼，都沒有意義」。（洪蘭，大學生 你知道自己要做什麼嗎，2009/12/05 聯合報，http://udn.com/NEWS/OPINION/）。根據這些調查結果，試提出具體建議。
7. 西安大略大學（University of Western Ontario）的研究人員發現，共同分擔家務的夫妻比「男主外、女主內」或「男主內、女主外」的夫妻更快樂。研究指出，理想上，夫妻任何一方都不應該承擔超過 60% 的家務。試說明此研究的研究設計、研究結果的解釋，以及研究發現在企業管理上的意涵。
8. 科學家發現，無聊足以使人短命。根據英國《每日郵報》報導，研究人員發現，抱怨無聊的人比較可能早死，曾經感到非常無聊的人，死於心臟病或是中風的機率比自得其樂的人高 2.5 倍以上。（聯合報國際中心報導，2010/02/08，聯合報，http://udn.com/NEWS/WORLD）。試說明此研究的研究設計、研究結果的解釋，以及研究發現在企業管理上的意涵。
9. 英國醫學研究委員會分析了 1145 名年約 55 歲男女的資料，並追蹤達 20 年的時間，最後列出了前 5 大影響心臟疾病發生的因素，依序為抽菸、低智商、低收入、高血壓、少運動。（林沿瑜，2010/02/11，聯合報，http://udn.com/NEWS/WORLD/）。試說明何以低智商、低收入是心臟疾病發生的因素。
10. 中年危機究竟何時拉警報？根據一項最新研究，英國人認為青春在 35 歲時結束，老年從 58 歲開始，其間的 23 年則是中年。試說明此研究的研究設計。
11. 美國一項大規模調查研究指出，人生最快樂的時光從 50 歲開始，過了這個「知天命」的生日後，緊張、生氣和煩憂的情緒減少，比年輕人更能享受日常生活樂趣。這項研究似乎和台灣的狀況不同，聯合報針對台灣 25 縣市成年民眾的快樂感受調查發現，台灣 20 至 29 歲年輕人生活最開心，隨著年齡層增長快樂感受逐漸降低。（田思怡編譯，聯合報，2010/05/19，http://udn.com/NEWS/WORLD/WOR4/5609704.shtml）。試說明此研究的研究設計，並對研究結果提出解釋。

12. 青少年喜愛上社交網站結交朋友或是分享心情，科學家已找到其中原因！根據素有「戀愛博士」之稱的美國學者薩克研究後發現，使用推特等社交網站會讓大腦產生催產素（Oxytocin），使當事人感受到愉悅、滿足與信任感等感覺，效果就像談戀愛一般。（莊瑞萌，2010/06/30 台灣醒報，http://udn.com/NEWS/WORLD/WOR4/5695530.shtml）。試說明應如何進行此項研究。

註 釋

1. 詳細的說明，可參考：謝邦昌著，電腦輔助電話調查之探討（台北：曉園出版社，2000）。本書對 CATI 的功能與實際操作有詳細的解說。
2. 新的研究報告顯示網路商業正膨勃發展，原因之一是非消費主流的男人也樂於上網購物。有興趣了解詳細資料的讀者可上網查詢：
http://www.seattletimes.com/news/technology/html98/issu_041998.html
3. 根據 The Frame (Fairfield, Connecticut: Survey Sampling Inc.,1989) 的調查報告指出，在美國的某些地區，電話沒有登記在電話簿上的比率高達 60%，全國的平均比率是 31%。
4. 我們可利用 Microsoft FrontPage、Macremedia 公司的 Dreamweaver 來設計問卷，並利用其他相關技術來發送、蒐集網路問卷，並透過統計軟體進行資料分析。有關這些技術，可參考附錄 9-1。

Chapter 9 調查工具

本章目錄

9-1 調查工具的發展

當細心的建立觀念與觀念之間的關係（觀念性架構）、抽樣計畫，並決定了樣本的大小之後，接著就要設計調查工具（research instrument）或者蒐集資料的工具（data collection instrument），如問卷或訪談計畫。

問卷（questionnaire）通常是以郵寄或訪談的方式，向受訪者或填答者詢問的一些題目（questions）。[1] 在企業研究（尤其是行銷研究）上，調查工具的發展由「界定一般管理的目標或問題」開始到「形成特定的衡量問題」爲止，其間共有四個步驟：

1. 管理問題（management questions）

管理者想要得到答案的問題。例如，某公司的管理當局想了解新推出的 Word Pro（視窗環境之下的 32 位元文書處理軟體）的市場反應如何？

2. 研究問題（research questions）

爲了解決管理問題，研究者所欲研究的問題。例如，研究者將管理者所想要了解的問題變成「使用者對於 Word Pro 的滿意程度如何？」

3. 探討問題（investigative questions）

爲了回答研究問題，研究者對該問題所要提供的細節及範圍。例如，研究者所要探討的問題是：(1)本公司的技術輔導小組幫助使用者解決問題的情況如何？(2)使用者對於新增功能的意見如何？

4. 測量問題（measurement questions）

研究者爲了要獲得有關問題的詳細資訊，要求受測對象必須回答的問題。例如研究者設計下列的問卷來問使用者：

1. 當您在操作 Word Pro 碰到問題而打電話給本公司的技術輔導小組尋求協助時，您對他們的服務態度：
   □ 很滿意
   □ 無意見
   □ 不滿意
2. 您覺得 Word Pro 在版面佈置的新增功能：
   □ 清晰易懂
   □ 容易操作
   其他 ______________________

9-2 問卷的類型

問卷的類型（format）可依結構化（structuredness）、隱藏性（disguise）來加以區分。

一、結構化

在問卷設計時，研究者必須決定哪些題是結構化問題（structured questions），哪些題目是非結構化問題（unstructured questions）。

1. 完全結構化問題

完全結構化問題（structured question）通常會限制填答者做某種特定的回答。換言之，結構化的問題是以固定的語句呈現給受測對象，並且具有固定的回答類別。例如：

與棕欖香皂比較，您覺得親親香皂如何？（可以複選）
□ 價格較便宜
□ 較耐用
□ 聞起來更香
□ 泡沫比較多
□ 大小更適中

2. 完全非結構化問題

另外一個情形就是完全非結構化問題（completely unstructured question），也就是問題不以固定的（同樣的）語句呈現給每位受測對象，而且也沒有固定的回答類別。例如，研究者告訴訪談者要他們了解受測對象對於棕欖香皂及親親香皂的比較。在這種情況下，不論訪談者及受訪對象都有很大的自由發揮空間。非結構化的問題可以使得填答者自由地表達他的想法或意見，但是這類問題在分析、歸類、比較、電腦處理上，會比較費時費力。

(1) 第一類型

在固定的回答類別中，加上開放性的類別，例如：

與棕欖香皂比較，您覺得親親香皂如何？（可以複選）
□ 價格較便宜
□ 較耐用
□ 聞起來更香
□ 泡沫比較多
□ 大小更適中
□ 其他 ____________________
（請說明）

(2) 第二類型

以固定的問題問每位受測對象，但是完全開放式的（open-ended）。例如：

與棕欖香皂比較，您覺得親親香皂如何？
____
____
____

3. 優缺點

問題結構化的優缺點如何？我們可以用變化性（versatility）、時間、成本、正確性及受測對象的方便性這些評估標準來做必較，詳如表 9-1 所示。

表 9-1 結構化問題的優缺點

評估標準	結構化問題的優點	結構化問題的缺點
變化性	對受測對象的識字程度要求不高、也不需要特別好的溝通技巧；以同樣的問卷長度而言，可涵蓋較多的主題	比較不能探求受測對象的真正感受，以及不能獲得深度的、詳盡的資料
時間	回答所需的時間較短；所蒐集的資料可迅速的編碼、進行統計分析；在電腦訪談的場合，必須使用結構化的問題才能夠直接建檔	在問題的設計上較費時（除非研究者知道要問什麼問題、期待什麼答案）
成本	比非結構化問題更便宜，因為在記錄、分析資料時所花的時間不多，所需要的技術不高	
正確性	訪談者及受測對象所犯錯的機率較小	沒有把握知道受測對象的答案真正能夠反映到他（她）所想要表達的內容
受測對象的方便性	以回答問題的容易度來看，會使受測對象覺得方便	

資料來源：A.Parasuraman, "Overview of Primary Data Collection Methods," *Marketing Research*, 2nd ed.（Addison-Wesley Publishing Company, 1991）. p.218.

從以上的比較，我們可以知道：結構化問題的變化性較低、所花的時間較少、成本較低、正確性較高、受測對象的方便性較高，但是結構化問題的僵固性不適合使用在探索式的研究上（探索式研究的主要目的在於發掘新的研究構想）。再說，結構化問題的正確性並不是「與生俱來」的；如果回答類別的分類不夠明確，令受測對象有「無所適從」之感，則所蒐集到的資料的正確性及客觀性便值得懷疑。

經過以上的說明，我們可以了解：在下列的情況中，結構化問題最爲適當：

1. 發掘新的研究構想並不是研究的主要目的；
2. 研究者對於答案的類別及範圍已胸有成竹，並有把握建立有效的回答類別。

具有上述二個條件的研究，基本上其研究的目的及所需資料均已十分清楚（可能研究者先前已做過初步研究，並獲得初步結論，或者具有相關研究的經驗），因此其研究性質是屬於結論性的研究（conclusive research）。[2]

簡言之，研究的類別直接影響到問卷的結構化程度。研究的本質愈具有結論性，則問題就愈需要結構化；研究的本質愈具有探索性，則問題就愈需要非結構化。

二、隱藏性

隱藏性問題（disguised question）是不表露眞正目的的間接問題。有些問題如果直接詢問受測對象，可能永遠無法獲得眞正的答案。這些問題包括了敏感的問題、令人尷尬的問題等。試看下列直接式的（非隱藏式的）問題：

您會不會買便宜的酒，然後裝在名貴的酒瓶內來招待客人？
□ 會
□ 不會

正如我們所預料的，大多數的「詐欺者」不會回答這個問題。[3] 但由於許多人認爲「保持靜默，即表默認」，因此他們會回答「不會」。因此要獲得正確的（眞正的）答案是不可能的。

然而，我們可以迂迴的問問題來了解受測對象的實情。例如：

在您所交的朋友中，有沒有人會買便宜的酒，然後裝在名貴的酒瓶內來招待客人？
□ 有
□ 沒有

有時候受測對象即使有心回答，但是對於直接的問題，仍然無法提供正確的答案。例如，當問到有關個性特徵（personality traits）或者動機（motives）的問題時，因為這些都屬於潛意識層面的東西，因此他們也無從回答。像這樣的問題用隱藏式的問法比較適當。

三、問卷的分類

問卷的類型決定於：(1)研究專案的結論性程度；(2)受測對象是否願意或是否能夠直接回答問題。基於這二個條件，我們可以歸類出四種問卷的類型：

1. 結構化、隱藏性
2. 結構化、非隱藏性
3. 非結構化、隱藏性
4. 非結構化、非隱藏性

在這之前，我們說明的重心是問題（questions），現在我們要把討論終點轉移到問卷的類型（types of questionnaires）上。在結構化問卷中，絕大多數的問題都是結構化的，並且有一定的次序；所有的填答者或受訪者都以同樣的問題來回答。在非結構化問卷中，絕大多數的問題是開放性的，問題的呈現不一定按照次序；就每位受測對象而言，訪談者所問問題的方式不一定是一樣的。從這裡我們可以知道：問卷的結構化與否還涉及到「研究者對於受訪者的約束程度」這件事情。

在隱藏性問卷中，對受測對象而言，絕大多數問題的目的是不明顯的。在非隱藏性問卷中，對受測對象而言，絕大多數問題的目的是明顯的。茲將以上的四類問卷說明如下：

1. 結構化、隱藏性問卷

結構化、隱藏性問卷常用來研究人們對於社會上敏感的問題（例如，墮胎、汙染、解嚴等）的態度。所問的問題可以是眞實的，也可以是杜撰的。這類問題設計的背後假設是：自認為知道某個社會問題的人，會對此問題表現出某種態度。結構化、隱藏性問題在回答上、編碼上比較簡單，但是在設計上、解釋上卻不容易。

2. 結構化、非隱藏性問卷

結構化、非隱藏性問卷常用在行銷研究中，尤其是涉及到大樣本的時候。這類的問卷最適合用在研究主題清晰明確，而且沒有理由隱藏的描述式研究（descriptive research）中。

3. 非結構化、隱藏性問卷

非結構化、隱藏性問卷又稱爲投射技術（projective technique），適用於探求受測對象的慾望、情緒、意圖的動機研究（motivation research）。受測對象通常不會表露他們在某種行動（例如，購買某產品、吸毒、捐血、參與某政黨等）背後的眞正意圖。如果直接問他們，所得到的不是拒絕回答，就是不實的回答。此時研究者就必須以投射的方法來挖掘他們內心深處的眞正感受。

投射技術有很多種類，但都具有這二個特性：

(1) 向受測者所提供的刺激（stimulus）是相當模糊不清的；
(2) 受測者在對這些刺激做反應時，會不經意的、間接的透露他們內心深處的眞正感受。[4]

在行銷研究中，常用的投射技術包括：字的聯想測驗（word association test）、句子完成測驗（sentence completion test），以及主題統覺測驗（thematic apperception test, TAT）。利用到這些技術的研究稱爲定性研究（qualitative research）。

(1) 字的聯想測驗

此測驗是以若干字要受測者聯想，以探求其內心世界。這些字與研究主題可以是相關的，也可是不相關的，也可以是中性的。例如，在以個人電腦爲主題的研究中，可能包括了相關的字，如聲望、簿記、電動遊戲，也可能包括了不相關的（或中性的）字，如運動、烹調、家具及報紙等。字的聯想測驗特別適用於了解受測者對於新的東西（產品、服務、品牌、政績、政黨等）的感覺。

在典型的字的聯想測驗中，測試者大聲說出每個字，而受測者要馬上說出掠過其腦際的第一印象。研究者在分析各個受測者的答案時，並不是一件容易的事。他（她）至少要考慮到：答案的意義、每個受測者的所有答案的性質、每個字在不同的受測者之間的形式、每個受測者對於每個字的反應時間，以及受測者對於每個字做反應時的身體反應（如焦慮、疑惑、激動、興奮等）。

(2) 句子完成測驗

句子完成測驗是要受測者完成一些不完整的句子。這些句子有些是與研究主題有關，有些則是中性的。例如研究者想要了解受測者對於「購買國貨」的內心感覺，他可以做下列的設計：

國產車 ______________________
限制進口車 ______________________
每個國民 ______________________
外國貨 ______________________
本國的失業情況 ______________________

研究者要求受測者在右邊的空白處寫下他們的感覺。研究者不必記錄塡答者所花的時間，也不必記錄其身體反應，因此句子完成測驗比較容易實行。[5] 除此以外，句子完成測驗允許測試者有更大的自由空間——他可以提供受測者某種指示，因此所蒐集的資料會與主題比較有關係，在分析上也必較容易。相形之下，字的聯想測驗因爲要受測者馬上回答，因此答案會因爲過於「天馬行空」，而造成分析上的困難。從這裡我們可以知道，此二種投射技術各有利弊。

(3) 主題統覺測驗

主題統覺測驗（TAT）是用來衡量個性（personality）的工具，最早是由 Henry A. Murray（1938）所發展出來的。[6] 原始的 TAT 包含了 20 個畫有圖畫的卡片，但自「第一版 TAT」推出之後，有許多更新版本，例如，Neuringer（1968）就曾針對兒童而設計出一個特別的 TAT。在利用 TAT 施測時，要每位受測者看每張卡片（每張大約 20 秒鐘），然後再要他們再 20 分鐘左右之內寫出一個故事。受測者要描述圖畫中發生了什麼事、爲什麼會發生、對圖畫中的人物的看法等。然後由專家來分析受測者的個性。[7] TAT 可以個別施測，也可以集體施測。

4. 非結構化、非隱藏性問卷

非結構化、非隱藏性問卷又稱爲深度訪談（in-depth interview）。適用於探索式研究中，可讓受測對象暢所欲言。

9-3 問卷發展

研究者在發展問卷時，所要考慮的因素包括：問題內容（question content）、問題類型（question type）、問題用字（question wording）、問題次序（question sequence），以及問卷的實體風貌（physical appearance）。茲將上述因素逐項討論如下：

一、問題內容

在決定某些問題是否應包含在調查工具（問卷）內時，應考慮到以下的因素：

1. 這個問題有必要嗎？

設計問卷的關鍵因素就是攸關性（relevance）。也就是說，問卷的內容必須與研究目的相互呼應。每一個問題項目必須要能夠提供某些與研究架構中的研究變數、研究主題有關的資訊。

2. 這個問題是否具有敏感性、威脅性？

研究者在問敏感性的問題（例如，性）、避諱的問題（例如，自殺、同性戀等）時，所得到的不是拒答，就是規範性的答案（normative answers）。規範性的答案就是合乎社會規範（social norms）的答案。換句話說，人們在回答這些問題時，所想的是「社會怎麼看這個問題」，而不是「自己認爲是怎樣」。不可否認的，這類的問題會造成「社會期待的偏差」（social-desirability bias）。

常模就是告訴人們該做什麼（如穿越馬路要停看聽、要尊師重道等）、不該做什麼（如勿殺人、勿行邪淫、勿貪他人妻等）的陳述。一般人如果沒有遵守社會常模就會受到負面的制裁，其嚴重性從被閒言閒語到坐監服刑不等。因此受測者在必須表露是否做了不該做的事（如手淫、同性戀、紅杏出牆、背後說人壞話等），或者沒有做該做的事（如上教堂、盡社會責任、盡孝道）時，都會承受到很大的心理壓力，而傾向於回答社會上所認可（所期望）的答案。

3. 這個問題是否具有引導性？

引導性的問題（leading questions）會引導受測者傾向於回答某一個答案，因而造成了「人工化」的偏差現象。問卷設計者應該以比較中性的態度來問問題，例如以問「你吸菸嗎？」代替「你不吸菸，不是嗎？」

造成所問的問題產生偏差的另外一個原因是「引用權威」。例如，「國內大多數的醫生認爲吸菸有害健康，您同意嗎？」。Selltiz（1959）的研究發現，先提到羅斯福總統的名字，再問「您贊成今年的感恩節提前一週過嗎？」，會使「同意」的百分比增加 5%。

二、問題類型

在發展問卷時，常用的基本的問題類型有三種：

1. 開放式（open-ended）；
2. 多選項式（multiple choice, 從多個選項中選出一個）；
3. 二分式（dichotomous）。

在行銷研究上的問卷設計，開放式的問題比較少，多選項式、二分式比較多，因便於編碼、分析之故。以下是這三類問卷的典型例子：

1. 開放式

你對於讓女性體育記者進入男性運動員休息室進行賽後採訪的看法如何？

____

____

____

2. 多選項式

下列哪一項最能描述你對於讓女性體育記者進入男性運動員休息室進行賽後採訪的看法。

□ 不論任何情況都不允許
□ 在有些情況下（男性選手清洗更衣後）允許
□ 應擁有像男性記者一樣的採訪權
□ 無意見

3. 二分式

你認為女性體育記者可以進入男性運動員休息室進行賽後採訪嗎？

□ 可以　□ 不可以

雖然這三個問題類型（問問題的方式）都是針對同一個研究主題（對女性體育記者進入男性休息室進行採訪的態度），但要注意它們在分析上所用的統計技術是不同的。

1. 位置偏差

當受測對象從各選項中勾選答案時，由於各選項出現的位置（在前或在後）所造成的偏差，稱爲位置偏差（position bias）。例如，填答者傾向於選擇第一個選項、最後一個選項或者中間那個選項。這種情形在多選項式、二分式的問題中最常發生。改進之道在於：在問卷中將各題的選項出現的次序加以隨機排列。

正如選項出現的次序會影響分析的結果，在產品的成對比較測試（paired comparison test）中，受測產品出現的次序不同，也會影響分析的結果。在兩個完全一樣的飲料測試中，先拿來測試的飲料會有較高的偏好，如表 9-2 所示。

表 9-2　成對產品偏好測試結果

測試者反應	品牌 E 先測	品牌 F 先測
偏好 E 大於 F	51%	42%
偏好 F 大於 E	33%	48%
無差別	16%	10%

資料來源：Ralph L.Day, "Position Bias in Paired Product Test," *Journal of Marketing Research*, February 1969, p.100. published by American Marketing Association.

2. 選項設計應注意的事項

(1) 避免非互斥的問題

非互斥的問題（non-mutually exclusive questions）會使填答者不知要填哪一格。例如，在下面的例子中，認爲是 $20,000 的人要如何填？

你認為系統分析師的薪水要多少才合理？
☐ $20,000 以下
☐ $20,000～$24,999
☐ $25,000～$29,999
☐ $30,000 以上

(2) 避免未盡舉（non-exhaustive）的問題

選項設計得不夠完整使得填答者無法填答適合他（她）的答案。例如下題中，信天主教的人要如何回答？

請問您的宗教信仰是：
□ 佛教
□ 基督教
□ 道教

三、問題用字

問題的用字應該：(1)清晰易懂、避免模糊；(2)避免使用行話；(3)避免二合一（double barreled questions or two questions in one）的問題；(4)注意填答者的參考架構（frames of reference）。

1. 清晰易懂、避免模糊

沒有一個研究者會刻意設計模糊的問題（ambiguous questions），但是模糊的問題在問卷中還是不免會出現。例如，「社會偏離」（social alienation）到底指的是什麼意思？填答者在看到這樣的問題時，眞有不知所措之感。他們可能跳過這個問題，或者乾脆拒答整個問卷。

幾乎所有的形容詞都有某種程度的模糊性（ambiguity）。例如，什麼叫做支持性、滿意的、高的？填答者在回答這樣的問題時，可以說是自由心證。研究者應該儘量將形容詞加以明確化或量化。例如，以「最近三個月來，你望過幾次彌撒？」來代替「你支持天主教的活動嗎？」。

2. 避免使用行話

有些字句只有受過專業訓練的人，才會懂它的意思。例如電腦術語中的「非交錯式螢幕」、「32 位元電腦」等。俚語或行話只有隸屬於某一群體的人才會懂，而且不同群體的人對於同樣的一個俚語有著不同的解釋。字句的意義可能會隨著年齡、地理區域、次文化的不同而異。在設計問題時，研究者應儘量避免使用行話。

3. 避免二合一的問題

二合一的問題是指一個題目中有二個子題目的情形，例如，「你是否支持總統民選及核四公投？」。這樣的問題只有都支持總統民選及核四公投者、都不支持總統民選及核四公投者才會有明確的答案（或者說回答這個問題）。支持總統民選但不支持核四公投者，或者不支持總統民選但支持核四公投者，均不知道要如何作答。

題目中有「及」這個字眼的要特別注意，看看是不是問了兩個問題，但研究者想要問的只是其中的一個問題。「或」這個字眼比較不會造成回答時的困擾，因爲「或」是「二擇一」的意思。例如，「你到天主堂望彌撒或參加佛教的膜拜嗎？」。回答「是」的人表示參加了其中一種。就一般而言，參加兩種宗教活動的人畢竟佔極少數。如果我們所要研究的是「對宗教活動的熱忱」，即使回答「是」（雖然佔極少數），也不會影響我們研究的正確性。

4. 注意填答者的參考架構

研究者與填答者的參考架構不同，會引起「一個問題，各自表述」的情況。例如，問道；「你最近情況如何？」，研究者的參考架構是「身體狀況」，而填答者所想的是「財務狀況」。這種「牛頭不對馬嘴」的情況是因未說明參考架構而起。

四、問題次序

問題出現的次序首重邏輯性。試看下列不合邏輯的例子：

1. 你用過 Ivy 牌褲襪嗎？
   - □ 用過
   - □ 沒用過
   - □ 不確定
2. 你聽過 Ivy 牌褲襪嗎？
   - □ 聽過
   - □ 沒聽過
   - □ 不確定
3. 與其他品牌比較，你覺得 Ivy 牌褲襪：
   - □ 比較舒適
   - □ 比較不舒適
   - □ 一樣舒適
   - □ 不確定

事實上，聽過、用過、用過後的比較是比較合乎邏輯次序的。因此上述的題目次序應改成：

1. 你聽過 Ivy 牌褲襪嗎？
   □ 聽過
   □ 沒聽過
   □ 不確定
2. 你用過 Ivy 牌褲襪嗎？
   □ 用過
   □ 沒用過
   □ 不確定
3. 如果用過，與其他品牌比較，你覺得 Ivy 牌褲襪：
   □ 比較舒適
   □ 比較不舒適
   □ 一樣舒適
   □ 不確定

在問題次序的設計上，要能獲得有效的資訊，又要能使得填答者清晰易懂，必須遵循以下的原則：

1. 在問任何問題之前，要簡短說明誰做研究、目的是什麼、填答問卷所花的時間大概多少、要求填答者如何合作。如果研究的主題過於敏感，要保證填答者的隱私權受到保護以及資料僅供研究之用。
2. 先問簡單、有趣的問題。如果一開始就問枯燥的、複雜的問題，會使得填答者失去了填答的興趣。因此先要以簡單的、有趣的問題做為引導，然後再由簡而深，循序漸進。
3. 將同一主題的題目放在一起，才不會讓填答者有過於凌亂之感。
4. 就某一主題而言，先問一般性的問題，再問特定性的問題，這樣才不會造成「前面問題的答案影響到最後面問題的作答」。例如，如果我問「你最不喜歡你的車子的哪個地方？」，這個特定的問題會影響「一般而言，你對你的車子的滿意程度如何？」這個一般性的問題。
5. 敏感性的問題、識別性的問題要放在問卷的尾端。如果一開始就問敏感性的問題，必然會引起填答者的疑慮（是否和納稅有關）、反感（侵犯隱私權）。識別性的問題所提供的是識別資訊（classificatory information），也就是有關填答者的個人資訊（例如，年齡、所得、性別、職業、家庭人數等）。
6. 為了避免分心、重複的說明，應把同樣格式的問題放在一起。但如果同樣格式的若干個問題太過於複雜，可以用簡單的問題加以分開（雖然這些簡單問題的格式會不一樣）。

7. 最後要感謝填答者的合作。

五、問卷的實體風貌

在郵寄問卷中，問卷的風貌尤其重要，因為問卷一寄出去之後，便「放牛吃草」了，不像人員訪談，訪談員可以察言觀色、見風轉舵。問卷如果頁數太多，對於填答者是一種壓力，結果可能落到「丟到資源回收筒」的下場。所以如果可能，要縮短問卷的頁數、縮短問卷的行距。

問卷的佈置要使得填答者易於回答。我們可以流程圖來表示答題的次序，或者以文字說明「如果答『是』，請跳到第 X 題」。紙張的品質要注重，以造成好感。

9-4 量表的來源

如前所述，問卷中的各題目要能提供資訊以解決研究問題。但是研究者在設計、修正問題時，不僅要花上很多的時間和努力，而且是否能掌握問題的效度也是值得懷疑的。幸運的是，對於某些研究問題而言，我們有許多現成的量表可以運用。

來源之一就是相關的文獻。許多相關的研究論文後面均附有衡量其研究變數的量表。例如，如果我們要衡量組織氣候，可以參考：

James F. Cox, William N. Ledberter, and Charles A. Synder, "Assessing the Organizational Climate for OA," *Information & Management* 8, 1985, pp.155-170.。

如果我們要衡量角色衝突（role conflict）與角色模糊（role ambiguity），可以參考：

K. Joshi, "Role Conflict and Role Ambiguity in Information System Design," *OMEGA International Journal of Management Science*,17, no.4, 1989, pp.369-380。

值得注意的是，我們在使用這些量表時要加以預試（pretesting）。畢竟中美文化不同，對於變數的定義也可能不同。再說，在語言、修辭及成語的使用上也會有所差異。

來源之二就是向編彙量表的機構（學校、研究單位、書局、公司）購買。例如，我們可以向 Institute for Social Research（Ann Arbor, Michigan）洽購「職業態度與職業特性量表」（Measures of Occupational Attitudes and Occupational Characteristics），其作者爲 John P. Robinson。[8]

9-5 預　試

在正式使用問卷之前，應先經過預試（pretesting）的過程，也就是讓受試者向研究人員解釋問卷中每一題的意義，以早期發現可能隱藏的問題。

預試可以查出衡量工具的缺點。預試的對象包括同事、或者眞正的受測對象，目的在於希望他們提出衡量工具的意見，以做爲改進的參考，以及了解他們對於塡答的興趣。許多研究者都曾歷經二次以上的預試。

預試的項目範圍包括了問卷發展中各個主要的考慮因素。研究者要檢驗問題的內容是否恰當？問題的類型是否恰當？有無造成位置偏差的現象？問題的用字是否清晰易懂？問題的次序是否合乎邏輯？問題的尺度是否恰當？

9-6 善用軟體工具

一、利用協助問卷發展的軟體

近年來由於個人電腦硬體、軟體的突飛猛進，不僅電腦訪談成爲可能，問卷的設計也可以借助於電腦。以下是兩個有助於問卷發展的軟體。[9]

Sawtooth 軟體公司（http://www.sawtoothsoftware.com/）所發展的軟體可使我們設計輸入螢幕、變換顏色、改變字型、排列問題的次序、設計跳題、隨機排列問題（以免造成位置偏差）等。Sawtooth C12 型的二種版本可分別提供 100、250 個題目設計。讀者可上該網站下載試用版。

Marketing Metrics 公司所推出的 Interviewdisk 是將問卷利用電子郵遞系統，寄給受測者者塡答。這個軟體能夠處理圖形、多選項式問題、二分法問題、語意差別法問題、成對比較問題及跳題等。利用此方式的前提是塡答者必須有個人電腦、電子郵遞系統，但因具有時間節省、資料正確性等好處，筆者認爲值得廣爲延用。

二、利用免費製作問卷服務

由於線上研究已經逐漸蔚爲風氣，所以有許多網路行銷公司會提供許多方便的服務，例如爲你免費製作問卷，如 My3q 網站（www.my3q）、優仕網（www.youthwant.com.tw）等。因此你可以委託他們幫助設計網路調查問卷、蒐集資料。你可以在 Google 中鍵入「免費網路問卷」，來瀏覽提供免費服務的網站。當然，讀者在享受這些免費服務時應先清楚的了解權利與義務。

附錄 9-1　網路調查問卷設計

我們可利用 Microsoft FrontPage 來設計問卷，可先參考由筆者所設計的網路調查問卷，如圖 9-1 所示。

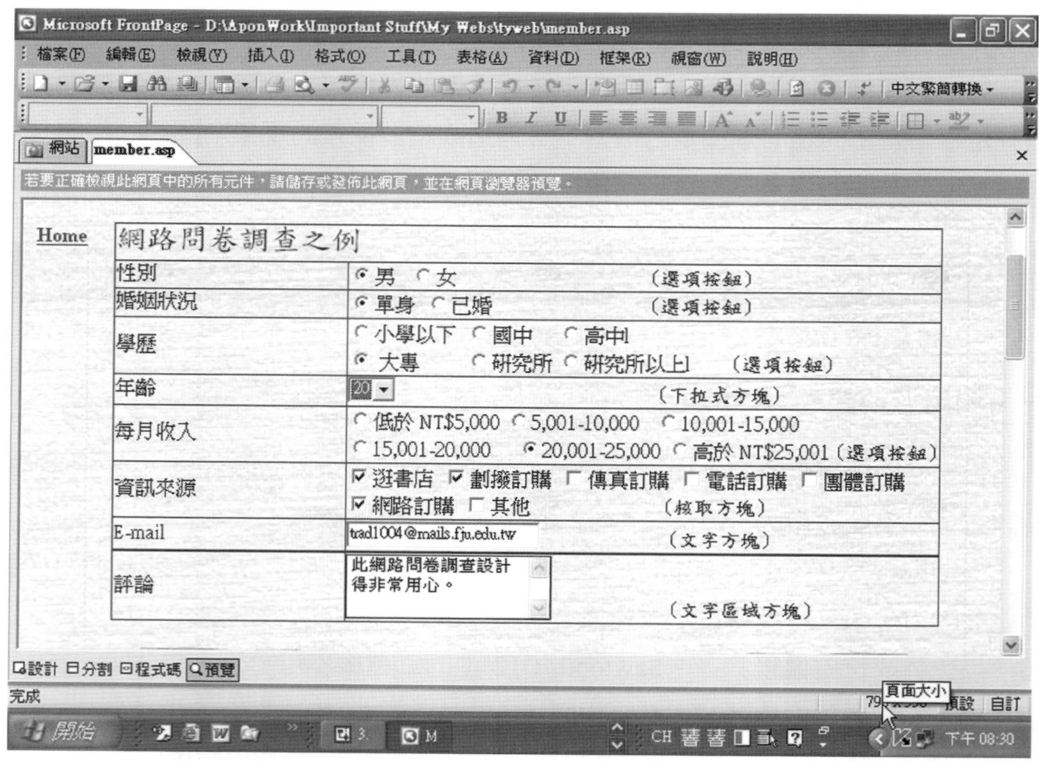

圖 9-1　利用 Microsoft FrontPage 以插入物件的方式來設計問卷

一、利用 Microsoft Frontpage

1. 重要物件

在網路調查問卷的設計方面，有幾個重要的物件值得特別注意。這些物件幾乎是任何網路調查問卷所具備的。這些物件包括：選項按鈕、下拉式清單方塊、核取方塊、文字方塊、文字區域，如表 9-3 所示。在這個網頁上，我們要有使用 FrontPage 的基本技巧。例如，插入等。任何有一些物件導向程式設計的讀者，對於這些物件及物件的設定應該都不成問題，但如果不甚熟悉，可參考：榮泰生著，計算機概論-實習教材（五南書局）。

表 9-3　網路問卷具備的物件

物件	說明	圖示
選項按鈕（radio button）	適合單選題	選項按鈕(O)
下拉式清單方塊（combo list）	適合單選題，所呈現的是下拉式的各種選項	下拉式清單方塊(D)
核取方塊（check box）	適合多選題	核取方塊(C)
文字方塊（text box）	適合填寫簡短的文字	文字方塊(T)
文字區域（text area）	適合填寫比較多的文字	文字區域(E)

2. 使用範本

一個相當便捷、有效率的方式，就是使用 FrontPage 所提供的範本。例如，我們可使用其「回函表單」的範本（圖 9-2），然後再依據我們的需要加以修改。

列出「送出意見」、及「清除表單」的 html，以供讀者參考：

```
< input type = "submit" value = "送出意見" > <input type = "reset" value = "清除表單" >
```

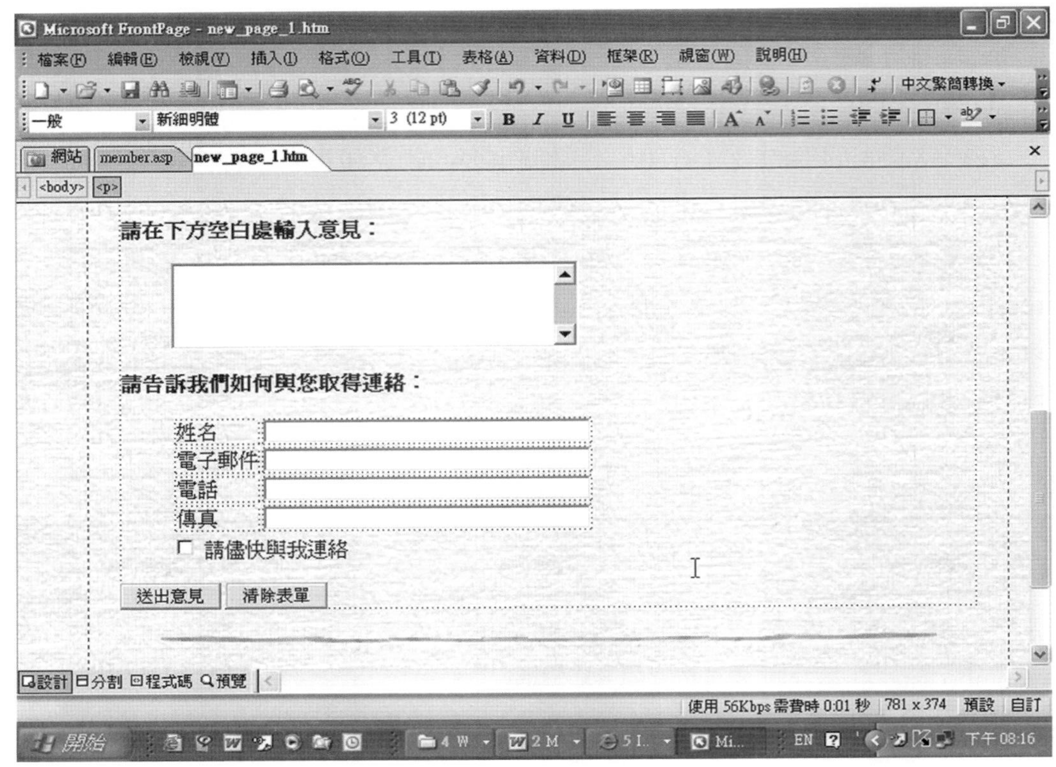

圖 9-2 「回函表單」範本

二、利用 Dreamweaver

我們也可以利用 Macremedia 公司的 Dreamweaver 來設計問卷，如圖 9-3 所示。

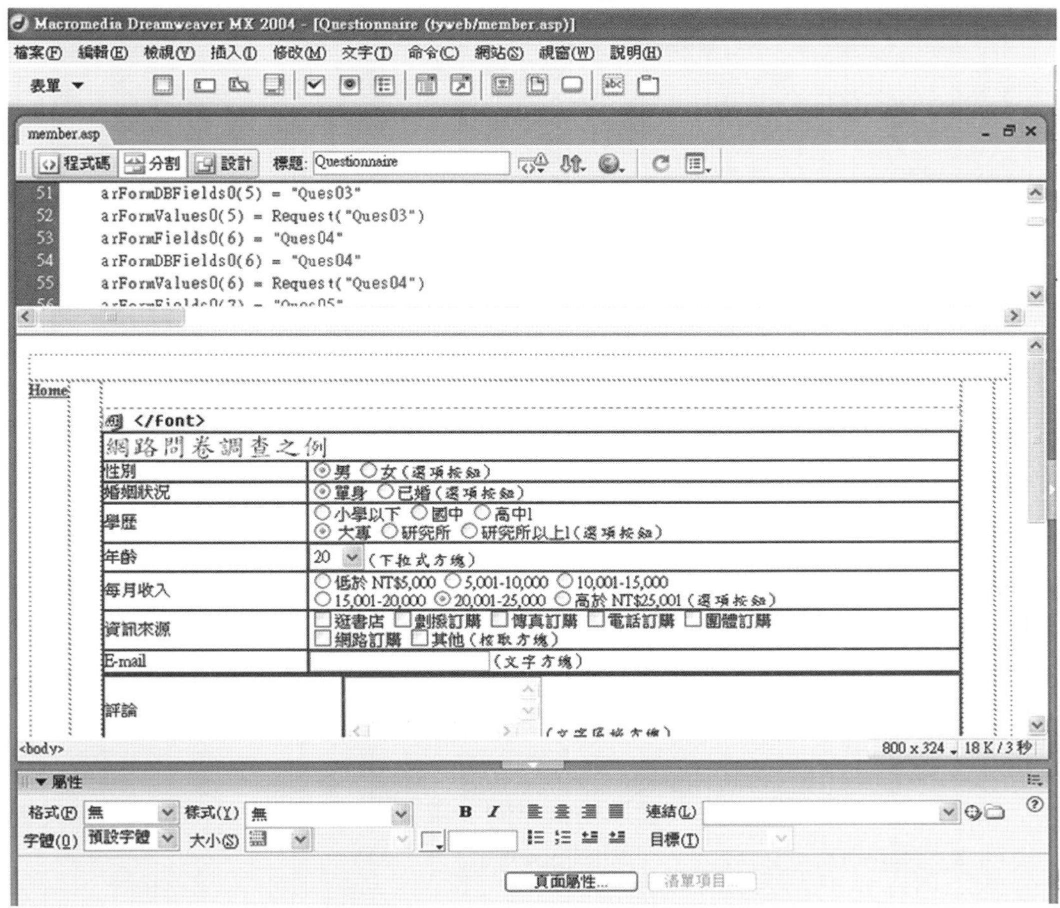

圖 9-3　利用 Macromedia Dreamweaver 設計網路問卷

三、資料的格式

在 PhpMyAdmin 的程式內，我們可設定讀取檔案的資料格式，如圖 9-4 所示。

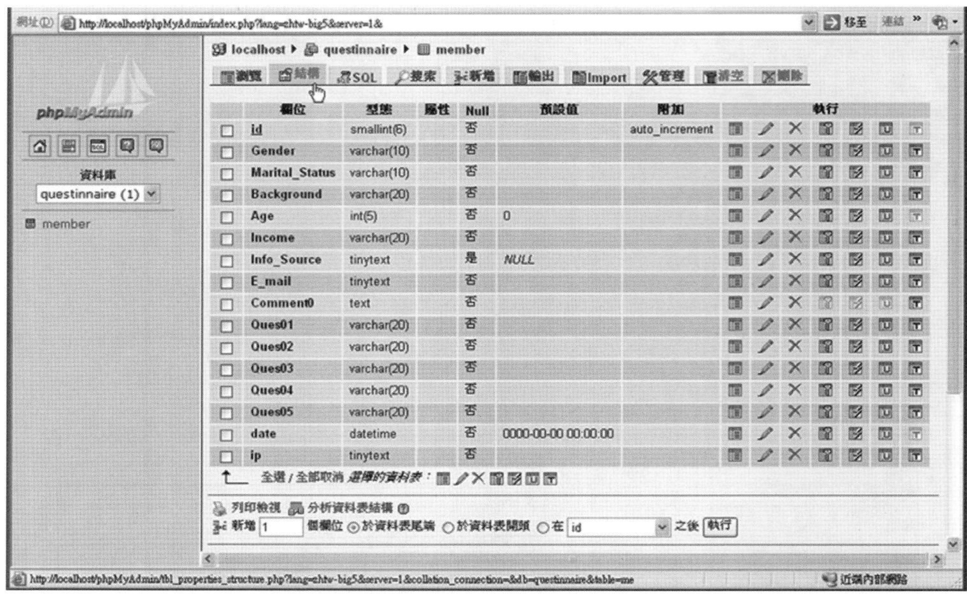

圖 9-4　利用 PhpMyAdmin 設計資料結構

四、資料的讀取

我們可在 PhpMyAdmin 內讀取由網路問卷填答者所寄回的資料（當然事先要安裝好 Apache、MySQL 程式），如圖 9-5 所示。

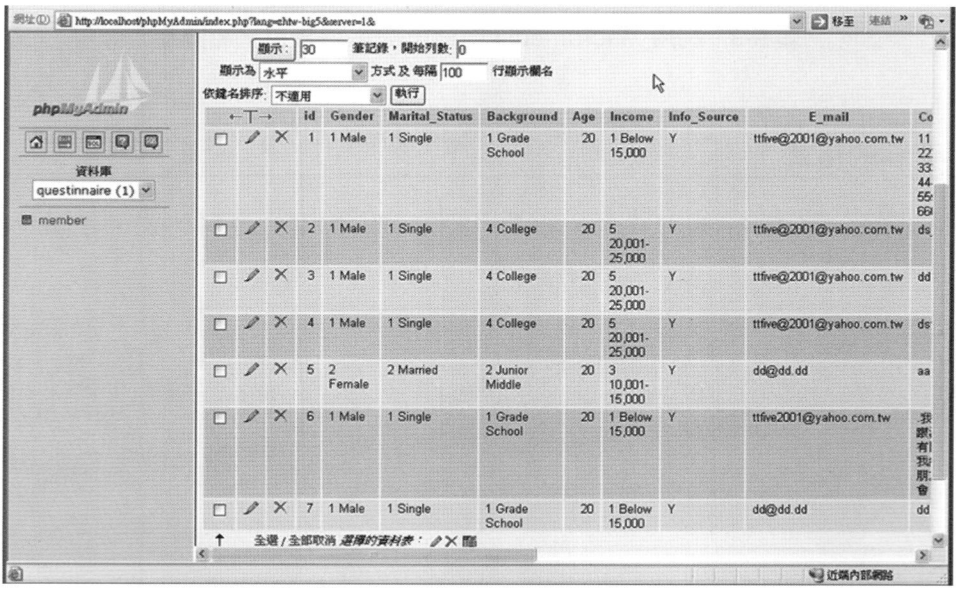

圖 9-5　利用 PhpMyAdmin 所蒐集到的網路調查資料

五、資料的匯出及匯入

我們可將在 PhpAdMin 中讀取的檔案匯出到一個 Excel 檔案，並在 SPSS 匯入此檔案。就可在 SPSS 內進行進一步的分析。

六、一氣呵成

我們現在整理一下上述的過程，讓讀者一目了然，以達到一氣呵成的效果。

1. 以 Frontpage 或 Dreamweaver 設計網路問卷，加上「傳送」的動作。
2. 安裝 AppServ 軟體程式（包括 Apache、MySQL、PhpMyAdmin）。MySQL 為後端資料庫，接收資料所需。
3. 在 PhpMyAdmin 網頁內建立新資料，設計資料格式（要與網路問卷中的資料相互呼應）。
4. 將網路問卷透過電子郵件軟體（如 Outlook）傳送給問卷填答者。
5. 以 PhpMyAdmin 收錄資料，並匯出此資料檔案（如 Excel 檔案）。
6. 在 SPSS 中匯入此資料檔案（見榮泰生著，SPSS 與研究方法（台北：五南書局，2009），第 1 章，1-4 節。
7. 利用 SPSS 進行下一步分析。

AppServ 架站。想要自己架站的人一定常常煩惱不知道該把網站放到哪個網頁空間，雖然網路上有 PChome、Yahoo 奇摩等免費的網頁空間可用，但這些空間不但容量小，且不支援 PHP、CGI 等語言，更不提供資料庫服務。而現在很多實用的 XOOPS、phpBB、blog……等套裝網站軟體，都必須支援 PHP 與資料庫才能安裝，如果想要將電腦變成網頁伺服器且將網站架設在自己電腦中，該怎麼辦呢？以往要架設專業網頁伺服器的話，大多得先安裝 Linux 或 FreeBSD 這一類的作業系統，但並不是每個人一開始都熟悉 Linux 指令，對於初學者來說，管理起一套不熟悉的作業系統也相當費力。現在，有了 AppServ 之後，我們便可輕鬆的在 Windows 作業系統中安裝好全套的 Apache、PHP、MySQL 等網頁伺服器套件，只要執行完 AppServ 安裝程序，便可將所需的伺服器功能一次全部安裝好。AppServ 的功能相當完整，包含了以下相當常用的元件：

· Apache 1.3.31
· PHP 4.3.8
· MySQL 4.0.20
· Zend Optimizer2.5.3
· phpMyAdmin 2.6.0-rc1

· Perl 5.8.4

安裝好 AppServ 之後，預設的 WWW 網頁資料夾為「C:\ AppServ\www」，我們只要將製作好的 HTML 或 PHP 網頁放置到「C:\ AppServ\www」資料夾中，其他人便可透過瀏覽器瀏覽我們的網頁。如果你要管理 MySQL 資料庫的話，則可用 IE 瀏覽器開啓「http://localhost/phpMyAdmin/」網頁，便可透過「phpMyAdmin」來管理你的資料庫。如果你也是 XOOPS、PHP-Nuke、phpBB……與各種論壇、Blog 網站的愛用者，也喜歡用上述的網站系統來架設自己的網站，更不想為了架站而花時間學習、管理複雜的 Linux、FreeBSD 系統，那麼 AppServ 將是你不可錯過的全功能自動架站機。
讀者可上網進一步了解 AppServ 架站全攻略：http://appserv.eg-land.com/
取材自：http://toget.pchome.com.tw/intro/network_tool/network_tool_server/22890.html

複習題

1. 試說明調查工具的發展。
2. 問卷可以哪兩個向度來加以分類？
3. 試說明「結構化問題」。
4. 問題結構化的優缺點如何？
5. 在何種情況下，結構化問題最為適當？
6. 何謂「隱藏性問題」？
7. 問卷的類型決定於：(1)研究專案的結論性程度；(2)受測對象是否願意或是否能夠直接回答問題。基於這二個條件，我們可以歸類出哪四種問卷類型？
8. 研究者在發展問卷時，所要考慮的因素有哪些？
9. 在決定某些問題是否應包含在調查工具（問卷）內時，應考慮到哪些因素？
10. 在發展問卷時，常用的基本的問題類型有哪三種？
11. 何謂位置偏差？
12. 選項設計應注意哪些事項？
13. 在問題用字方面，應注意哪些事項？
14. 在問題次序的設計上，要能獲得有效的資訊，又要能使得填答者清晰易懂，必須遵循哪些原則？
15. 試說明問卷的實體風貌。
16. 量表的來源有哪些？

17. 何謂預試？
18. 試扼要說明協助問卷發展的軟體。
19. 我們可利用哪些免費製作問卷服務？
20. 試扼要說明網路調查問卷設計。

練習題

1. 就第 1 章所選定的研究題目，說明調查工具。
2. 就第 1 章所選定的研究題目中的有關變數，蒐集專家學者測試過的量表。
3. 上一些教導問卷設計的網站（如 http://tw.myblog.yahoo.com/da_sanlin/）。寫出你在問卷設計上的心得。
4. 上一些提供線上問卷服務的網站（如 my3q、優仕網、QSurveyPlus 等），比較它們所提供的功能。你最滿意哪個網站所提供的服務？為什麼？
5. 司法院委託「精湛民意調查股份有限公司」辦理「一般民眾對司法認知調查」。調查主題分為「民眾司法認知程度」、「民眾到法院洽公經驗」、「曾至法院民眾對法院之評價」、「民眾對法官觀感」及「民眾對各類機構的信任程度」五大部分。調查結果顯示，民眾司法滿意度逐年提升，例如在「曾至法院民眾對法院之評價」的部分，滿意比率為 68.5% 遠高於 29.2% 不滿意；與 96 年的 60.7%、97 年的 62.1% 比較，滿意度逐年提升中。試分別設計「民眾司法認知程度」、「民眾到法院洽公經驗」、「曾至法院民眾對法院之評價」、「民眾對法官觀感」及「民眾對各類機構的信任程度」的各題項。
6. 約會網站 eHarmony（http://www.eharmony.com/）的分析報告顯示，從已婚者學到的教訓發現，潛在對象對你產生的吸引力，未必能成功維繫兩人關係。單身者傾向於只關注關係裡的情感面，忽略經營長期關係所需的技巧和要件。從未結過婚的單身者比較在意對方的外表長相、激情和人格。但是曾經結過婚的人聚焦於約會對象的信仰、價值、親密情感、處理衝突的技巧以及房事調和度。（莊蕙嘉，2010/02/10，http://udn.com/NEWS/WORLD/）。試說明欲獲得這些結論的問卷設計。
7. 十年前，美國人還相信廿一世紀是美國人的世紀，但就在美國每況愈下、中國迅速崛起後，現在更多美國人相信：無論是經濟或外交，21 世紀都是中國人的世紀。就在中美關係異常緊張的時刻，《華盛頓郵報》與 ABC 電視網於 2010.03.25 公布聯合調查的美國人對中國的觀感。這項民調顯示：在經濟議題上，41% 美國人相信 21 世紀是中國人的世紀、40% 認為是美國人的；就外交議題上，43% 相信中國將主導全球，38% 相信還是由美國繼續獨領風騷。中國均略佔上風。（2010/02/27，聯合報/A21 版/兩岸，http://udndata.com/）。試說明欲獲得這些結論的問卷設計。

註 釋

1. 在中文裡，問題和題目是不分的。在英文中，題目（questions）和問題（problem）各有不同的意思。尤其在管理學中，問題代表「所期望的標準與實際發生的現象之間的差距」。
2. 結論性的研究的特性是這樣的：研究主題非常明確、資料的需求非常清楚、資料來源明確界定、資料蒐集的形式通常是結構化的、樣本較大、資料蒐集的方法非常嚴謹、資料分析的方法非常正式化的（通常是用數量分析）、研究推論及結論是結論性的（不是暫時性的）。以上是相對於探索式研究而言。詳細的比較可參考：A. Parasuraman, "Overview of Primary Data Collection Methods," *Marketing Research*, 2nd ed. (Addison-Wesley Publishing Company, 1991). p.129.
3. C. Selltiz, L. S. Wrightsman, and S. W. Cook, *Research Methods in Social Relations* (New York: Holt, Rinehart and Winston, 1976), Chapter 12.
4. B. Semeonoff, *Projective Technique* (New York: Wiley, 1976), Chap.3.
5. P. G. Datson, "Word Association and Sentence Completion Techniques," in *Projective Techniques in Personality Assessment*, ed. A. I. Rabin (New York: Springer, 1968), pp.264-289.
6. Henry A. Murray, *Explorations in Personality* (New York: Oxford University Press, 1938).
7. C. Neuringer, "A Variety of Thematic Methods," in *Projective Techniques in Personality Assessment*, ed. A. I. Rabin (New York: Springer, 1968), pp.222-261.
8. John P. Robinson, "Toward a More Appropriate Use of Guttman Scaling," *Public Opinion Quarterly* Vol.37 (Summer 1973), pp.260-67. 有關量表的來源、名稱及作者，可參考：D. R. Cooper and Pamela Schindler, *Business Research Methods* (New York, NY: McGraw-Hill Companies, Inc., 2003), p.381.
9. J. Minno, "Software Replaces Paper in Questionnaire Writing," *Marketing News*, January 3 ,1986, p.66. published by American Marketing Association.

Chapter 10 

本章目錄

10-1 實驗的本質

實驗研究的意義是：由實驗者操弄一個（或以上）的變數，以便測量一個（或以上）的結果。被操弄的變數稱爲自變數（independent variable）或是預測變數（predictive variable）。可以反映出自變數的結果（效應）的稱爲依變數（dependent variable）或準則變數（criterion variable）。依變數的高低至少有一部分是受到自變數的高低、強弱所影響。

暴露於自變數操弄環境的實體稱爲實驗組（treatment group），這個實體可以是人員或商店。在實驗中，自變數一直維持不變的那些個體所組成的組，稱爲控制組（control group）。

爲了要確信依變數的任何改變是受自變數的影響，研究者必須要能測量或控制住其他變數。怎麼控制住其他的變數呢？研究者可藉由隨機及配對的方式來做到。隨機（randomization）就是隨機地將受測者指派到實驗組或控制組。配對（matching）是指刻意地將受測者指派到控制組，以便在其他重要的地方保持一致的現象。

實驗的主要特點在於建立、測量各實驗變數之間的因果關係。一個好的實驗設計可以展現出變數之間的因果關係，因爲其他的潛在原因或外在變數（extraneous variable）都被控制住了。這些情形在調查研究或次級資料的研究中是不可能做到的。

10-2 實驗誤差

假設在頂好超市中，每罐美樂啤酒的售價是 36 元，每週的銷售量是 1,000 罐。頂好超市爲了促銷，每罐啤酒的售價降低 3 元，結果銷售量在下一週就增加了 800 罐。在這個杜撰的例子中，價格是自變數，而銷售量是依變數。由於銷售量有所改變，我們就可以結論道：啤酒價格的降低會使其銷售量增加。

但是，我們在做結論之前，應該確信其他的變數並未影響銷售量的改變。這些「其他變數」包括了：天氣、交通、抗議遊行以及競爭者因素等。因此，我們可以了解：在實驗中，由於其他因素的控制不當，便會影響實驗結果的正確性。表 10-1 列舉了可能影響實驗結果的各種誤差。

表 10-1　實驗誤差的可能來源

原因	說明
1. 事前測量（premeasurement）效應	依變數的變化只是因為最初測量的效應
2. 互動誤差（interaction error）	事前測量的敏感性造成自變數效應的增減
3. 成熟（maturation）	由於時間的變化（不是特定的外在事件）造成受測者在生理上、心理上的系統性變化，因而影響到依變數的正確性
4. 歷史（history）	外在變數對於依變數的影響
5. 測量工具（instruments）	隨著時間的變化，測量工具的變化
6. 選擇（selection）	將實驗單位指派到各組（實驗組及控制組）時，造成了依變數上的不公平，或者造成了「某一組比較會對自變數做反應」的情形
7. 死亡（mortality）	在實驗的各組中，喪失了受測者的專屬獨特性
8. 反應誤差（reaction error）	由於實驗情況的人工化，以及（或者）實驗者的行為，造成對依變數的影響
9. 測量的時效性（measurement timing）	在某一時點對依變數的測量不能反映出自變數的實際影響
10. 代理情況（surrogate situation）	所使用的實驗環境、受測者、處理，不同於真實世界

茲將表 10-1 所描述的各種誤差說明如下：

1. 事前測量效應

事前測量效應又稱爲測量前的效應。測量前的效應是指：由於測量的原因，對於後續測量的結果產生了直接的效應。

假設有位市調訪問員按你的門鈴，要求你填答一份問卷，你同意了。問卷中有一題是問你，曾經聽過、但尚未喝過的軟性飲料品牌。你勾選了一個，從此以後，你就經常購買這個品牌的飲料。

什麼因素造成了你的行爲改變？雖然這個公司也在做大量促銷、降低售價、改變包裝等，但是這些因素都不能說明你去購買這個軟性飲料的原因。因此，如果研究者想要了解「廣告對銷售的影響」，像你這樣的人（除了「廣告」以外的因素，而購買此品牌的人），就不能眞正地反映到自變數的效應。

同時，如果受測者知道他們正在被測試，也會產生事前效應。換句話說，他們會變得比較做作、不自在、緊張等。不論如何，這些因素都會扭曲了「眞正的自我」，進而造成測量上的偏差。

2. 互動誤差

互動誤差的產生是因爲事前的測量改變了受測者的敏感性。在涉及到品牌認知、態度及意見的研究中，這些敏感性因素會顯得特別重要。

如果我們讓一群受測者填答有關某一品牌的態度問卷，這些人就可能會對於這個品牌的廣告及其他活動，特別感到有興趣或是敏感。因此，這些人對於廣告的增減、變化，會比當初未曾填答者更會特別注意。這樣的話，研究者就測量不出受測者的眞正態度。

互動誤差與事前測量效應不同。在事前測量效應的例子中，受測者從未暴露於自變數（例如，產品廣告）中，所有的改變都是由最初測量本身所造成的。而互動誤差是表示「相較於沒有最初測量的情況下，自變數比較會被注意及反應」。

換句話說，事前測量效應發生於事前測量本身造成依變數的改變，互動誤差發生於事前測量及自變數共同對於依變數所產生的影響。

3. 成熟

成熟是指：由於時間的變化（不是特定的外在事件）造成受測者在生理上、心理上的系統性變化，因而影響到依變數的正確性。在事前及事後測試之間，受測者可能會變得更疲憊。例如，實驗從下午一時開始，一直到五點結束。在開始時，由於受測者剛用完午餐，不免有點昏昏欲睡。在快要結束時，他們可能會感到飢餓、口渴、疲倦，這些因素都會影響實驗測試的正確性。

如果實驗超過數個月，甚至持續數年，成熟的問題會顯得特別嚴重，尤其是測試受測者對於像牙膏、化妝品及醫療用品的生理反應的市場測試及實驗更是如此。

4. 歷史

「歷史」是一個令人困惑的字眼。它並不是表示實驗前所發生的事，而是指在前測及後測的時間當中，除了實驗者所操弄的變數之外，對依變數產生影響的其他變數或事件。

某個軟性飲料廠商在某地區測量了銷售量之後，便發起了一個促銷活動，連續進行四週，並在促銷活動結束後馬上測量銷售量。然而，在這段時間競爭者的大量促銷或者氣候的不尋常變化，都會影響到該軟性飲料的銷售。這些外在變數就是所謂的「歷史」，同時也是在實驗設計時需要特別注意的事情。

5. 測量工具

測量工具是指：隨著時間的變化，因測量工具的變化所產生的誤差。如果在測量時涉及到人（不論是觀察者或訪談者），這種變化最可能發生。在實施前測時，訪談者可能興致勃勃地、小心翼翼地說明各種規則，並仔細地記錄所觀察到的現象；但在進行事後測試時，他（她）可能變得意態闌珊，粗略地介紹各種規則，馬虎地記錄所觀察到的現象，或是因爲累積了多次訪談的經驗，而變得駕輕就熟，把事情處理得更爲圓融。

6. 選擇

在大多數的實驗中，至少會有兩組（即實驗組及控制組）產生。選擇誤差是指：將實驗單位指派到各組（實驗組或控制組）時，造成了依變數上的不公平，或者造成了「某一組比較會對自變數做反應」的情形。

如果研究者隨機指派受測者到任何一組，或對受測者實施配對或集區化（blocking），就可以減少選擇誤差。然而，隨機指派還是會有選擇誤差的產生（好像抽樣誤差一樣）。

統計迴歸（statistical regression）是一種選擇誤差。如果實驗者依據受測者在某項測量（例如，對品牌的最初態度）來指派他們到實驗組的話，就會有統計迴歸的現象。在第一次測量分數偏高的的那一組，在第二次測量時平均分數會偏低；而在第一次測量分數偏低的的那一組，在第二次測量時平均分數會偏高。原因是在第一次測量分數偏高的的那一組，在第一次測量時，其測得的分數比實際的感覺來得高；在第一次測量分數偏低的的那一組，在第一次測量時其測得的分數比實際的感覺來得低。

7. 死亡

受測者的死亡是指：在各受測組內受測者所造成的差別損失（differential loss），例如，在某組內，受測者拒絕、不能夠繼續進行實驗。差別損失是指：在某一組內損失的受測者與其他組的受測者不同。如果實驗只有一組，那麼差別損失是指：退出實驗的人在對自變數的反應方面，與留在實驗內的人不同。

8. 反應誤差

反應誤差（reactivity error）是指：由於企業研究（例如，實驗室研究）的人工化，以及（或者）研究者的行爲對依變數所造成的影響。原因在於受測者並不是對實驗的情況做應有的反應，而是太過投入，將實驗視爲解決自己的問題的過程。

如果被觀察的個體知道自己被觀察，他們通常會有自我意識（self-conscious），進而有意識的、無意識的改變自己的行爲。因此，諷刺的是，就是因爲研究者的出現，反而觀察不到他想觀察的正常行爲。調查研究也有反應誤差的問題。調查研究者會發現，他（她）在問卷中所提出的問題，可能是問卷填答者從未想過的問題，現在為了填答問卷，必須「擠出」一些看法來；或者問卷的問法，會使得填答者填答他們認為研究者所希望的答案。

9. 測量的時效性

我們有時候會假設自變數所產生的效應是立即的、持久的。因此我們在操弄自變數（例如，價格、廣告）之後，就馬上測量依變數（銷售量）。但是，自變數的立即效應可能不同於其長期效應。

10. 代理情況

代理情況是指：由於實驗情況的人工化，以及（或者）實驗者的行為，對依變數所造成的影響。例如，在測試價格變化對銷售量的影響的市場試銷測試中，我們假設競爭者不知道這個測試，或者即使知道了這個測試，也不會採取大量的促銷活動，以「混淆」這個測試。但是我們這個假設的競爭者反應情況可能與眞實情況不符，這就是所謂的代理情況。

實驗誤差與實驗情況

以上所說明的十種誤差，是在實驗時所可能發生的誤差來源。但並不是所有的實驗都會有這十種誤差。一般而言，涉及到人員的實驗（尤其是這些受測者又多少懂得實驗的內容）最容易產生誤差。而不涉及到人的實驗（例如，測試價格降低對銷售量的影響），最不容易產生上述的誤差。

除了反應誤差、測量的時效性及代理誤差之外，其他所有的誤差皆可由實驗者所控制。一般而言，實驗設計中所做的控制點愈多，所花的費用就會愈高。除此以外，對於控制某些類型的誤差非常有效的實驗，在控制其他類型的誤差方面會顯得遜色。因此，實驗時所要控制的誤差是最有可能發生的誤差，以及在當時的情況下最為嚴重的誤差，絕不是去控制所有的誤差。

10-3 實驗環境

在先前討論實驗誤差時，曾概略的提到有關實驗環境效應（experimental environment effect），也就是反應誤差的問題。如果受測者的對象是人的話，這種情況尤其明顯。為了控制這個誤差，我們的實驗環境要越具有眞實性（realism）越好。

實驗環境可依不同的人工化（artificiality）或眞實性程度來加以區分。人工化指的是：在某種情況下，受測者所表露的行為，不同於實際情況下的行為。如果我們邀請受測者到公司的實驗室中，進行三種品牌果汁的口味測試，這種實驗環境具有相當高的人工化程度。但如果我們到不同地區的商店中進行實驗，這種實驗環境就具有相當高的眞實性程度。前者我們稱為是實驗室實驗（laboratory experiment），後者我們稱為是現場實驗（field experiment，或實地實驗）。

在實務上，大多數的實驗是介於實驗室實驗與現場實驗之間，換句話說，它們具有某種程度的人工化，但又不那麼人工化。在人工化及眞實性這個連續帶上，愈接近人工化這一端的實驗，我們稱為是實驗室實驗；愈接近眞實性的實驗，稱為是現場實驗。

一、實驗室實驗

實驗室實驗可使歷史誤差減到最低程度，因為它可以將研究環境侷限在一個物理環境中，不受「世間俗事」的干擾；可以在一個嚴密的、可操作的、可控制的環境中，操弄一個（或以上）的變數。[1] 這種控制的程度是現場實驗望塵莫及的。

這種與眞實世界孤立的情況，可以使得研究者確信：針對同樣特性的受測者，進行同樣的實驗程序，會產生同樣的實驗結果。在某一個嚴密控制的實驗室環境中，對某些受測者進行廣告測試，所獲得的結果，會與在同樣實驗環境，對具有相同特性的其他受測者進行廣告測試，一樣地得到相同（或類似）結果。

但是，實驗室的研究結果能夠應用到眞實世界嗎？如果能夠的話，這個實驗就具有預測效度（predictive validity）、一般化（generalization）或外部效度（external validity）。不幸的是，實驗室的實驗或多或少缺乏一般化的效果。這個缺點就是因為其優點所帶來的後果。換句話說，外部效度與內部效度是「魚與熊掌」的問題。在實驗室的實驗中，由於嚴密地控制了外在變數的影響，因而獲得了相當程度的重複性（replicability）或內部效度，但是卻限制了它的一般化能力。

在費用及時間上，實驗室的實驗比現場實驗花費少得多。同時，因為在實驗室中進行，競爭者便沒有機會來「攪局」、來探求你的新構想。這些因素（優點）足可說明，為什麼企業在研究的早期階段採用實驗室實驗的原因。如果企業認為費用不是問題，風險又不大的話，可以再進行現場實驗。

1. 實驗室實驗的反應誤差

實驗室實驗的反應誤差（reactive error）是指：受測者對於實驗情況本身、實驗者做反應，而不是對自變數做反應。反應誤差有二個來源：實驗情況與實驗者。

(1) 實驗情況

在整個實驗環境中，受測者並不是處於被動的狀態。他們會想要了解在自己身上會發生什麼事。此外，他們會表現出「被期待的」行爲，也就是說，如果在實驗中，有某些事情「暗示」某種行爲才是適當的話，他們就會表露出那種行爲，以成爲「相當配合」的受測者。

假設研究者將一群志願者帶領到實驗室中，並讓他們塡寫有關「對若干個產品的態度」的問卷。然後這些志願者觀看 30 秒的電視廣告（廣告中會介紹數種產品，但未必與問卷中所問的產品一模一樣）。如果廣告中有一個產品與問卷中所問的一模一樣，那麼這些受測者很容易會聯想到：「……這個實驗的目的，是企圖讓我們改變對這個產品的態度」。如果眞是如此，這個實驗就產生了反應誤差。

如果這個實驗能夠建立一個更有「創意的」環境（例如，展示比較中性的廣告），或是利用控制組對於反應誤差加以控制的話，就能控制、測量反應誤差。[2]

(2) 實驗者

實驗者所造成的誤差，很類似調查研究中訪談員所造成的誤差。實驗者的非語言行爲（nonverbal behavior，例如，聳肩、皺眉等），會影響受測者對於可口可樂的偏好，雖然受測者並未察覺到這些行爲。[3]

研究計畫主持人必須聘僱受過專業訓練的實驗者、不要告訴他們研究的目的和研究假說、減少他們與受測者接觸的機會——這些做法都可以減低實驗者的效應。在必須與之接觸時，也要儘量用錄音、文字敘述等非個人化的方式。

2. 實驗室實驗的應用

實驗室實驗曾被廣泛地應用在新包裝的影響、廣告、產品觀念等方面，但應用在配銷決策上的例子倒不多見。

(1) 包裝測試

包裝能夠吸引注意，並傳遞有關品牌的訊息及形象。實驗者可對不同的新式包裝做比較，或與現有的包裝做比較。對眼球移動的追蹤以及其他的生理反應，都常用在包裝測試方面。

(2) 廣告測試

表 10-2 顯示了測量廣告效果的方法的分類。第一個分類基礎是「與廣告有關的測試」或「與產品有關的測試」；第二個分類基礎是「實驗室的測量」還是「眞實世界的測量」。在這個分類基礎下就會延伸出各類的測試方式。[4]

表 10-2 測量廣告效果的方法

	與廣告有關	與產品有關
	事前測試工具	事前測試工具
實驗室	1. 消費者陪審團	1. 劇院測試
	2. 組合測試	2. 手推車測試
	3. 閱讀率分析	3. 實驗商店
	4. 生理測量	
	事前測試工具	事前測試及事後測試工具
真實世界	1. 假的廣告媒介	1. 事前－事後測試
	2. 探索測試	2. 銷售測試
	3. 空中測試	3. 迷你市場測試
	事後測試工具	
	1. 認知測試	
	2. 回憶測試	
	3. 連結測試	

企業研究者所面臨的最大困難之一是如何去測量廣告的效果。當消費者決定購買產品時，他們考慮的不只是產品本身，還包括了產品的包裝、保證卡、特別服務及曾使用者的口碑等。所以要測量哪些銷售是因爲廣告所創造的並非易事。

雖然如此，行銷研究者還是可以利用兩種方法來幫助了解該廣告活動是否合適：是要繼續呢？還是要修正，或者乾脆停止。這兩種方法就是事前測試（pretests）及事後測試（post-tests）。這裡所謂的「事」，是指廣告播出或是促銷活動的實現。

事前測試（pretests）　事前測試可使行銷者了解廣告成功的可能性。通常它是由一個小組或是委員會來做，裡面的成員必須能夠充分反應目標市場群眾的想法，藉由問卷的方式，請他們依自己的喜好對各種不同方案的廣告訊息、廣告詞、畫面構圖做順序排列。

事後測試（post-tests）　經由回郵問卷及電話訪問調查的方式，行銷者可以了解正在進行的廣告，觀眾們的反應如何？

近年來電話普及，電視廣告的事後測試都藉由電話做收視率調查，來了解有多少觀眾看了這些廣告。一般而言，測量廣告的銷售效果（廣告對銷售量的影響）比測量溝通效果（有多少目標市場群眾看了這則廣告）更不容易。

(3) 產品測試

實驗室實驗曾被廣泛地應用在產品發展的早期階段。實驗者可邀請消費者對於各種產品的各種式樣進行盲目測試（blind test，消費者在測試時根本不知道其品牌名稱）。寶鹼公司（Procter & Gamble）的政策明令：在盲目測試中，除非贏過競爭牌，否則不准上市。

在實驗室中進行產品測試（例如，口味測試），雖然能夠高度掌握消費環境，但它與實際的消費環境還是有一段距離的。

延伸性的產品使用測試（extended use test）的性質，是介於實驗室實驗與現場實驗之間。它常被用來做為產品口味測試的追蹤測試。在進行延伸性的產品使用測試時，消費者（受測者）將會分到一組產品，在家裡「正常地」使用。雖然這種方法還是有點人工化（例如，沒有做購買決策、有時間壓力等），但是比實驗室的實驗還是實際得多。

二、現場實驗

在許多情況下，研究者必須在自然的環境下進行實驗，而不是在實驗室內進行。在實驗室的環境中，研究者可以控制自變數，或者建立控制組來控制有關的誤差。但在自然環境中，研究者對於變數的控制力便會相對地降低，也無法掌握實驗組與控制組的平等性（例如，相同的受測者人數），因此也無所謂「使用控制組」這件事。

實驗者無法控制外在變數或實驗情況，但可以引進測試的刺激因素（自變數）的這種實驗，稱為現場實驗。在某些情況之下，對於現場實驗環境的操弄，還是有可能的。

失竊啤酒的個案

史溫格（Swingle,1973）曾提出 20 多個在社會/心理上的現場實驗。這些研究主題包括績效與參與、歧視、輔助與誠實、態度改變以及謠言等。有關「輔助與誠實」的實驗，叫做「旁觀者與小偷」（The Bystander and the Thief）或者「失竊啤酒的個案」（The Case of the Stolen Beer）。[5]

在這個實驗中，扮演強盜的人進入一個買酒的商店內，店內只有一個夥計（是實驗的參與者，不是原來的夥計）。強盜問夥計：「你店裡賣得最貴的進口啤酒是什麼？給我兩箱！」夥計回答道：「是 Lowenbrau！我去看看倉庫裡還有多少。」然後就離開櫃檯。

夥計離開了之後，強盜就信手拿起一打啤酒，說道：「嘿嘿嘿！中計了！」隨即揚長而去。

夥計回到櫃檯的時候，只有 20% 的顧客（受測者）會主動地向夥計說他被騙了。如果顧客之中沒有一個人主動說出來，夥計就要提示：「剛才的那個人呢？」在沒有說出來的顧客中，經過提示後，有 51% 的人會說出來。在二個強盜的實驗中，[6] 在「說出來」方面，與只有一個強盜的實驗，並沒有顯著性的差異。顧客的性別，在這兩個實驗中，也沒有顯著性的差異。

但是在店裡的顧客數在「說出來」方面，卻有顯著性的差異。如果店裡只有一個顧客，不論是自動的或提示後，會向夥計說出來的個案是 65%（48 個案例中，有 31 個案例）。如果店裡有第二個顧客，「說出來」的情況就會減少，至少有一個顧客會說出來的案例比例是 56%。

10-4　實驗設計

實驗設計（experimental design）可分爲二大類：基本設計（basic design）及統計設計（statistical design）。基本設計是一次只考慮一個自變數，而統計設計可使研究者測量一個以上的自變數效應。

在說明各種實驗之前，我們先說明一下在描述實驗時所使用的符號：

1. MB 代表事前測量（premeasurement）。亦即在引進或操弄自變數之前，對於依變數所做的測量。
2. MA 代表事後測量（postmeasurement）。亦即在引進或操弄自變數之時或之後，對於依變數所做的測量。
3. X 代表處理（treatment）。自變數眞正的引進或操弄。
4. R 代表隨機選擇組別。

事件發生的次序是「由左到右」來表示。

一、基本設計

基本設計包括了：

1. 僅事後設計（after-only design）
2. 事前及事後設計（before-after design）
3. 僅事後加控制組設計（after-only with control design）

4. 事前及事後加控制組設計（before-after with control design）
5. 模擬式事前及事後加控制組設計（simulated before-after with control design）
6. 所羅門四組設計（Solomon four-group design）

1. 僅事後設計

僅事後設計就是在操弄自變數之後，就做事後測量，其表示法如下：

在這個例子中，X 可代表新產品展示說明會，MA 可代表展示後的產品銷售量。雖然僅事後設計在商業上用得相當普遍，但是實驗結果的解釋不易，而且會有許多誤差。MA 只是由 X 所造成的嗎？因此這種設計會產生歷史、成熟、選擇及死亡誤差。因此，在使用「僅事後設計」時，要特別謹愼。

2. 事前及事後設計

事前及事後設計是這樣的：

MB	X	MA

效應是以（MA-MB）來測量。如果沒有誤差產生的話，MA-MB 就是自變數所導致的結果。不幸的是，事前及事後設計會有許多實驗誤差。歷史、成熟、事前測量、測量工具及互動誤差都會影響此設計的結果。然而，如果研究者的實驗單位是商店，而所測量的是銷售量的話，唯一的重要誤差來源可能就是歷史誤差。

假設某公司想要了解價格上升對市場佔有率的影響。在進行這個活動之前，先在各連鎖店獲得銷售量的資料，並計算此產品的市場佔有率，之後將此產品的價格提高 2 元，並計算其市場佔有率，發現事前、事後的市場佔有率下降了 13%。

由於並未對歷史誤差加以控制，所以將市場佔有率的下降歸咎於價格的上升，是不正確的。市場佔有率的下降可能是因爲競爭者的行動、品管的問題及其他因素所造成的。除非研究者能夠控制這些外在變數，或者客觀地估計這些外在變數的效應，否則應避免使用事前及事後設計。

由於沒有控制組來有效控制歷史誤差，因此「僅事後設計」、「事前及事後設計」通常被稱爲是準實驗設計（quasi-experimental design）。

3. 事前及事後加控制組設計

事前及事後加控制組設計（before-after with control design）是這樣的：

R	MB_1	X	MA_1
R	MB_2		MA_2

加上了控制組之後，實驗者可控制大部分的誤差，但還是不能控制死亡、互動誤差。假設某公司要測試 P-O-P 展示的效果，在其銷售區域隨機選取了十家商店做爲實驗組，十家商店做爲控制組。在推出 P-O-P 展示的前後，分別測量各組的銷售量，並比較此二組的銷售量變化。P-O-P 展示的效果可計算如下：

$$(MB_1 - MA_1) - (MB_2 - MA_2)$$

在這種實驗設計下，事前測量的誤差得到了控制，因爲兩組都有做事前測量。歷史、成熟及測量工具誤差同樣地影響實驗組及控制組。

「事前及事後加控制組設計」會有互動誤差的產生。假設研究者想要進行「對產品廣告態度」的實驗，他挑選了一群受測者並對這些人做了事前測量，半數的受測者收到了 DM 廣告（這是實驗組），另一半則沒有（這是控制組）。在寄出 DM 廣告的一週後，研究者再測量這兩組的態度。

任何由事前測量所產生的直接效果（direct effect，也就是學習或是態度的改變），都會同樣地影響到這兩組。然而，如果事前測量引起了受測者對於此品牌的的興趣或好奇心，則實驗組及控制組所受的影響便會不同。實驗組的受測者會收到 DM 廣告，會閱讀這些廣告，就是因爲事前測量所引發的興趣所致。

事前測量的效果（引發興趣）會與自變數（廣告）產生互動作用，進而影響了事後測量（態度的改變）。控制組的受測者由於有事前測量，也會引發興趣。但由於他們沒有收到 DM 廣告（也就是說，沒有暴露在廣告之中），他們的興趣會漸漸地減弱，因此不會影響到事後所測量的態度。

如果研究者確信互動誤差不可能發生，而且認爲能否控制住歷史、選擇誤差是很重要的話，則以實驗費用及誤差的控制而言，「事前及事後加控制組設計」不失爲最佳的方法。

4. 模擬式事前及事後控制

當初發展出「模擬式事前及事後控制」的目的，在於針對有關態度及了解（或知識）的研究中，控制好事前測量誤差及互動誤差。這個實驗是以不同的兩組分別做事前及事後測量，但控制組做事前測量，實驗組做事後測量：

R	MB		
R		X	MA

X 的效果是以（MA-MB）來測量。由於不同的人接受到事前及事後測量，因此就不會有事前測量誤差及互動誤差。但是，歷史誤差還是免不了。

這個設計在廣告效果的研究上，被應用得相當普遍。研究者可先利用問卷測得一組人對於產品的態度（此爲事前測量），之後就進行廣告活動（此爲刺激或自變數），最後以同樣的問卷測得另一組人的態度分數（此爲事後測量）。如果抽樣做得適當，而且樣本又夠大的話，受測者的最初態度應該是一樣的。因此（MA-MB）應可表示廣告活動的效應，以及由於歷史、成熟誤差所產生的效應。

5. 事後加控制組設計

在「事前及事後加控制組設計」中，由於做了事前測量，所以會有不可抗力的互動誤差產生。除此以外，事前測量通常是一筆花費，而且會增加整個實驗情況的人工化（不自然）。然而，只要當實驗組及控制組有可能在最初的依變數上有所不同時，事前的測量就是必須的。換句話說，實驗組及控制組有可能在最初的依變數上是相同時，實驗者就沒有必要做事前的測量。這時候，實驗者可用「事後加控制組設計」：

R	X	MA_1
R		MA_2

這個設計能夠控制住「事前及事後加控制組設計」中所能控制的所有誤差，但是選擇誤差還是控制不住。換句話說，即使研究者隨機指派受測者到兩組中，這二組在最初的依變數上還是有可能不同。但是，這個設計的確可以剔除互動誤差的影響。如果我們可以控制住選擇誤差（例如，使用大樣本），但無法控制住互動誤差時，這個設計可以說是相當好的選擇。

近年來，此設計曾被廣泛地應用在超市的偵測數據對利潤的影響、[7] 廣告形式的影響、[8] 比較性廣告的類型的影響 [9] 以及廣播中幽默訊息的影響。[10]

如果「事後加控制組設計」或者「事前及事後加控制組設計」中，涉及到一個以上的水準或版本的自變數，這種設計稱爲「完全隨機設計」（completely randomized design, CRD）。

6. 所羅門四組設計

所羅門四組設計（Solomon four-group design），又稱爲四組六研究設計（four-group six-study design），包括了四個組、兩個處理及兩個控制、六個測量、兩個事前測量及四個事後測量。所羅門四組設計視同時進行「事前及事後加控制組設計」、「事後加控制組設計」，其表示法如下：

R	MB_1	X	MA_1
R	MB_2		MA_2
R		X	MA_3
R			MA_4

所羅門四組設計除了不能控制測量的時效性誤差、代理情況誤差及反應誤差之外，可以控制其餘所有的實驗誤差。以前從來沒有一種實驗可以一次做六種測量，而且研究者可以從組間分析（between-group analysis）來估計出互動及選擇誤差。實驗變數的效應是這樣的：

$$MA_3 - MA_4$$

因四組都相似，故理論上，MB_1 應等於 MB_2。如果實驗前測量不影響依變數，則 $MA_1 = MA_3$ 及 $MA_2 = MA_4$。如果實驗變數對於依變數確實有影響，則 MA_1、MA_3 和 MA_2、MA_4 之間應有顯著性的差異；若無顯著性的差異存在，表示實驗變數沒有什麼效應。如果 MA_1、MA_3、MA_2、MA_4 這四個數值都不同，表示實驗前測量會直接影響到受測者的反應，並和實驗變數有互動作用。

「所羅門四組設計」雖然很完盡，但是實施起來費錢費事，應用在企業實務上的例子並不多見。[11] 只有在選擇誤差、互動誤差嚴重地扭曲了實驗數據的正確性時，我們才必須使用「所羅門四組設計」。

7. 基本設計的誤差彙總說明

表 10-3 彙總了以上各種實驗所可能產生的誤差，或稱潛力誤差（potential

errors）。在表中，+ 號表示該實驗設計能夠控制住這種誤差，− 號表示不能夠，0 表示該實驗沒有這種誤差。值得注意的是：潛在誤差與實際誤差（actual error）是不同的。

表 10-3　實驗設計與潛在誤差

誤差 / 實驗	事前測量	互動	成熟	歷史	測量工具	選擇	死亡	反應	測量時效	代理
1. 僅事後	+	+	−	−	+	−	−	0	0	0
2. 事前及事後	−	−	−	−	−	+	−	0	0	0
3. 事前及事後加控制	+	−	+	+	+	+	−	0	0	0
4. 模擬式事前及事後	+	+	−	−	−	−	+	0	0	0
5. 事後加控制	+	+	+	+	+	−	−	0	0	0
6. 所羅門四組	+	+	+	+	+	+	+	0	0	0

二、統計設計

統計設計可以使得研究者測量一個以上的自變數所產生的效應，也可以使研究者控制特定的外在變數。所以，統計設計可以說是符合經濟效益的。統計設計實際上是建立在一系列的基本設計上，並可進行統計控制、對外在變數做分析等。

在 SPSS 二因子變異數分析（Two-way ANOVA）中，依變數或稱準則變數（以 Y 表示）是區間或比率尺度的資料，而自變數或稱預測變數（以 A、B 表示）是類別資料（或區間資料）。研究者一次操弄兩個自變項，以探討對依變數的影響。

在二因子實驗設計中，假設兩個自變數分別爲 A、B。隨著研究者對於這兩個自變數的操弄方式的不同，大致可分三種情形：

1. 二因子受測者間設計（between subject），此設計又稱完全隨機因子設計（completely randomized factorial design）。此設計的自變數 A 因子、B 因子都是獨立樣本設計。
2. 二因子受測者內設計（within subject），此設計又稱隨機集區因子設計（randomized block factorial design）。此設計的自變數 A 因子、B 因子都是相關樣本設計。
3. 分割區設計（split-plot design），又稱混合設計，此設計的兩個自變數中，其中一個因子爲獨立樣本設計，另一個因子爲相關樣本設計。

詳細的說明，可參考第 11 章「量化研究資料分析」中的「二因子變異數分析」。

10-5　事後研究

事後研究或稱事後回溯研究（Ex post facto study）與實驗設計看起來很類似，但實際上卻大不相同。在這個設計中，先決定潛在的自變數，然後再選擇實驗組及控制組。

研究者先挑選一個經營成功、一個經營失敗的百貨商店（「成功與否」就是潛在的自變數），發現這二家商店的消費者「在人口統計變數上、自信度上、積極度上及時髦領先上有差異」，並結論道：「給予消費者相當的自由裁決權（discretion），是成功的不二法門」。[12]

上述的例子就是典型的前後研究。在這個研究中，我研究者「先了解目前的情況，並企圖追溯到某一時間幅度中的複雜原因」。[13] 因此這個研究先了解（定義）成功與失敗的商店，再檢視可能的原因（購買者的特性）。

在實務上，事後研究常被視爲是實驗設計。但是，它並不符合實驗設計的主要條件，因爲研究者既沒有操弄自變數，也沒有控制哪些受測者要暴露於自變數之中。

在實務應用上，事後研究被應用得相當廣泛，因爲它可以使研究者由果追因（找出「因」的證據）。例如，M. E. Goldberg（1990）曾針對加拿大英裔及法裔兒童進行研究，發現前者對於美國電視台所做的玩具及麥片粥廣告的認知比後者多，並將此現象歸因於父母態度、家庭風格等因素。[14] 如果不能進行實驗設計，那麼事後研究是相當值得推薦的作法。

10-6　經典實驗研究

一、人口密度與社會病態

Griffit and Veitch（1971）曾進行了「悶熱及擁擠：人口密度及溫度對人際情感行爲的影響」研究。該研究小組從美國暴亂（預防）局（U.S. Riot Commission）的研究中，得知大多數的犯罪行爲均發生在擁擠的環境、悶熱的日子。因此建立了他們的研究問題及假說：人口密度會對人類造成傷害。[15]

在 Griffit 等人的研究中，樣本是隨機指派到八個不同的實驗情況中。所有的受測者的穿著都一樣，並被告知：實驗的目的，在於在不同的環境情況下，研究其感受。受測者在「人際評估表」中，勾選陌生人受歡迎的程度。

Griffit 等人是以實驗方式來進行研究。他們將受測者（被實驗者）安排在實驗室中（七呎寬、九呎長、九呎高）。在這個環境中，每次安排多少人進去，就等於控制了人口密度。但是負社會效應（例如，殘暴性等）要如何測量呢？要使他們自相殘殺嗎？這太不合乎人道了。Griffit 等人利用了「人際判斷表」（Interpersonal Judgment Scale）來測量侵略性，以檢視受測者對於一個陌生人（是扮演的）的態度。他們認為，在高密度的環境中，如果受測者對陌生人表現出厭惡感，就表示人口密度造成了侵略性。同時，他們相信悶熱的情況，和人口密度一樣，也會影響侵略性。因此，他們使用了八個不同的組合，並選擇了堪薩斯大學修基本心理學的 121 位男女學生做為樣本。

Griffit 在其實驗研究中，是利用「人際評估表」的兩個項目（受測者喜歡陌生人的程度，以及喜歡將他們做為工作夥伴的程度），來測量「陌生人的吸引力」。量表是從最低的 2 分（最不具吸引力）到最高的 14 分（最具吸引力）。分析結果顯示：在人口密度愈高的地方，覺得陌生人愈不具吸引力。

Griffit 等人的研究發現可以支持及假說「人口密度愈高，侵略性愈高」。下一步即是重複這個研究，以確信這個研究發現不是因為僥倖。Griffit 係對男女分別測試，他們可以將男女加以合併，看看結果有何不同。

二、權力的影響

在有關權力的影響方面，一個相當有名的實驗是由金巴度（Zimbardo, 1972）所進行的。[16] 金巴度與其同僚雇用一群人來進行實驗。這些人是受過中等教育、白種人、二十多歲的男性。實驗中任意挑選一半的人充當監獄的獄吏，其他的一半人則扮演犯人的角色。整個實驗是在史丹福大學心理實驗大樓的地下室進行的。

金巴度運用了相當多的技術，使得參加實驗的人能進入囚犯實驗的心理狀態。這些「囚犯」的權力被剝奪，行為受到「獄吏」的控制，穿著囚衣，並依「獄吏」的命令行事。

此實驗產生了令人驚訝的結果。金巴度注意到那些「獄吏」很快地變得具有攻擊性，而「犯人」變得非常被動。時間愈久，此種現象愈明顯。除此之外，「獄吏」還強迫「犯人」空著手清除廁所。

「獄吏侮辱囚犯，並威脅他們。前者具有相當大的威脅性，並用手杖、滅火槍之類的東西去逼他們遵守秩序。凡此之類，無所不用其極……從實驗的第一天開始，獄吏作威作福的虐待傾向，就與日俱增。」

實驗進行的第五天，來了一個「獄吏」，獄方要他扮演一個溫和而不具攻擊性的角色。獄方指定他去說服一個絕食的「犯人」進食。不幸的是，在進行的過程中，這個「獄吏」愈來愈表現出虐待狂，這與獄方要他扮演的角色明顯地產生了衝突。角色衝突的結果使得他變得非常消沈。

三、霍桑研究

有名的霍桑研究（Hawthorne study）可以說明反應誤差的現象。這一連串的實證研究大部分在西方電氣公司（Western Electric）的霍桑工廠進行，起始於 1924 年，直到 1932 年才結束。在早期的研究中，研究者所設計的實驗組的燈光照明度會逐漸增加，而控制組的燈光照明度則一直保持一定。研究者企圖發現生產力與燈光照明度的關係，並假設生產力與燈光照明度有正相關。然而他們發現，在實驗組的燈光明度度增加時，這二組的生產力都有增加的現象。甚至當實驗組的燈光照明度減低時，這兩組的生產力還是都有增加的現象。一直到燈光照明度減低到如同月光的照明度，生產力才開始下降。研究者的結論是：照明度與生產力並無直接的關係。但是他們也無法解釋這種現象。1927 年，西方電氣公司邀請哈佛大學教授梅約（Elton Mayo）以顧問身分參與這項研究。他的實驗包括了工作的重新設計、工作時數與天數的改變、休息時間以及個人及群體的工資計畫等對生產力的影響。結果發現，這個報酬制度對生產力的影響尚不如群體壓力、群體的被接受等因素。社會規範（norms，群體所設定的標準）才是決定個人工作者行爲的主要因素。同時，研究人員也發現，研究人員的特別注意或特別關心，改變了研究對象的行爲（員工的生產力）。

附錄 10-1　測量廣告效果

在評估廣告時，最主要的考慮因素是廣告是否有策略性，也就是說，是否能針對目標市場的觀眾（聽眾）；是否能考慮到產品特性、產品的生命週期、競爭環境等因素，以有效地傳遞產品的訊息？例如 Levi 的策略是針對 18 到 34 歲的人士，因此，在其所有的廣告中均強調各種產品（牛仔褲、男用夾克與襪子、女用上衣及襪子等）的品質，並不斷地強調其高品質的形象。

一、「廣告實現」的評估

廣告必須令人印象深刻，也必須傳遞出想要傳遞的訊息，達到說服的目標。下列的問題可以幫助我們評估某一廣告是否令人印象深刻，以及具有說服力。

1. 圖片是否能充分地表達訊息？由於競爭品牌琳瑯滿目，如果在七秒鐘之內無法吸引消費者的注意，便完全失去了廣告的效果（這就是所謂的「七秒哲學」）。因此，訊息的視覺部分就要能充分地傳遞出訊息，不要仰賴文字。
2. 文句適當嗎？文句是否能有意義地向目標市場的觀眾表露產品的利益（亦即使用這個產品有什麼好處）？
3. 整個廣告是否有一個清晰的主題？如果廣告提出了一個以上的構念，則會使主題變得模糊。
4. 是否有強調品牌名稱？如果不強調品牌名稱，則觀眾（聽眾）就不會將訊息與品牌連結在一起。
5. 語調是否恰當？訊息的樣式對產品而言是否適當？如果產品的屬性可用圖解說明的話，展示是最好的方法。如果產品沒有什麼特性，幽默的訊息是比較適當的。
6. 產品是否有獨特性？是否可擺脫各種「噪音」？新奇的廣告雖有風險，但在廣告充斥的今日，獨特性還是出奇制勝的法寶。

二、文案測試

長久以來，一個有趣而重要的問題是：廣告的效果眞的可以測量嗎？這個答案見仁見智，但是約有 80% 的廣告公司曾使用過各種類型的測量方法，[17] 卻是不爭的事實。透過研究以了解廣告的效果，已愈來愈受到管理當局的重視，因為「所費不貲的廣告支出，總要知道它的表現如何」。雖然近年來有許多新的測量技術提出，然而在這方面仍然有很大的發展空間。

一個理想的文案測試（copy testing），要具有信度及效度。所謂信度（reliability），指的是：在測量的過程中沒有隨機誤差（random error），也就是測量工具有一致性（consistency）及正確性（accuracy）。效度（validity）是指過程中沒有隨機誤差及系統性誤差（systematic error）。效度所涉及的是「有沒有偏差（bias）」的問題，也就是回答「我們所測量的是不是我們想要測量的東西」這樣的問題。基於以上的說明，一個可信（有信度）的測試，表示在每一次我們做廣告測試時，均會有一致性的結果。一個有效的（或有效度的）測試，表示我們測量到了我們所要測量的東西，因此所測量的廣告效果會具有預測的能力。

美國的 21 家廣告公司在改善文案的測試方面，共同認定了以下的原則。這些原則稱爲 PACT（Positioning Advertising Copy Testing）。「好的」文案測試應符合以下的原則：

1. 要能測量出廣告的目的。
2. 在測試之前，對測試的結果如何使用，應有一致性的看法。
3. 提供多重測量，因爲單一的測量不足以測量廣告的效果。
4. 以「人類對於溝通所作的反應」模式爲基礎，也就是測量到「對刺激的認知」、「對刺激的理解」以及「對刺激的反應」。
5. 考慮到「廣告刺激的暴露不只是一次」的問題。
6. 確信不論製作得多麼精美的、創意的廣告文案，均可以被確實地加以測量。
7. 對於文案的內容所產生的偏差效果，可以加以控制並避免之。
8. 可以在實證上測試其信度與效度。

三、測試工具的分類

表 10-4（同表 10-2）顯示了測量廣告效果的方法的分類。第一個分類基礎是「與廣告有關的測試」或「與產品有關的測試」；第二個分類基礎是「實驗室的測量」還是「眞實世界的測量」。在這個分類基礎下，就會延伸出各類的測試方式。

表 10-4 測量廣告效果的方法

	與廣告有關	與產品有關
	事前測試工具	事前測試工具
實驗室	1. 消費者陪審團	1. 劇院測試
	2. 組合測試	2. 手推車測試
	3. 閱讀率分析	3. 實驗商店
	4. 生理測量	
	事前測試工具	事前測試及事後測試工具
眞實世界	1. 假的廣告媒介	1. 事前一事後測試
	2. 探索測試	2. 銷售測試
	3. 空中測試	3. 迷你市場測試
	事後測試工具	
	1. 認知測試	
	2. 回憶測試	
	3. 連結測試	

四、廣告的事前及事後測試

行銷者所面臨的最大困難之一是如何去測量廣告的效果。當消費者決定購買產品時，他們考慮的不只是產品本身，還包括了產品的包裝、保證卡、特別服務及曾使用者的口碑等。所以測量哪些銷售是廣告創造的並非易事。

雖然如此，行銷者還是利用兩種方法，來幫助他們了解該廣告活動是否合適：是要繼續呢？還是要修正，或者乾脆停止。這兩種方法就是事前測試（pretests）及事後測試（post-tests）。這裡所謂的「事」，是指廣告播出或是促銷活動的實現。

1. 事前測試

事前測試可使行銷者了解廣告成功的可能性。通常它是由一個小組或是委員會來做，裡面的成員須能充分反應目標市場群眾的想法，藉由問卷的方式，請他們依自己的喜好對各種不同方案的廣告訊息、廣告詞、畫面構圖做出排列順序。

2. 事後測試

經由回郵問卷及電話訪問調查的方式，行銷者可以了解正在進行的廣告，觀眾們的反應如何？

近年來電話普及，電視廣告的事後測試都藉由電話做收視率調查，來了解有多少觀眾看了這些廣告。一般而言，有關廣告的銷售效果的測量（測量廣告對銷售量的影響）比溝通效果更不容易。

五、與廣告有關的實驗室測試工具

與廣告有關的實驗室測試可以產生諸如對廣告的注意、理解、保留及訊息本身等資料。有關的測試工具如下。

1. 消費者陪審團（consumer panel）
2. 組合測試（portfolio test）
3. 閱讀率分析（analysis of readability）
4. 生理測量（physiological measures）

1. 消費者陪審團

這個測試方式在於要求消費者來分析廣告，並對此廣告的成功與否給予評點。

畢竟，實際參與者才是最好的裁判。

首先，選取目標市場的觀眾 50 到 100 人，然後進行個別的、或小團體式的訪談。從這些 50 到 100 人中，再挑選人員數名做為陪審人員，並請他們以「優點次序評估表」（order-of-merit rating）來排定廣告版面設計或完案的次序。在排定次序時，所依據的基礎是：

(1) 在雜誌中最可能去閱讀的廣告。
(2) 最能吸引你繼續看下去的標題。
(3) 最能說服你相信產品品質的廣告。
(4) 最能促使你購買產品的廣告版面設計。

此測試方式在理論上雖然不錯，但在實際應用上卻不免發生困難：

(1) 在每次暴露於廣告之後，受測者所要回答的（考慮的）問題太多，以至於造成排序上的困難。在這種情況下所產生的結果有多少效度，或者對於未來的實際行為有多少預測力，頗令人懷疑。
(2) 暈輪效果（halo effect）的產生。一般人常容易犯「類化」或「以偏蓋全」的錯誤，或是從對某人的某一個屬性的判斷，來推論此人其他的屬性——就是人事心理學上所說的「暈輪效應」。

為了改進以上的缺點，我們可以採取評點尺度法（rating scale），以獲得偏好密度（intensity of preference）的資料。在這種改進的方法之下，受測者要在每個敘述的十點尺度（或七點尺度）中選擇一個尺度。這個改良方式是相當具有標準化的，並且有相當的信度。其所產生的結果，也便於做不同時間的比較，或與標準做比較（大多數的廣告文案測試機構，均有提供有關產品類別的標準值）。

2. 組合測試

組合測試（portfolio tests）需要受測者暴露於組合之中，這個組合包括了：測試的及控制的廣告。能夠產生最高的「內容回憶」（recall of content）的測試廣告就是在獲得、維持注意方面最有效的廣告。

3. 閱讀率分析

在閱讀率分析方面，應用得最為廣泛的是 Rudolph Flesch 公式。這個公式的重要變數是：(1)受測者有興趣的訴求；(2)對句子的理解度；(3)對文字的熟悉度等，目的在於避免在了解上的重大誤差。

基本上，閱讀率分析所測試的是含有 100 個字的廣告文案。實證研究結果顯示：文句短捷、文字言簡意賅，以及有相關人士推薦的文字，比較能夠產生好的廣告效果。

4. 生理測量

生理測量的工具有以下幾種：

(1)眼球照相機（eye camera）

眼球照相機可用來追蹤眼球在看到廣告文案時的移動情形，進而了解哪些文案最具有吸引力，以及了解眼睛在看各文案的次序是否與設計者所希望的一樣。

(2)Tachisto scope

這是具有特殊裝置的投影機，可在不同的速度及照明之下播放廣告（包括不同的產品品牌的說明），以記錄受測者的反應速度。美國的李奧貝納公司（Leo Burnett）每年針對 20,000 人，利用 Tachisto scope 來做測試，並找出最能使人記住的保險公司名稱。

(3)GSR/PDR

電流皮膚反應（Galvanic skin response, GSR）及瞳孔放大反應（Pupil Dilation Response, PDR）可用來測量「吸引注意」的情形。GSR 首先測量當電流通過時，皮膚上所產生的電阻減弱的情形，然後再測量身體上的兩個部位的電阻差異。GSR 升高，表示對某一個刺激所產生的興奮反應。另一方面，PDR 是在測量瞳孔在受到刺激時的微小反應。有關利用 GSR、PDR 的研究顯示：在對廣告的反應時，較高的 GSR、PDR 表示較高的短期及長期記憶，但是這些工具是否能正確地測量態度的改變，目前並沒有充分的證據支持這個論點。

六、與產品有關的實驗室測試工具

我們可在實驗室的環境之下，利用某些技術來評估廣告訊息對消費者對產品或服務的認知、態度轉變及購買意向的改變。有關的測試工具如下。這些都是前測的工具。

1. 劇院測試（theater test）
2. 手推車測試（trailer test）
3. 實驗商店（laboratory test）

1. 劇院測試

劇院測試在於評估消費者在暴露於廣告的刺激後，在產品偏好上所產生的改變。通常研究者向 350～1000 人發出通知，並從中選取 250～600 人做為測試樣本。這個方法的進行方式是這樣的：

邀請受測者看電視，並在節目中穿插廣告。在播放節目前，讓受測者觀看產品的平面廣告，然後讓他們選取自己所喜歡的產品做爲贈品，研究者要對受測者選擇了哪些產品做成記錄，然後讓受測者觀看電視及廣告，之後再讓他們觀看產品的平面廣告，並讓他們二度選取贈品，研究者要對品牌偏好改變的情形做成記錄。

實際的結果顯示：品牌偏好改變最多的產品，其實際的銷售業績也有增加的趨勢。但是持不同看法的學者也不少，例如，Buzzell（1964）就認爲，偏好的改變只能反映到短期的市場佔有率。[18]

2. 手推車測試

受測者在商店中推著手推車，模擬實際購買的情形，此時讓他們看各種產品的廣告文案（各種產品的文案可以重組成爲他們認爲較好的敘述）。最後讓受測者選出他們認爲最好的文案。雖然這種方式太過人工化，但是許多人認爲這是測試對廣告文案了解程度的好方法，而且又不昂貴。

3. 實驗商店

實驗商店的測試方式與劇院測試法頗爲類似。受測者在實驗商店中可依不同的廣告暴露（例如，不同的海苔廣告）到各專賣店（實驗商店中所設立的專賣店）購買產品，並可獲得兌換實際商品的兌換券。研究者可依受測者所獲得的兌換券，來看廣告的效果。

七、與廣告有關的在真實世界情況的測試工具

與廣告有關的在眞實世界情況的測試工具，可分前測（pretest）及事後測試（post test）兩種。

1. 事前測試工具

(1)假的廣告媒介（dummy advertising vehicles）

許多測試機構利用假的雜誌做爲前測的工具。在這些假的雜誌中，只有「專欄介紹」的文章是不變的，所改變的是廣告內容。研究者先將這些假雜誌（內有廣告）寄到受測者的家中，並約期面談，以測出受測者對廣告的回憶、文案閱讀的深

度以及購買產品的興趣。

(2)探索測試（inquiry tests）

探索測試是以兌換券（折價券）的回覆程度來判斷廣告的效果。研究者可比較下列情況的廣告效果：

- 在同樣的雜誌中連續刊出若干期。
- 同時在不同的雜誌中刊出。
- 在同樣雜誌的前後期刊出，但前期只刊出廣告內容的一半（這叫做 split-run）。

探索測試還可以看出以下的變化：

- 在各期刊出同樣的廣告與刊出不同版本的廣告。
- 同樣廣告訴求的各種不同類型。

此方法的優點在於：不必使用面談，而且可做數量分析。

(3)空中測試（on-the-Air tests）

有些調查研究機構利用在電視及廣播中所插播的廣告，來測量廣告的效果。比較有名的測試有：Burke Marketing Service 所舉行的 Day-After-Recall（DAR）、Gallup and Robinson 的 Total Prime Time（TDT）以及 Burke 的 AdTel 無線系統（cable system）。[19]

- DAR。研究者以電話聯絡 34 個城市的 200 位受測者，這些人要已看過前一天的某個電視節目，並在「未提示」、「提示」的情況下回憶某產品的廣告（什麼廣告、廣告內容等）。
- Total Prime Time。這是由 Gallup and Robinson（G&R）所進行的廣告測試，目的在於測試黃金時間的廣告效果。此測試在費城針對 700 位男女進行。合格的受測者至少要看過前一天晚上 30 分鐘的黃金時段節目。測試的結果在於蒐集及分析以下的資料：(1)能夠回憶並正確描述廣告的人數比例（英文爲 Proved Commercial Registration, PCR）；(2)能夠回憶廣告中的特定銷售點（specific sales points）的比例；(3)對廣告有好的評論的人數比例。

・AdTel。AdTel 是利用有線電視在同樣的展示環境下，同時對各種廣告進行測試。AdTel 在所選定的城市中，分別同時向不同的訂戶播放甲、乙二種廣告。廣告的效果是以「看到廣告之後實際訂購的人數」來測量的。

2. 事後測試工具

(1) 認知測試（recognition test）

在印刷媒體的閱讀測試方面，最爲有名的是由 Daniel Starch 所發展的「認知測量」（recognition measurement）標準技術。

Starch 公司每年針對 1,000 種消費性、農業、商業刊物及報紙上的 30,000 個廣告進行測試。研究者向受測者詢問這樣的問題：「你看過或讀過廣告中的任何一部分嗎？」如果答案是肯定的，再詢問眞正地看到哪些版面設計及文案。測試的結果是要發現以下的資料：

・記得看過哪一個特別的廣告？（亦稱「提及」，noted）
・記得哪個廣告的產品牌子？（亦稱「見過/聯想率」，seen/associated）
・記得哪個廣告內容的一半或更多？（亦稱「讀半率」，read most）

除此之外，該測試還可以獲得以下的資料：

・每元的讀者數（reader per dollar）。亦即花費每一元的廣告費用所吸引的讀者數。
・成本比率（cost ratios）。亦即每元的讀者數以及每元的讀者中位數（median reader per dollar）之間的關係。
・排序（ranks）。依每元的讀者數，針對每一則廣告從最大到最小（降冪）排序。

(2) 回憶測試（recall test）

回憶測試是不在提供刺激（廣告）的情況下，從受測者的答案深度及正確度中，測量他們對廣告的印象。此種測試可分爲非提醒式回憶（unaided recall）以及提醒式回憶（aided recall）。

在非提醒式回憶的測試中，所問的問題是像這樣的：「最近你看過什麼廣告？」這種問題顯然不容易回答。在提醒式回憶的測試中，所問的問題是像這樣的：「回想一下昨天的報紙，你看過什麼汽車廣告？」或者「你最近看過什麼咖啡廣告？」

Gallup-Robinson 影響力測試（impact test）是提醒式測試中相當有名的技術。此技術共分五個步驟：

- 受測者必須回憶及正確地描述至少一則有關產品的專欄式文章。
- 向受測者展示廣告卡（卡片上印有各種品牌的廣告），並請他們指出登在最近的刊物中的有哪些廣告。
- 要求受測者回憶每一則廣告的內容，以了解他們的回憶的深度及正確性。
- 向受測者展示在刊物中的實際廣告，並詢問他們心中所想的是不是這則廣告，以及是不是第一次看到這則廣告。如果受測者未曾看過這則廣告，則應放棄此受測者，因爲研究者所要獲得的是「能夠回憶、正確地描述廣告的人數比例」（英文稱爲 proven name registration, PNR）。
- 蒐集受測者有關年齡、性別、教育程度等人口統計資料。

訪談的進行是在雜誌出刊後的第一天開始。最後的 PNR 分數還要依廣告訴求的深度、廣告的顏色、在哪一頁、在同一期中是否有競爭牌的廣告等因素，做適當的調整。

(3)連結測試（association measures）

在廣告訊息回憶測試方面，一向爲人所稱道的是由 Henry C. Link 所發展的三重連結測試（triple-associates test）。在這個測試中，受測者會被問到像這樣的問題：「強調『每公升可跑得更遠』是什麼汽油品牌所作的廣告？」在這個問題中，有二個連結的因素：(1)基本的產品（汽油），以及(2)廣告主題（每公升可跑得更遠）。第三個因素（產品的品牌名稱）則要由受測者來提供。廣告效果（廣告是否充分地表達了主題）則是以受測者回答的正確性來測量。

八、與產品有關的在真實世界情況的測試工具

在所有有關廣告效果的測試中，最複雜的是在實際的情況下進行測試。對於銷售結果的測試技術，一般而言需要相當長的時間、高的費用，因此常用來做爲事後測試整個廣告活動的結果。然而，如果只是針對目標市場進行小規模的測試，銷售測試也常用來做爲前測的工具。本節將說明在廣告效果的測量中，被應用得最爲廣

泛的事前－事後測試（pre-post test）工具。

1. 事前－事後測試

在控制實驗（controlled experiment）中，研究者會盡可能地控制外在變數。自變數（廣告）將暴露給實驗組的受測者看，並測量廣告的暴露或未暴露的結果（態度、偏好及購買等）。研究者所要發現的是廣告及其效果之間的因果關係。

(1) 事前及事後加控制組設計

實驗將受測者分爲測試組（test group，或稱實驗組）及控制組。測試組的人將暴露於廣告中（接受廣告的刺激）。整個設計如表 10-5 所示：

表 10-5　事前及事後加控制組設計

	測試組	控制組
事前測量	做	做
暴露於廣告中	做	不做
事後測量	做	做

實驗組在事前及事後的差異，減掉控制組在事前及事後的差異，即可求得「暴露於廣告」的變化。這個設計稱爲「事前及事後加控制組設計」（before and after with control group）。這個設計過於簡化，因此我們可以「四組六研究設計」（four-group, six-study design）來取代。

(2) 四組六研究設計

「四組六研究設計」可以剔除測量偏差的問題。此設計包括二個實驗組和二個控制組，其中有一半（實驗組及控制組各一）只做實驗後測量，不做實驗前測量，另一半則兩次都測量。受測者應隨機分配到各組，使得四個組都盡可能相似。這個方式是這樣的（表 10-6）：

表 10-6　四組六研究設計

第一實驗組	O_1	x（廣告刺激）	O_2
第一控制組	O_3		O_4
第二實驗組		x（廣告刺激）	O_5
第二控制組			O_6

如果廣告刺激對於廣告的效果確實有影響，則 O_2、O_5 和 O_4、O_6 之間應有顯著性的差異；如果沒有顯著性的差異存在，表示廣告刺激並沒有什麼廣告效果。

2. 銷售測試（sales test）

廣告對於銷售的效果可以測量嗎？近年來學者之間提出了正反兩面的看法。值得注意的是：影響銷售的不僅是廣告而已，產品、定價及配銷通路都會影響銷售。銷售測試的方法有四種：

(1) 直接詢問購買者（direct questioning of buyers）。
(2) 歷史法（history approach）。
(3) 實驗設計（experimental design）。
(4) 迷你市場測試（mini-market test）。

茲將上述方法說明如下：

(1) 直接詢問購買者

顧名思義，此方法是直接向購買者詢問，什麼因素使他們購買這個產品——是廣告因素嗎？產品品質因素嗎？還是其他的情境因素？

(2) 歷史法

研究者根據同步或延遲的原則，利用最小平方迴歸法，求得公司過去的銷售額與過去廣告支出二者之間的關係。

(3) 實驗設計

包括控制組的事前事後實驗設計，對於銷售測試是相當適當的。這個實驗設計包括了若干個「測試城市」及「控制城市」。我們可從表 10-7 中看出此設計的基本作法。

表 10-7　包括「測試城市」及「控制城市」的實驗設計

	測試城市	控制城市
測量事前的銷售	做	做
推出廣告	做	不做
測量事後的銷售	做	做

銷售的測量可在選定的城市（市場）中所選取的商店中進行存貨稽查。銷售測試通常進行六個月到一年的時間，以使得廣告的效果得以充分地發揮。所選擇的測試市場必須具有相當的代表性（對整個目標市場而言）。同時，除了廣告這個因素之外，測試市場及控制市場的其他因素（例如，大小、人口因素、零售店數目、競

爭環境等）均應儘量地類似。

實驗之後的數據應如何分析呢？假設表 10-8 是實驗後所蒐集到的數據，我們必須要將「測試城市」所得到的結果，以「控制城市」的結果來加以調整，以顯示廣告的效果。例如，在「測試城市」的銷售額的上升百分比（20%）要再加上「控制城市」降低的百分比（10%），而得到調整後的上升百分比 30%。這些變化的代表的眞正意義，要用 t 檢定（t test）或卡方檢定（χ^2）來求得。

表 10-8　實驗數據

	廣告測試前的銷售	廣告測試時的銷售	增加或減少的百分比	增加或減少的調整後百分比
控制城市				
銷售額	$300	$270	−10	
銷售量	300	250	−16.7	–
測試城市				
銷售額	$400	$480	20	30
銷售量	400	460	15	31.7

在上述的例子中，我們測量的只是一個變數，亦即在測試所選定市場的廣告效果。我們也可以測試一個以上的變數，這樣的話，可以節省每一次測試一個變數的成本，也可以看出變數之間的綜合效果。

假設我們要了解四種媒體的個別的、綜合的相對效果。這樣的問題我們要用因子設計（factorial design）來解決。例如在表 10-9 中，我們在 16 個地區有各種不同的個別媒體或媒體組合，然後再利用公式算出其效果。[20]

表 10-9　16 個設計中的媒體組合

組合	地區編號	組合	地區編號
沒有媒體	1	戶外加電視	9
只有電視	2	戶外加廣播	10
只有廣播	3	戶外加報紙	11
只有報紙	4	電視、廣播加報紙	12
只有戶外	5	戶外、廣播加電視	13
電視加廣播	6	戶外、電視加報紙	14
電視加報紙	7	戶外、廣播加報紙	15
報紙加廣播	8	戶外、電視、廣播加報紙	16

3.迷你市場測試

在不至於花費大量的時間及金錢的前提下，我們可利用一些方法來進行完整的實驗，其中一種方法叫做「迷你市場測試」。首先要選定具有代表性的市場，並在這些市場中選定具有代表性的商店，以測量廣告後的銷售情形。這是省錢、又有效率的方法。

複習題

1. 試說明實驗的本質。
2. 試列表說明實驗誤差的來源。
3. 試說明實驗誤差與實驗情況。
4. 何謂實驗環境？
5. 試說明實驗室實驗。
6. 實驗室實驗有哪些反應誤差？
7. 試解釋實驗室實驗的應用。
8. 何謂現場實驗？試舉例說明。
9. 何謂實驗設計？試說明在描述實驗時所使用的符號。
10. 實驗的基本設計包括有哪些？
11. 試說明僅事後設計。
12. 試說明事前及事後設計。
13. 試說明事前及事後加控制組設計。
14. 何謂模擬式事前及事後控制？
15. 何謂事後加控制組設計？
16. 試說明所羅門四組設計。
17. 試列表彙總說明基本設計的誤差。
18. 何謂統計設計？隨著研究者對於這兩個自變數的操弄方式的不同，大致可分哪三種情形？
19. 何謂事後研究？
20. 試說明實驗設計的一些經典研究。

練習題

1. 試說明欲獲得以下的實驗研究結論，實驗應如何設計（要如何進行這項實驗）？
   (1)男人夠香，女人就愛。
   (2)勤刷牙，可免老來失智。
   (3)聞到汽油味，老鼠更具侵略性。
   (4)具有主控權的狗（在電來時，可以用鼻子壓鈕把電停掉）比較能夠生存。
   (5)午睡真的能幫助大腦更加清醒。
   (6)快樂的人比不快樂的人多話，而且談話也較有內容、有深度。
   (7)飽受壓力的男性，是否會對女性產生不同的反應。
2. 積極聆聽真的是美滿關係的基礎嗎？還是一種迷思？約翰・高特曼（John Gottman）是心理學家，也是全球知名的婚姻專家。1990 年代，他和華盛頓大學的同仁很想知道積極聆聽是否真有效果，所以做了長期而且詳細的實驗。他們找來一百多對新婚夫妻，請他們到實驗室，坐在攝影機前，聊他倆爭議的話題十五分鐘。研究人員再檢視每分每秒的影片，分析他們講的每句話。後續六年，他們持續追蹤這些夫妻，看他們是不是還在一起；如果是，則看他們的婚姻是否美滿。為了測試積極聆聽的效果，他們注意影片中有人表現負面情緒或負面意見的情況，例如：「我對你的行為不滿。」或「我受不了你對我爸媽說話的方式。」研究團隊錄下配偶回應的方式，從中尋找和積極聆聽有關的回應，例如表達了解或感同身受的話語。他們比較沒離婚與離婚的夫妻，以及婚姻幸福與不幸福的夫妻，做這類回應的頻率，如此一來，即可用科學的方法測量積極聆聽的力量。研究結果讓高特曼團隊相當吃驚，積極聆聽的例子少得可憐，無法預估婚姻關係是否幸福美滿。結果顯示，積極聆聽和婚姻美滿並沒有關係（李察・韋斯曼，《心理學家教你 59 秒變 A 咖》，中文版由漫遊者文化出版）。試評論此實驗。
3. 加拿大皇后大學研究人員發現，多人同住一病房，會增加病人感染醫院內傳播的傳染病機率。研究發現，病房每增一名新病人，其他病人感染傳染病機率便會增加 10%。研究指醫院內傳播的傳染病主要由三種病毒傳播：葡萄球菌（Staphylococcus）、腸球菌（Enterococcus）及艱難梭菌（C. difficile）（2010/01/06 中央社、http://udn.com/）。試說明此實驗應如何進行？研究發現有何貢獻？

4. 德國研究發現，5% 的人頻繁或長期被夢魘纏繞。經常做噩夢的人容易失眠、疲勞、頭痛、抑鬱和焦慮，出現精神健康問題（如抑鬱）的機率超過常人的 5 倍（戴定國編譯，2010/06/30，聯合報，http://udn.com/NEWS/WORLD/WOR4/5695255.shtml）。欲發現此結論，應進行實驗研究還是調查研究？應如何進行？
5. 人們常說「夫妻臉」，在一起久了，夫妻會愈長愈像。至於原因，科學家現在有了答案。密西根大學心理學專家查瓊克（Robert Zajonc）進行實驗以驗證這種現象。他分析比較許多夫妻在新婚與婚後 25 年拍下的照片，結果發現夫妻會因歲月推移，使得外表更加相似（張佑生編譯，2010/06/30，聯合報，http://udn.com/NEWS/WORLD/WOR4/5695251.shtml）。試說明此實驗應如何進行。

註 釋

1. F. N. Kerlinger, *Foundations of Behavioral Research* (New York: Holt, Rinehart and Winston, Inc., 1973), p.398.
2. J. Lim and J. O. Summers, "A Non-Experimental Investigation of Demand Artifacts in a Personal Selling Situation," *Journal of Marketing Research*, August 1984, pp.251-258.
3. C. E. Brown, "The Effect of Experimenter Bias in a Cola Taste Test," *Psychology and Marketing*, Summer 1984, pp.21-26.
4. 有關廣告測試的詳細討論，見附錄 10-1。
5. P. G. Swingle, *Social Psychology in a Natural Setting: A Reader in Field Experimentation*, Chicago: Aldine.
6. 在一個強盜的實驗中，要重複演 48 幕；在二個強盜的實驗中，也要重複演 48 幕。
7. "Use of Scanning Data Improves Profitability in Supermarket Test," *Marketing News*, May 28, 1982, p.10.
8. R. J. Seminik, "Corrective Advertising: An Experimental Evaluation of Alternative Television Messages," *Journal of Advertising* (3), 1980, pp.21-30.
9. J. H. Murphy and M. S. Amundsen, "The Communications-Effectiveness of Comparative Advertising for a New Brand on Users of the Dominant Brand," *Journal of Advertising* (1), 1980, pp.14-20.

10. C. P. Duncan and J. E. Nelson, "Effects of Humor in a Radio Advertising Experiment," *Journal of Advertising* (2), 1985, pp.33-40.
11. R. W. Mizerski, N. K. Allison and S. Calvert, "A Controlled Field Study of Corrective Advertising Using Multiple Exposures and a Commercial Medium," *Journal of Marketing Research*, August 1980, pp.341-348.
12. C. R. Martin, "The Contribution of the Professional Buyer to a Store's Success or Failure," *Journal of Retailing*, Summer 1973, pp.69-70.
13. F. S. Chapin, *Experimental Design in Sociological Research* (New York: Harper & Row Publishers, Inc., 1955), p.95.
14. M. E. Goldberg, "A Quasi-experiment Assessing the Effectiveness of TV Advertising Directed to Children," *Journal of Marketing Research*, November 1980, pp.445-454.
15. W. Griffit and V. Russell, "Hot and Crowded: Influences of Population Density and Temperature on Interpersonal Affective Behavior," *Journal of Personality and Social Psychology* (17), 1971, pp.92-98.
16. P. G. Zimbardo, C. Haney and W. C. Jaffe, "The Mind is a Formidable Jailer: A Pirandellian Prison," *The New York Times*, April 8, 1972, pp.38-60.
17. D. W. Twedt, *1983 Survey of Marketing Research* (Chicago: American Marketing Association, 1983), p.41.
18. R. D. Buzzell, "Predicting Short Term Changes in Market Share as a Function of Advertising Strategy," *Journal of Marketing Research*, August 1964, p.31.
19. T. C. Kinnear, and J. R. Taylor, *Marketing Research: An Applied Approach*, 3rd ed. (New York: McGraw-Hill,1981), Chap.24.
20. 福特汽車公司曾使用過這個實驗設計。有關因子設計的內容可參考：榮泰生著，《SPSS與研究方法》（台北：五南圖書出版公司，2006）。

Chapter 11 量化研究資料分析

本章目錄

對於量化資料進行分析，研究者可使用的技術有很多。在目前的學術研究中，常用的軟體有：SPSS、AMOS（或 LISREL）、HLM、Excel、Expert Choice、UCINET 等。本章將扼要敘述這些方法。本章的各節是筆者其他專書的「濃縮版」，欲詳細了解其來龍去脈的讀者，可參考原書：

・SPSS：《SPSS 與研究方法》，二版（榮泰生著，五南書局，2009）。

・AMOS：《AMOS 與研究方法》，三版（榮泰生著，五南書局，2009）。

・Excel：《Excel 與研究方法》，二版（榮泰生著，五南書局，2009）。

・層級程序分析法（AHP）：《AHP 與研究方法——Expert Choice 在企業研究上的應用》（榮泰生著，五南書局，2010）。

・社會網絡分析（SNA）：《社會網絡分析——UCINET 在企業研究上的應用》（榮泰生著，五南書局，預計 2012 年出版）。

11-1 SPSS

SPSS 原爲 Statistical Packages for the Social Sciences（社會科學統計套裝軟體）的啓頭字，近年來或由於其功能加強，或由於產品的重新定位，全文已經改成 Statistical Products and Services Solution（統計產品及服務之解決方案），但啓頭字仍然維持是 SPSS。2009 年 7 月，SPSS 18.0 改名爲 PASW。2010 年 10 月，IBM 收購 SPSS 之後發佈了最新版本 IBM SPSS Statistics 19（以下簡稱 SPSS）。隨著版本的增加，SPSS 的功能愈來愈強，可以支持客戶關係管理、資料採礦、知識發掘、直效行銷等重要企業決策。

一、SPSS 模組

SPSS 模組可分爲：Base、Complex Samples、Regression Models、Advanced Models、Tables、Trends、Categories、Conjoint、Missing Value Analysis、Exact Tests、Maps。由於 SPSS 的功能超強，我們不可能一一盡舉，因此我們所介紹的都是要進行一個學術研究分析所需要的技巧及統計技術。易言之，本章所說明的是「Base」這部分。對於一個撰寫專題研究報告、碩博士論文的研究者而言，「Base」所提供的功能已經足夠。研究者可依需要，再進行其他更高深的分析。可上網（http://www.sinter.com.tw/spss/base/spss_profile.htm），以對 SPSS 產品家族的功能做進一步的了解。

我們在安裝好 SPSS，並啓動 SPSS 後，映入眼簾的是 SPSS 基本畫面（圖

11-1）。在「SPSS for Windows」對話視窗中，有以下的選項：Run the tutorial（執行教學程式）、Type in data（開新檔案）、Run an existing query（執行既有的查詢）、Create new query using database wizard（利用資料庫精靈建立新查詢）、Open an existing data source（開啓舊檔）、Open another type of file（開啓其他格式的舊檔）、Don't show this dialog in the future（以後不要顯示此對話視窗）。

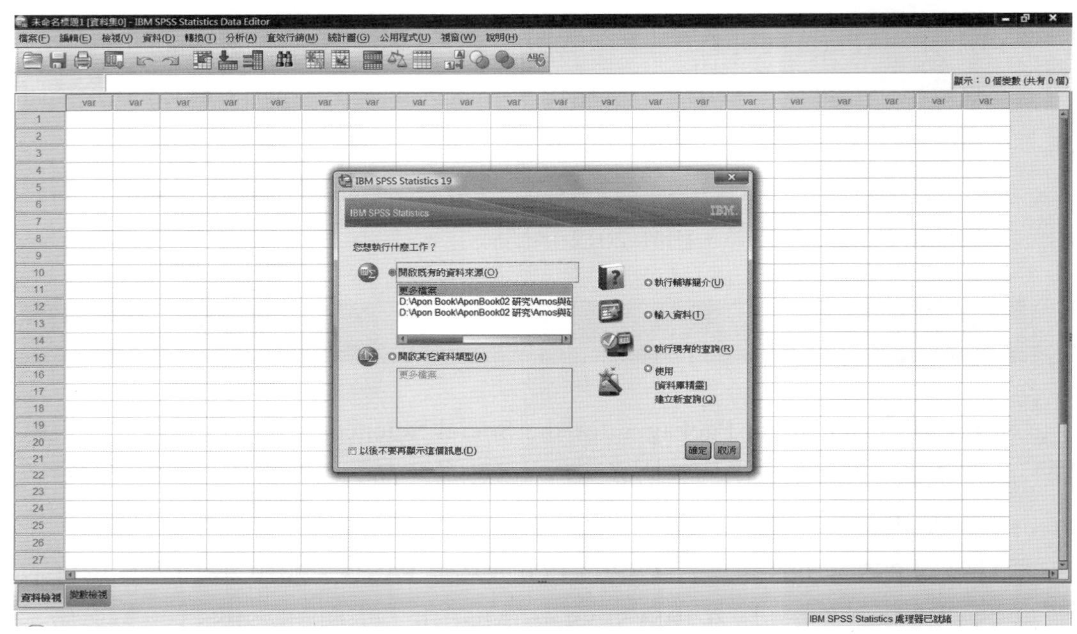

圖 11-1　SPSS 19 基本畫面

在開啓其他格式的舊檔方面，SPSS 所能接受的檔案類型相當多，包括在使用上比較普遍的檔案格式，如 Excel（*.xls）、dBASE（*.dbf）、文字檔案（*.txt）、Lotus（*.W*）。我們可以在其他的視窗軟體中建立好檔案，然後再由 SPSS 讀進來，這樣的話，就可以省去重複建立資料的麻煩。從這裡我們可以了解，一個功能強大的軟體必然是「納百川」的，也就是大海不擇細流，故能成其大。

二、統計分析

SPSS 的統計分析（analysis）是它的重頭戲。在圖 11-2 中，我們可以看到 Analysis 的各種功能。有關功能是單變量分析，如 Descriptives（描述性統計量）；有些功能是雙變量分析，如 Crosstabs（交叉表）；有些是多變量分析，如

Discriminanat（判別）。在學術研究的統計分析部分，不見得必須利用到所有的分析技術。最重要的是：資料的類型是否適合某個（某些）統計分析技術。

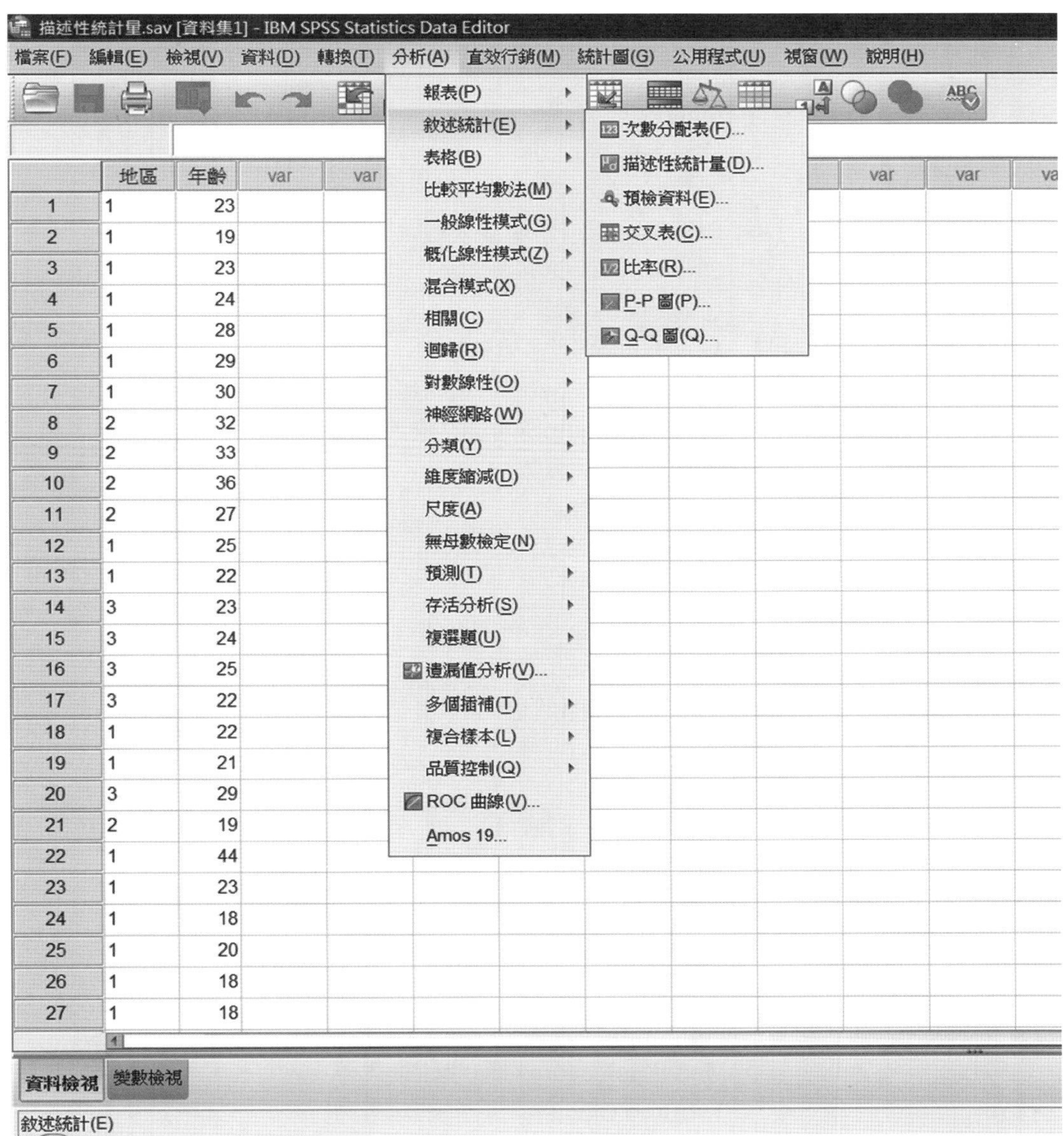

圖 11-2　SPSS 19 的「分析」功能

現在我們將常用的統計分析技術整理如表 11-1 所示：

表 11-1　常用的統計分析技術

描述性統計（Descriptive Statistics）	Frequencies（次數分配表）
	Descriptives（描述性統計量）
	Explore（預檢資料）
	Crosstabs（交叉表）
	Ratio（比率）
比較平均數法（Compare Means）	Means（平均數）
	One-Sample T Test（單一樣本 T 檢定）
	Independent-Sample T Test（獨立樣本 T 檢定）
	Pair-Sample T Test（成對樣本 T 檢定）
	One-Way ANOVA（單因子變異數分析）
一般線性模式（General Linear Model）	Univariate（單變量）
	Multivariagte（多變量）
	Repeated Measure（重複量數）
	Variance Components（變異成分）
相關（Correlate）	Bivariate（雙變數）
	Partial（偏相關）
	Distances（距離）
迴歸方法（Regression）	Linear（線性）
	Curve Estimation（曲線估計）
	Binary Logistic（二元 Logistic）
	Multinominal Logistics（多項性 Logistic）
	Ordinal（次序的）
	Probit（分析）
	Nonlinear（非線性）
	Weight Estimation（加權估計）
	2-Stage Least Square（二階最小平方法）
	Optimal Scaling（最適尺度）
對數線性（LogLinear）	General（一般化）
	Logit（Logit 分析）
	Model Selection（模式選擇）
分類（Classify）	TwoStep Cluster（二階段集群分析）
	K-Means Cluster（K 平均數集群）
	Hierarchical Cluster（階層集群分析法）
	Discriminanat（判別）
資料縮減（Data Reduction）	Factor（因子）也就是因素分析
	Correspondence Analysis（對應分析）
	Optimal Scaling（最適尺度）

表 11-1　常用的統計分析技術（續）

量尺法 （Scale）	Reliability Analysis（信度分析）
	Multidimensional Scaling（PROXCAL）多元尺度方法
	Multidimensional Scaling（ALSCAL）多元尺度方法
無母數檢定 （Nonparametric Tests）	Chi-Square（卡方分配）
	Binomial（二項式）
	Runs（連檢定）
	1-Sample K-S（單一樣本 K-S 統計）
	2 Independent Samples（兩個獨立樣本）
	K Independent Samples（K 個獨立樣本）
	2-Related Samples（兩個相關樣本）
	K-Related Samples（K 個相關樣本）
複選題分析 （Multiple Response）	Define Sets（定義集合）（可進行複選題分析）

三、觀念架構與統計分析技術

在進行分析之前，研究者必須對資料類型（第 4 章 4-3 節）確實分辨清楚，否則會發生「張冠李戴」的情形，進而造成分析上的大錯誤。

隨著觀念架構的建立，在分析時所用的 SPSS 程序（統計分析技術）也會不同。圖 11-3 是對關聯性測量的說明。圖 11-4 說明了驗證因果關係的有關技術。圖 11-5 顯示了有關二因子變異數分析的統計分析技術。這些技術都將在本書各章節說明。

關聯性測量

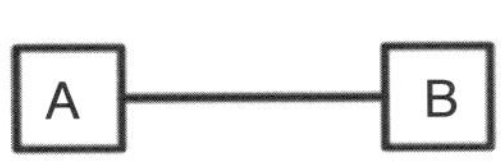

測量變數間的關係、比較平均數

(1)依 A 與 B 的尺度（區間、次序、名義）或
(2)取樣方式（獨立樣本、相依樣本）

採取不同的分析工具

圖 11-3　關聯性測量

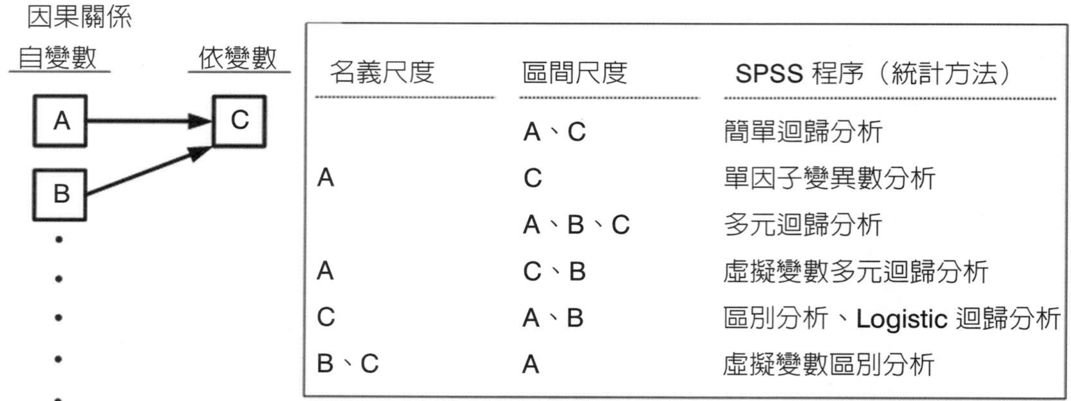

圖 11-4　因果關係

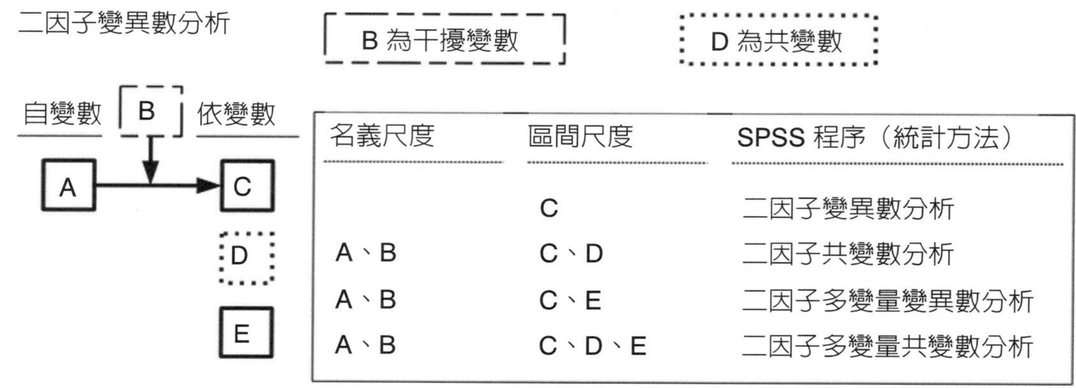

圖 11-5　二因子變異數分析

四、單變量分析

所謂變量（variate）是針對所要衡量的對象而言（不是指變數，更不是指變數的類別）。單變量是指我們要衡量的對象只有一個。如果我們要衡量的只有廣告態度，因此屬於單變量分析。

單變量分析（univariate analysis）顧名思義就是針對單一的變量進行描述與假設檢定，在分析這方面，研究者會用適當的技術針對樣本做分析。在假說檢定方面，有區間資料的假說檢定、次序資料及名義資料的假說檢定。

在使用比較平均數的有關統計技術之前，我們有必要先了解獨立樣本（independent sample）與相關樣本（dependent sample）。在 SPSS 中有很多場合是要我們先決定是獨立樣本或相關樣本，所以了解它們的差別是相當具有關鍵性的。

獨立樣本中每個處理水準均來自於同一母群體中的不同樣本，換句話說，對於不同的樣本隨機地給予不同的處理水準。相關樣本的每個處理水準均來自於同一母群體中的同一樣本，換句話說，每個樣本都要給予相同的處理水準。這裡所謂的「處理水準」視研究目的而定，它可能是廣告類型、領導風格類型（對領導風格類型的認知）、飲料類別等。比較平均數（compare means）是指一個名義變數（如性別）的類別（如男女）在區間尺度（如廣告態度）上的平均數差異。在統計分析中，「比較平均數」是屬於單變量（univariate）的範疇。

在以獨立樣本進行平均數差異檢定方面，單因子變異數分析（One-Way ANOVA）是指有一個自變數。如果有兩個自變數（因子）稱爲二因子變異數分析（Two-Way ANOVA），如果對於多個變量進行變異數分析，則稱爲多變量變異數分析（MANOVA）。在行銷研究上，ANOVA 的應用非常普遍。ANOVA 的應用可回答像這樣的問題：「在固定薪資制、佣金制、固定及佣金合併制這三種制度下，銷售人然的業績（銷售量）之間有無顯著性的差異？」、「包裝的顏色——紅、黃、藍、綠——是否對銷售量有不同的影響？」、「五種廣告中，哪一種（如果有的話）會造成最大的消費者態度改變？」ANOVA 檢定中的第一個前提是「隨機指派處理到測試單位」，這個前提在企業研究中常常被忽略。在一般的研究中，常用假處理（pseudotreatment），例如，職業、家庭生命週期等，來檢視其中各類別（如職業中的軍人）對某特定產品的消費情況。這種基於非機率抽樣的假處理，大大地增加了其他有關變數對反應變數（如銷售量）的影響。對於這個限制，研究者不可不愼。

五、雙變量分析

1. 二因子變異數分析

所謂單因子、二因子是指自變數的數目；單因子有一個自變數，二因子有兩個自變數。在二因子變異數分析（Two-way ANOVA）中，依變數或稱準則變數（以 Y 表示）是區間或比率尺度的資料，而自變數或稱預測變數（以 A、B 表示）是類別資料（或區間資料）。研究者一次操弄兩個自變項，以探討對依變數的影響。

二因子變異數分析的目的在於檢定主要效果及交互作用，主要效果包括集區效果與處理效果：

(1) 集區效果（block effect）。集區的不同，對準則變數的影響有無顯著性的差異。
(2) 處理效果（treatment effect，或稱實驗變數效果）。實驗變數的不同，對準則變數的影響有無顯著性的差異。

(3) 互動效果或稱互動效果、交互作用（interaction effect，以 I 代表）。集區對準，則變數的影響是否會因處理的不同而異；處理對準則變數的影響，是否會因集區的不同而異。

例如，研究者在五塊地（集區）上分別灑以不同的四種肥料（處理或實驗變數）。他想要了解蘋果的收成（產量）到底是因爲地的不同而異呢（集區效果）？還是因爲肥料的不同（處理效果）？以及地的不同對蘋果收成的影響是隨著肥料的不同而異？

2. 關聯性測量

在企業研究（尤其是行銷研究）的問題領域中，有一大部分是涉及到兩個（或以上）變數之間的關係。在探討變數之間的關係時，我們有必要研究它們之間的強度（strength）、方向（direction）、形狀（shape），以及其他的特徵。有時候我們也有必要從其他的變數中預測某一個變數的值，以輔助企業的策略性、戰術性決策。我們先來看一看典型的管理問題：

(1) 企業在軟體開發上的成本有與日俱增的現象。自行開發與外包對使用者滿意度的關係如何？使用者滿意度與生產力的關係如何？
(2) 員工的畢業學校與生產力的關係如何？與服務年資的關係如何？
(3) 未分配盈餘及折舊是投資於資本設備的主要資金來源之一。經濟的景氣情況與資本支出的關係如何？
(4) 如何以目前的投資水準來預測明年的銷售量？

雙變數之間的關係涉及到：正相關或負相關、相關性的強度、對稱或不對稱、自變數與依變數、線性或非線性、假象關係、干擾變數（或抑制變數、混淆變數）、中介變數、前置變數。

正相關或負相關　如果某一變數的值會隨著另外一個變數的值增加而增加，則此二變數的關係是正相關（positive）或正向關係（direct）。相同地，如果某一變數的值會隨著另外一個變數的值減少而減少，則此二變數的關係是正相關（positive）。相反地，如果某一變數的值會隨著另外一個變數的值增加而減少，則此二變數的關係是負相關（negative）或反向關係（inverse）。

例如，個人的教育程度愈高，其所得愈高，則教育程度與所得之間成正相關。如果教育程度愈高，所受的種族歧視程度愈低，則教育程度與種族歧視之間呈負相關。

值得注意的是，我們所說的負相關只是變數之間變化的方向，不是指其程度，因此我們不能說負相關的程度必定低於正相關的程度。

相關性的強度　我們在發現了二變數之間有關係之後，接下來的問題是：它們之間的關係有多強？如前所述，如果兩個變數 X 及 Y 之間有關係，則 Y 會隨著 X 的變化而變，反之亦然。這兩個變數之間的強度，就是當 X 變化多少的時候，Y 會變化多少。

在統計學上，測量相關性強度的統計量稱爲相關係數（correlation coefficient）或 Pearson 動差相關係數（Pearson's Product Moment Correlation Coefficient）。相關係數的符號是以希臘字母 γ（唸成 Gamma）表示，其值在 −1.00 到 +1.00 之間，0.00 表示無相關（或是表示在以 X 來預測 Y 時，有 0% 的正確率）。+1.00 表示在預測二變數之間的正相關時，有 100% 的正確率；−1.00 表示在預測二變數之間的負相關時，有 100% 的正確率。

對稱或不對稱　直到目前爲止，我們所討論的只是兩個變數之間的對稱關係（symmetrical relationship），也就是說，兩個變數的其中一個會隨著另外一個變數的變化而變化，亦即，X 會造成 Y 的變化，而且 Y 也會造成 X 的變化。例如，貧窮會導致失學，而失學也會導致貧窮（這就是貧窮的惡性循環，vicious cycle of poverty）。

但是在非對稱關係（asymmetrical relationship）中，X 會造成 Y 的變化，但是 Y 不會造成 X 的變化。例如，吸菸與得肺癌的關係是「非對稱的」；吸菸會導致肺癌，但是肺癌不會導致吸菸。

在統計有關的文獻中，常將對稱關係視爲「解釋」(explanation），將非對稱關係視爲預測（prediction）。在研究的探索階段中，首先就是確認所有具有關聯性的變數，或是有對稱關係的變數。如果變數之間的關係相當微弱，那麼它們能夠幫助我們做預測的能力就非常有限。如果我們發現變數之間有關聯性，就可以利用其非對稱性係數（asymmetrical coefficient），例如，迴歸係數（regression coefficient），由某一變數來預測另外一個變數。在企業研究上，研究者最有興趣的非對稱關係類型有：

- 刺激—反應關係（stimulus-response relationship）。是指由某個物件的刺激所造成的反應關係。例如價格上升造成銷售降低；正面的激勵造成生產力增加；政府的新大陸政策對投資所造成的影響等。實驗研究均是涉及到刺激-

反應關係的研究。

- 屬性一傾向關係（property-disposition relationship）。屬性是隸屬於某一個體或物件的持久特性，這些特性並不是由情境所激發的。年齡、性別、家庭生命週期、宗教信仰、族群都是個體的屬性。傾向是隨著情境所做的某種反應，例如，態度、意見、習慣、價值及驅動力等。屬性-傾向關係的例子有：年齡不同對儲蓄態度的影響、性別對於社會地位態度的影響、社會地位對於納稅的意見等。屬性-傾向關係的研究在企業研究中非常普遍，幾乎成了企業研究的主流。
- 傾向一行爲關係（disposition-behavior relationship）。行爲包括了消費實務、工作績效、人際關係互動等。傾向一行爲關係的研究有：對產品品牌的意見與其購買行爲的關係；工作滿足與績效的關係；道德價值與不實納稅行爲的關係等。許多事後式的研究（ex post facto, 如調查研究）都涉及到屬性、傾向及行爲的關係。
- 屬性一行爲關係（property-behavior relationship）。例如，家庭生命週期階段與家具購買行爲的關係；社會地位與家庭儲蓄類型的關係；年齡與運動參與行爲的關係等。

自變數與依變數　在非對稱的關係中，能夠影響另外一個變數的變化的，稱爲自變數或是預測變數（predictive variable）。可以反映出自變數的結果（效應）的，稱爲依變數（dependent variable）或準則變數（criterion variable）。依變數的高低，至少有一部分是受到自變數的高低、強弱所影響。在因果關係中，因是自變數，果是依變數。例如，我們假說吸菸會導致肺癌，則吸菸是自變數，癌症是依變數。自變數與依變數有許多同義字，如表 11-2 所示。

表 11-2　自變數與依變數的同義字

自變數	依變數
假設的「因」（presumed cause）	假設的「果」（presumed effect）
刺激（stimulus）	反應（response）
預測自……（predicted from ...）	預測至……（predicted to ...）
先行（antecedent）	後果（consequence）
操弄的（manipulated）	測量的結果（measured outcome）
預測變數（predictor）	準則變數（criterion）

依變數通常是我們要去解釋的變數。自變數常發生在依變數之前，例如，我們想要用父親的所得水準來預測子女的所得水準，則前者是自變數，後者是依變數。但是，有時候我們很難分辨何者是自變數，何者是依變數。現在我們用態度和行為的例子來說明。

雖然大多數態度和行為的研究均指出態度的確影響行為，但是，在沒有加入中介變數之前，他們的關係還是很薄弱的，這使得一些研究人員試圖從另外一個角度來看行為是否影響態度，這個觀點，就稱為自覺理論（self-perception theory）。[1]

當人們被問到關於某些事情的態度時，他們往往會回想自己過去有關的行為，並且從其行為來推論態度，所以當一個職員被問到在公司工作的感覺時，他可能會想：「因為我已經在這家公司工作了十年，所以我一定會喜歡這個工作」。因此，自覺理論認為，人們的態度都是在行為發生後被賦予的某種意義，而不是事前的一種「設計」。

自覺理論已經得到相當證實。傳統上態度和行為間的關聯性依然被肯定，只是很薄弱（相關程度不高）。相對來說，行為和態度間的關聯性卻很強，那麼，我們該怎樣下結論呢？似乎我們總是擅長為自己所做的事找藉口，卻不擅長將我們所發現的道理加以落實。

線性或非線性　在線性（linear）或直線（straight-line）的關係中，二變數會以同樣的變化率而變化，不論該變數的值是低、中或高。在非線性（nonlinear）或曲線（curvilinear）的關係中，一個變數的值的改變會因另一個變數的不同值而異。

圖 11-6 的 (a)、(b) 表示了線性關係、非線性關係。在 (a) 部分的線性關係中，不論變數 X 的值如何，變數 Y 的改變率是一樣的。改變率就是該直線的斜率（slope，以 ΔY/ΔX 表示）。斜率愈陡直，表示改變率愈高。

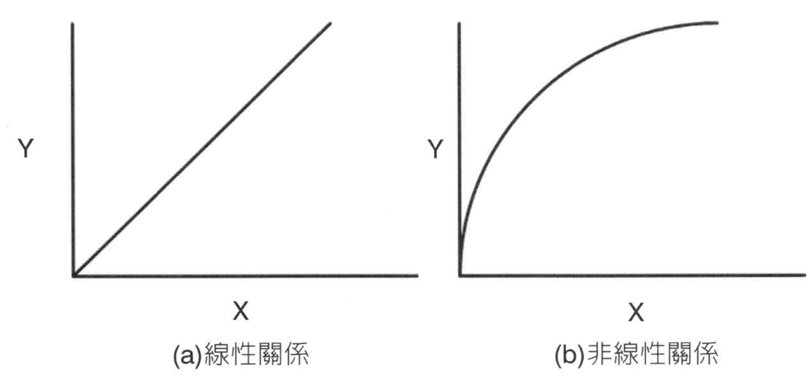

圖 11-6　線性關係與非線性關係

在圖 11-6(b) 部分的非線性關係中，X 值變大時，Y 的變化率變得緩慢。也許教育程度與所得會呈現這種關係，換句話說，教育程度的增加具有「邊際效用遞減」（diminishing marginal utility）的現象。因此，不斷的受教育並不會使我們成爲億萬富翁的（這是指收入而言，不是指在精神上、心智上的獲得）。另外，學習曲線告訴我們，產品的平均成本會隨著數量的倍增而減低 20～30%，但是這總不能無線延伸，使得當產量變得很大時，平均成本爲零吧！此外，我們還要注意，圖 11-6 (b) 部分所表示的只是一種非線性關係，還有許多其他類型的非線性關係。

假象關係 我們有時候會先入爲主地認爲兩個變數之間有著明顯的關係存在，但在仔細推敲之後，發現這兩個變數並沒有關係（或其間的關係怪怪的）。如果我們發現城市的動物園大小與犯罪率呈現正相關，我們可以認爲，動物園愈大（也許是面積愈大、或獅子老虎愈多），犯罪率愈高嗎？我們會做出這麼奇怪的結論，是因爲我們沒有考慮到第三個變數（城市大小）。由於城市大小與動物園大小、城市大小與犯罪率高低之間均有正相關存在，因此使我們誤認爲動物園大小與犯罪率高低之間有關係存在。兩個變數看起來似乎有關聯性，但是這個關聯性是因爲第三個變數所造成的，那麼這兩個變數的關係稱爲假象關係（spurious relationship），如圖 11-7 所示。

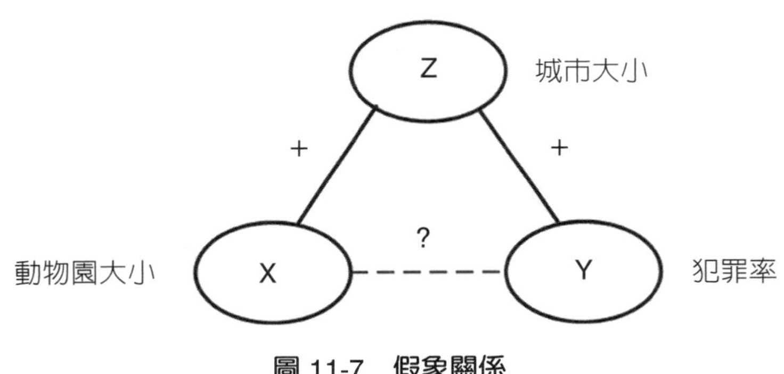

圖 11-7 假象關係

若 X、Y 相關很高，且 Z 與 X、Y 都有高相關，如將 Z 控制（或稱將 Z 排除）後 X、Y 相關變很低。即 X、Y 簡單相關 r（X, Y）大，但 X、Y 偏相關 r（X, Y|Z）小，則 X、Y 之間的相關爲一種假象關係。

干擾變數（或抑制變數、混淆變數） Rosenberg（1968）提出了「僞零關係」（spurious zero relationship）的看法。[2] 僞零關係是指：兩個變數其實是有關係的，但看起來並沒有關係，因爲這兩個變數中的每一個變數均與第三個變數有關。Rosenberg 將這個變數（也就是第三個變數）稱爲干擾變數（distorter）或抑制變數

（suppressor），因爲它干擾了或壓抑了原先兩個變數之間的關係。干擾變數與兩個變數中的其中一個有正向關係，但與另外一個有負向關係，因此干擾了（壓抑了）這兩個變數之間的關係。如果把抑制變數控制住（或剔除），則原先的兩個變數之間的關係就會顯露出來。

讓我們來舉例說明。教育程度與所得呈正相關是相當合理的假說。但是我們的研究結果發現，教育程度與所得呈負相關。原因何在？經過進一步研究，我們發現了：

- 年齡與教育程度呈負相關。
- 年齡與所得呈正相關。

圖 11-8 描繪了這些關係。爲什麼教育程度愈高，所得反而愈低？這是因爲「年齡」這個干擾變數抑制了它們之間的關係。低的年齡拉高了教育程度，壓低了所得；高的年齡拉高了所得，壓低了教育程度。如果我們針對某一個年齡層的樣本，來研究其教育程度與所得的關係，則會發現其間的正向關係。

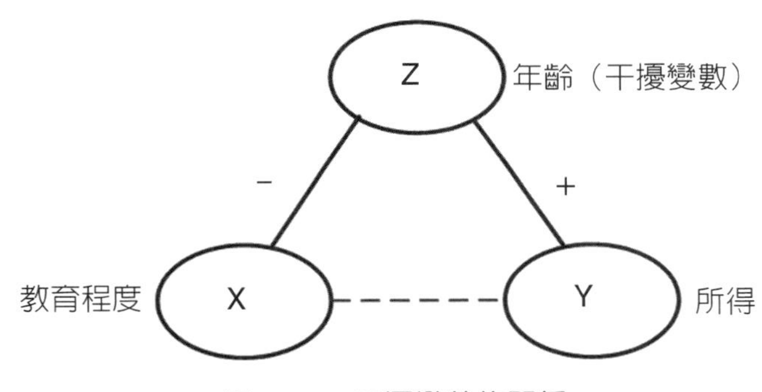

圖 11-8　干擾變數的關係

干擾變數具有調節自變數對依變數的作用。干擾變數與自變數一樣對依變數有影響，但干擾變數除主效用，也要討論干擾變數與自變數對依變數的之交互作用。以迴歸而言，所謂干擾變數就是它干擾了自變數 X 與依變數 Y 間的關係式，包括方向與大小。以相關而言，X 與 Y 間的相關會因干擾變數水準的不同，而得到不同的相關。以 ANOVA 而言，干擾效用表示干擾變數與自變數 X 的交互作用顯著。

中介變數　通常二變數之間的明顯關係是因爲中介變數（intervening variable）存在的關係。中介變數可以定義爲「在理論上會影響所觀察的現象的因素，但是這些因素不容易被察覺、測量或操弄。它的存在及效應可從自變數對所觀察的現象的影響做推論而來」。[3] 因此，變數 X 和變數 Y 也許有高度相關性，但是這種關係是因爲 X 影響到第三個變數 Z，而且 Z 影響到 Y 所造成的。在這個例子中，Z 爲中介變數，如圖 11-9 所示。

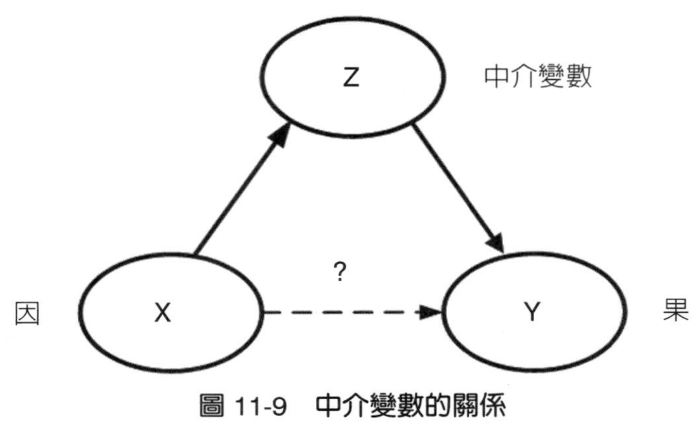

圖 11-9　中介變數的關係

例如，電視看久了會造成腰痠背痛嗎？如果我們發現其間有正相關，就可以遽下結論嗎？不然，可能是因爲電視看愈久，坐姿就愈來愈不正，因而造成了腰痠背痛，在這個例子中，坐姿就是中介變數。

早期的研究發現，行爲和態度是相關的，也就是人們的態度決定了行爲，但是，如果說人們看電視（行爲）是因爲喜歡電視節目（態度），或部屬逃避工作（行爲）是因爲討厭工作（態度），這很可能會犯了遽下結論的錯誤。然而，在 1960 年代，態度和行爲的假說卻受到了質疑，對許多探討態度和行爲間關係的研究結果發現，態度和行爲間並無關聯，最多也只具有極低的相關，[4] 最近有研究指出，如果把中介變數（intervening variable）考慮進去，態度和行爲間的關係就比較明顯了。

用特定的行爲和態度可以幫助我們發現行爲和態度間的關係，[5] 但是一個人的態度傾向於「環保」是一回事，他的態度是趨向於「購買無鉛汽油」又是另外一回事。愈是特定的態度，我們就愈能確認特定的行爲，而把態度和行爲之間的相關性顯示出來的機率就越大，例如，1970 年代，法律並沒有明文規定車子必須使用無鉛汽油。無鉛汽油雖然比較貴，但卻對環境污染的程度較小。有一些研究人員針對這個問題，對駕駛人做了各種問卷調查（問卷中的問題從一般性的問題，例如，對環境保育的關心，到特定的問題；例如，個人對購買無鉛汽油的義務），結果發現，愈是特定的問題，愈能測量出駕駛人的態度和使用汽油的關係（相關係數從 +0.12 提高到 +0.59）。態度愈不特定，在影響行爲上愈可能有中介變數存在。

一個變數之所以稱為中介變數，是因為它是將自變數 X 的效用透過此中介變數影響到依變數 Y。中介變數的數值要等自變數發生後才能測量到（或觀察），而依變數的數值也要等中介變數產生後才能測量到。換句話說，在發生的時間順序上是這樣的：自變數最先發生，然後是中介變數，最後才是依變數。中介效果存在的情況：(1)自變數顯著影響中介變數；(2)中介變數顯著影響依變數；(3)沒有中介變數時，自變數顯著影響依變數；(4)有中介變數時，自變數影響依變數變成不顯著。

前置變數　前置變數（Antecedent Variables）影響自變數 X，自變數 X 影響依變數 Y。發生的時間順序是前置變數最先發生，然後是自變數，最後才是依變數。

六、無母數檢定

所謂「母數」，是指母體的參數（parameter）。例如，母體的平均數、變異數等。因為有母數，所以我們可以利用樣本的平均數來推定母體平均數所在範圍。「無母數」是指沒有母體的參數，既然母體沒有參數，就不可能用樣本來推估。次序尺度、名義尺度的資料就屬於無母數。

進一步說明，區間資料的平均數檢定所使用的統計技術都屬於母數法（parametric methods）。在使用母數統計法時，對於所要研究的母體都有一些比較嚴格的規定。例如，在檢定兩個獨立樣本的平均數有無顯著性的差異，而使用 t 檢定法時，我們必須先假定兩個樣本都來自具有相同變異數的常態母體。同時，進行母體統計分析時，所用的數據都是以區間尺度或比率尺度這些高階的測量尺度。相形之下，無母數法（nonparametric methods）對於母體所作的假定較少，而且我們可以用次序尺度、名義尺度這些低階的測量尺度的資料來進行統計分析。

七、多變量分析

在學術論文研究中，多變量資料的處理及分析是相當重要的一環。如何以適當的統計技術，將所蒐集到的資料加以處理分析，以提供決策者所需的資訊，在決策的品質上扮演著一個相當關鍵性的角色。隨著微電腦的普及，統計分析的套裝軟體的「物美價廉」，使得我們在進行多變量分析時如虎添翼。但是分析的方便，並不表示分析的正確；我們應對於如何選用適當的多變量技術，以及如何對於統計的輸出結果做分析及解釋，做深入的了解。

多變量技術（multivariate technique）可以依照圖 11-10、11-11、11-12 所顯示的結構來加以分類。研究者在選擇一個適當的方法時，要回答下列三個問題：

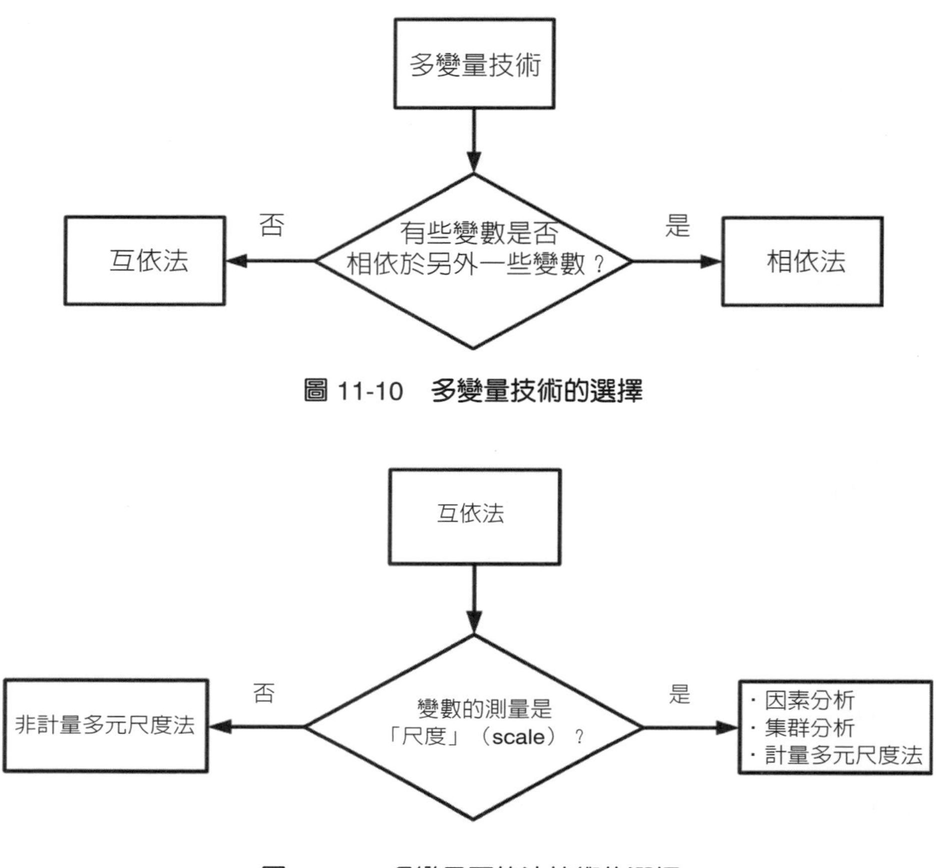

圖 11-10　多變量技術的選擇

圖 11-11　多變量互依法技術的選擇

1. 變數之間是相依性，還是互依性？

多變量技術可依相依性（dependence）及互依性（inter-dependence）來加以歸類。我們所選擇的多變量技術是否適當，首先就是要看我們對於相依性、互依性的了解是否清楚。如果在研究問題中，有準則變數（criterion variable，或依變數）、預測變數（predictor variable，或自變數），則這個問題是屬於相依性的問題。多變量變異數分析（multivariate analysis of variance, MANOVA）、多元迴歸（multiple regression）或稱複迴歸、區別分析（discriminant analysis）這些多變量分析技術都分別有準則變數及預測變數。另一方面，如果變數之間是互相關聯的，沒有哪一個（或者哪些個）變數是依變數，也沒有哪一個（或者哪些個）變數是自變數，則各變數之間就具有互依性。因素分析（factor analysis）、集群分析（cluster analysis）、多元尺度法（multidimensional scaling, MDS）都是處理各變數之間互依性問題的多變量技術。

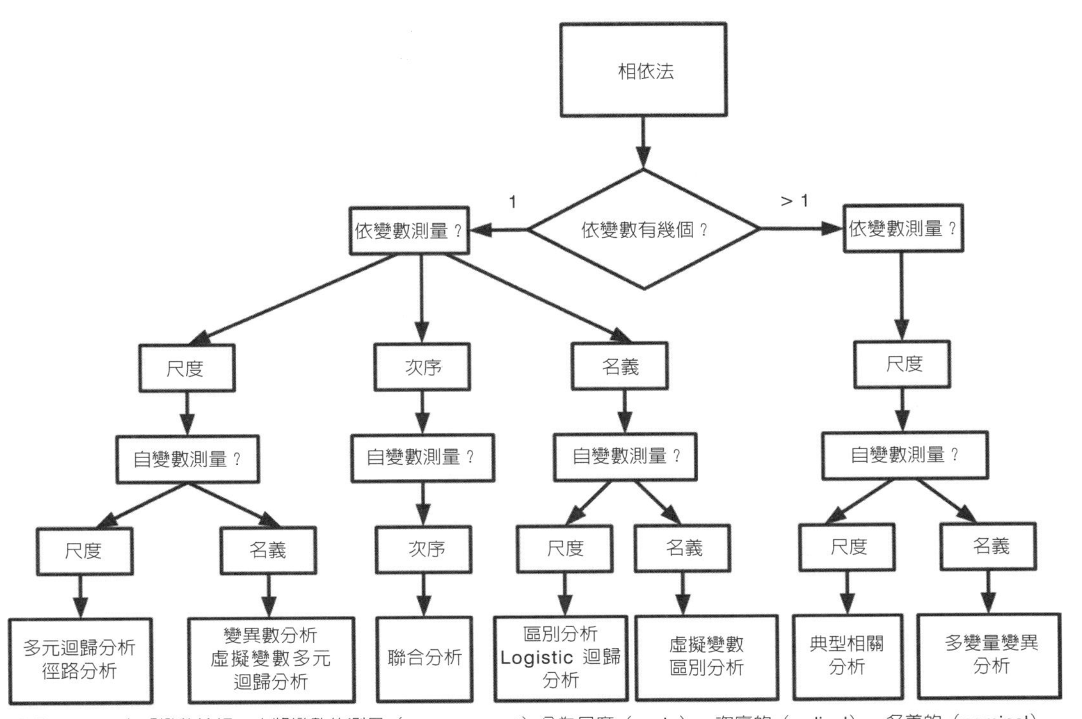

說明：SPSS 在「變數檢視」中將變數的測量（measurement）分為尺度（scale）、次序的（crdinal）、名義的（nominal），而尺度包括區間（或等距）尺度（Interval）、比率尺度（Ratio）

圖 11-12　多變量相依法技術的選擇

2. 依變數是否一個以上？

如果對第一個問題的回答是「互依性」，則對這一題的回答必定是「否」。如果對第一個問題的回答是「相依性」，則就要看依變數的數目。如果依變數的數目在一個以上，可用的技術有典型相關、多變量變異數分析；如果依變數的數目只有一個，則分析的技術有多元迴歸等。

3. 資料的量數（或稱尺度、類型）如何？

在這個步驟中，我們要考慮的是資料測量的問題，也就是資料是計量的（metric）或是非計量的（nonmetric）。計量資料是指以量尺（區間、比率尺度）來測量的資料；非計量資料是指以名義、次序量數（尺度）來測量的資料。在相依法中，我們要考慮的是某個（或某些個）依變數的量數（測量尺度）；在互依法中，我們要同時考慮到各變數的量數（測量尺度）。在圖 11-10、圖 11-11、圖 11-12 中，我們可以看到基於量數（測量尺度）的不同，會有不同的測量技術。

二、釋例

圖 11-10、圖 11-11、圖 11-12 說明了選擇多變量分析技術的步驟。我們現在以一個小個案來說明這些技術的選擇。大海軟體公司的行銷研究部門最近想進行一項研究，以了解消費者對於該公司在盡社會責任方面的意見。此研究的問卷題目如下所示。研究中要求受測者就每一題在「做得完全、做得略完全、無意見、做得略不完全、做得不完全」這些尺度上做評點。

1. 對慈善機構、福利及健康基金提供協助
2. 對公眾及私人教育提供協助
3. 僱用少數民族（人種上及種族上），並提供發展、訓練
4. 參與社區活動
5. 防止污染
6. 僱用女性員工，並提供發展、訓練
7. 改善員工的工作生活品質
8. 資源的節省（包括能源）
9. 對失業者的雇用及訓練
10. 協助小企業
11. 都市化的更新及發展
12. 協助藝術的發展
13. 保護消費者
14. 提升政治及政府制度

我們想要做的是：如何減少這些題目的數目，但仍能（或更能）解釋受測者之間的變異情形。爲了回答這個問題，我們要了解這是一個互依性的問題，因爲依照各個變數所蒐集到的資料之間，並沒有依變數。然後，我們要看一看這些資料的類型是屬於計量的（metric）或是非計量的（nonmetric）。計量資料是指以量尺量數（區間、比率尺度）來測量的資料；非計量資料是指以名義、次序量數（尺度）來測量的資料。根據問題題目的特性（那些問題看起來像是等距的區間尺度），而且經過初步分析，發現若干變數之間具有線性關係，所以我們認爲這些資料是計量的。接著我們有三種選擇：多元尺度法、集群分析及因素分析。多元尺度法可以讓我們針對物件（個體、物體、產品、品牌等）之間的相似性及偏好情形，在幾

何圖形或空間圖上建立其相對的定位。這個空間圖說明了物件的相似、相異情況。集群分析可建立同質的次群體或集群。因素分析會在變數之間尋找某些特定的型式（pattern），以便將若干個變數集結成一個因素。在我們的例子中，我們所選擇的是因素分析。

現在我們再舉個例子說明互依技術的選擇。假如我們有興趣從家庭收入、家庭大小、家庭所處地區是城市或鄉村這些變數，來預測家庭的食物支出的情形。回到圖 11-12，我們了解這個問題中有一個依變數（或準則變數），那就是家庭食物支出。「家庭食物支出」這個變數是計量資料，因為它是以比率尺度來測量的。家庭收入、家庭大小這兩個變數也是計量資料。但是「地區」這個自變數是二分的（dichotomous）的名義資料。根據圖 11-12，我們可選擇的技術有：變異數分析、虛擬變數多元迴歸分析。

三、因素分析

因素分析最初為 Spearman, Thomson and Burt 等心理學家所發展出的一種統計方法。因素分析在早期主要用於心理學領域，後來則廣泛的應用在醫學、生物學、經濟學、教育學及其他行為科學領域方面。經過多年的發展，因素分析包含許多縮減空間（或維度）的技術，其主要目的在以較少的維數（number of dimensions）來表示原先的資料結構，也就是簡化資料，而又能保留住原有資料所提供的大部分資訊。換句話說，因素分析的主要目的是：減少變數數目、確認資料的基本結構及尺度。

四、集群分析

集群分析（cluster analysis），又稱群集分析，其目的在於將物件（包括個體、產品、品牌、國家、城市等）加以集結成群，使得在群體內個體的同質性（homogeneity）很高，群體之間的異質性（heterogeneity）很高。這個技術在我們區分市場區隔（market segment）時特別有用。[6]

集群分析與因素分析類似，如果我們針對變數做集群分析，不就等於應用因素分析了嗎？當我們針對個人來建立集群時，這種分析叫做 Q 分析（Q-analysis）。當我們針對變數來建立集群時，這種分析叫做 R 分析（R-analysis）。

集群分析與區別分析的差別，在於區別分析是以界定清楚的兩群（或以上）來檢視什麼變數最能區分這些群，而集群分析是將未經區別化（undifferentiated group）的一群個人、事件或物體，重新組合成同質性的次群體。

五、多元尺度法

多元尺度法（multidimensional scaling, MDS），又稱多維尺度分析，其目的之一在於幫助我們建立受測者對於產品、服務及其他物體在產品空間（product space）產生知覺圖，如圖 11-18 所示。建立知覺圖的目的在於使研究者了解不易衡量的、認知的的構念（construct，例如，產品品質、忠誠度等）。這個將產品定位在空間的圖形，可使企業決策者了解：競爭者是誰？本公司與競爭者比較之下，孰優孰劣？在何種尺度上做比較？進而思考本公司應採取何種定位策略。

行銷者可能會使用許多種方法來決定品牌的適當定位。不論是對於新舊產品，針對目標市場的消費者做深入的晤談，將有助於了解消費者的一些想法。行銷者可利用調查與實驗研究方法來獲得有關的定位資料，如生活型態和知覺的資料。

消費者對產品的接受與否，並不是一目了然的事情。建立知覺圖（perception map）或產品空間圖（product space map）可以幫助了解消費者對產品的印象及感覺。知覺圖可幫助行銷者了解消費者對於品質、價格等因素的感覺。研究者先獲得消費者對許多競爭品牌的感覺，然後再以 SPSS 分析這些資料，以決定這些競爭性品牌的特性以及消費者認爲最重要的特性組合。將分析的結果繪出圖表，以整體顯示出消費者對各種品牌的印象組合。

圖 11-13 爲克萊斯勒公司（Chrysler）所發展的品牌知覺圖。克萊斯勒公司每

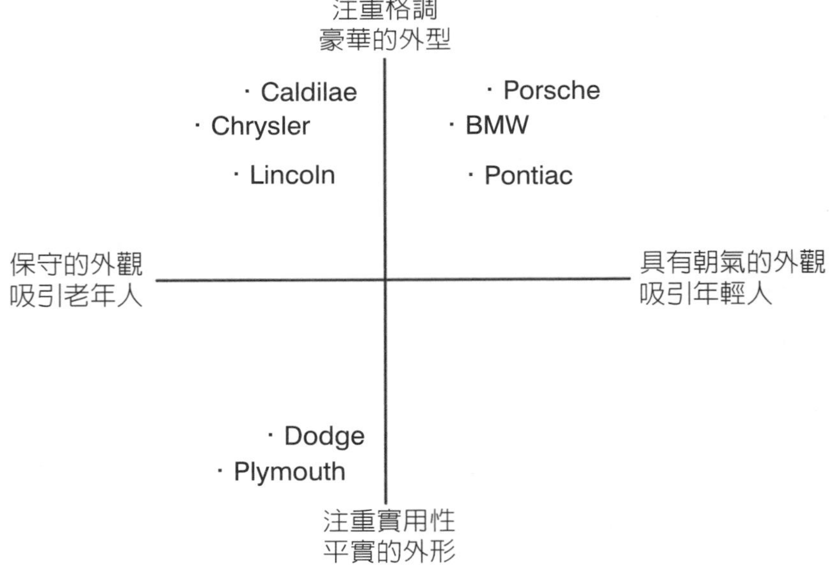

圖 11-13　轎車的知覺圖

年都要製作許多一系列這類的圖，以了解消費者的反應。調查中詢問擁有不同品牌車輛的車主，將各種品牌的車子以年輕、高貴、和實用性等特性來做排列。

如圖 11-13 所示，Plymouth 的市場定位是實用的、平實的；而 Chrysler（克萊斯勒）在消費者心目中的形象是比較注重格調，但不如其主要競爭者 Cadillac（凱迪拉克）。

藉著知覺圖獲知消費者的想法，行銷者可以了解它的行銷策略是否針對適當的目標市場，並從知覺圖中定位點的集中程度（或接近程度），了解在這個區隔中有多少競爭的品牌。經由這樣的分析，Chrysler 公司決定 Plymouth、Dodge 和 Chrysler 須表現出更年輕的形象，同時應將 Plymouth 及 Dodge 提升到高級的地位。

產品空間上建立知覺圖，可分爲兩種方法：屬性基礎（attribute-based）及非屬性基礎（nonattribute-based）。在使用以屬性爲基礎的方法時，研究者必須要受測者在各種屬性上對品牌進行評估，如利用因素分析以及區別分析來建立知覺圖。SPSS 的 ALSCAL 程序也屬於以屬性爲基礎的方法。

在使用以非屬性爲基礎的方法時，研究者必須要受測者以若干屬性針對所要測試的實體進行相似判斷（similarity juegment）或偏好判斷（preference judgment）。以非屬性爲基礎的方法又分爲兩種：非計量多元尺度法與計量多元尺度法。非計量多元尺度法的投入資料是非計量的次序資料，亦即相似次序或偏好次序。如果投入的是相似次序，可得出知覺圖（perceptual map），如果投入的是偏好資料，則可得出偏好圖（preference map）。

計量多元尺度法所投入的是計量資料（區間、比率尺度），亦即相似程度或偏好程度。如果投入的是相似程度資料，可得出知覺圖（perceptual map），如果投入的是偏好程度資料，則可得出偏好圖（preference map）。

六、多元迴歸

隨著自變數數目的多寡，迴歸分析可分爲簡單直線迴歸分析與多元迴歸分析兩種。當我們以一個自變數來預測相對應的依變數值時，這個過程稱爲簡單迴歸（simple regression）。當自變數有一個以上時，依變數就變成了多個自變數的函數，這個情形就是多元迴歸或複迴歸（multiple regression）。不論是簡單迴歸或是多元迴歸，所使用的都是迴歸分析（regression analysis）的技術。在迴歸分析中，自變數通常被稱爲預測變數（predictor），依變數通常被稱爲準則變數（criterion）。

在專題研究中，多元迴歸分析比簡單迴歸更切合實際，因為在企業問題的分析中，我們所要研究的依變數會受到許多自變數的影響。例如，個人知覺會受到個人的態度、動機、興趣、經驗、期望所影響；員工的工作滿足會受到工作挑戰性、報酬公平性、支援性的工作條件、同事支援性及領導風格所影響。

和簡單迴歸方程式（Y = a + bX）一樣，我們對於多元迴歸方程式也假設其依變數與各個自變數之間也有線性關係（linear relation）存在。例如，假設有三個自變數，則多元迴歸方程式（multiple regression equation）就是：

$$Y = a + b_1X_1 + b_2X_2 + b_3X_3$$

依變數 Y 是截距 a 加上 X_1，X_2，X_3 這三個自變數的線性組合（linear combination）的函數。b_1、b_2、b_3 這些係數表示當某個 X 變化時（其他的 X 保持不變），Y 的變化情形。例如，假設 X_2 及 X_3 保持不變，b_1 表示 X_1 變化時，Y 的變化情形。b 係數有時被稱為是偏迴歸係數（partial regression coefficients）。

多元迴歸通常用來：(1)描述若干個自變數與一個依變數的線性關係，更明確地說，就是了解自變數與依變數的關係、影響方向及程度；(2)基於對某些個自變數值的了解，來預測依變數的值，例如，以廣告支出、價格、銷售人員的數目來預測銷售量。

七、多變量變異數分析

我們到目前以經說明單因子變異數分析、二因子變異數、共變數分析，現在將說明單因子、二因子的多變量變異數分析。歸納一下，所謂單因子、二因子是指因子或自變數的數目，以集區設計的觀點而言，只有集區的或只有處理的叫做單因子，同時有集區及處理的叫二因子。因子（factor）在英文中稱為「way」，因此 One-Way ANOVA 是指單因子變異數分析。所謂單變量、多變量是指依變數的數目；依變數只有一個，叫做單變量（univariate）；依變數有二個以上，稱為多變量（multivariate）。

多變量變異數分析（multivariate analysis of variance, MANOVA），是同時檢視二個（或以上）依變數（準則變數）之效果的多變量技術。在依變數有兩個的場合中，如果我們分別用做兩次的單變量變異數分析（或者二因子變異數分析）來分別檢視依變數效應，則可能會有「見木不見林」之虞，因為我們可能忽略了這兩個準則變數間可能有某種程度的關聯性。

八、區別分析

區別分析又稱判別分析（discriminant analysis）的應用範圍很廣，例如，銀行將信用好的客戶和信用差的客戶分為兩群，看看什麼因素最能夠區別這兩個群體；又如某行銷部門欲了解最能區分其產品的重度使用者（heavy users）及輕度使用者（light users）的因素是什麼。

區別分析是一種相依方法，其準則變數（依變數）為事先訂定的類別或組別。譬如，可根據某些特性將某產品的使用者區分為重度使用者和輕度使用者兩組。其預測變數（自變數）是區間資料或比率資料。

區別分析的目的是：

1. 找出預測變數（自變數）的線性組合，使組間變異相對於組內變異的比值為最大。
2. 找出哪些預測變數具有最大的區別能力。
3. 根據新受試者的預測變數的數值，將該受試者指派到某一群體。換句話說，在區別方程式建立之後，研究者可將某人的有關資料（這些資料是在模式中的變數）代入這個方程式中，以了解這個人被歸類到那一群。
4. 檢定各係數與 0 之間是否有顯著性的差異，以及檢定各組的重心（centroid）是否有顯著性的差異。

11-2 結構方程模式（SEM）

結構方程模式（structural equation modeling, SEM）的應用範圍很廣，舉凡心理學研究、醫學及保健研究、社會科學研究、教育研究、行銷研究、組織行為研究等均有學者利用工具（如 IBM SPSS Amos、LISREL）建立 SEM 進行分析。例如，在行銷研究上，研究者可利用有關工具建立 SEM，來解釋顧客行為如何影響新產品銷售。在解釋不能直接測量的構念（construct）之間的因果關係方面，IBM SPSS Amos（以下簡稱 Amos）、LISREL 可以說是佼佼者。在社會科學研究、行為科學研究、企業研究（例如，總體經濟政策的形成、就業方面的歧視現象、消費者行為）等方面，Amos、LISREL 均普遍的受到研究者的喜好。

雖然 SEM 是一個相當複雜的技術，但是它可以使研究者分析複雜的共變數結構。利用測量模式、結構模式，研究者可以發掘潛在的、互依的（interdependent）

或相互影響（reciprocal）的因果變數。

值得注意的是，SEM 所處理的是整體模型的比較，因此所參考的指標不是以單一的參數爲主要考量，而是整合性的係數，此時，個別檢定是否具有特定的統計顯著性即不是 SEM 分析的重點所在。SEM 適用於大樣本之分析。由於 SEM 所處理的變數數目較多，變數之間的關係較爲複雜，因此爲了維持統計假設不致違反，必須使用較大的樣本數，同時樣本規模的大小，也牽動著 SEM 分析的穩定性與各種指標的適用性，因此，樣本數的影響在 SEM 當中是一個重要議題。一般來說，當樣本數低於 100 之時，幾乎所有的 SEM 分析都是不穩定的。[7] 目前處理 SEM 的軟體有：Amos、LISREL、EQS、MLPUS。本章將說明使用得最爲普遍的 Amos、LISREL。

一、潛在變數與觀察變數

要發揮 SEM 的強大功能，以便在建立模式時能夠順暢，我們必須先了解一些重要的基本觀念。

在結構方程模式中，可以設定三種類型的變數：潛在變數、觀察變數及誤差變數。

1. 潛在變數（latent variable）又可稱爲非觀察變數（unobserved variable）。潛在變數就是一個構念，它是無法測量的變數。在 SEM 中以橢圓形表示。
2. 觀察變數（observed variable）又稱爲測量變數、觀測變數（measurement variable）或顯性變數（manifest variables），是直接可以測量的變數，在 SEM 中是以長方形表示。如果我們以 SPSS 來建立基本資料，則在 SPSS 中的變數均爲觀察變數。觀察變數是問卷中所要蒐集的變數（在問卷中，某一變數可能由具有效度的一個或多個題項來衡量）。觀察變數又被稱爲觀測變數，因爲它代表著「可被觀察並加以測量」的雙重意義。
3. 誤差變數（unique variable）是不具實際測量的變數（這與潛在變數一樣）。每個觀察變數都會有誤差變數。在 SEM 中，誤差變數是以圓形表示。如果要進一步分析，我們還可以了解影響每誤差變異（error variance），也就是以觀察變數來衡量潛在變數的誤差值變異數。

在 SEM 中，觀察變數與誤差變數合稱爲指標變數（indicator variable，或稱指示變數）。在 SEM 中的潛在變數也可分爲外衍變數（亦稱外生變數、外因變數）

與內衍變數（亦稱內生變數、內因變數）。外衍變數（exogenous variable）是指自變數，內衍變數（endogenous variable）是指因變數，因變數會有誤差變數。以上的說明如圖 11-14 所示。

進一步地說，所謂外衍變數，是模式中不受任何變數影響但會影響其他變數，也就是路徑圖中會指向任何一個其他變數，但不被任何變數以單箭頭指向的變數。內衍變數是指模式當中，會受到任何一個其他變數影響的變數，也就是路徑圖中會受到任何一個其他變數以單箭頭指向的變數。

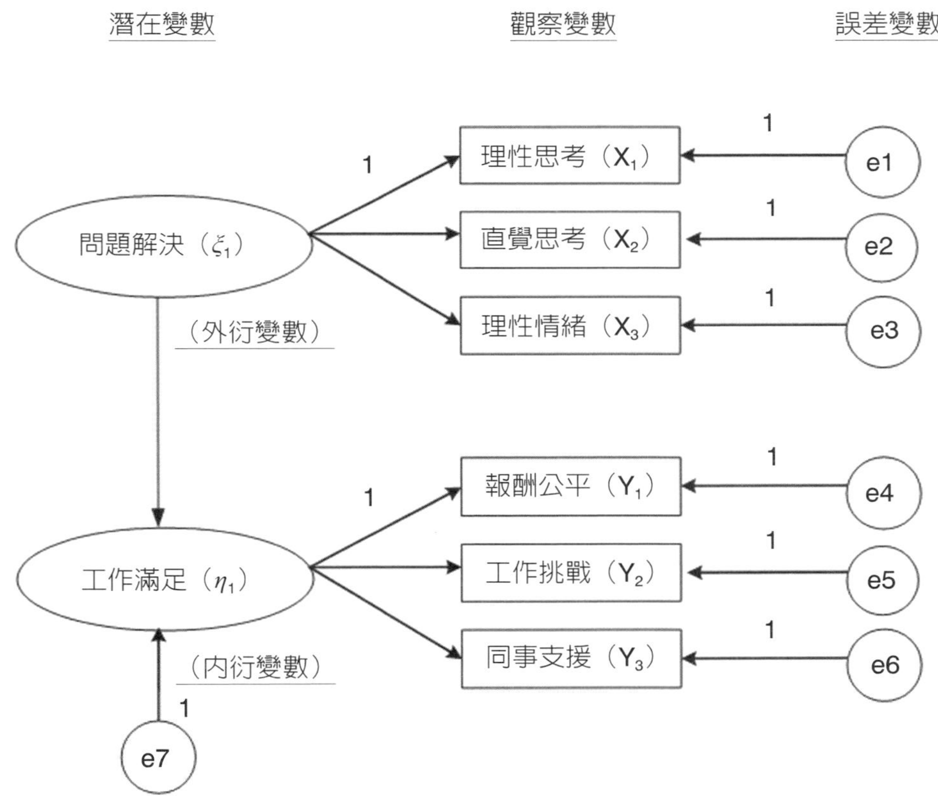

圖 11-14　SEM 的變數類型

二、使用 SEM 的條件

使用 SEM 必須在因果關係上滿足以下基本條件：(1)兩變數之間必須要有足夠的關聯性；(2)假設的「因」必須要發生在「果」（也就是所觀察到的效應）之前；(3)變數之間的關係必須要有理論根據。

企管學院或商學院學生在撰寫研究論文（碩士、博士論文，或專題研究）時，如果要建構 SEM，使用得比較普遍的是 Amos 或 LISREL。

三、Amos[8]

Amos 早先是屬於 SmallWaters 公司的產品，但在 Amos 6.0 以後由 SPSS 獨家經銷，因此已儼然成爲 SPSS 產品家族中重要的一員。2009 年，SPSS 公司推出 Amos 18.0。2010 年 10 月，IBM 收購 SPSS 之後發佈了最新版本 IBM SPSS Amos 19（圖 11-15）。讀者可上網（http://www14.software.ibm.com/webapp/download.htm）下載學生版。

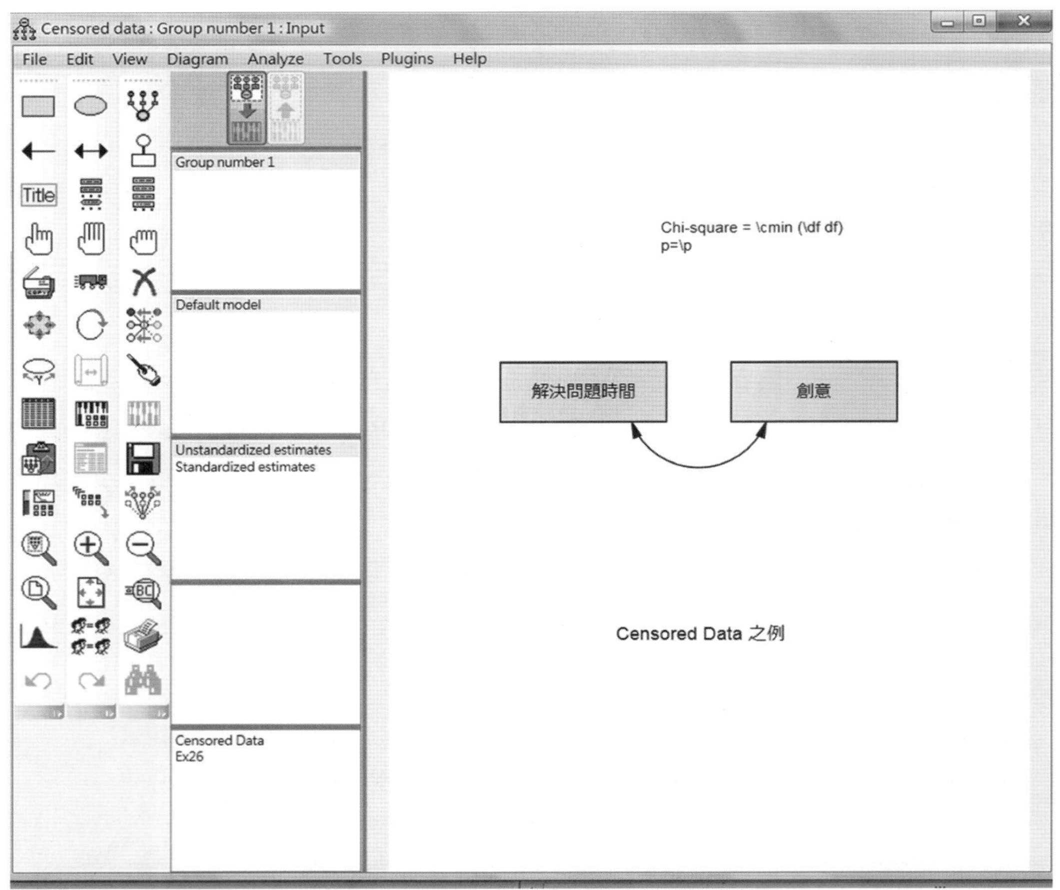

圖 11-15　IBM SPSS Amos 19

我們可以用 SPSS 來建立資料檔，也可以用 Microsoft FoxPro、Microsoft Excel、Microsoft Access、Lotus，或文字檔案（txt）來建立資料檔，再由 Amos 讀

入以便進行資料分析，所以說是非常方便的。

Amos（Analysis of Moment Structures）[9] 是由 James L. Arbuckle 所發展，適合進行共變異數結構分析（Analysis of Covariance Structures），是一種處理結構方程模式（structural equation modeling, SEM）的軟體。Amos 又稱爲共變數結構分析、潛在變數分析、驗證性因素分析。Amos 是結合迴歸分析、因素分析、相關分析、變異數分析的多變量分析技術；它是功能強大、易學易用的 SEM 分析軟體，對於進行專業研究、撰寫博碩士論文、專題研究的資料統計分析，具有如虎添翼之效。

SEM 是適用於處理複雜的多變量數據的探究與分析。Amos 可同時分析許多變數的關聯性、可同時處理許多自變數與許多因變數的因果關係，讓研究者一窺全貌，是一個功能強大的統計分析工具。[10]

四、Amos 特色

Amos 特色有：(1)視覺化、繪圖導向；(2)遺漏值處理。Amos 是根據貝氏估計（Bayesian estimation）以產生更爲精準的參數事後估計值與分配，同時可讓我們了解有無遺漏值。如果有，我們可用 Data Imputation 來處理；(3)提供模式檢驗方法。Amos 並可讓我們檢驗資料是否符合所建立的模式，以及進行模式探索（逐步建立最適當的模式）；(4)多群組分析。利用 Amos，我們可針對兩個以上的群組的各變數進行資料的比較與分析；(5)次序／類別資料處理。Amos 可處理次序／類別資料，換句話說。模式中的變數可以是非數值資料或非計量資料（non-numeric data）；(6)Censored data（設限資料）處理。在 Amos 的 Tools 工具列下的 Recode 可對資料重新編碼，以處理 censored data。Amos 在處理 censored data 時，除了假設其爲常態分配之外，無須做其他任何假設；(7)結合因素分析（驗證性因素分析）與路徑分析；(8)更嚴謹的資料分析。Amos 適合小樣本、避免不允許的參數值出現（例如在共變數矩陣中對角線數值出現負的變異數）。Amos 提供了資料的常態性檢定、極端值的呈現，以便讓研究者進行更爲嚴謹的資料分析。

五、LISREL

LISREL 是 SSI 公司（Scientific Software International, Inc., http//www.ssicentral.com/）的產品。SSI 公司是相當有名的統計軟體開發公司。LISREL 是 32 位元視窗應用軟體。其早年的版本是在 DOS 環境下運作，但自從推出 8.0 視窗版之後，介面變得更爲友善，操作變得更爲方便，是建立結構方程模式（structural equation modeling, SEM）不可或缺的工具之一。2006 年 7 月 25 日推出的 8.8 版是目前最新的版本。

1. LISREL 產品家族

LISREL 是由 Linear Structural RELationship（線性結構關係）的起頭字，爲 SEM 最早出現的分析軟體。它是由 Karl G. Joreskog 與 Dag Sorbom 這兩位瑞士籍統計學家在 1971 年所發展，用已進行複雜的共變結構分系。多年以來 LISREL 幾乎成了 SEM 的代名詞，但事實上，LISREL 包括了以下的產品家族（表 11-3）：

表 11-3　LISREL 產品家族

LISREL 產品家族	功能
PRELIS（32 位元應用程式）	處理資料、轉換資料、產生資料、產生動差矩陣（moment matrix，例如，相關係數矩陣，共變數矩陣）、產生漸進共變數矩陣（asymptotic covariance matrix），進行迴歸分析、探索性因素分析、計算多元估計值（例如，對於遺漏值的估算）、拔靴法（bootstrapping）
LISREL	針對完整或不完整的複雜調查，以及多層次、簡單隨機樣本資料，建立結構方程模式
MULTILEV	對多層次資料建立線性與非線性模式
MAPGLIM	對多層次資料建立廣義線性模式（Generalized Linear Models）
SURVEYGLIM	對簡單隨機樣本與複雜調查資料建立廣義線性模式
CATFIRM 與 CONFIRM	分別對於類別資料、連續性的依變數建立正式推論導向遞迴模式。

2. LISREL 應用釋例

研究題目：涉入程度、消費者知識、品牌試驗與品牌忠誠度關係研究。根據此研究所建立的觀念性架構如圖 11-16 所示，依此觀念性架構所撰寫的 SIMPLIS 如圖 11-17 所示，而產生的路徑係數，如圖 11-18 所示。有興趣進一步了解的讀者，可參考筆者對此研究所指導的專題論文（輔仁大學國際貿易與金融系，2009）。

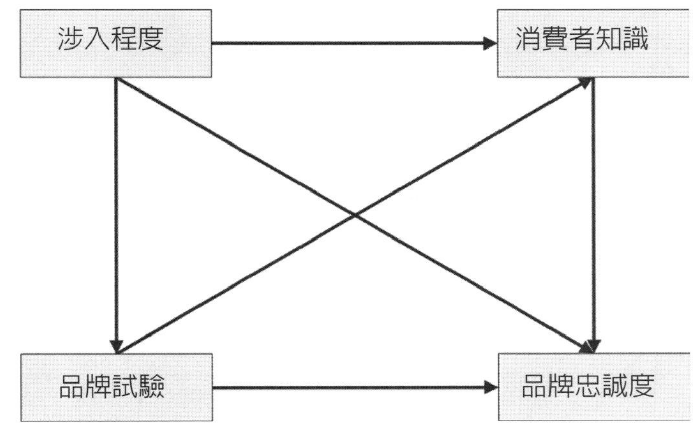

圖 11-16　觀念性架構（涉入程度、消費者知識、品牌試驗與品牌忠誠度關係研究）

在此研究中，各潛在變數與其觀察變數如表 11-4 所示：

表 11-4　潛在變數與其觀察變數

潛在變數	觀察變數
涉入程度	產品重要 產品愉悅 產品象徵 誤購風險 誤購可能
品牌實驗	品牌轉換
消費者知識	搜尋行為 生活型態 外觀選擇
品牌忠誠度	品牌偏好 價格容忍 再購意願 持續購買 他人推薦

典型的 SIMPLIS 程式具有以下的結構：

步驟		語法
1	標題*	（說明研究題目）
2	觀察變數	Observed Variables:
5	潛在變數	Latent Variables:
3	資料檔位置與名稱	Raw Data from File ‘D:\...’ 或者： Covariance Matrix from File ‘D:\...’
4	樣本大小	Sample =
6	關係	Relationships
7	路徑*	Paths:
8	定義量尺（等心）* 測量誤差* 無相關設定* 等化限制*	Set Variance of Set Error Variance of Set Covariance of Set Path from
9	路徑圖	Path Diagram:
10	輸出*	Options: 或者 LISREL Output
11	結束	End of Problem
* 可以不寫		

針對以上的程式語法有一些補充說明：(1)有些程式指令可以不寫，例如，如果沒有路徑，就不必設定 Paths，(2)大小寫不拘，但大小寫分開比較清楚，(3)有些程式指令的次序沒有關係，但以上述程序會清晰易懂，而且絕不會錯誤。依上述觀念性架構所撰寫的 SIMPLIS 如圖 11-17 所示。

```
LISREL Windows Application - [stat]
File  Edit  Setup  Output  Options  Window  Help

涉入程度、消費者知識、品牌試驗、與品牌忠誠度關係研究
Raw Data from file 'C:\Users\Administrator\Desktop\stat\RAW_DATA_CSV.PSF'
Latent Variables  涉入程度 消費者知識 品牌試驗 品牌忠誠度
Relationships
Sample Size = 424
Latent Variables  涉入程度 品牌忠誠 消費者知 品牌實驗
Relationships
產品重要 = 涉入程度
產品愉悅 = 涉入程度
產品象徵 = 涉入程度
誤購風險 = 涉入程度
誤購可能 = 涉入程度
品牌轉換 = 品牌實驗
品牌偏好 = 品牌忠誠
價格容忍 = 品牌忠誠
再購意願 = 品牌忠誠
持續購買 = 品牌忠誠
他人推薦 = 品牌忠誠
蒐尋行為 = 消費者知
生活型態 = 消費者知
外觀選擇 = 消費者知
品牌忠誠 = 消費者知  品牌實驗
消費者知 = 品牌實驗
品牌忠誠 = 涉入程度
消費者知 = 涉入程度
品牌實驗 = 涉入程度
Set the Error Varince of 品牌轉換 to 0.00
Path Diagram
Path Diagram
End of Problem
¤
```

圖 11-17　依觀念性架構所撰寫的 SIMPLIS

執行之後所產生的路徑圖係數，如圖 11-18 所示。

3. LISREL 軟體

LISREL 8.8 學生版的大小只有 33,457KB（約 33MB），但麻雀雖小，五臟俱全的 LISREL 8.8 學生版最多能支持 15 個觀測變數；多層次模式分析最多可支持 15 個變數；正式版 495 美元。SSI 網站（http//www.ssicentral.com）提供了許多有用的工具，以幫助初學者獲得清楚的認識，進而輕鬆上手。[12]

在 SSI 網站中的「新聞」（News）臚列了許多許多有用的訊息，例如：工作坊、SEM 的縱斷式（時間序列）研究模式、延伸應用、線上教學、座談會、LISREL 8.8 正式版 15 天試用、使用者手冊（包括 PRELIS 使用手冊、互動圖形式使用手冊、MULTILEV 使用手冊、SURVEYGLIM 使用手冊）、新書出版等。

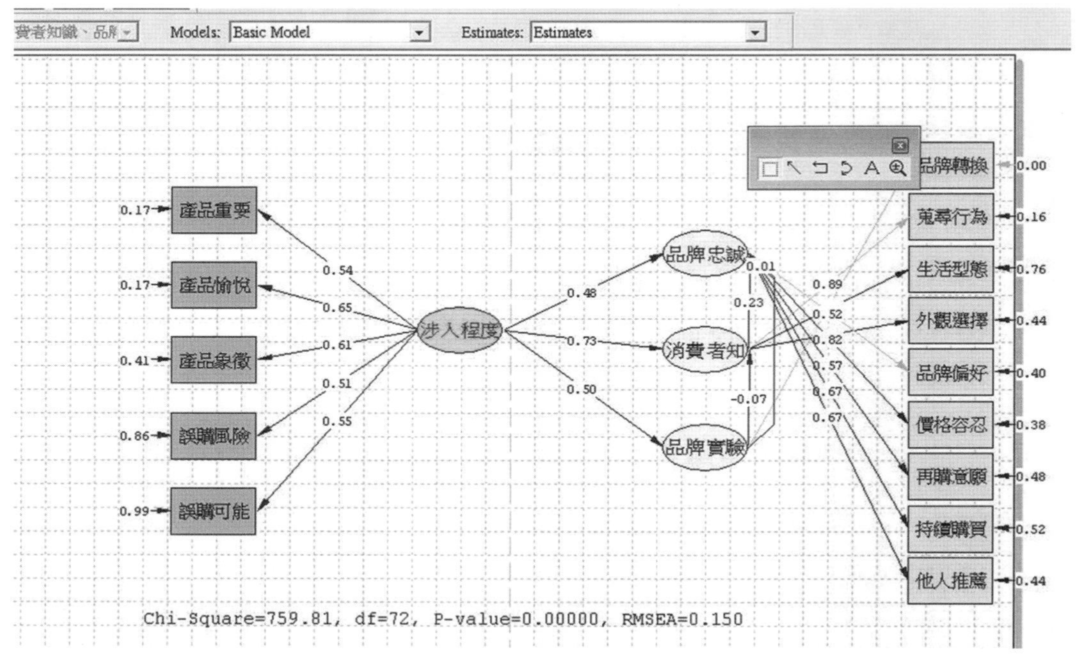

圖 11-18　路徑係數[11]

啓動 LISREL 之後，在其輔助說明（HELP）內，提供了許多實用的範例。跟著範例學習（Learn by Example, LBE）是非常有效的學習方式。我們可以跟著每一個範例做一遍，如此就能收事半功倍之效，同時對 LISREL 的分析功力會大增。

LISREL 的輔助說明中還有常見問題集（FAQ）、FIRM 語法、介面 LISREL 語法、Multilevel（多層次）語法、PRELIS 語法、SGLIM 語法、SIMPLIS 語法與技術說明檔。讀者可以對其 SIMPLIS 語法多下點功夫，以便舉一反三，在進行論文研究時就能夠得心應手。

六、Amos 與 LISREL 的比較

Amos 與 LISREL 各有特色。Amos 的最大特色是視覺化，易學易懂，不必撰寫程式（當然你也可以利用 Amos 的功能「Write a Program」產生 Amos Basic 程式）。LISREL 的特色是可進行多層次模式分析（multilevel modeling）。如果你的研究涉及到：(1)多個時間點（例如，第一週、第二週、第三週……）的觀察，(2)不同的處理（例如，不同的廣告刺激），以衡量結果（如以「讀牛率」來衡量的廣告效果），那麼利用多層次模式來進行分析是很恰當的。因此 Amos 與 LISREL 愈來愈受到學生與研究者的青睞。表 11-5 顯示了 Amos 與 LISREL 的比較。

表 11-5　Amos 與 LISREL 的比較

SEM / 項目	Amos 19	LISREL 8.8
特色	視覺化（利用繪圖方式建立路徑圖）。	程式導向，亦可用 Setup 的功能逐步交代觀察變數與潛在變數，讓 LISREL 建立路徑圖中的上述變數。在「語法」的視窗中，利用拖曳的方式，將變數拖曳到工作區中並建立其間的關係。
操作方式	從工具箱中選擇適當的圖示（物件），然後在繪圖區製作 SEM，交代資料檔的來源，以拖曳的方式將資料檔中的變數讀入觀察變數的長方格中、交代潛在變數，產生輸出報表。	一般而言，LISREL 處理的過程是：(1)讀取資料檔（可由其他檔案格式匯入，產生 PRELIS System File，格式為 *.psf）；(2)建立基本架構；(3)產生語法程式（使用者並可編輯此程式）(4)執行以產生繪圖與輸出報表。 使用者也可以自行撰寫程式。程式中要交代資料檔的來源、觀察變數與潛在變數的關係、產生路徑圖等，以產生結果。
可支持的檔案類型	SPSS、Microsoft FoxPro、Microsoft Excel（csv 格式）、Microsoft Access、Lotus，或文字檔案（txt）。	SPSS 或文字檔案（txt）、SAS、STATA、Statistica、Microsoft Excel（csv 格式）、Systat、BMDP 檔案。
大小	490.106 KB	33,457 KB
試用版與限制	Amos 19 試用版（14 天）	LISREL 8.8 試用版（15 天） LISREL 8.8 學生版 最多能支持 15 個觀察變數；多層次模式分析最多能支持 15 個變數；（正式版 495 美元） 網址：http://www.ssicentral.com/lisrel/downloads.html
功能	模式修正與模式設定探索 Markov chain Monte Carlo（MCMC）估計 為小樣本做適當調整	多層次模式分析（Multilevel、SurveyGLIM） 繪圖（單變數、雙變數、散佈圖） 同質性檢定

11-3　階層線性模式（HLM）

階層線性模式（Hierarchical Linear Modeling, HLM）是專門爲具有總體層次、

個體層次資料，以及資料間具有嵌套（nested，亦稱巢套、內屬、鑲嵌）特性所發展出來的迴歸分析技術。它可以解決傳統迴歸分析方式、變異數分析（ANOVA）造成估計標準差偏誤（error variance）的情形，並可克服過去處理多層次研究時所面臨個人與群體誤差、不同層次之單位差異，以及跨層級分析誤差等三個資料處理缺失所引發之無效檢定分析障礙。它是一種將迴歸原理應用到多層次資料結構的統計技術。

多層次資料（multilevel data）的特性是樣本具有階層（hierarchical）及叢集（clustered）特性，使得研究資料呈現嵌套特徵。階層資料的最底層是由最小的分析單位所組成，愈高階的層次則分析單位愈大。

研究者可將不同階層間的構念連結，分為下行（top-down）與上行（bottom-up）兩種基本歷程。以組織系統為例，組織系統中的每一個體被鑲嵌在群組中，各個群組又隸屬在其部門、事業單位、總公司（總體組織）之內，而各組織則又位於該產業之中，每一階層都被鑲嵌（embedded）或包含（included）於更高層次的脈絡之中。簡言之，個人（員工）、工作群體、部門、事業單位、總公司、個體環境（產業環境）、總體環境就呈現層次間鑲嵌的情況。如以學校系統為例，學生、系、院、學校也呈現著層次間鑲嵌的情況。

下行歷程則在描述組織系統中高層的脈絡因素對較低層行為現象的影響，其影響方式可分為：(1)直接影響，例如，高層變數對低層變數的影響；或是(2)間接影響，高層變數調節了（moderate）或干擾了低層變數之間的關係或歷程。

一、HLM 產品家族

HLM 產品家族如表 11-6 所示：

表 11-6　HLM 產品家族

HLM 產品家族	功能
HLM2	二層次的 HLM
HLM3	三層次的 HLM
HGLM	依變數為名義資料或次序資料
HMLM	允許不完整資料（某人某次沒有測量到也可接受）
HMLM2	二層次 HMLM
HCM2	在受測期間，受測者離開原單位（例如，轉學、跳槽）到新單位之後仍將繼續測試。當然此人的新單位要是研究樣本之一

二、HLM2 應用釋例

HLM2 是指二層次的 HLM。圖 11-19 顯示了利用 HLM 進行分析時的一般架構與研究案例。研究者欲研究員工承諾是否會影響生產力，由於這個關係會受到主管個性、組織文化這些高層變數的影響，所以必須要用 HLM 來分析。由於組織文化是針對各個員工的認知再加以聚合的組織變數（高層變數），所以要在低層資料檔（個人層次的資料檔）中建立，然後再加以聚合後（利用 SPSS 的 Aggregate）成爲高層資料檔（組織層次的資料檔）中的變數。

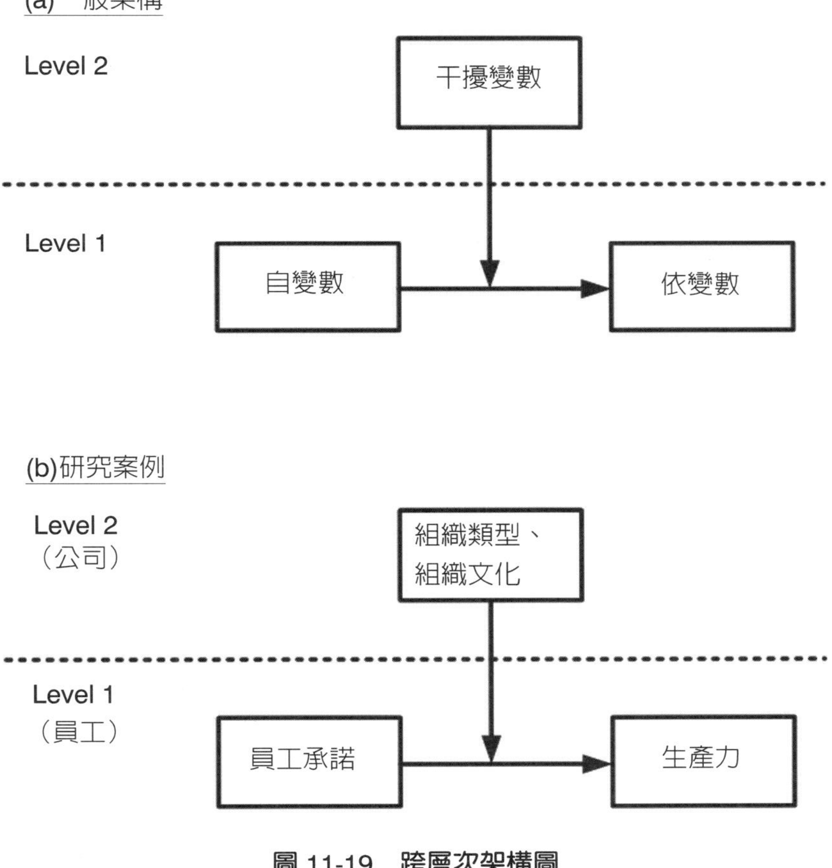

圖 11-19　跨層次架構圖

在此研究中，生產力部分受到員工承諾這個個體層次變數的影響，部分受到組織類型、組織文化這些總體層次變數的影響。此研究模式分爲個體層次（micro or individual level, Level 1）與總體層次（macro or aggregate level, Level 2）兩類。研究架構的個體層次分析架構，探討個體層次的員工承諾對生產力的影響，分析的層次是員工。研究架構的總體層次分析架構，探討組織類型、組織文化對「員工承諾對生產力影響」的干擾效果。

此研究案例企圖解決以下的問題：

1. 在控制組織類型（營利組織、非營利組織）之後，具有較高組織文化（偏向民主式）的組織與較低組織文化（偏向獨裁）的組織，在生產力平均值上是否有顯著差異？同樣地，在控制組織文化之後，不同的組織類型（營利組織、非營利組織）在生產力平均值上是否有顯著差異？
2. 在控制組織類型（營利組織、非營利組織）之後，各組織在組織文化上的差別是否會影響組織內員工承諾和生產力的關聯？同樣地，在控制組織文化之後，組織類型（營利組織、非營利組織）的差別是否會影響組織內員工承諾和生產力的關聯？
3. 作爲預測變數的組織類型與組織文化，在多大程度上可以解釋平均生產力、員工承諾和生產力的關聯？

三、HLM 軟體

讀者可上 SSI 網站（Scientific Software Internaitonal, http://www.ssicentral.com/）網站，下載 HLM 學生版或 15 天試用的正式版。學生版在模式建立上會有一些限制，而且不能獲得 SSI 提供的技術支援。讀者可從其輔助說明中的各範例開始了解，不要被其複雜的公式推導「震撼」而打退堂鼓。

11-4 Excel

在 Windows 之下，32 位元的 Microsoft Excel 2007 中文版及以後版本（以下簡稱 Excel）具有強大的統計、預測分析、決策支援功能，並可與資料庫連結等特色，使用者可以透過便捷的智慧圖示，快速完成試算表的製作，同時達到與資料庫系統整合的目地，並且可以將工作表中的資料繪製成清晰易懂的統計圖表。

Excel 是一個功能強大的試算表軟體。試算表（spreadsheet）原意是指一張「展開單」或攤開來的大紙，上面有許多由線條構成的儲存格，在儲存格上可以填入數字或文字，主要是用來編製商業上的會計帳目。Excel 是整合型試算表

（integrated spreadsheet）程式，因爲它匯集了試算表、資料庫管理系統及繪圖程式等三項功能。在 Excel 系統下，雖然能夠讓使用者做一些文書處理的工作，但 Excel 畢竟不是單爲此項功能而設計的。Excel 有下列特色：圖形界面（Graphic interface）、多工作業（Multitasking）、軟體間的相互連結、易學易用、多重檔案架構、Web 表單、HTML 延伸功能、在公式中使用 URL（User Resource Location, 網址）、Web 查詢。

在 Excel 中，我們可以在視窗內查看或處理文件，Excel 有四種不同的文件類型：工作表、圖表、巨集表及活頁簿。Excel 所提供的統計函數共有 83 個，讀者可按〔公式〕〔其他函數〕〔統計〕，任意選擇一個函數，按〔函數說明〕，在「Excel 說明」視窗中，選擇〔統計資料〕，即可對每一個統計函數做進一步了解。在說明中，有許多範例，讓我們一目了然，是學習統計函數的好幫手。如果我們對某一函數的用法不甚了解，可以看 Excel 所提供的說明，如此便能得心應手。

除了會計上的處理之外，Excel 並可運用到諸如天氣統計資料、作物產銷、決策支援等工作上。尤其是版本更新後，增加了地圖繪製的功能，使得 Excel 的使用範圍更加廣泛。Excel 的函數應用、資料分析與巨集設計，更可以說是 Excel 的特色。在企業管理的研究上，我們可利用 Excel 進行以下的分析：敘述統計、比較平均數（Z 檢定、t 檢定、單因子變異數分析）、關聯性測量（區間資料、名目資料、等級資料的關聯性測量）、多變量分析（多元迴歸分析、單因子變異數分析、共變數分析）、層級分析、資料採礦。最值得一提的是，我們可以利用 Excel 增益集中的資料採礦（Data Mining），在 Excel 2007 的環境下進行資料採礦的工作，對資料做更深入的探求。

11-5 層級程序分析法（AHP）

當我們在做複雜度及難度高的決策問題時，由於能力、時間、推理能力、資訊獲得上的限制（這就是 Herbert Simon 所謂的「有限理性」），以至於無法在風險及不確定因素下作有效的決策。同時在正確地評估各因素（可行方案、要素、構面）間的相關重要性程度時，我們常會因問題的錯綜複雜而不知所措。此時，我們必須仰賴一套決策支援軟體來幫助我們做出有效的決策。

1971 年，美國匹茲堡大學教授賽提（Thomas L. Saaty）爲了處理在不確定因素下之複雜決策問題，提出一套有系統的決策方法，這系統決策模式稱爲「分析層級程序法」（Analytical Hierarchy Process, AHP），目的在評估各相關因素並進而解決複雜的決策問題。

AHP 分析法是將複雜問題系統簡化爲簡明的要素層級系統。再彙集學者專家的意見及各階層決策者的意見，採用名目尺度（nominal scale）執行要素間的成對比較（pairwise comparison），予以量化後建立成對矩陣（pairwise comparison matrix），據以求出各矩陣之特徵向量（eigenvector），並依其特徵向量作爲層級各要素間的優先順序；這些優先順序就是決策的重要參考指標。

所謂層級，係由至少兩個以上的層級所組成，而 AHP 則將各個層級連結起來，計算出 AHP 層級之各因素間相對整個層級的優先順位、相對權重。再者，分析層級程序法可建立連接所有比對成對比較矩陣之一致性指標（Consistency Index）與一致性比率（Consistency Ratio）。依此結果，評估出整個層級的一致性的高低程度。因此 AHP 不僅用專家的意見解決複雜性的決策問題，也藉比對矩陣及特徵向量來決定影響各個因素間的相對權重問題。

AHP 主要應用在不確定情況下及具有多數個評估因素的決策問題上。[13] AHP 法的理論簡單，同時又具實用性；因此，自發展以來，已被各研究單位普遍使用，其應用範圍相當廣泛，特別是應用在規劃、預測、判斷、資源分配及投資組合試算等方面都有不錯的效果。依 Satty（1980）的衡量，通常可用以解決以下 12 種問題：決定優先順序、產生交替方案、 選擇最佳方案、決定需求、資源分配、結果預測－風險評估、績效衡量、系統設計、確保系統穩定、最佳化、規劃、衝突解決。

AHP 軟體——Expert Choice

Expert Choice 是 Expert Choice, Inc. 所開發的產品，是理性決策分析、群體決策的絕佳工具。該公司成立於 1983 年，總部設在維吉尼亞州的阿靈頓市，用戶包括財富 500 家大企業中的 100 家、30 個美國聯邦機構。對於欲獲得時間效率、利潤成長的決策者而言，Expert Choice 是不可或缺的工具。

讀者可上該公司網站（http://www.expertchoice.com/3），對該公司的產品、服務、市場、客戶及資源做一番了解。你也可以進入試用版首頁（www.expertchoice.com/academic-program/free-trial），塡寫基本資料加入會員），下載 Expert Choice 11.5，15 天試用版（從安裝日開始起算）。試用版具體而微，但在功能上有一些限制，例如，參與者只能有 3 人，連同預設的促成者（facilitator），總共可以有 4 份問卷資料（個案），而且不能將矩陣的權重資料複製到剪貼簿。

11-6 社會網絡分析（SNA）

社會網絡（social network）是指一組藉由特定社會關係所連結而成的行動者（actors）。這些行動者可能是個人、組織、或者團體。這些社會關係（social relations）的內涵則涵蓋有形的財務往來、資訊的互動、或是人力、物力的協助，也可能是無形的友誼提供、心理支持、或肯定、讚美、信任。[14] 社會網絡用以分析人際關係之間的關係連結，強調的是足以影響個人社會行爲的互動關係。人際間不同程度與內涵的互動所構築的網絡，形成了個人的生活空間。相對地，這個生活空間又決定了一個人在特定社會中的位置、可能的活動類別，以及與他人互動的機會和限制。換言之，這個藉由人際關係互動所建構的網絡，提供了個人生活空間與接近使用資源的機會。[15]

社會網絡分析（social network analysis, SNA）的意義在於，它可以對各種關係進行精確的量化分析，從而爲某種中層理論（mid-range theory）的構建、實證假說的檢驗提供量化的工具。社會是一個由多種多樣的關係構成的巨大網絡。[16]

社會網絡指將人們連結在一起的社會關係網絡，並利用社會圖（sociogram），以點表示行動者（或成員），以線表示行動者間的關係，呈現這些社會組態的屬性，衡量社會凝聚力或社會壓力。

傳統社會網絡分析法通常透過蒐集問卷、訪談、觀察法，來蒐集社會網絡資料，並運用圖論（graph theory）作進一步分析與解釋。傳統資料（conventional data，例如，以 SPSS 進行分析的資料）是依據「個案—屬性」的關係而建立，而社會網絡資料（social network data）是依據「個案—關係」而建立。分辨這兩個資料建構是非常重要的，因爲它會影響到研究設計（包括抽樣、問卷設計、測量等），以及結果的解釋等。社會網絡分析是一種強而有力的分析方法，依行動者（也就是個案、問卷填答者）、單雙向關係，以及關係強度等，可分析在特殊領域行動者間彼此的關係。

行動者亦稱節點。節點（node）可代表某一特定人物名稱（例如，小明、小華），各節點間可能存在直接或間接關係，也可能不存在任何關係。社會網絡分析通常以矩陣 A 來表示，以 a_{ij} 表示點 i 和點 j 間的關係，a_{ij} 值爲 0，表示點 i 和點 j 間沒有關係，否則表示點 i 和點 j 間有關聯。若以圖形顯示，節點（人物）與節點間的關係（edge 或 relation），以 E 表示：$A \rightarrow B$ 代表 A 與 B 爲單向關係，$A \longleftrightarrow B$ 代表 A 與 B 爲雙向關係。關係強度是共同出現次數，例如，甲、乙同爲某一公司的董事，則甲與乙會有某種程度的關係強度。

UCINET 軟體是由加州大學爾灣（Irvine）分校的一群網絡分析者編寫的。UCINET 功能表具有 5 個主要選項：Data（資料）、Transform（轉換）、Tools（工具）、Network（網絡）、視覺化（visualize），如圖 11-20 所示。Data 和 Transform 這兩個選項結合在一起，可執行幾乎所有的資料管理任務，如資料的輸入、轉換和輸出。建立資料的最簡單方式就是用直覺的、內建的（built-in）資料表格來輸入到系統中，這可以按〔Data〕〔Data editors〕〔Matrix editor〕來進行。這是一個關聯列表格式（linked list format），即對於每個點來說，它可以顯示與該點相連的所有其他點的編碼值。除了利用 UCINET 空白表進行輸入和編輯之外，也可以匯入 Excel 工作表中的資料。我們也可以將結果匯出到 Excel 工作表。原始資料經輸入或匯入之後，就可以對資料文件進行編輯，可以執行各種重排和轉換分析來區分出各個子集合以便於進一步分析。例如，可以對各列、各欄進行重排（Collapse）、分類（Block）、轉置（Transpose），也可以對各條線的權數加以改變。我們也可以對矩陣進行 dichotomizing（二值處理），以便進行諸如嵌套成分的分析等。

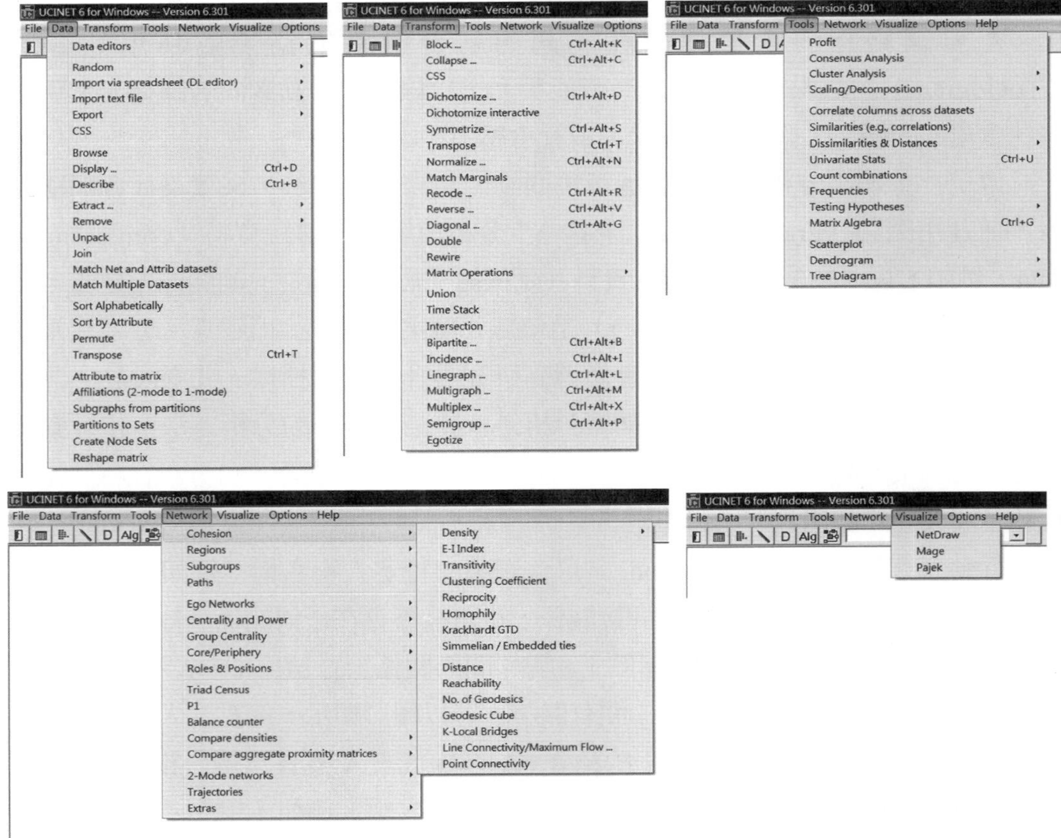

圖 11-20　UCINET 的 5 個主要選項

用 Tools 選項可進行多元尺度分析、集群分析、因素分析和對應分析。這些程序可滿足很多研究論文的資料分析。這些程序的輸出結果表現在螢幕上，就是散布圖或樹狀圖。

主要的社會網絡分析程序出現在 Network 這個目錄下，它的子目錄有：Cohesion（凝聚力）、Region、Subgroups（子群）分析、Centrality（中心性）、Roles & Positions（角色和位置）分析等。利用 Cohesion 可以計算一些基本的有關聯的計算，例如，密度（Density）、距離（distances）和捷徑（geodesics）等。Region 選項下有 Components（可以檢測到一些簡單的成分）、Bi-Components（環成分）和 K-Core（K-核）。Subgroups 項下還區分出 N-cliques（N-派系）、N-clans（N-宗派）和 K-plexes（K-眾）。Centrality 項可以計算各種點度中心度、接近中心度、中間中心度測度，以及其他中心度和聲望測度。補充這些圖論測度的是 Roles & Positions（角色和位置）目錄下的 Structural（結構對等性測量）。在這個目錄中，可以進行 CONCOR 分析。還有其他位置分析法，如 REGE（規則對等性分析）。[17]

在 Visualize 項下具有 NetDraw、Mage、Pajek 功能。UCINET 是一個具有一個通用目標、易於使用的軟體，它還涵蓋了一些基本的圖論概念、位置分析法和多元尺度法等。筆者認爲，它的功能強大、易於上手，是進行社會網絡分析的絕佳工具。

關係資料可以進行以下的統計分析：

・針對某一社群密度進行統計檢定
・對於具有相同行動者的社群，進行「關係」的比較
・密度的比較分析
・相關性的比較分析
・網絡迴歸分析
・行動者的屬性（例如，如果行動者是組織時，則依照組織型態（屬性）將組織分為營利、非營利組織）。由於社會網絡分析所蒐集的是關係資料，所以，在以屬性來區分行動者時，必須要在 UCINET 建立「屬性檔」。
・二群體的中心度平均數假設檢定（例如，營利組織的平均中心勢是否低於非營利組織）
・多群體的中心度平均數檢定（例如，將組織分為「資本主義者」、「勞工」、「其他」這三種類型，對這三類組織的中心勢平均數進行檢定）
・社會網絡中行動者的關係
・各群體之內、之間密度的差異性檢定
・各群體之內、之間的相似性與距離檢定（具有類似屬性的行動者，是否在空間圖中的距離較近）
・成對關係的機率。每對行動者關係中是「無關係」、「對稱關係」、「不對稱關係」的機率。

一、SNA 在企業研究上的應用

社會網絡分析在企業研究上的應用範圍很廣。以下說明的是可能的因果研究應用，當然我們也可以在自變數之間進行適當的分析（例如，密度、相關性的比較分析等）。

應用層次	自變數	依變數
國家	貿易往來、經濟支援、交戰／交惡、文化合作、技術支援、外交關係	GNP 成長 國民幸福指數
企業	企業間： 金流、物流、資訊流、合併／購併、策略聯盟 企業內： 企業彈性（生產彈性、行銷彈性、資管彈性、人力資源彈性、研發彈性、財務彈性） 行銷組合策略（產品策略、定價策略、通路策略、促銷策略） 企業內部配合〔結構與策略的配合、資訊系統與結構的配合、事業單位策略與總公司策略的配合、功能策略（例如，生產、行銷、人力資源）與事業單位策略的配合〕	ROA、利潤
部門	衝突、合作、協調	生產力
個人	財務往來、資訊的互動、人力、物力的協助、友誼提供、心理支持、肯定、讚美、信任	滿足感、情緒、態度

二、SNA 軟體—UCINET

在社會網絡分析上，最受歡迎的軟體之一就是 UCINET。UCINET 可讀寫各種不同的檔案格式，能處理最多 32,767 個節點。研究者可分別運用其 Data 及 NetDraw 兩功能，以建立（或匯入）關係矩陣及繪製社會網絡分析圖形。

讀者可上 UCINET 網站（http://www.analytictech.com/ucinet/download.htm），下載 UCINET 60 天試用版本。安裝之後，執行時在「Help」（輔助說明）項下有「Hanneman Tutorial」（Hanneman 教學），讀者可從中了解如何操作。

複習題

1. SPSS 的全名是什麼？

2. 試說明 SPSS 模組與系統需求。
3. 試說明 SPSS 可以處理的統計分析。
4. 試說明觀念架構與統計分析技術的關係。
5. 何謂因素分析？
6. 集群分析的目的是什麼？
7. 何謂多元尺度法？
8. 何謂多元迴歸？
9. 何謂多變量變異數分析？
10. 何謂區別分析？
11. 試扼要說明以 Amos 進行資料分析的目的與步驟。
12. 試扼要說明以 LISREL 進行資料分析的目的與步驟。
13. 試扼要說明以 HLM 進行資料分析的目的與步驟。
14. 試扼要說明如何利用 Excel 進行以下的分析：敘述統計、比較平均數（Z 檢定、t 檢定、單因子變異數分析）、關聯性測量（區間資料、名目資料、等級資料的關聯性測量）、多變量分析（多元迴歸分析、單因子變異數分析、共變數分析）、層級分析、資料採礦。（如果覺得範圍過大，可選擇幾項做練習）
15. 何謂 AHP？它能解決怎樣的研究問題？
16. 何謂 SNA？它能解決怎樣的研究問題？

練習題

1. 就第 1 章所選定的研究題目，說明所使用的量化資料分析方法。
2. 統計分析能力對於量化研究者而言是非常重要的。試說明多變量分析技術能夠解答怎樣的研究問題？對企業策略的擬定有何具體的幫助？
3. 如果某一研究問題適合用 SEM 來分析，小華在使用 Amos 或 LISREL 之間猶豫不決，試向小華提出一些比較的標準。
4. 上網找一些有關層級線性模式的論文，閱讀之後寫出心得。這些論文包括：(1)影響團購部落格網友購買意願因素之跨層次研究——以主購者特性與商品品牌形象為干擾變數（林妙雀，2008）；(2)多層次管理研究：分析層次的概念、理論和方法（彭台光、林鉦棽，2006）；(3)組織現象和層次議題：非獨立性資料的概念與實徵（彭台光、林鉦棽，2008）；(4)關係人口學與組成人口學觀點下的多樣性研究：跨層次分析（彭台光、林鉦棽，2008）。

5. AHP 適合解決哪種性質的決策問題？你認為主張「漸進調適」的學者（如林布隆，見第 1 章）會贊同 AHP 的運算邏輯嗎？為什麼？
6. 試上網找一些 SNA 的應用實例，說明其資料格式、建檔方式，以及功能。
7. 下班或休假時喜歡看電視當「沙發馬鈴薯」的懶骨頭，小心成為心血管疾病高危險群。澳洲一項醫學研究指出，每天看電視超過 4 小時，死於心血管疾病的機率比起每天看電視不到 2 小時的人，大幅提高 80%（莊蕙嘉編譯，聯合報，綜合 2010.01.12 日外電報導）。試問：獲得這項結論，要利用什麼統計方法？
8. 綜觀全球，缺少教育機會的多數是女孩。即使在美國，許多人還是將教育上的「性別落差」（gender gap）與女孩在數學成績落後做聯想。但《紐約時報》報導，現在看來，浮現的是相反的問題：在學業方面落後的多數是男孩，且美國和其他西方國家皆同。最新調查顯示，平均來說，美國女孩在數學方面大致與男孩並駕齊驅，但語言能力則遠遠超越男孩，而且她們看似更用功。（2010-03-30/聯合報/A14 版/國際／新鮮世）。試問：獲得這項結論，要利用什麼統計方法？

註　釋

1. D. J. Bem, "Self-Perception Theory," in L. Berkowitz (ed.), *Advances in Experimental Social Psychology* (6), New York: Academic Press, 1972, pp.1-62.
2. M. J. Rosenberg, *The Logic of Survey Analysis* (New York: Basic Book, 1968).
3. Bruce Tuckman, *Conducting Educational Research* (New York: Thomas Y. Crowell, 1968), p.5.
4. A. W. Wicker, "Attitude Versus Action: The Relationship of Verbal and Overt Behavioral Responses to Attitude Objects," *Journal of Social Issues*, Autumn 1969, pp.41-78.
5. T. A. Heberlein and J. S. Black, "Attitudinal Specificity and the Prediction of Behavior in a Field Setting," *Journal of Personality and Social Psychology*, April 1976, pp.474-79.
6. Paul E. Green, R. E. Frank, and P. J. Robinson, "Cluster Analysis in Test Market Selection," *Management Science 13*, April 1967, pp.387-400.
7. 邱皓政，結構方程模式（台北：雙葉書廊，2005），第一章。出自原文：R. B. Kline, *Principles and Practice of Structural Equation Modeling* (New York:: Guilford

Press, 1988), pp.8-13. 但是 Amos 7.0 及以後版本已經克服了小樣本的問題。

8. 詳細的說明，可參考榮泰生著，《Amos 與研究方法》，3 版（台北：五南圖書出版公司，2009）。

9. 這個名字取得真好。Amos（阿摩司）是紀元前 8 世紀的希伯來先知，也表示舊約聖經中的阿摩司書。

10. 在針對多個自變數、多個依變數進行分析時，研究者常會用多個複迴歸分析來處理，但這種處理方式不僅麻煩，而且也無法一窺全貌，此時 Amos 就是最佳的分析工具。

11. 此例的 RMSEA = 0.150，未達資料與模式配適度的標準，應對模式做調整。事實上，LISREL 也提供了調整的建議。有關 RMSEA 說明可參考：榮泰生著，AMOS 與研究方法，三版（台北：五南書局，2009）。

12. 讀者在 Google 搜尋引擎的方格內，鍵入「Scientific Software International, Inc.」亦可輕鬆找到這個網站。

13. 曾國雄、鄧振源(1989)，層級分析法 AHP 的內涵特性與應用(下)，中華統計學報，第二十七卷，第七期，第 13767-13870 頁，民國七十八年七月。

14. D. Knoke and J. K. Kuklinski, *Network Analysis* (Beverly Hills, CA: Sage, 1982).

15. L. Nan and W. M. Ensel, *Life Stress and Health: Stressors and Resources, American Sociological Review*, Vol.54, 1989, pp. 382-399.

16. 劉軍譯，社會網路分析法，二版（四川：重慶大學出版社，2007）。原始來源：John Scott, *Social Network Analysis: A Handbook*, 2nd ed.,(London: SAGE Publications Ltd, 2009)。在書中，原作者對於 UCINET 分析軟體中各功能所應具有的相關理論與知識，均有詳細的說明。

17. 同註 16。

第肆篇

質性研究方法

Chapter 12 觀察研究

本章目錄

質性研究的初級資料蒐集包括：人員訪談（深度訪談、焦點團體）以及觀察研究。有關人員訪談的說明，見第 8 章調查研究，本章將討論觀察研究。

12-1 了解觀察研究

觀察研究（observation research）是了解非語言行爲（nonverbal behavior）的基本技術。雖然觀察研究涉及到視覺化的資料蒐集（用看的），但是研究者也可以用其他方法（用聽的、用摸的、用嗅的）來蒐集資料。使用觀察研究，並不表示就不能用其他的研究方法（調查研究、觀察研究）。觀察研究常做爲調查法的初步研究，而且也常與文件研究（document study）或實驗一起進行。

觀察研究有二種主要的類型：參與式（participant）與非參與式（nonparticipant）。在參與式觀察中，研究者是待觀察的某一活動的參與者，他（她）會隱瞞他（她）的雙重角色，不讓其他參與者知道。例如，要觀察某一政黨活動的參與者，會實際加入這個政黨，參加開會、遊行及其他活動。在非參與式的觀察中，研究者並不參與活動，也不會假裝是該組織的一員。

如果我們有興趣深入了解某一個環境下，或者某個組織內的行爲，使用觀察研究是再適當不過的方法。例如，Kerr（1979）有興趣了解在醫院中各幕僚人員對於「保持距離」的情形。她的假說之一是：就某一特定社會階層的幕僚人員而言，在與其他較低地位階層的幕僚人員互動時，所保持的距離會遠於在與其他較高地位階層的幕僚人員互動時。

雖然在交談中，每個人都會保持某個人際距離，但是他們只是在潛意識上這麼做，通常他們並不會知道正確的距離是多少，或者距離改變了沒有。因此，使用調查法來正確地測試上述的假說，是相當不適當的。

Kerr（1979）利用觀察研究，花了四個月的時間，觀察 62 個人每日互動的情形。結果發現了支持上述假說的證據。[1] 例如，住院醫師在與祕書及護士互動時所保持的距離，比與其他的住院醫師或資深醫師所保持的距離還遠。

觀察研究的使用並不侷限於對外顯行爲的觀察。任何時候，如果我們想要深入了解在一個特定環境內的長期特定行爲（包括非語言行爲），觀察研究是相當有用的。觀察研究可用於任何環境，包括學校、護理室、商店等，例如，研究者曾使用觀察研究研究廚師的訓練、[2] 醫療中心內的員工行爲。[3]

12-2 觀察研究的優缺點

一、觀察研究的優點

觀察研究的優點如下：(1)深入地了解行爲；(2)自然環境；(3)縱斷面分析（longitudinal analysis）。茲將以上三點說明如下：

1. 深入地了解行為

在蒐集有關非語言行爲的資料方面，觀察研究顯然優於調查法及實驗法。雖然在揭露被觀察者（受測者）對於某種課題的意見方面，調查法會優於觀察研究，但研究者在詢問受測者有關他們的行爲時，就會遇到各種困難。例如，否認某種行爲，或者記不清楚某件事情等。相形之下，觀察研究可以在行爲發生時加以觀察，並做成記錄，或者加以錄影，以便日後分析其整體行爲。

問卷調查是相當人工化的、具有限制性的工具（因爲它只侷限在先前所設計的幾個問題中），而觀察研究可使研究者對於被觀察者（受測者）進行深度研究。當研究人員利用調查法進行初步研究時，在許多情況下，他們對於受測者毫無了解，也不知道要問什麼問題才適當，此時利用觀察研究的話，研究者便可以進一步地了解研究的特性，甚至發覺連受測者本身都未曾察覺的問題。同時，觀察研究（尤其是「非結構性觀察研究」）的彈性，可使得觀察者集中注意力於任何重要的變數上。

由於觀察者可在相當長的一段時間內與被觀察者相處在一起，他們彼此之間會建立更爲親密、隨和的關係，而不像在調查法中，訪談者與受訪者之間只有數分鐘之緣，彼此之間的關係也是相當「公事化的」。觀察者與被觀察者之間的關係是初級的，而訪談者與受訪者之間的關係是次級的。[4] 初級關係的建立，會使觀察者更深入地了解被觀察者的「眞正行爲」（毫無掩飾的行爲）。

但是觀察者與被觀察者之間所產生的情誼，會破壞研究的客觀性，而造成「當局者迷、旁觀者清」的現象。

2. 自然環境

觀察研究的另外一個優點，在於行爲發生在自然環境之中。實驗法（依賴人工環境）、人員調查法（只侷限於幾個問題的口頭回答），都會影響資料蒐集的正確性。但是，在觀察研究中，由於陌生人（觀察者）的出現、記錄錯誤等，也會造成研究偏差。

3. 縱斷面分析

縱斷面分析（longitudinal analysis）是指觀察者在被觀察者的眞實環境中，做長期的觀察研究。這樣的話，研究者可以觀察行爲的趨勢，以及不同時點的行爲變化。

三、觀察研究的缺點

觀察研究的缺點有：(1)缺乏控制；(2)量化的困難；(3)資料難以彙總；(4)獲得同意的困難；(5)缺乏隱私性。

1. 缺乏控制

由於觀察研究在自然環境下進行，因此，研究者對於外在變數的控制力微乎其微。

2. 量化的困難

觀察研究所蒐集的資料通常是質性資料，因此不易進行量化分析。同時，它並不是預先定義好一個特性（例如，偏見、忠誠），再用量表來加以衡量，而是在行爲發生時加以記錄。

由觀察所獲得的資料，在某種程度上，還是可以量化的。但是，量化的技術通常只侷限於頻率、比例。例如，觀察者可計算被觀察者（例如，白人、黑人）的談話、握手次數。

觀察研究可使研究者深度地蒐集某一主題的廣泛資料，但是這些資料很難有系統地加以編碼及分類。這個情形和處理問卷調查中的開放性問題，是一樣的。

3. 資料難以彙總

一般而言，觀察研究所用的樣本數比調查法少，但比實驗法多。如果被觀察者的數目很多，而必須聘用若干個觀察員時，則觀察員之間所蒐集的數據很難加以比較，同時對於非結構性觀察的效度也沒有簡易的測量方法。

4. 獲得同意的困難

觀察研究的環境可能是政府機構、工廠的裝配線或地區性的福利機構，在多數情況之下，研究者不易獲得同意進行研究。如果用參與式觀察，在做記錄時，會引起他人的懷疑及戒心。

5. 缺乏隱私性

如果透過匿名的問卷調查，多少可以獲得某些資料。這些資料包括了羞於啓口的個人行爲。但是，使用觀察研究的話，就無法觀察得到。

12-3 觀察研究的類型

我們可用「環境的結構化程度」（degree of structure of environment，分爲自然環境及實驗室環境），以及「研究者加諸於環境的結構化程度」（分爲結構化、非結構化），將觀察研究加以分類，如圖 12-1 所示。結構化的做法是：研究者會去觀察、計算某些特定行爲發生的次數，而非結構化的做法是：研究者並不特別去觀察某種行爲，而只是記錄一天中發生了什麼行爲。值得注意的是：這四種類型都可以是參與式的或非參與式的觀察。

研究者加諸於環境的結構化程度		環境的結構化程度：自然	環境的結構化程度：實驗室
	非結構化	1 結構化 現場研究	2 非結構化 實驗室研究
	結構化	3 結構化現場研究 （半結構化研究）	4 結構化 實驗室研究

圖 12-1 觀察研究的類型

觀察研究可以是內隱的（covert，被觀察者不知道他們被觀察），也可以是外顯的（overt，被觀察者知道觀察者是誰，也知道正在被觀察）。外顯式的缺點在於，被觀察者因爲知道被觀察，其行爲會不自然，這就是所謂的「反應誤差」（reactive error）。

在自然環境中，大多數是「非結構化的參與式觀察研究」（也就是現場研究或稱田野研究），而在自然環境中的結構化研究，通常傾向於非參與式的研究。在實驗室中的研究，大說多是結構化的非參與式研究。

一、非結構化現場研究

非結構化現場研究是觀察研究的四種類型中（圖 12-1 中的第 1 格），最不具結構性的研究。現場研究是在自然環境之下，進行參與式的觀察（在大多數的情況下），觀察者對於環境的改變能力微乎其微。觀察者企圖成爲次文化（即其所研究的群體）的一部分，因此，現場研究有時候與種族統計研究（ethnographic study or ethnography）是無分軒輊的。

種族統計研究是「對特定文化加以敘述的研究」。[5] 在這類的研究中，研究者通常不做假設，也不設計結構性問卷，他們的目的只有一個：儘可能仔細地敘述文化或次文化，包括其語言、風俗、價值觀、宗教儀式及法律等。要做到這些，觀察者必須參與到觀察環境之中，重新融入被觀察者的社會中，以成爲被觀察者的一份子。但是，「重新融入」一個新的群體，並不是一件容易的事。在許多情況下，被觀察者族群、社會或次文化，會將研究者貼上「外來者」的標籤，處處加以排擠。在有些情況下，由於研究者長期、過度地投入在被觀察者的環境中，思想被薰陶、行爲被重新塑造，因而在重返其原來的文化環境時，反而有嚴重的重新適應問題。

二、非結構化實驗室研究

圖 12-1 中的第 2 格即是非結構化的實驗室研究（unstructured laboratory study）。觀察研究的主要優點，在於不先設定行爲的類別，隨著情況的發生，再加以觀察及記錄，透過被觀察者的行爲去看現象。這種非結構化的觀察研究，是非常適合在眞實世界的環境中進行，但是通常需要一段相當長的時間。如果將這群人（被觀察者）置放在一個人工環境（實驗室）中，例如，具有單面鏡的房間，那麼他們就不太可能在這個約束的環境下待得太久，也不太可能從事平時所做的活動（這些活動是了解其文化的線索）。因此，在人工環境下，大多數的研究都屬於完全結構化的。

然而，在實驗室的環境中，還是有幾個研究是採用非結構化的方式。非結構化的實驗研究大多是用在心理治療方面。例子之一就是利用遊戲治療法（play therapy）來治療個性乖僻、情緒不穩的兒童。在遊戲治療法中，兒童被安置在一個人工環境（實驗室環境，通常有一個單面鏡）。這個實驗室佈置得像一個遊樂間一樣，裡面有桌椅、玩具、塗色等，使得兒童認爲是一個非常「自然」的環境，而不是一個「人工化」的環境。但是，它確實是一個人工化的環境，因爲兒童是單獨處於一室，又不能與其他人互動。個性乖僻的兒童在這種環境之下，會假想（幻想）與他人互動（通常是他的家人）。觀察者（通常是心理醫生）就會根據所觀察到的，來提出專業的治療方法。

Axline（1964）曾針對一個叫 Dibs（匿名）的兒童進行遊戲治療。Dibs 對小學教育的環境適應，有極大的困難，成天不是打架鬧事，就是在外閒蕩。經過小兒科醫生的診斷，認為他的腦部曾受過傷害。然而，當他開始接受遊戲治療時，讓他發洩侵略性的情緒之後，他的心理健康就大幅改善了。[6]

三、結構化現場研究（半結構化研究）

半結構化研究（semistructured study）是在自然的環境之中，利用結構化的觀察工具，如圖 12-1 的第 3 格所示。半結構化研究結合了結構化及非結構化研究的優點（能夠量化、自然環境），但不免有其缺點。

完全非結構化的支持者認為，此法是讓觀察者融入在被觀察者的文化內，從被觀察者的角度去看世界（而不是觀察者的角度），因而保持了現場研究的基本精神。

另一方面，完全結構化觀察研究的支持者認為，半結構化方法會遇到反應誤差的問題，也就是說，由於觀察者的出現，扭曲了資料的正確性（因為在自然環境中，不可能用單面鏡的方式來觀察）。除此之外，在自然的環境下進行觀察研究，會使得外在變數的控制變得更為困難，也無法對於二個觀察研究進行比較性研究（因為兩個自然環境不可能設定得一模一樣）。但是這些缺點的大部分都可以被克服。

在解決反應誤差方面，研究者可以選擇兒童做為觀察的對象。雖然兒童在觀察者面前會有自覺性，因而使得行為變得不自然，但是兒童不需多久就會忘了觀察者的存在，或者至少習慣了觀察者的存在。兒童的自覺性維持得比成人還短，同時比成人更習慣被成人觀察及監督。

另一個減少半結構化研究的缺點的方法，就是在「自然的」環境之下，提供被觀察者相同的環境影響（或刺激），至少在觀察期間時如此，以控制外在變數。在自然環境中，保持結構化的方法之一，就是在室內進行觀察研究。室內包括了教室、俱樂部的會議室、辦公室等。

一旦將增進半結構化研究的兩個方法加以掌握的話，就成了「在室內對兒童進行觀察研究」。因此，我們不難發現，大多數的半結構化研究均在幼稚園及小學教室內進行。

Sears, Rau and Alpert（1965）針對育幼院兒童的行為單位觀察研究（behavior unit observation, BUO），可以說是半結構化研究的典型例子。[7] 他們先設計出一個描述行為類別的核對表，再對幼童的行為加以觀察及記錄。這個核對表共有 29 項、5 大類。這五大類別是：(1)成人角色（adult role）；(2)依賴性（dependency）；(3)反社會的侵略性（antisocial aggression，例如，言辭上、生理上的侵略性）；(4)依順社會的侵略性（prosocial aggression）；(5)自我刺激（self-stimulation，例如，身體感官上的自我刺激）。

此外，觀察員也替每位幼童記錄了：(1)在育幼院的位置（總共區分了 45 個地點）；(2)該兒童是單獨的，還是和別人在一起；(3)行爲類別的標的（只針對成人角色、侵略性及依賴性這三類做記錄）；(4)老師是否在場（只針對侵略性這項做記錄）。

BUO 研究僱用了四位觀察員，前後共進行七週。每位觀察員針對一位兒童的每一次觀察時間是 10 分鐘，在這 10 分鐘內，每隔 30 秒要對該兒童的行爲做成記錄。所蒐集到的資料，是依每個兒童在每個類別上的次數加以彙總，並計算其平均數。

當觀察員在記錄個人的行爲時，會有所謂的「暈輪效應」（halo effect）發生。一般人常容易犯「類化」或「以偏蓋全」的錯誤，或是從對某人的某一個屬性的判斷，來推論此人的其他屬性，這就是人事心理學上所說的「暈輪效應」。Seltiz（1976）曾說過：「如果一個觀察員認爲某人很害羞，同時他認爲害羞者的適應能力很差，他就會將這個人評定爲害羞、適應力差的人」。[8] 不幸的是，暈輪效應是人之常情，很難避免，尤其是對於界定不清楚、不易觀察、涉及道德的特性及行爲更是如此。研究者應確實了解暈輪效應的可能性，並定期監督觀察員，以檢視有無暈輪效應的發生，儘量使它減少到最低程度。

四、結構化實驗室研究

前述的場地研究是完全非結構化的，它並沒有事先建立好的假說，也沒有結構化的測量工具。它發生在自然的環境之下，並沒有對資料加以量化。與此截然不同的是，圖 12-1 中的第 4 格的例子。完全結構化的實驗室研究，是利用標準化的測量工具，企圖驗證某些假說。其測量工具是待觀察項目的清單，而不是問卷。

爲了要使研究者對於隸屬於不同觀察類別的成員（被觀察者），在不同時點上所蒐集到的資料可以加以比較，這些類別的成員要愈類似愈好。要做到這點，必須將實驗室標準化，以使得實驗室情況一直保持不變。因此，假設有待研究的對象（依變數）不受人工環境的影響，也不受被觀察者的特性（例如，年齡、性別、膚色等）所影響。換句話說，所有不可控制的變數均假設對於待研究的行爲均毫無影響。

完全結構化研究中，最有名的是由貝爾斯（Bales, 1950）對群體互動的研究。[9] 貝爾斯認爲，涉及到做決策及問題解決的群體，都會有某種形式的、可加以預測的互動行爲。在他的研究中，所有的參與者（被觀察者）都被要求扮演幕僚人員的角色。這些幕僚人員被他們的老闆要求，去檢討一個有關人際關係的個案，並向老闆說明，爲什麼個案中的人會有這樣的行爲。接著將個案的彙總報告交給每個參與者閱讀，然後再將他們置於一個特殊的房間內。這些被觀察者就會決定要告訴老闆什麼事情。觀察者則是透過隔壁房間的單面鏡，來觀察他們的行爲。表 12-1 列出了「記錄群體互動的類別」，表 12-2 列出了觀察的類別。

表 12-1　記錄群體互動的類別（貝爾斯的分類系統）

群體互動的類別
1. 表現出團結、提高別人的地位、提供協助、報償
2. 表現出緊張的解除、開玩笑、歡笑、顯示出滿足感
3. 同意、表現出被動的接受、了解、附議、附和
4. 提供建議、給予方向
5. 提供意見、評估、分析、表達感覺、希望
6. 幫助別人認識環境、提供資訊、重複、澄清、確信
7. 要求別人幫助認識環境、要求別人提供資訊、重複、確信
8. 要求別人提供意見、評估、分析、表達感覺
9. 要求別人提供建議、方向、行動的可能方式
10. 不同意、表現被動的拒絕、一切依循規則、不接受幫助
11. 表現出緊張、要求別人提供協助、畏縮
12. 表現出敵意、貶低他人的地位、自我防衛

表 12-2　觀察的類別

觀察的類別	群體互動的類別	所代表的問題
a	6、7	認識環境（orientation）
b	5、8	評估（evaluation）
c	4、9	控制（control）
d	3、10	決策（decision making）
e	2、11	緊張管理（tension management）
f	1、12	整合（integration）

每位觀察員都在單面鏡後做記錄，因此不會被「被觀察者」注意到。記錄是寫在列有 12 個類別的表格上（這些類別如表 12-3 所示）。通常被觀察者是 5 人一組，每個人都給予一個編號，從 1 到 5，0 代表整組人員。每一次互動的情形（由誰發起互動、向誰互動等）都加以編碼（分類別）。在所有的互動都做成記錄之

後，就進行百分比分析，如表 12-3 所示。

表 12-3 是針對完全結構化觀察中，將所獲得的資料加以分析的例子。首先，先計算總行爲（在 12 項中共 719 個），每一類行爲次數除以總行爲次數，就可以得到該類別的百分比。表 12-3 顯示：幾乎 3/4 的行爲發生在：同意（24.9）、提供意見（26.7）、幫助別人認識環境（22.4）這三項中。

表 12-3　「個案討論工作」各類別的百分比

群體互動的類別	百分比
1. 表現出團結、提高別人的地位、提供協助、報償	0.7
2. 表現出緊張的解除、開玩笑、歡笑、顯示出滿足感	7.9
3. 同意、表現出被動的接受、了解、附議、附和	24.9
4. 提供建議、給予方向	8.2
5. 提供意見、評估、分析、表達感覺、希望	26.7
6. 幫助別人認識環境、提供資訊、重複、澄清、確信	22.4
7. 要求別人幫助認識環境、要求別人提供資訊、重複、確信	1.7
8. 要求別人提供意見、評估、分析、表達感覺	1.7
9. 要求別人提供建議、方向、行動的可能方式	0.5
10. 不同意、表現被動的拒絕、一切依循規則、不接受幫助	4.0
11. 表現出緊張、要求別人提供協助、畏縮	1.0
12. 表現出敵意、貶低他人的地位、自我防衛	0.3

12-4　間接觀察

到目前爲止，我們所討論的都是直接式的觀察研究。直接式的觀察研究的優點，在於研究者在事件的發生時，可以目睹第一手情況，而不必仰賴他人做第二手的描述。但是，在有些場合中，研究者無法做直接的觀察，例如，被觀察者過世了、退隱了，或者有頭有臉的人不願意隱私被侵犯，或者在行爲發生之後，研究者才有機會（或才能夠）發現那個行爲等。此外，在有些情況之下，研究者並不願意在現場做觀察或進行訪談，因爲他怕這樣會影響到被觀察者的行爲，也就是會產生反應誤差的現象。

爲了剔除反應誤差，學者發展了所謂的隱藏式研究（unobtrusive research）或非反應式研究（nonreactive research），在這些研究中，研究個體（被觀察者）根本不知道研究正在進行，因而其行爲不會變得矯柔做作。隱藏式研究有許多技術，包括文件研究（document study）、透過單面鏡直接觀察等，但最爲普遍的是間接觀察。

隱藏式研究最適合用於觀察一個特定的對象，此時研究者會使用若干個方法，並以某一個方法來驗證另一個方法的正確性。例如，研究者可能進行一項調查，研究種族歧視的問題，經過資料分析之後，發現所有的受測者所報告的種族歧視程度都很低。此時，研究者可能再進行隱藏式研究（可以利用隱藏式照相機），來觀察這些研究個體在與少數民族交談時的反應。有些在調查研究中，說自己毫無種族偏見的人，在不知情（不知道自己被觀察）的狀況下，可能會表現出高度的歧視行爲。有些研究學者（例如，Webb,1966; Smith,1975）曾提出「三角測量術」（triangulation），也就是利用兩種（或以上）的方法做研究，再比較其研究結果，以獲得正確的資料。[10]

間接觀察還包括了追蹤過去行爲的蛛絲馬跡。我們應該已經很熟悉這種形式的間接觀察，因爲警察辦案就是利用這種做法，他們從蛛絲馬跡中尋找犯罪的證據。現代的犯罪學可藉著血液的化學分析，以及其他形式的污漬、土壤分析，來判斷嫌疑犯的行兇地點，這樣的做法好像是「重新創造」了大部分的過去行爲。這種偵探式的做法，也曾被應用在社會科學的研究領域，雖然，相對而言並不太普遍。

Webb（1966）等人將追蹤分成兩類：(1)磨耗衡量（erosion measures），以及(2)添附衡量（accretion measures）。[11]

1. 磨耗衡量

磨耗衡量就是衡量材料耗損的情形。例如，研究者以美術館內地板耗損的情況，來判斷哪一個美術作品比較受到歡迎；或者研究者以圖書館藏書的自然耗損情況，來研判哪些書最受到讀者的喜好；或者研究者以兒童所穿運動鞋磨損的情況，來研判其活動的程度。

2. 添附衡量

添附衡量是以泥土堆積的情況來研判動物的行爲。這種做法在考古學、地質學被應用得相當廣泛。研究者可藉著垃圾桶中的丟棄食物，來研究現代人的飲食習慣。

在有關添附衡量的研究中，我們比較熟悉的是警察辦案的方法。例如，警察利用嫌犯的鞋子或衣服上的泥土，來判斷他（她）的行爲。研究者也曾以不同的指紋數，來判斷閱讀某個雜誌廣告的人數。其他有關添附衡量的研究包括：

(1)研究者以某城市的垃圾桶中的酒瓶數，來判斷該城市的酒類消耗量。
(2)研究者以五彩紙的數量，來判斷某人受歡迎的程度。
(3)研究者以在電視廣告時水位的降低程度，來研判該電視節目受歡迎的程度。（如果電視節目受歡迎，很少人會在節目進行時去洗手間）。
(4)研究者以玻璃上的鼻印，來研判博物館中哪一個作品會比較受到兒童的喜歡（作品四周是以玻璃圍起來，兒童在觀看比較具有吸引力的作品時，會不由自主地把臉貼在玻璃上）。同時，根據鼻印也可以判斷兒童的年齡（根據鼻印的高度）。

3. 網路行為的觀察

從問卷中獲得使用者的資料固然是一種不錯的方法，但是既無法察覺，也無法控制填寫者的不實回答。有一種方法可以觀察網路使用的行爲，這種方法就是利用 cookies 檔案（這些檔案會附著在使用者瀏覽器上），來追蹤使用者的線上活動。例如，Internet Profile 公司可從客戶端／伺服器端的日誌中蒐集資料，並蒐集人口統計數據及購買行爲的資料，例如，顧客在哪裡、有多少顧客會直接跳過網頁而逕行採取訂購行動。該公司可利用網域名稱參照到實際的公司名稱，並在所提出的報告中包含公司的一般及財務資料。値得注意的是，在消費者不知情及允諾之下，追蹤他們的活動是不合乎道德的，甚至是違法的。

cookies

乍看之下，Internet 好像很有隱密性，讓你在匿名的情況下從事各種活動，但是實際上，電子郵件、聊天室、新聞群組等都會讓你在不經意的、毫不知情的情況下，透露你的個人資訊。但是到目前為止，法律對於什麼是個人資訊、私有資訊，並沒有明確的規定。

你每次上一個網站或參與新聞群組的討論，在你的硬碟中就會產生 cookies 檔案來合法記錄你的上網行為，用來做為事後再度造訪時的紀錄及提醒之用。根據綜合及分析以前的造訪紀錄，網站就可以了解你的偏好，進而提供個人化服務。cookies 檔案的利用原本是善意，但是卻被許多不肖網站用來從事違背資訊倫理的事情。這些網站或是線上查稽服務公司（如 WebTrack、DoubleClick）會將這些 cookie 檔案的資訊銷售給第三廠商。更嚴重的是，Internet 及 WWW 已成為駭客詐欺的溫床。如欲刪除 cookies 檔案，可以利用瀏覽器的功能（在 IE 中，按〔工具〕、〔網際網路選項〕）、控制台中的「網際網路選項」或者利用像 Ad-aware 這樣的軟體。

12-5 經典的觀察研究

以下所舉的經典研究是利用觀察研究來了解「個人」行爲。

一、閔茲柏格對高級主管的研究

閔茲柏格（Henry Mintzberg, 1973）曾花費了五週的時間，對五位企業高級主管做深度的觀察，獲得了以下的結果。

1. 角色

管理者扮演著十種不同但卻密切相關的角色。每一種角色的重要性及扮演每種角色的時間投入，係依工作性質的不同而異。這十種角色可分三類：(1)人際角色（扮演頭臉人物、領導者及連絡者的角色）；(2)資訊角色（扮演監督者、傳播者、發言人的角色）；(3)決策角色（扮演企業家、干擾處理者、資源分配者、協調者的角色）。[12]

2. 職掌

高階管理者的主要責任是爲了整個企業的福祉向董事會負責。和任何管理者一樣，他們的主要任務就是透過他人的努力來達成企業的目標，因此，高級主管的工作是多元化的，是以組織整體的目標爲導向的。

他們的任務會隨著組織的不同而異，如欲了解他們的任務，就必須要對他們的任務、目標、策略，及其他的重要活動加以分析。任何高級主管都必須以整體觀點來經營企業，在企業目前的與未來的需求中取得平衡，並且做最後的、最有效的決策。

高階管理者的工作有兩個特性。其一是這些工作極少是具有連續性的，換句話說，大多數高級主管的工作都是簡短斷續的、變化多端的、歧異紛雜的。在他們的工作中，有半數是在九分鐘之內完成的，只有十分之一的活動會超過一個小時。事實上，高級主管很少能夠或願意在任何事情上花費太多的時間。[13]

高階管理者工作的第二個特性是：工作的重要性，例如，遴選某事業單位的適任主管等，因此，他們需要廣泛的能力與特別的氣質。他們需要分析與權衡各種可行方案的能力，也需要處理抽象的構想、觀念的能力；除此之外，他們還要了解員工、關懷員工。由於高階管理者的工作有上述的兩個特性，因此會產生這樣的現象：

(1) 由於大多數高級主管的工作都是簡短斷續的，因此他們通常會有先前未經規劃的空餘時間。因此，他們會傾向於「干預」在製造、行銷、會計、工程等方面的每日活動。這些活動若由較低階層的管理者全權負責的話，可能會處理得更好。

(2) 高級主管通常會以他們自己的能力、經驗及特質，來界定其工作範圍及責任。如果董事會未能明確界定高級主管的主要責任及活動，那麼可能會因此忽略了某些重要的工作，而產生潛在的危機。如果到危機浮現抬面時才「覺悟」，可能僅是亡羊補牢，爲時晚矣。

二、卡特的議程及網路研究

哈佛大學教授卡特（John P. Kotter）認爲主管在克服工作上的挑戰時，常會採取三階段的策略。

首先，他們會建立議程（agendas），也就是企業所要達成的目標。長期的議程通常都是用估算的方式來做，例如，估計（或建立一個粗略的概念）五年、十年或二十年後公司要銷售什麼產品；短期的議程則是比較明確、特定的，例如，公司現在的各產品所要獲得的市場佔有率。[14]

第二，主管們會建立網路（network）。這裡所謂的網路並不是電腦網路，而是與實現議程的志同道合者所建立的合作關係。在企業內外可能會建立有數千種不同的網路。

第三，主管們會建立一個有關常模或規範（norm）及價值的適當環境，以使得網路成員能夠眾志成城地實現議程。

三、艾森柏格對「主管們如何思考」的研究

大多數針對管理者的研究都是集中在他們可觀察的行爲上，極少研究會針對管理者的行爲背後所隱藏的思考問題。因此，管理者的內心世界常被視爲是一個黑箱。

哈佛大學教授艾森柏格（Daniel J. Isenberg）曾花費兩年的時間，針對十幾位主管進行有關思考過程的研究。他想要深入了解主管們對於運用思考的看法。[15]

1. 主管們想什麼

艾森柏格發現，主管們會廣泛思考兩類問題：如何完成事情，以及在錯縱複雜的各種問題中如何專注於最關鍵的幾個問題。在思考「如何完成事情」這方面，他

們比較關心的是，促使（或責成）部屬解決問題時所可能產生的組織及個人問題，而比較不關心特定的解決方案是什麼。

雖然在任何時點，主管們所面對的問題會「如排山倒海而來」，但是他們所專注的只是幾個主要的關鍵問題。例如，「顧客永遠是對的」、「鐵的紀律」等。

2. 解決問題時的思考過程

艾森柏格也發現，主管們在思考問題時會先想如何解決這個問題，然後再想到各種可能的解決方案。他們常常會跳過「問題界定」這個階段。主管們當然也會做理性決策，[16] 但是未必會按照理性決策的順序。

在解決問題過程的各個階段，主管們會利用直覺來做判斷。由於主管們所解決的問題，其特性是非結構性的（unstructured），所以直覺及經驗扮演著相當重要的角色。

3. 漸進主義

漸進主義（incrementalism）的決策方式和理性的決策方式是相反的。漸進主義的決策方式是在做決策時，決策者會有一個約略的方向（並不是明確的目標），並且會不斷比較各種可行方案；換句話說，他（她）是「走一步、看一步」的。這種方法與其說是一種理智的程序，倒不如說是碰碰機會的方式，因此，決策者是擅於調適的人，但在調適的過程中自有其目的。[17]

四、主管們的特殊資訊需求

由於主管們和一般經理在責任及思考過程方面的不同，因此他們的資訊需求也有很大的差異性存在。我們可依資訊來源、資訊範圍、資訊整合的程度、資訊的時間幅度、資訊的及時性、所需資訊的正確度、資訊使用的頻率、資訊數量、資訊類型這些因素來分辨策略階層（也就是主管這一階層）、管理控制及作業控制的不同點。

過去在主管的資訊需求方面有不少的研究。我們將討論三個主要的研究。前兩個研究涉及到主管的整體資訊系統（overall information system）。第三個研究涉及到電腦的使用。

1. 閔茲柏格的研究

閔茲柏格（Henry Mintzberg）可以說是研究主管資訊需求的鼻祖。他發現主管們的時間都被五項活動所佔據：處理公文、打電話、臨時會議、例行會議，以及拜訪客戶。他的研究發現如表 12-4 所示。[18]

表 12-4　主管們在五種活動的時間分配比例

活動	比例
處理公文	22%
打電話	6%
臨時會議	10%
例行會議	59%
拜訪客戶	3%

在他的研究中，他強調：資訊系統在溝通上扮演一個相當重要的角色。詳言之，透過資訊系統來傳遞資訊可代替許多無謂的口頭溝通。他也強調，快速而有效率地獲得資訊比口頭溝通來得更重要。

2. 瓊斯及麥克李德的研究

麥克李德（Raymond McLeod）的研究對象只有五人，分別為零售連鎖店的高級主管、銀行的高級主管、保險公司的總經理、財務機構的副總經理，以及稅務服務機關的副總經理。研究問題如下：[19]

(1) 有多少資訊會到達高級主管？
(2) 資訊的價值是什麼？
(3) 資源的來源是什麼？
(4) 傳遞資訊的主要媒介是什麼？
(5) 資訊是如何被使用的？

其研究的主要結論如下：

(1) 有多少資訊會到達高級主管？

在他們所進行的兩週研究期間，主管們及其祕書們共累積了 1,454 個資訊交易（information transactions）。所謂資訊交易包括了各種媒介：電腦報告、備忘錄、拜訪客戶、打電話、寫信、開會等。筆者認為，我們若以溝通媒介（communication media）來代替資訊交易作說明的話，更能清晰易懂。

主管們每天平均的資訊交易次數是 29 次。當然主管之間的資訊活動次數不盡相同，而且就某位主管而言，每天的資訊交易也不盡相同。

(2) 資訊的價值是什麼？

主管們被要求就每個資訊交易做評分，0 代表無價值，10 代表最大價值。研究結果發現，在五位主管中，價值為 0、1 或 2 的資訊交易佔總資訊交易次數的 26%；價值為 9、10 的交易僅佔 6%。

(3) 資源的來源是什麼？

研究來源分爲：外界環境、上一階層、下一階層、下二階層、下三階層、下四階層、委員會及內部支援單位（及個人），詳細的數據如表 12-5 所示。從表 12-5 中我們可以了解，主管們的資訊來源以外界環境所佔的比例最大，但是其平均價值卻是最低。

表 12-5　資訊來源

資訊來源	佔總活動的%	平均交易價值
外界環境	0.43	3.8
上一階層	0.05	5.2
下一階層	0.2	5.2
下二階層	0.1	5.3
下三階層	0.06	4.3
下四階層	0.02	4.4
委員會	0.02	7.5
內部支援單位	0.13	4.6

資料來源：修正自 Raymond McLeod, Jr. *Management Information Systems*, 6th ed., (Englewood Cliffs, New Jersey: Prentice-Hall Inc., 1995), p.512.

(4) 傳遞資訊的主要媒介是什麼？

如表 12-6 所示，文書式的媒介佔各媒介交易次數的 61%，在口頭溝通中，電話溝通佔了最大的比例（即 21%）。主管們控制最小的溝通媒介（例如，信件、備忘錄及電話）佔了各溝通活動總數的 60%。

表 12-6　各溝通媒介佔總溝通媒介的百分比

名稱		百分比
口頭溝通媒介	商業午餐	2
	電話	21
	拜訪客戶	3
	例行會議	5
	臨時會議	6
文書式媒介	電腦報告	3
	非電腦報告	9
	信件	20
	備忘錄	19
		100

資料來源：Raymond McLeod, Jr. *Management Information Systems*, 6th ed. (Englewood Cliffs, New Jersey: Prentice-Hall Inc., 1995) , p.512.

表 12-7 列出了主管們所認爲各溝通媒介的價值，我們可以發現：主管們認爲口頭式溝通最具有價值；電話、商業午餐這兩個口頭溝通媒介的平均價值低於文書式溝通媒介。

表 12-7　溝通媒介的價值排序

媒介	方式	平均價值
例行會議	口頭	7.4
臨時會議	口頭	6.2
拜訪客戶	口頭	5.3
社會活動	口頭	5.0
備忘錄	文書	4.8
電腦報告	文書	4.7
非電腦報告	文書	4.7
信件	文書	4.2
電話	口頭	3.7
商業午餐	口頭	3.6
期刊	文書	3.1

資料來源：同表 12-6, p.512.

(5) 資訊是如何被使用的？

在這方面，他們的研究重心是：主管利用資訊來扮演其角色的情形。如表 12-8 所示，主管們利用資訊來處理干擾、扮演企業家角色及分配資源的百分比最高。利用資訊來進行協調的情形最少。這項發現和閔茲柏格的看法不謀而合，他認爲高級主管很少參與協調的活動。

表 12-8　資訊是如何被使用的

角色	扮演決策角色所使用資訊的比例	平均價值
企業家	32	4.8
協調者	3	3.8
資源分配者	17	4.7
干擾處理者	42	4.6
未知	6	1.1

3. 洛克及崔西的研究

洛克及崔西（Rockart and Treacy）的研究發現，改正了人們對於「高級主管從不親自使用電腦」的錯誤觀念。[20] 事實上，洛克及崔西在其研究中有些主管認爲：「除非成爲黑手，否則怎可體會到電腦的強大功能？」、「只有親自操作，才會眞正了解企業問題的本質」。

複習題

1. 試扼要說明觀察研究。
2. 觀察研究有何優點？
3. 觀察研究有何缺點？
4. 試繪圖說明觀察研究的類型。
5. 何謂非結構化現場研究？
6. 何謂非結構化實驗室研究？
7. 何謂結構化現場研究（半結構化研究）？
8. 何謂結構化實驗室研究？試舉例說明。
9. 何謂間接觀察？
10. 間接觀察有哪兩種類型？
11. 試說明一些經典的觀察研究。

練習題

1. 觀察法的研究步驟有：(1)選定研究對象，(2)確定研究題目：如行為主義、次數、性質、類別等，(3)進行觀察並作記錄，(4)資料分析。試上網找兩篇使用觀察法的研究論文，以上列四點，比較並評論這兩篇研究。
2. 在使用觀察研究時，應注意哪些事項？
3. 參與觀察的早期經典研究有：(1)馬凌諾斯基（Malinowski）：《西太平洋的航海者》（對 Trobriand Island）的研究）；(2)W. F. Whyte：《街角社會》（Street Corner Society）；(3)L. Humphreys：《茶室交易》（Tearoom Trade）；(4)伊力克賀佛爾（E. Hoffer, 1987）：《群眾運動》。試上網了解這些研究，並分別寫出心得報告。
4. 如果你想活到一百歲，最好不要太憂心。百歲人瑞通常會將長壽和性格遺傳給子女。新研究顯示，一般而言，這些子女比較外向，沒有神經質傾向，而且隨和。美國波士頓大學百歲研究中心主任波歐斯指出，和藹可親及善於社交能帶來健康，他說：「經過觀察，我們發現許多百歲人瑞經歷了極大的壓力，卻不受影響。」（Chritine Dell'amore，謝勳輯譯，2009/12/14 講義雜誌）。試說明如何進行上述的觀察。

5. 根據昆士蘭當地媒體《快遞郵報》（Courier mail）報導，昆士蘭大學（The University of Queensland）心理系教授希普爾（Bill von Hippel）與博士研究生一起研究年輕男子的冒險行為與周遭是否有美女出現之間的關係（《中央社》記者張之晴雪梨 2010/3/4 專電）。如果你想進行這項觀察研究，試說明應如何進行？
6. 一般來說，男性在空間能力測驗方面，表現會比女性好，例如，在假想的立體空間裡翻轉物體，或是在新環境中找路等。但新的研究顯示，在某些情況下，女性的認路方式可能更有效率。（黃維德譯，Web Only 2010/05，原文出處：www.viewswire.com）。如果你想進行這項觀察研究，發現此結果，試說明應如何進行？

註　釋

1. J. A. C. Kerr,. "Space Use by Medical Surgical Hospital Ward Staff," *Unpublished Ph. D. Dissertation*, University of California, Los Angeles, 1979.
2. G. A. Fine, "Occupational Aesthetics: How Trade School Students Learn to Cook," *Urban Life* (16), 1985, pp.3-31.
3. M. Peyrot, "Coerced Voluntarism: The Micropolitics of Drug Treatment," *Urban Life* (13), 1985, pp.343-63.
4. 初級關係的建立是基於情感，而次級關係的建立是基於功能（例如，專業技術、職業相同的人所建立的關係）。
5. 他們曾做過「人生難得幾回醉」（You Owe Yourself a Drunk, 1970）的研究，該研究的對象是城市的「遊牧民族」。詳細的說明，可參考：J. P. Spradley and D. W. McCurdy, *The Cultural Experience: Ethnography in a Complex Society* (Chicago; Science Research Associates, 1972).
6. V. M. Axline, *Dibs: In Search of Self* (New York: Ballantine, 1964).
7. R. R. Sears, L. Rau and R. Alpert, *Identification and Child Rearing* (Stanford, Calif.:

Stanford University Press, 1965).

8. C. Seltiz, L. J. Wrightsman and S. W. Cook, *Research Methods in Social Relations* (New York: Holt, Rinehart & Winston, 1976).

9. R. F. Bales, *Interaction Process Analysis* (Reading, MA: Addison-Wesley, 1950).

10. H. W. Smith, *Strategies of Social Research: The Methodological Imagination* (Englewood Cliffs, N.J.: Prentice-Hall,1975). 對於多重衡量（multiple measurement）有興趣的讀者，可參考：Paul F. Lazarsfeld, "Problems in Methodology," in Sociology Today: Problems and Prospects, Edited by Robert K. Merton, Leonard Brown, and Leonard S. Cottrell, Jr. New York: Basic Books, 1959.

11. E. J. Webb, D. T. Campbell, R. D. Schwartz and L. Sechrest, *Unobtrusive Measures: Nonreactive Research in the Social Sciences* (Chicago: Rand McNally, 1966).

12. Henry Mintzberg, *The Nature of Managerial Work* (New York: Harper & Row, 1973), pp.54-94.

13. Henry Mintzberg, *The Nature of Managerial Work* (New York: Harper & Row, 1973), pp.54-94.

14. John P. Kotler, "What Effective General Managers Really Do?" *Harvard Business Review 60*, November-December 1982, pp.156-67.

15. Daniel J. Isenberg, "How Senior Manager Think," *Harvard Business Review* 62 , November-December 1984, pp. 81-90。

16. 理性決策（rational decision-making）又稱解決問題的步驟。理性決策的過程是：1. 決策者明訂目標，並謹慎地處理每一個問題；2. 蒐集完整的資料、徹底地分析這些資料、研究各種可行方案，包括本身的風險和結果；3. 規劃一個詳細的行動方案。

17. 這就是林步隆（Charles Lindblom）所謂的「有目的的糊塗」（muddling through with a purpose），詳細的討論，可參考：Charles Lindblom, "The Science of Muddling Through," *Public Administration Review* 19, 1959, pp.79-88.

18. Henry Mintzberg, *The Nature of Managerial Work* (New York: Harper & Row, 1973), p.47.

19. Raymond McLeod, *Jr. Management Information Systems*, 6th ed. (Englewood Cliffs, New Jersey: Prentice-Hall Inc., 1995), p.511.

20. John P Rockart and Michael F. Treacy, "The CEO Goes On-Line," *Harvard Business Review* 60, January-February 1982, p.82-88。

Chapter 13 質性研究

本章目錄

13-1 了解質性研究

1970 年代以前，質性研究技術只是被應用在人類學、社會學的研究議題上。之後，質性研究才逐漸地被應用在其他學術領域的研究上，例如，教育研究、社會工作研究、資訊研究、管理研究、護理服務研究、心理研究、大傳研究等。針對特定團體的研究（例如，女性研究、殘障人士研究）也常使用到質性研究技術。在企業研究領域，以質性研究技術來探討相關課題（例如，新產品概念、產品定位、廣告文稿）也有愈來愈多的趨勢。在過去 30 年來，利用質性研究技術發表在有關期刊的論文數也愈來愈多。[1]

根據維基字典的解釋，質性研究是一種在社會科學及教育學領域常使用的研究方法，通常是相對量化研究而言。質性研究實際上並不只是一種方法，而是許多不同研究方法的統稱，由於這些方法都不屬於量化研究，因此被歸成同一類探討，其中包含但不限於民族誌研究、論述分析（discourse analysis）、訪談研究等（http://en.wikipedia.org/wiki/Qualitative_research）。

一、意義

質性研究（qualitative research）又稱定性研究，其目的在於對眞實世界的現象，加以探索、說明、解釋，或者揭露目標對象（受訪者）的某些心理因素、對某特定主題的看法及其行爲。質性研究是針對小群體，使用深度研究（in-depth research）的方式來獲得研究成果（建立具有創意的研究命題、發展新理論）。

質性研究源自於社會學、行爲科學（例如，人類學、心理學）。今日，在企業研究（尤其是行銷研究）也使用許多質性研究技術，如個人深度訪談、焦點團體、參與式觀察、線上技術（例如，視訊會議、新聞群組）等。

二、近年發展

過去 20 多年來，在量化研究方法日新月異的同時，質性研究方法也有長足的進步，舉其牢牢大者如：(1)研究素材的日益豐富，除了在社會過程中自然產生的素材（例如，會話交談、文檔、日記、敘事、自傳等）之外，還包括新型的多媒體資料（例如，圖像、聲音、視頻等）；(2)分析方法更加多樣，除了比較傳統的、源自於語言學的方法（例如，內容分析、修辭分析、語意分析等）之外，社會學家也創造出自己獨特的方法，如紮根理論、事件結構分析、主題網路分析等。這些方法顯然使得質性研究更具有系統性、精確性、嚴謹性；(3)研究過程更加客觀嚴謹，質性研究的一個主要問題在於研究者對於問題闡釋的主觀性。爲了儘量消除研究者的主觀偏見，質性研究開始遵循嚴格的研究程序（或樣板、規則），並試圖加上量化分析中的代表性、信度、效度等概念，以期提升研究的客觀性、可信度；(4)資料分析過程更加有效率，由於電腦輔助質性資料分析（computer-aided qualitative data analysis, CAQDA）的湧現，使得質性研究的資料分析更具有如虎添翼之效。目前市面上所有的 20 多種 CAQDA，都可以大量節省研究者在資料編碼、處理的時間，使研究者可集中精力於推論與思考上，進而大幅提升質性研究的品質。

近年來，許多學者亦利用質性研究技術來探討有關企管的問題。例如，Winston Tellis 利用個案研究方法，深入探討集中式與分散式的資訊結構、伺服器與終端機等對管理決策的影響，以及資訊科技的獲得（購買）對目前及未來的經濟影響（www.nova.edu.）。

三、特性

質性研究如果設計嚴謹，可獲得量化研究所不能獲得的豐碩的、鞭辟入裡的研究成果。質性研究的特點如下：

1. 在焦點團體中，成員之間可自由互動，集思廣益，進而發掘潛在問題所在，或者問題的眞正背後原因。
2. 以人員訪談或群體討論進行質性研究時，研究者（或輔導員）可動態調整討論的內容及方式（也就是具有動態調整性），以使得受訪者或參與者更積極地投入談話或討論。
3. 有機會觀察、記錄及解讀「非語言行爲」（nonverbal behavior，例如，身體語言、音調），以了解受訪者的內心世界，挖掘表面知識。表面知識（surface knowledge）是從教科書中學習不到的，必須從經驗或經驗人士那裡才學習得到。

四、常用的質性研究方法

在企業研究中，常用的質性研究方法主要有：個案研究（詳細說明見第 14 章）、民族圖誌研究、紮根理論研究、焦點團體研究、行動研究。[2]

13-2 個案研究

個案研究法是質性研究中常用的方法。歷經多年的發展，個案研究方法目前已被普遍地應用到社會科學領域的研究，包括心理學、社會學、政治學、經濟學及應用領域的都市計畫、公共建設、教育輔導等。個案研究法（case study research method）是以細膩的手法去記錄事情的本質與情節的脈絡；它是以實證的方式來探索眞實世界之當代現象的方法。準此，企業個案研究法（business case study research method）是以實證的方式來探索商業世界之當代現象的方法。

個案研究的本質在於它試圖闡明一個或一組決策何以被採用、如何執行，以及會有什麼樣的結果。[3] 近年來，各學術領域的研究者使用個案研究法來解決其研究問題有漸增的趨勢。各學術領域可利用個案研究法來建立新理論、鞏固，或挑戰舊理論、解釋情境、對某情境提供一個能夠提出解決方案的基礎（或原則、要領）、探索或描述研究個體（對象）與現象。應用在企業管理領域的個案研究法，可讓我們深入了解當代的、實際的組織決策者、消費者的心理變數（信念、態度、情緒等）、決策過程與行爲。簡言之，個案研究法可讓我們深入了解複雜的議題、研究對象（人或事）及過程，或讓我們從另外一個角度闡釋過去的研究成果。個案研究法所強調的是針對有限數目的事件、情況或其關係（例如，什麼事件與什麼事件有關）來進行詳細的系絡分析（contextual analysis，是指對事件的有關環境或影響因素、來龍去脈的分析）。

在進行個案研究前，首先要對「研究單位」說明清楚是很重要的，是個人（員工）、部門（部門主管）、企業（企業負責人）？同時，研究對象可以是一人，也可以是若干人。由於研究者所研究的對象不多，不適合（但不是絕對不能）進行量化分析（例如，統計上的顯著性檢定），這就是個案研究法受到質疑的地方。以少數個案能建立研究發現的信度或一般化？此外，也有人質疑研究者與受訪者（研究對象）的密切互動，是否會扭曲所蒐集資料的可信度？有些人甚至認爲個案研究只適合進行探索性研究。

雖然質性研究曾被諷刺爲「科學廢物」（scientifically worthless），因爲它連最起碼的要求（例如，兩個消費群體的態度平均數差異性檢定）都做不到，但是它們在科學研究上還是扮演著相當重要的角色。一個設計嚴謹的個案研究，可以向「放諸四海皆準」的理論提出挑戰，並且能夠提供許多有創意的命題。

一、個案研究法的類別

個案研究依其所具備之探索性（exploratory）、描述性（descriptive）與解釋性（explanatory）的目標，而可以區分成探索式個案研究、描述式個案研究，以及因果式個案研究（又稱爲解釋式個案研究）：[4]

1. 探索式個案研究：處理「是什麼（what）」的問題。例如，什麼方法能夠提升員工的工作動機。
2. 描述式個案研究：處理「誰（who）」、「何處（where）」的問題。例如，誰不會去參加年終尾牙。
3. 因果式個案研究：處理「如何（how）」與「爲什麼（why）」的問題。例如，何以某部門員工出勤率偏低、如何解決此問題。

1. 探索式研究

一般而言，在進行探索式研究（exploratory study）時，研究者不需要有研究問題，也不需要建立「暫時性或預擬的假說」，他的主要目的就是要去探索。但在有些情況下，研究者需要更多的資訊，以使得暫時性的假說變得更爲明確時，研究者也會去進行探索式研究。此時，檢索組織資料庫中的有關資料，或審視公眾刊物也許會有幫助。如果研究者能夠就教於組織內外部的「有智」之士，可能會使他更能洞悉問題的所在。探索式研究的優點，就是能使研究者在有限的資料之下，進行小規模的研究。

當研究者對於在正式研究進行時所可能遇到的問題沒有清楚的概念時，最好先進行探索式研究。透過探索式研究，研究者會對概念（變數），以及變數之間的關係更加清楚，以使得正式進行研究時能夠針對主題、掌握重點。經過探索式研究後，如果發現研究問題並不如先前所認爲的那麼重要，就可以放棄或者修正原先的研究，如此一來會更節省時間和金錢。

2. 描述式研究

描述式研究（descriptive study，或稱敘述式研究）指的是蒐集一個情況的有關資料，它可能是敘述一個情況、行爲，或它們之間的連結。一個好的描述往往是科學研究的開始，而一些專門性的描述式研究則以單一變數來分析資料。例如：它的組成要素爲何？其發生的頻率爲何？這些都是要進行更高層研究的重要基礎。[5]

在什麼情況下進行描述式研究？當研究者必須了解某些現象或研究主體的特性以解決某特定的問題時。例如，透過訪談與觀察，描述並了解某位意見領袖的成長背景、態度、對最近發生某見大事的看法、消費習性的改變等，就會對何以廣告效果不彰、銷售量下滑的問題有個梗概。描述式研究可能是很單純的，也可能是很複雜的，並可以在不同的研究環境（例如，現場環境、實驗室環境）中進行。

如果研究對象是某個組織，則進行組織特性的描述性研究（例如，描述組織是否採用彈性製造、其負債／權益比是多少、資本額有多少、員工與部門數有多少等），可讓其他企業了解針對此組織的研究發現是否具有外部效度，或外部效度的程度。換句話說，針對此組織的研究發現，在運用到其他組織時，可讓企業了解是否可全盤運用（如果組織特性類似）或應該保守運用（如果組織特性不同）。

3. 因果式研究

對因果關係所建立的假說，需要比描述式研究更爲複雜的方法。在因果式研究中，必須假設某一變數 X（例如廣告）是造成另一變數 Y（例如，對於水族館的態度）的原因，因此，研究者必須蒐集資料以推翻或不推翻（證實）這個假說。同時，研究者也必須控制 X 及 Y 以外的變數。

(1) 因果的觀念

兩個（或以上）變數之間具有的關係，並不能保證這個關係是因果關係（causal）。「種瓜得瓜、種豆得豆」就是典型的因果關係。胡適說過：「要怎麼收穫（果），先要怎麼栽（因）」，也是典型的因果關係敘述。因果關係至少表示了兩個實體的或驗證的事件的關係（實證是指可以被我們的感官，例如，視覺、觸覺或嗅覺等，直接加以測量的現象），但是何者爲因，何者爲果，有時並不容易判斷及證明。例如，在撞球的遊戲中，我們看到 B 球撞到 C 球，而 C 球應聲落袋，我們不能「證明」B 球「造成」C 球入袋；我們觀察到的只是一連串事件的一部分，因爲 B 球可能是 A 球所造成的結果。

(2) 因果關係

要證實 X 與 Y 有因果關係（X 是造成 Y 的因），必須滿足下列三個條件：

- X 與 Y 有關係存在。
- 此種關係是非對稱性的，也就是說，X 的改變會造成 Y 的改變，但是 Y 的改變不會造成 X 的改變。
- 不論其他的因素產生何種行動，X 的改變會造成 Y 的改變。

一般而言，X（因）發生在 Y（果）之前，但是有些定義允許因果同時發生。值得注意的是，沒有任何定義允許「果」發生在「因」之前。因果可具有對稱性的關係，也就是說，兩個變數互爲因果（X 是 Y 的因，Y 是 X 的果；Y 是 X 的因，X 是 Y 的果）。但是在絕大多數的情況下，因果關係是非對稱性的；在時間上，X 發生在 Y 之前。

我們可以用必要條件（necessary condition）與充分條件（sufficient condition）來看因果關係。如果除非 X 的改變，否則不會造成 Y 的改變，那麼 X 是 Y 的必要條件。如果每次 X 的改變都會造成 Y 的改變，那麼 X 是 Y 的充分條件。

把上述的觀念加以延伸的話，會產生三種組合：(1)X 是 Y 的必要條件，但不是充分條件；(2)X 是 Y 的充分條件，但不是必要條件；(3)X 是 Y 的必要條件及充分條件。

X 是 Y 的必要條件，但不是充分條件　在這種情況之下，X 必須發生在 Y 之前，但是只有 X 並不足以造成 Y 的改變。造成 Y 改變的，除了 X 之外還有其他因素。例如，假如研究發現抽菸者罹患肺癌，不抽菸者沒有罹患肺癌，我們可以說抽菸（X）是導致肺癌（Y）的必要條件。如果又有研究發現：並非所有的吸煙者都會罹患肺癌，而居住在空氣污染地區的抽菸者才會罹患肺癌。綜合上述的研究發現，抽菸（X）是罹患肺癌（Y）的部分原因，在與另一個原因空氣污染（Z）共同發生時，才會產生 Y 的結果（肺癌）。個別原因（X 或 Z）均不能構成充分條件（雖然個別原因都是必要條件）。

X 是 Y 的充分條件，但不是必要條件　我們現在把上述的例子改變一下，認爲抽菸（X）本身就會導致肺癌（Y），不需要其他條件，例如，空氣污染（Z）的存在。我們再假設，空氣污染（Z）本身也會導致肺癌。然而，這兩個因素 X 或 Z 中的任何一個均不是 Y 的必要條件。抽菸並非必要條件，因爲肺癌的罹患並不是因爲抽菸所造成的（而是因爲空氣污染所造成的）；也不是因爲空氣污染所造成的（而是因爲抽菸所造成的）。這兩個因素 X 與 Z 中必須有一個成立。所以我們可以說，X 或 Z 是造成 Y 的擇一原因（alternative cause），而不是部分原因，因爲 X 或 Z 本身就能充分的造成 Y 的結果。

X 是 Y 的必要條件及充分條件　這是因果關係中最爲密切、最爲理想的狀況。在這種情況下，除非 X 成立，否則 Y 從來不會成立，而且只要 X 成立，Y 永遠會成立。X 是造成 Y 的完全的、唯一的原因。引用先前所舉的例子，如果抽菸是造成罹患肺癌的充分條件、必要條件（可簡稱充要條件），那麼所有的抽菸者都會罹患肺癌，而非抽菸者都不會。由於 X 是必要條件，因此就可能沒有其他的原因；而且由於 X 是充分條件，因此它就是完全的（而不是部分的）原因。

在企業研究中，我們在建立因果關係時，常常會造成很大的困難。我們常將不是原因的變數視爲原因，因此造成結果解釋上的偏差。再說，在企業研究中，我們所用的蒐集資料方法大都是調查法，而用調查法很難判斷哪一個因素爲因，哪一個因素爲果，因此我們不得不將之單純化（將兩個變數視爲對稱性，而非因果性）。要確認因果關係最好的方法是實驗法。

(3) 因果關係的解釋

一致法　彌爾（John Stuart Mill）的一致法（method of agreement）：「當對某一特定現象的兩組（或以上）的個案具有唯一的共同條件，則此條件可被視爲是此現象的因」。[6]

例如，如果我們要檢視爲什麼大海工廠的員工在每星期一的缺勤率特別高。我們就針對缺勤率特別高的人分爲兩組來研究。如果我們發現這兩組人員只有在「屬於野營會的會員」（以 C 代表）這方面是相同的，其他在工作別（以 A 代表）、部門別（以 B 代表）、人口統計別（以 D 代表）、個人特性（以 E 代表）均不同，我們可以說「屬於野營會的會員」與缺勤率具有因果關係。圖 13-1 說明了這個例子。

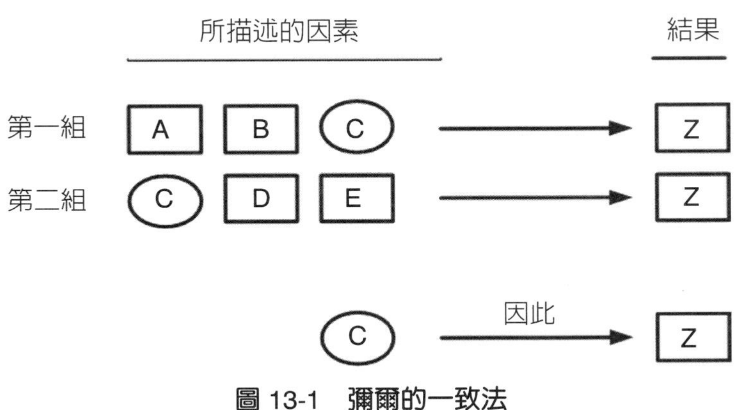

圖 13-1　彌爾的一致法

差異法　「如果有兩個或以上的個案（變數），其中一個會產生 Z 現象，而另一個不能；如果個案（變數）C 存在，會產生 Z 現象；如果個案（變數）C 不存在，不會產生 Z 現象，我們就可以斷言：C 與 Z 之間有因果關係」。這種因果關係的推論方式就是彌爾所謂的「差異法」（method of difference）。[7]

例如，我們在探討顧客抱怨連連（以 E 代表）的原因時，如果我們發現到：

當小華是服務團隊的一員（以 C 代表）時，則顧客怨聲載道；當小華不是服務團隊的一員時，則顧客沒有抱怨。我們就可以斷言：小華是造成顧客抱怨的原因。圖 13-2 說明了這個例子。

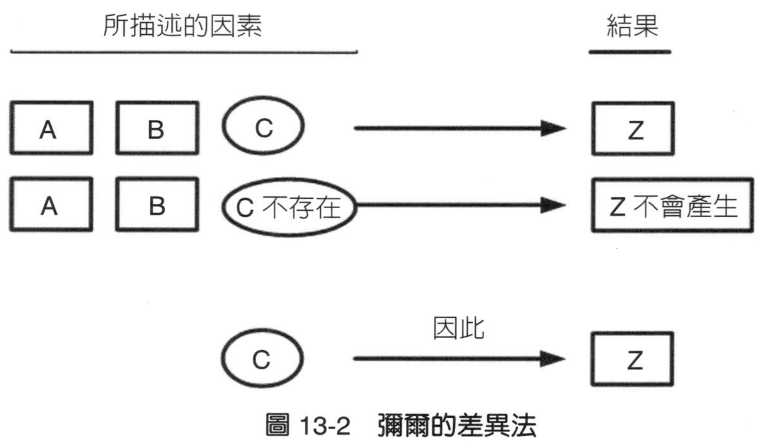

圖 13-2　彌爾的差異法

二、個案研究的其他分類

Jensen and Rodgers（2001）對個案研究的分類如下：[8]

1. 快照個案研究（Snapshot case studies）。在某一時點，對研究對象做詳盡的、客觀的研究。
2. 縱斷面個案研究（Longitudinal case studies）。在許多時點，對研究對象做詳盡的、客觀的研究。
3. 事前事後個案研究（Pre-post case studies）。在某一關鍵事件的前後時間點，對研究對象做詳盡的、客觀的研究。所謂「關鍵事件」（critical event），是指經過理論探討，對於觀察現象有顯著影響的事件。
4. 整合式個案研究（Patchwork case studies）。整合上述快照個案研究、縱斷面個案研究、事前事後個案研究的一種研究，又稱爲多元設計方法（multi-design approach）。此研究的目的是對於受試對象做一個整體的、動態的了解。
5. 比較式個案研究（Comparative case studies）。針對不同的研究對象做比較性的分析。分析方式可以是量化的，也可以是質性的。

13-3 民族圖誌研究

民族圖誌研究法（ethnography research）源自於人類學，主要是針對異族、異地的文化進行廣泛的觀察與描述。爲了要獲得研究成果，研究者（尤指早期的研究者）必須要融入當地文化、學習當地語言，以便和當地居民進行社交活動（打成一片），進而「從裡面」了解他們的每日習慣、儀式、規範與行爲。[9] 民族圖誌學涉及到現場觀摩，將某一民族的生活、民俗風情以圖畫與日誌記載下來。[10]

現在的民族圖誌法研究，其田野場域（field site，研究的現場實地）可以是任何地方，包括家居附近、熟悉之處等。在企業研究中，這些田野場域可包括：正式或非正式組織、工作職場、城市社群、粉絲俱樂部、商展場所、購物中心、網際網路的聊天室等。同時，研究者也無需學習當地語言。研究對象也不再侷限於原始土著，而可針對特定的文化族群（例如，外省二代、客家人等）進行研究。民族圖誌不論變得多麼「現代化」，其基本目的還是維持不變：觀察人們如何互動、如何和環境互動，以了解其文化。民族圖誌研究者的主要任務包括：選擇獨特的文化地點、取得進入或接觸該場地的許可權，然後就置身於被觀察者的日常生活。民族圖誌研究者必須與被觀察者建立信任，如此才可望獲得豐碩的研究成果。研究者必須融入田野場域的文化脈絡，努力和主要消息來源人士（informant）、重要他人（significant others）建立起信任關係。民族圖誌研究工作者必須有相當程度的時間與精力投入。

街道民族圖誌學（street ethnography）是指發掘某個文化次級團體，描述他們在巷子裡混的生活世界，例如，美國的華青幫。民族圖誌法所強調的是觀察、參與；研究者或隱蔽或公開地長期參與研究對象的日常生活，觀察他們在場域中所發生的事情、聆聽他們說些什麼，並提出問題。民族圖誌法的特色有：(1)極爲強調某特殊社會現象的本質，而不是對這些現象建立假說，然後再去驗證假說；(2)傾向以「無結構性」的資料爲主要研究材料。所謂「無結構性」的資料是指，在蒐集資料之前，並不對資料先規劃好如何編碼、如何分類；(3)參與式的研究設計，融合了訪談與文件分析，並提供了進一步發展知識的可能性；(4)研究者口語描述或詳細詮釋所觀察到的行爲。

民族圖誌研究依照研究對象的數目多寡可分爲：個體民族圖誌研究與總體民族圖誌研究。個體民族圖誌研究（micro-ethnography）的研究對象是少數的文化團體，例如，多國公司的女性執行長，而總體民族圖誌研究（macro-ethnography）的研究對象是較大範圍的文化團體，例如，多國公司的執行長。

民族圖誌法應用在管理、組織上的研究課題有：管理者行動、組織文化、人力資源管理實務、專業群體的互動、工作行為、勞工關係、工作者的情緒、性騷擾等。利用民族圖誌法來進行行銷研究的目的是：(1)了解行銷專業人員對於市場的看法；(2)了解消費者對於品牌、服務品質的看法，以及這種看法的文化意涵。在進行這類的研究時，研究者必須以行銷專業人員、消費者的觀點來看問題。

除了組織理論、行銷學之外，許多在會計、國際企業、小型企業、資訊管理這些領域的學者也利用民族圖誌法來探討該領域的專業人員文化議題。企業也發現利用民族圖誌法來研究由於文化所導致的企業問題（例如，消費者、行銷、產品設計、人力資源管理、組織變革、國際企業管理、技術移轉等），是相當重要的事情。

13-4 紮根理論研究

紮根理論（Ground theory）是由 Glaser and Strauss（1967）提出的。[11] 紮根理論主張理論必須紮根於現場實地所蒐集到並加以分析的資料。為了建立理論，紮根理論提供了一套有系統的思考、將資料加以概念化的方式，透過理論抽樣，並對資料進行開放式編碼、主軸編碼和選擇性編碼等，來統整資料中的條件、脈絡、行動／互動和結果，試圖說明和理解許多存在於人類社會的複雜現象。[12]

紮根理論研究法被認為是質性方法中最具科學的一種方法，因為它十分遵循科學原則（例如，歸納與演繹並用的推理過程）、比較的原則、假設驗證與理論建立。[13] 換言之，紮根理論研究法是以所蒐集的資料（包括利用訪談、觀察）經過適當的編碼、內容分析之後，歸納出理論（各種命題）。根據紮根理論，理論的產生是在實際研究中，經由資料蒐集與分析的不斷交互作用而產生的。這就是紮根理論與其他質性研究方法最大的不同所在。

基本上，紮根理論研究法有兩個主要的步驟。第一是資料（data）的蒐集。研究者可從不同的來源取得，例如，訪談、觀察、文件、記錄和影片等。第二是程序的建立，也就是研究者用來詮釋和組織資料的程序（procedure），通常包括資料的概念化和縮減、依據其屬性與面向來推衍出類別（category，亦稱範疇、類目、節點），並有系統地建立類別之間的關連。最後，產生具有創意的命題或理論。此理論架構足以解釋一些與社會、心理、管理、教育或其他有關現象。

我們在解讀文本資料時，可將其中的文句（某一字、某些字、某一行、某一段）進行編碼，也就是給予標籤，然後我們再將這些標籤集結成一個概念（concept，或稱觀念）。對於一個概念（類別而言），屬性（attribute）是指此類別的一般性或特定性特徵，而面向（dimension）則代表者在屬性上一個連續範圍內的落點。概念即是類別，擷取自資料中，代表著現象。因為類別代表現象，所以它也可能會有不同的命名，完全取決於研究者的視野觀點、研究主題、研究的情境脈絡。我們可將各個概念集結成（或統整成）更為抽象、涵蓋範圍更廣的概念；此時此概念就稱為類別，而原先的類別稱為次類別。次類別（subcategory）是藉著詳述現象於何時、何地、如何、和為何發生等資訊，以促使某一類別更為明確具體。就像類別一般，次類別也有屬性與面向。在有系統地建立類別之間的關聯之後，就可產生具有創意的命題或理論。

例如，我們將文本資料中的內容，分別建立了「留意流行訊息」、「產品特性與個人個性相符」、「投入大自然」、「重視休閒」、「喜歡戶外」、「喜歡聊天」、「勤做家事」這些標籤（進行編碼），然後將這些標籤集結成「追求時髦」這個概念（類別）。「追求時髦」這個概念不僅可讓研究者減少所處理的資料單位份量，也增加了研究者在解釋與預測方面的能力。概念是資料分析的基礎，是理論的構成要素。所有分析步驟的目的，均在於辨認出概念、發展概念、以及連結概念。

依照同樣的方式，我們可以建立其他的概念（類別），例如，「社會關懷」、「傳統顧家」、「節約守法」、「居家安定」、「安逸滿足」這些概念。我們可把以上的各概念統整成「生活型態」。此時，「生活型態」就是類別，而之前的各概念就稱為次類別。[14]

以上例而言，「生活型態」這個類別包括了「追求時髦」、「社會關懷」、「傳統顧家」、「節約守法」、「居家安定」、「安逸滿足」這些屬性（次類別）。每一個屬性都可以自成一個面向，因此，「生活型態」在「追求時髦」上可以從低到高來描述（其他的屬性也可以從低到高來描述）。而且每個次類別（如追求時髦）可藉著詳述何時、何地、如何、和為何發生等資訊，以使得「生活型態」更為明確具體，例如，如何追求時髦。

然後，我們可建立「信念」、「態度」這樣的類別，並建立與「生活型態」的關係，進而發展出命題。例如，「信念影響態度、態度影響生活型態」，或者「信念影響生活型態不會因為態度而有所不同」這樣的命題。

從以上的說明，我們可以了解，如果研究的目的是要建立理論，研究的結果就要呈現出一組相互關聯的概念。所謂「建構」（constructed），是指研究者將多個案例資料簡化成概念和關係的陳述，而這些概念和陳述可以用來解釋所觀察到的現象。決定核心類別（core or central category）是統整工作的重要步驟。一個研究的核心類別代表該研究的主題，它也是一個抽樣的概念。核心類別就是濃縮所有的分析結果而得到的幾個字詞，而這些字詞就足以說明整個研究的內涵。

今日，紮根理論研究法的應用愈來愈廣，而且也成爲個案研究法的主要研究方法論（見第 14 章）。在行銷研究上，研究者利用紮根理論研究法來探討消費者對廣告的反應，以深入了解廣告效果、消費者行爲。紮根理論研究法也常被應用在組織研究、領導研究、策略研究、技術與組織變革研究等。

13-5 焦點團體研究

焦點團體是由 6～10 人組成的團體，進行的時間大約是 1.5～2 小時。主持人[15]利用群體動力原則（group dynamics principles），就一個明確的主題來引導成員交換意見、感覺及經驗。這個方法源自於社會學，在 1980 年代曾廣泛運用在行銷研究上，在 1990 年代幾乎各不同的學術領域都會用到焦點團體技術。[16]

例如，在新產品發展及產品概念的測試上，透過焦點團體技術，研究者可以獲得一系列的產品概念，然後研究者就可以再將這些產品概念做數量化的測試。

一、焦點團體成員的同質性

焦點團體成員的同質性（homogeneity）要愈高愈好。例如，一項針對「營養建議」的研究，由消費者組成的焦點團體要與由醫師組成的焦點團體分開來，分別蒐集有關「營養建議」的資料。爲什麼？因爲具有同質性的人在一起，比較能夠激發熱烈的討論，產生自然且自由的互動。對消費者團體而言，研究者也要考慮到性別、種族、就業狀況、教育這些因素上的同質性。由於大多數的焦點團體都要有同質性，因此研究者常透過成員去找他們的同事，或透過社區機構（如社區活動中心）去找「同國的人」。

二、電話式焦點團體

傳統的焦點團體技術是在一個特殊設計的舒適環境下，集合各成員以面對面的方式進行。但是近年來使用電話式焦點團體有愈來愈增加的趨勢。電話式焦點團體在以下的情況下特別有效：

1. 當愈來愈難找到所需要的成員時，這些成員包括菁英份子、專家、醫師、高階主管、商店老闆等。

2. 當目標團體的人數不多或分住在不同的地理區域時（例如，診所主管、名人、新產品的早期採用者、農會幹事）。
3. 當主題太過敏感、需要匿名但成員又必須包括各地區的人時（例如，傳染病患者、用二流產品者、高收入者、競爭者）。
4. 當焦點團體成員要有全國的代表性時。

電話式焦點團體比面對面焦點團體可以節省 40% 的費用。但是如果會議時間太長，可能會減低人們參與的意願。

三、線上焦點團體

由於網際網路的普及，探索式研究可以用電子郵件、聊天室（chat room）、網路論壇（forum）、虛擬社群（virtual community）的方式來進行。如果能善用先進的通訊科技，如語音會議、視訊會議，都可以有效獲得寶貴的資訊。利用線上焦點團體比電話式焦點團體更爲便宜。在新聞群組（news group）寄出一個主題會引發許多迴響與討論。但是線上討論是毫無隱私性的，除非是在企業內網路（intranet）內進行。雖然網路論壇不太能代表一般大眾（如果我們所選擇的焦點團體是一般民眾的話），但是從眾多的網友中，我們還是可以從蛛絲馬跡中得到焦點團體成員的意見。

四、優劣點

做爲探索式研究的工具，焦點團體基本上能夠很快的、很便宜的讓研究者掌握住研究主題。焦點團體可使管理者、研究者了解焦點團體成員對研究主題的感受。參與者可以盡情地表達他們的感受，毫無拘束地表達他們的意見，對研究者而言，可能會得到意想不到的收穫，更鞭辟入裡地了解研究問題所在。但是，成員所表達的意見都是質性的，不容易歸類及做統計分析。再說，這些成員是否有母體的代表性也是一個問題。

13-6 行動研究

行動研究是由拉溫（K. Lewin）首先創用，指將科學研究者與實際工作者之能力與智慧，結合在一件合作事業上之方法。行動研究（action research），顧名思義，包括了「行動」和「研究」，是研究者與研究對象密切合作，深入了解及解決目前在群體／部門／組織上的問題，並將解決實際問題看成是研究程序的一部分。行動研究的「行動」是有「目的」的，是在解決一個實際、迫切的問題。行動研究的「研究」，以及所欲解決的「問題」，都是在某種環境或情境下產生的。以企業組織而言，環境可指企業環境；情境可指群體／部門／組織情境。行動研究人員既是企業有關人士（例如，顧問、管理者），也是研究者。

詳言之，行動研究法是研究和行動結合的一種研究方法；即情境的參與者（例如，管理者）基於解決實際問題的需要，與專家、學者或組織中的成員共同合作，將問題發展成研究主題，進行有系統的研究，講求實際問題之解決的一種研究方法。行動研究主要在結合研究和行動，研究者即行動者，透過不斷地反省、思考、再計畫的過程，促使研究者不斷聚焦問題，進而解決問題。

然而，行動研究並非僅是一些行動的組合，它其實是一套有系統、有步驟的研究方法。簡言之，它包括了對實務問題的觀察與發現，並經由蒐集資料、不斷地反思以找出其中之意義，來擬定行動計畫，以致解決該實務問題。因此，從事行動研究，在方法學上，相較於傳統的研究法，雖具有較大的自由度，但仍需有好的事前計畫及縝密的組織。[17]

拉溫形容行動研究是循環進行的步驟，而每個過程都包括計畫、行動、觀察以及對行動成果的評估。從事行動研究者必須了解並實踐四個流動的環節（four moments）：(1)發展出一套計畫，改善計有狀況，(2)透過行動，以落實計畫，(3)觀察此行動在環境下所產生的效應，(4)針對效果做省思，並發展下一步的改善計畫。拉溫刻意讓行動和省思重疊，是要讓參與研究或行動的有關人員在付諸行動的同時，就要省思。在研究方法論上，行動研究有八個主要的實施步驟：[18]

1. 發現問題：研究的問題通常為實際工作中所遭遇到的。
2. 分析問題：對問題予以界定，並診斷其原因，確定問題的範圍。
3. 文獻探討：以前人研究的經驗及結果做為自己研究的參考。
4. 擬定計畫：在計畫中應包括研究的目標、研究人員的任務分配、研究的假設及蒐集資料的方法。如有必要，可包括一項參與研究人員的基本研究技術講習。
5. 蒐集資料：應用有關的方法，例如，直接觀察、問卷、調查、測驗等，有系統地來蒐集所需的資料。
6. 批判與修正：藉著情境中提供的事實資料，來批判修正原計畫內容之缺失。
7. 試行與考驗：著手試行，並且在試行之後，仍要不斷地蒐集各種資料或證據，以考驗假設、改進現況，直到能有效消除困難或解決問題爲止。

8. 提出報告：根據研究結果提出完整的報告，但須注意本身研究資料的特殊性，以免類推應用到其他情境。

行動研究可說是兼具行動和自我反省、反思的學習歷程。在應用範圍上，它可被運用於各種實務工作中，舉凡教育學、社會學、護理學，或是組織行爲等領域，皆可見其蹤影，應用範圍甚廣。

13-7 線上質性資料蒐集

Internet 的技術與工具向研究者提供了非常有價值的服務。例如，研究者可利用視訊會議技術，向分處各地的有關人員進行開會討論，以有效率的方式獲得資訊。Internet 的應用有：電子郵件、資料會議、FTP（檔案傳輸協定）、VideoTex、瀏覽器、搜尋引擎、新聞群組與部落格、立即訊息、網路電話、視訊會議。

一、電子郵件

電子傳遞（electronic messaging）已經成爲現今辦公室中不可或缺的重要技術。電子傳遞的好處是比較容易使用、可靠與節省成本。電子郵件（electronic mail，又稱 e-mail）是利用網路電腦來傳送、接受及儲存訊息。微軟公司的 Outlook、網景公司的通訊家（Communicator）均使得數千萬的網路使用者可利用其電子郵件功能作有效的傳遞及接受訊息。

電子郵件系統是利用網路強大的功能，將我們輸入在電腦的資料，傳送到收件人的電腦中。我們輸入的內容，包括了各種不同格式的文字、圖形、動畫、聲音（也就是說，各種 OLE 物件）等。同時由於電腦軟體的友善性，我們可以很方便地編輯資料，並且可以加密保護。採用檔案夾方式的 mail，可以將繁瑣的郵件管理工作化繁爲簡，使用者可將所接收到的各種郵件，分門別類地存放在不同類別的檔案夾中。在 Windows Outlook 的操作畫面中，閱讀過和尚未閱讀的郵件都有清楚地標示。我們可以依照郵件的重要性，決定是否要存入檔案或是直接刪除。

通訊服務公司（例如，GTE、TELENET、MCI、Yahoo）都提供電子郵件服務的功能。電子郵件在概念上並不複雜。傳送者（sender）在確定他（她）所要傳達對象的電子郵件地址（筆者的是 trad1004@mails.fju.edu.tw）之後，就可以將訊息鍵入。當然電子郵件系統之間會有些差異。例如：某些電子郵件系統可以將訊息傳送到多個目的地，而有些系統則具有類似「雙掛號」（return receipt requested）的功能，來確認接收者得到訊息的時間。雖然電子郵件的優點甚多，但是卻無法傳遞傳訊者的語氣、音調，所以它被稱為是一種「冷酷」的媒介。

電子郵件的優點如下：(1)減少「追蹤」（shadow function）。根據古達（Coudal, 1982）的調查報告，只有 28% 的電話會成功地與對方接上線。電子郵件系統可以在接收者要讀取訊息時就直接透過此系統來讀取。因為訊息一直儲存在電腦中，除非接收者在讀取其內容後加以刪除。在用電話做追蹤時，我們會重複地以電話聯絡對方，如果對方不在，或是正在撥號回電，也是無濟於事。某大公司的副總裁花在以電話追蹤的平均成本，估計大概超過美金 10 元；(2)干擾的減少。大部分的電話都是在接收者的黃金時段進行傳遞，因此常會引起干擾。電子郵件具有在適當時間傳遞訊息的等待系統，故不會干擾對方；(3)傳遞既快且廣。電子郵件系統不像電話一樣，一次只允許一通電話。電子郵件系統可同時傳送訊息到各目的地。

二、資料會議

資料會議（data conference）可讓地理相隔遙遠的使用者進行「線上共同作業」，以便共同編輯資料、修正資料。例如，各使用者可利用文書處理軟體，進行線上共同作業來共同研擬、修正法律文件或契約書，或者利用試算表軟體來研擬、調整預算。

三、FTP（檔案傳輸協定）

FTP（File Transfer Protocol，檔案傳輸協定）是 Internet 檔案傳送、儲存最普遍的使用方法。當我們在網頁中下載檔案（例如共享軟體、視訊短片、圖片等），或者把檔案附加在電子郵件上時，我們就在使用 FTP 的應用程式。許多學校、企業，甚至是個人都設有 FTP 站台，放置了大量的免費軟體、共享軟體或商業軟體的試用版、修正版，供網友免費下載。

在視窗環境下，使用 FTP，有兩種方法。一是使用瀏覽器連線，以 ftp://起頭，填入欲連線的 FTP 站台位址。用這種方式，使用者執行 anonymous FTP，不必輸入帳號密碼。另一個方式是使用 FTP 專用軟體，例如，WS FTP、Cute FTP。

四、VideoTex

VideoTex（電傳視訊）是以電信線路提供一些資訊給終端用戶，通常使用者一端必須要有個人電腦、數據機、電話線路，電傳視訊所提供的資訊通常是即時性的，例如，股市行情、班機起降表、火車時刻表、匯率等。在美國提供 VideoTex 服務的系統有 Prodigy（由 IBM 及 Sears 合資設立）、CompuServe Bank-at-home、CompuServe shopping-at-home（你可以在線上查看銀行帳戶、做線上訂購等）。許多大型公司，例如，Viacom、時代華納（Time Warner），也躍躍欲試，企圖掌握這個未來高速公路的主流。

五、瀏覽器

最著名的瀏覽器是微軟公司的探險家（Internet Explorer, IE）及網景公司的領航員（Netscape Navigator）。網路瀏覽器可使我們很容易地在任何地方下載及執行軟體。問題是，我們所下載的軟體，雖然我們認爲是安全的，但是它可能具有引發病毒的「動態內容」（active content）。「動態內容」是由許多技術所組成，其主要目的是增加網頁設計的噱頭、點子及互動性。Java Applets、JavaScript、ActiveX 及推播技術（push technology）都是眾所周知的「動態內容」技術。但「動態內容」本身並不會造成使用者在使用網路瀏覽器時的安全問題。在瀏覽器上安裝外掛程式（plug-ins）也可能有安全之虞。外掛程式通常用來觀看複雜的圖片或聽音樂，它就好像能夠改善多媒體觀看效能的解譯器（interpreters）一樣。最後，瀏覽器軟體本身也許有瑕疵，雖然當發現有漏洞時，修補的速度還算蠻快的！

六、搜尋引擎

在 Internet，上我們可以利用搜尋引擎（search engine）很方便地找到我們所需的資料。事實上，搜尋引擎的市場競爭一直是相當白熱化的，除了雅虎以外，Infoseek、Excite、Lycos、AltaVista, Magellan、Openfind 也是相當叫好的搜尋引擎。對於一個網路生手而言，搜尋引擎就像一位親切的導航員。但是這些導航員各有其專長與特色，必須針對他們的專長加以運用，才能夠有最大的收穫。國內的許多網站也提供了搜尋引擎的功能，例如，Yahoo! 奇摩站（http://tw.yahoo.com/）就提供了方便、實用的搜尋。

七、新聞群組與部落格

網路科技可使具有相同興趣的人（同好者）在網頁上互相交換意見、分享知識及資訊。這些透過網站互動的一群人稱爲新聞群組（newsgroup）。新聞群組有時候也表示能使這些溝通實現的伺服器。新聞群組內交換的訊息大多是以文字爲主，有些新聞群組還可支援立即訊息的傳送。

與新聞群組相類似，近年來普遍受到大眾歡迎的是部落格或稱博格（Web logs，簡稱 blogs）。部落格是一個網頁，在此網頁上顯示了各種意見、評論、文藝作品，以及超連結（連結到其他相關網站）。網路瀏覽者可在此網頁上發表意見（或者大放厥詞）。讀者不妨加入 Yahoo 部落格（tw.myblog.yshoo.com）體驗一下。有些部落格具有追蹤軟體（trackback），可以告訴部落格的意見發表者（bloggers），他們所發表的意見在哪些其他的網頁上呈現。有些公司也建立部落格，鼓勵員工發表意見，提出新構想，甚至發牢騷。

八、立即訊息

立即訊息（instant messaging, IM），又稱多人線上聊天系統（Internet relay chat, IRC），可讓使用者在線上互動、傳遞訊息。立即訊息又被視為「即時電子郵件」（real-time e-mail），因為它具有同步性。IM 可讓使用者偵測是否有人上線，也可讓使用者向新聞群組中的每個人聊天（稱為聊天室），或者只和一個人私下交談。

IM 應用軟體可透過單一伺服器，或者相連結的若干個伺服器來運作，這個（這些）伺服器就好像是每個使用者的呼叫中心。比較有名的 IM 提供者有：AOL Instant Messenger（AIM）、Yahoo! Messenger、MSN、ICQ 等。這些 IM 系統已經分別成為數百萬人的「電子會議中心」。在先前 AIM 的使用者與 MSN 的使用者因為系統不同，所以不能交談，但是現在有廠商（如 Trillion 公司）提供了統一的系統，克服了這個困難。

IM 聽起來好像全是為了娛樂而設計的，其實不然。IM 也可以成為商業上的重要利器。許多線上零售商在其網頁上設計一個特殊的按鈕，讓消費者與銷售代表可以即時進行線上交流。這個功能不僅可提供更好的個人化服務，也可節省大筆電話費用。

九、網路電話

只要透過適當的軟體及麥克風來跟電腦連結，Internet 使用者就可以透過系統撥打長途電話或國際電話。使得這個現象得以實現的技術就是網路電話。網路電話（Voice over Internet Protocol, VoIP）是以封包的形式先將聲音訊號加以數位化，再透過 Internet 來傳輸。透過 VoIP 軟體，使用者可進行 PC 對 PC、PC 對電話的交談。

研究者亦可透過參與企業會議來蒐集資料。應用在企業會議用途上的網路電話稱爲語音會議。語音會議（audio conference）是利用聲音傳輸裝置（voice communications equipment），在地理分散的人員之間建立語音連結（voice link），以便順利進行會議。會議電話（conference call）是語音會議的一種形式，可使得兩人以上同時互通語音訊息，至今仍頗受大眾的喜愛。然而，現在有許多企業利用更高級的語音通訊系統，彈指之間就可以與各分公司的人員進行通話。

語音會議是問題解決的有效工具，其理由如下：(1)語音會議的設備成本相對較爲低廉，是企業可以負擔得起的；(2)用電話溝通會比較自然（有些事情用面對面溝通反而會使有些人感到尷尬）；(3)可在數分鐘之內安排會議。

十、視訊會議

視訊會議（video conference）是利用網路設備，使得參與者既可聽到對方的聲音，又可看到對方。簡單地說，和他人在網路上直接用聲音交談，稱之爲網路電話（Web Tone），若再加上影像就叫做視訊會議了！

視訊會議就是將電腦與影音設備加以連結，使得分處各處的人可以聽到對方的聲音、看到對方的影像，並進行交談的技術。利用視訊會議技術，分處各地的人們就可以進行開會討論，免去了舟車勞頓之苦。因此，視訊會議可大大的減低公司的差旅費用。

許多公司會專設視訊會議室，裡面有專屬的電視螢幕、掃描器等。比較先進的設備是，每個人在其辦公桌前裝設有視訊會議設備，使得每個人不必到視訊會議室，就可以開會或者接受訓練課程。

在 Internet 上如何進行視訊會議？首先，你要有多媒體電腦的基本配備，再加上 WinCam 視訊攝影機和視訊會議軟體。以使用 Windows XP 進行視訊會議的需求而言，必須配合正確的設備和網路連線，Windows XP 中的 Windows Messenger 可讓您在自己的電腦上進行即時的視訊會議。您可以和世界各地的人通話，同時看到他們的面孔和周圍環境。您可以交換文字訊息，或共用檔案及程式。您和您的連絡人都需要有 Windows XP、音效卡、麥克風及喇叭，或者耳機、Web 數位相機，最好有網際網路的寬頻連線，例如，纜線數據機、Digital subscriber line（DSL）或區域網路連線（透過標準撥接網際網路連線通話時，或許能使用視訊，但是如果寬頻連線的話，效果會更佳）。

雖然視訊會議可以節省許多旅行拜訪的成本，但是這不是企業採取視訊會議的主要理由。其主要的理由是「集結更多的問題解決者來做決策」（因地理距離遙遠的管理者，可能藉此理由而不參與決策的制定）。

13-8 質性資料分析——方法與軟體

一、內容分析法

內容分析（content analysis）又稱爲文獻分析（documentary analysis），或資訊分析（informational analysis），是透過量化的技巧及質性分析，客觀地、系統性地對文件內容進行研究與分析，藉以推論產生該文件內容的環境背景及其意義的一種研究方法。[19]

1. 定義

內容分析是研究分析的工具，其將質性的資料轉化爲量化資料後，進行分析的一種量化式分析法。而「內容」指的是資料的內容，資料來源不限，舉凡報章雜誌、具有研究價値的文稿、各種文件的內容，均可作爲分析之資料，此種方式具有其間接性，與重視調查訪問、問卷、量表測試的研究法，在資料蒐集上，有著明顯的不同。B. Berelson（1952）則認爲內容分析決定傳播影響力，爲一社會科學的概念，是具有客觀性、系統性的量化方式。[20]

內容分析曾被描述爲「對傳播（溝通）的明確內容做客觀的、有系統的、數量化的描述的研究技術」。[21] 由於在這個定義中只包含了「明確內容」，所以最近有許多學者認爲「溝通的內容」應包括明確的內容以及潛伏的內容（訊息的象徵性意義，symbolic meaning）。

廣義而言，可做爲內容分析的資料，從手寫的到印刷的文字資料，到圖片、錄音、影片等型態皆可。例如：官方記錄報告、表格、教科書、參考書、信件、自傳、日記、作品、論文、或其他印刷著作、促銷手冊、書籍、雜誌、報紙、大學學報或講義、圖片、漫畫、影片、電視、廣播、群體互動等等。研究者在閱讀這些有關的資料之後，便將其中的語意、語法加以記錄、衡量及分析。因此，內容分析可以將從實驗、觀察、調查及次級資料分析後所得到的文字、聲音、影像等資料加以分析。

2. 性質

內容分析法具有以下的性質：

(1) 客觀性：內容分析的來源爲依照現有的資料記錄進行分析，即便研究者有所不同，資料也不會有所改變。

(2) 系統性：內容分析法並不是單純地蒐集資料內容，而是有系統地將資料進行分類編目。

(3) 量化性：內容分析法將質性資料內容轉為量化的數值（計量資料），以量變來推演質變。

(4) 敘述性：從內容分析的量化數值，我們可以進一步進行歸納、推演出命題。

(5) 顯明性：內容分析的資料必須和命題有明顯的推理關係。

在以有系統的步驟進行內容分析時，首先要選擇「單位體系」（unitization scheme）。這些單位可能是按照造句法的（syntactical，文章構成法的）、指示式的（referential）、命題式的（propositional），或是主題式的（thematic）。我們現在說明兩個比較常用的單位：指示式的單位（referential unit）、命題式的單位（propositional unit）。

指示式的單位可能是物體、事件、個人。一個廣告商可能將其產品指示為「古典式的」、「功能超強的」或「安全排行第一的」。這三個「指示」都代表著同一個物體。

命題式的單位會用到若干個參考架構。我們可用演員（actor）、行為模態（mode of acting）及物體（object）的關係來說明。例如，「此期刊的訂閱者（演員）會比零購者節省（行為模態）15 元（行為的物體）」。

從大體上來看，內容分析所涉及的其他範圍包括了抽樣計畫的選擇、記錄及編碼規則的發展、對內容的推論及統計分析等。內容分析可以避免造成選擇性知覺（selective perception）的情形，[22] 並易於進行電腦化的分析。

3. 運用案例

內容分析可以衡量語意上的內容，或者在訊息中的「什麼」這一部分。美國的 BrainReserve、the Naisbitt Group（奈士比研究群）、SRI International 及 International Focus 這些趨勢觀察的公司，亦曾使用過各種不同的內容分析技術。Naisbitt Group 蒐集了過去 20 年來二百萬份地區性報紙的資料，進行內容分析，並將分析的結果集結成《大趨勢》（*Megatrend*）一書出版。

4. 開放式問題的編碼

封閉式問題所設計的回答類別比較明確，因此在處理上會比較有效率。簡單地說，封閉式的問題比較容易被衡量、記錄、編碼及分析。但是有些時候，由於以下原因，我們就必須以開放式的問題來發掘資訊：(1)資訊不足，(2)研究者無法在事前想像到可能的類別，(3)問題過於敏感，(4)企圖發覺某些特點（discover saliency），(5)鼓勵自然情感的流露。[23]

表 13-1 是一個開放式問題，填答者被要求以一篇短文描述他（她）為什麼要到超級市場購物。在經過初步分析之後，研究者就可以建立各種類別（格式如表 13-2）。雖然大多數的回答內容都已包含在所延伸發展出來的類別中，但是我們還是要提供「其他」這一類，以免「掛一漏萬」，造成研究的偏差。

表 13-1　開放式問題之例

6-2. 請問您到超市購物的原因是什麼？
____
____
____
____
____
____
____
____

5. 開放式問題的內容分析

我們現在回過頭來看看如何對開放式的問題做內容分析。以下是一個簡化的例子，假設某工廠的裝配線員工對於「如何改善勞資關係？」這個問題的回答是這樣的：

(1)管理者應更尊重員工。
(2)管理者不應該一直強調裝配線的效率。
(3)工作環境糟透了。管理者應加以改善。
(4)開除領班。他處理事情非常不公平。
(5)管理者要舉辦勞資共融營，以弭平敵視，促進和諧。
(6)管理者應接受工會最近提出的「新工作規範」計畫書。

內容分析的第一步，就是建立分析的單位；這些單位要能夠反映出蒐集資料的目的（或更基本地說，研究目的）。在我們的例子中，研究目的是了解裝配線員工認為在改善勞資關係上誰應負起責任。我們所選擇的類別必須是有關於這個研究問題的關鍵字（key words）或是指示式的類別。首先，我們發展出這些類別如表13-2 所示。

表 13-2　開放式問題編碼之例（修正前）

問題：「如何改善勞資關係？」		
責任誰屬？	提及	未提及
A. 管理者 B. 工會 C. 工人（工會除外） D. 管理者與工會的共同責任 E. 管理者與工人的共同責任 F. 其他		

表 13-2 中的各個類別是互斥的，而且也是從同一個概念發展而來的單一尺度。加上「其他」這一類是確保類別的周延性。如果受測者樣本中有大多數的人認爲，責任應由政府、公眾、立法單位所負責，因而勾選「其他」這一項的話，表示我們的分類並不夠周延，因而會忽略了許多寶貴的資訊。

由於表 13-2 中的每一個類別都表示該類的人士可採取某些特定的行動，因此，我們所進行的內容分析第二步要以命題式單位來進行，也就是確認演員（已經確認）、行爲模態與物體。第二階段的分析會產生以下的行爲模態（行爲計畫）類別：

(1) 人際關係
(2) 製造程序
(3) 工作環境
(4) 其他行動
(5) 未確認行動

我們對於同時都有提到改善管理者、製造程序的員工建議，要如何分類呢？表13-3 說明了這種合併式答案的各種組合。在資料分析時，我們可以對各種組合的答案做頻率分析（frequency analysis）。

表 13-3 利用共同標準（單位）來處理開放式問題的編碼（修正後）

問題：「如何改善勞資關係？」		
責任誰屬？	頻率	
	提及	未提及
A. 管理者 1. 人際關係 2. 製造程序 3. 工作環境 4. 其他行動 5. 未確認行動		
B. 工會 1. 人際關係 2. 製造程序 3. 工作環境 4. 其他行動 5. 未確認行動		
C. 工人（工會除外） 1. 人際關係 2. 製造程序 3. 工作環境 4. 其他行動 5. 未確認行動		
D. 管理者與工會的共同責任 1. 人際關係 2. 製造程序 3. 工作環境 4. 其他行動 5. 未確認行動		
E. 管理者與工人的共同責任 1. 人際關係 2. 製造程序 3. 工作環境 4. 其他行動 5. 未確認行動		
F. 其他 1. 人際關係 2. 製造程序 3. 工作環境 4. 其他行動 5. 未確認行動		

二、紮根理論的資料分析

在運用紮根理論，進行資料分析時，其程序包括：開放式編碼（open coding）、主軸編碼（axial coding）和主題編碼（selective coding，或稱選擇編碼）。[24]

1. 開放式編碼

用以界定資料中所發現的概念，及其屬性與面向的分析歷程。

2. 主軸編碼

關聯類別與次類別的歷程，稱爲主軸（axial），因編碼係圍繞著某一類別的軸線來進行，並在屬性和面向的層次上來連結類別。

3. 主題編碼

統整與精鍊理論的歷程。主題編碼的目的在找出核心類別。爲了更快速地指認出核心類別和統整各個概念，研究者可借助撰寫故事線（story line）、運用圖表（diagram），以及檢視和編排備註（memo）這些技術。

三、質性資料分析軟體

隨著科技的日新月異，有許多質性資料分析（qualitative data analysis，簡稱QDA）軟體可幫助研究者對其所蒐集的質性資料進行分析。我們必須認清一個事實，那就是電腦是絕對無法了解字句的。電腦的過人之處在於協助我們處理各種排序、結構化、資料提取、以及影像化工作。這意味著我們根本不能冀望電腦去執行甚至是最簡單的分析工作，但是電腦對於下列工作卻有莫大的助益：自一堆雜亂無章的實地札記、訪談逐字稿、編碼資料、概念，以及備註中整理出某種次序；將逐漸形成的理論中的概念與關係的網路予以影像化；有系統地記錄整個理論發展的過程。坊間常用的軟體有：NVivo、ATLAS.ti、QDA Miner、WordStat、AnnoTape。其共同特色是：

1. 檔案不大但功能強大的質性軟體。
2. 中文相容性：NVivo、ATLAS.ti 有很好的中文相容性。
3. 操控性：完全視覺化，極容易上手，操控性極佳。
4. 可處理的資料：文字檔的逐字稿（文件檔）、圖像檔、聲音檔、影片檔。請勿誤會，軟體並非能將聲音檔、影片檔自動轉換爲文字的逐字稿，而是使用者必須在聲音檔、影片檔中適當的地方加註文字說明。

5. 主要功能：編碼（coding）、搜尋特定概念所編碼的段落、建立更高層概念（也可往下建立一層概念）、寫筆記、建立概念之間的關係網絡圖、段落與段落之間的超連結（適合文本分析）、適合無結構的訪談資料、適合團隊工作。
6. 適合對象：需要對逐字稿做「編碼分析」、「分類」等質性資料基本分析動作者、團隊研究者、個別研究但有大量多媒體資料需要分析者。

以上各軟體均有試用版本，試用期間不等，所提供的功能亦有限制（例如，ATLAS.ti 試用版，其容量僅夠 3 個檔案，30 個編碼）。通常你必須加入成爲會員，然後網站就會將試用序號寄到你的電子郵件帳號。讀者可上有關網站下載試用版本、示範檔，了解其軟體特色，作爲選用的參考（表 13-4）。

表 13-4　質性資料分析軟體的試用版網站

軟體名稱	試用版網站	附註
NVivo 8	http://www.qsrinternational.com/products nvivo.aspx	（軟體名稱後面的數字為版本數）
ATLAS.ti 6	http://www.atlasti.com/demo.php	
QDA Miner 3.2	http://www.provalisresearch.com/QDAMiner/QDAMinerDesc.html	Provalis Research 公司發展，可依照個案、變數、主題分別進行分析（進行類似卡方檢定的統計分析）
WordStat 5.1	http://www.provalisresearch.com/wordstat/Wordstat.html	Provalis Research 公司發展
AnnoTape	http://www.cobsoftware.com/products.html	適合錄音稿件、聲音檔案的整理與分析

複習題

1. 試說明質性研究的意義。
2. 試說明質性研究的近年發展。
3. 試說明質性研究的特性。
4. 試說明常用的質性研究方法。
5. 何謂個案研究？

6. 試說明個案研究的類別。
7. 試比較彌爾的一致法與彌爾的差異法。
8. 何謂民族圖誌研究法？
9. 試說明紮根理論研究。
10. 紮根理論研究法有哪兩個主要的步驟？
11. 何謂焦點團體？焦點團體有哪些種類？
12. 焦點團體的優點與劣點各有哪些？
13. 何謂行動研究？
14. 行動研究有哪八個主要的實施步驟？
15. 線上質性資料蒐集的的應用有：電子郵件、資料會議、FTP（檔案傳輸協定）、VideoTex、瀏覽器、搜尋引擎、新聞群組與部落格、立即訊息、網路電話、視訊會議。試分別說明。
16. 何謂內容分析？
17. 試舉例說明開放式問題的編碼。
18. 試舉例說明開放式問題的內容分析。
19. 試說明主軸編碼、主題編碼。
20. 試簡介質性資料分析軟體。

練習題

1. 試上網，例如全國博碩士論文資訊網（http://etds.ncl.edu.tw/theabs/index.html），或者貴校的圖書館網站，了解近三年來碩博士論文、專題研究屬於量化研究、質性研究的論文哪一種比例偏多？可能的原因是什麼？
2. 試以某實例（上網找的實例，或你有興趣的實例）說明紮根理論的實施程序。
3. 一位優秀的質性研究者應具備哪些能力（例如創造力、想像力、文字能力、理論基礎）？這些能力可以後天培養或習得嗎？試說明理由。
4. 有人認為質性研究是「一人一把號，各吹各的調」。你同意嗎？為什麼？
5. 試上網下載一些質性資料分析軟體的試用版，並妥善安裝，說明其操作過程及功能。你會建議你的同學使用哪一種軟體？為什麼？
6. 2009 年來台的陸客觀光團達 48 萬人，到底帶來多少商機？觀光局預估為新台幣 300 億元，但財團法人商業發展研究院於 2009.12.2 公布研究報告，實地訪查發現，陸客來台消費金額根本不如預期，全年僅帶來 169 億元的收入，與觀光局預估足足差了 131 億。觀光局以量化、填問卷的方式大量放出問卷訪問旅行社，而商研院則是使用質化方式研究，包括深入訪談 28 位在地導遊，包含自由導遊及與旅行社簽約導遊，同時跟訪 122 名陸客，暗中觀察、記錄消費行為。（2009/12/03，聯合報，朱婉寧台北報導，udn.com/NEWS/MAINLAND/）。試評論此二種研究方法論。你認為哪種研究方法論的研究結果較符合實情？為什麼？

註 釋

1. Loseke, Donileen R. & Cahil, Spencer E. (2007). "Publishing qualitative manuscripts: Lessons learned". In C. Seale, G. Gobo, J. F. Gubrium, & D. Silverman (Eds.), *Qualitative Research Practice: Concise Paperback Edition*, pp. 491-506. London: Sage. ISBN 978-1-7619-4776-9
2. 其他還包括：敘說研究（narrative research）、言說研究（discursive research）、批判研究（critical research）、女性研究（feminist research）。限於篇幅，本章將不說明這些方法。
3. W. Schramm, Notes on Case Studies of Instructional Media Projects (Washington, DC: Working Paper, The Academy for Educational Development, December 1971). 這裡所謂的「常用」是依據學者的「主觀判斷」或其研究背景、經驗而異。例如，Cooper and Schindler（2003）認為：一般質性研究使用的方法有深度訪談法、焦點訪談法、觀察法、紮根理論、個案研究或歷史檔資料方析等方法。
4. 葉重新，教育研究法（臺北：心理出版社，2001），p. 198-199。
5. Kenneth R. Hoover, *The Elements of Social Scientific Thinking* (N.Y.: St. Martin's Press, 1992), p.47.
6. W. J. Goode and P. K. Hatt, *Methods in Social Research* (New York: McGraw-Hill, 1952), p.75.
7. W. J. Goode and P. K. Hatt, *Methods in Social Research* (New York: McGraw-Hill, 1952), p.75.
8. Jensen, Jason L. and Robert Rodgers (2001). Cumulating the intellectual gold of case study research. *Public Administration Review* 61(2): 236-246.
9. 「從裡面」了解被觀察者（或稱參與者）的觀點，稱為主位或內部觀點（emic perspective）；相對於主位或內部觀點，則有客位或外部觀點（etic

perspective）。

10. 蕭瑞麟，不用數字的研究，二版（台北：培生集團，2009），頁162。
11. Glaser, Barney G. and Anselm Strauss (1967). *The discovery of grounded theory: Strategies for qualitative research*.. Chicago, IL: Aldine Publishing Co. The seminal work in grounded theory.
12. 吳芝儀、廖梅花譯，紮根理論研究方法（台北；濤石文化事業，2001）。如欲詳細了解這些編碼的方式，可參考：Paive Eriksson and Anne Kovalainen, Qualitative Research in Business Research (London: Sage, 2008), p.160-162.
13. 胡幼慧主編，質性研究——理論、方法及本土女性研究實例（台北：巨流圖書，2009），頁38。
14. 敏銳的讀者（尤其是具有量化分析基礎的讀者）會察覺到，這個說明和驗證性因素分析有些類似。如欲進一步了解，可參考：榮泰生著，Amos與研究方法，三版（台北：五南圖書，2009），頁15-16。
15. 「主持人」在英文中有時稱為促成者 (facilitator) 或協調者 (moderator)。
16. R. A. Krueger, *Focus Group: A Practical Guide for Applied Research*, 2nd ed. (Thousand Oaks, Calif.: Safe Publications, 1994).
17. 取材自：李苡星（國立台灣大學心理學研究所），國家圖書館，遠距圖書服務系統（www.read.com.tw/web/）。
18. 引用自：黃素貞，行動研究法（http://74.125.153.132/）、http://blog.xuite.net/kc6191/。
19. 中台文教所在職專班網站：http://plog.tcc.edu.tw/category/3068/8535。
20. B. Berelson, Content Analysis. *Communication Research* (New York : Free Press, 1952).
21. B. Berelson, Content Analysis in *Communication Research* (New York: Free Press, 1952), p.8.
22. 一般人對於任何刺激會有所選擇，這種選擇的形式分為三種：(1)選擇性注意（selective perception，亦即對於刺激有選擇性）；(2)選擇性扭曲（selective distortion）。即改變或扭曲當時所接受的資訊；(3)選擇性保留（selective retention，亦即對於是否保留於記憶之中有選擇性）。換句話說，一個人只記住支持其個人感受或信念有關的資訊輸入，而忘記那些無關的資訊輸入
23. J. M. Converse, and S. Presser, *Survey Questions: Handcrafting the Standardized Questionnaire* (Beverly Hills, Calif.: Sage Publications, 1986), pp.34-35.

24. A. Strauss and J. Corbin, *Basics of Qualitative Research: Techniques and Procedures for Developing Grounded Theory* (Newbury Park,CA: Sage, 1998). 讀者亦可參考：吳芝儀、廖梅花譯，紮根理論研究方法（台北：濤石文化事業，2009），第二篇編碼程序。

Chapter 14 個案研究法

本章目錄

本章將說明以實證派爲主的個案研究法（case study method），也就是以一個或數個案例，選擇組織所面對的某些特定問題，分析個案中相互牽連的現象，並以此發展出理論。這種以實證學派爲主的個案研究稱爲「找變數的個案研究」。[1]

個案研究法具有六個步驟：[2]

步驟 1：決定與界定研究問題

步驟 2：選擇個案、決定資料蒐集與分析技術

步驟 3：準備蒐集資料

步驟 4：在田野（現場實地）蒐集資料

步驟 5：評估與分析資料

步驟 6：提出研究報告

14-1　步驟 1：決定與界定研究問題

研究問題（research questions）的界定非常重要，因爲針對複雜現象或事物的研究過程中的各種努力，都要反映到研究問題上。例如，研究者在深度訪談中所提出的問題要與研究問題有關。研究者必須針對所要研究的問題或情況，提出研究問題，並進而決定研究目的。個案研究中的對象可能是個人（或若干人）、企業、過程、計畫、鄰里、組織機構，甚至事件。如果是針對一個對象的研究，稱爲單一個案研究（single case study）；如果是針對多個個案的研究，稱爲多重個案研究（multiple case study）。由於每個個案都會和複雜的政治、社會、歷史、組織氣候、部門特性、人際互動與個人特質有關，所以我們會有相當豐富的研究主題或研究問題，因而也增加了個案研究的複雜性、挑戰性，或甚至有趣性。研究者必須利用各種適當的資料蒐集方法，來蒐集足夠的證據以回答研究問題。

個案研究的研究者通常以「如何」、「爲什麼」來設計研究問題。這些研究問題要專注於幾個有限的情況及其相互間的關係。爲了要能夠專注於研究問題使其不致失焦，或者要形成適當的研究問題，研究者必須進行文獻探討。經過一番文獻探討之後，研究者便會了解有哪些研究已經被進行，因此研究者必須做些微調；或者研究者因而獲得某種啓發，對於研究問題的形成更具卓見。

在研究開始時，所明確界定的問題會影響到在何處找證據，也會影響到使用何種分析方法的決定。一般而言，研究目的的界定、文獻探討、最終報告的委託者（也就是要向誰提出最終報告），這些因素都會影響到研究如何設計、如何進行、

如何提出報告等。

14-2　步驟 2：選擇個案、決定資料蒐集與分析技術

在個案研究法設計階段的第二步驟，研究者必須決定選擇單一個案或多重個案，以確認進行深入探討的方式、原則或理由，進而決定資料蒐集的工具或方法。如果決定進行多重個案的研究，研究者要將每個個案視爲單一個案，而每個個案的研究發現要對整體研究發現有所貢獻。好的個案研究會愼選個案、研究工具，以提昇研究效度。

選擇個案

研究者也決定要以獨特性（uniqueness）或是普遍性（commonality）來選擇個案。以獨特性來選擇個案（例如，研究對象是軟體業的佼佼者微軟公司或比爾蓋茲、投資大師巴菲特），其研究結果可讓我們了解造成其獨特性的原因及過程，以達到標竿學習的效果（作爲我們模仿學習的對象）。另一方面，如果發現造成其獨特性的原因是與生俱來的因素，難以後天習得，則不具備此種特質的追隨者大可不必「東施效顰」，徒增人生挫折而已。以普遍性來選擇個案，則研究結果可運用到類似的個案（也就是，比較具有外部效度），而類似的個案可以獲得相當大的學習效果。因此，在選擇個案時要不斷地回顧（或檢視）研究目的。與經過隨機樣本抽樣而進行調查研究不同的是，個案研究的研究對象對於母體並沒有代表性（representativeness）。因此，研究者不應該對於研究成果做過度的延伸。但是，做同性質（同類）的延伸是合理的。

漸進取樣的新進概念

Patton（1990）提出了以下的取樣方法：[3]

1. 極端的個案（extreme or deviant case）：依照研究的目的，納入極端個案。例如，為了要研究某一改革計畫的運作情形，所選擇的是特別成功的個案。另外也會選擇失敗的個案，以便分析成敗的原因所在，進而做全盤的了解。
2. 典型個案（typical case）：選擇具有平均性質的個案。
3. 最大變異量（maximal variation）：選擇少數不多的個案，而這些個案之間彼此的差異很大。
4. 強度（intensity）：根據強度（例如，有趣的特徵、歷程、經驗）來選擇個案。通常是選擇強度最大的個案，或者選擇強度不同的若干個案並進行比較。

5. 關鍵個案（critical case）：選擇與研究有相當清楚關係的個案，例如，各種專家、重要的評論者。
6. 敏感性的個案（sensitive case）：選擇具有政治意義或是政治敏感性的個案。
7. 方便性（convenience）：在既有條件下（或研究時間、人力資源有限的情況下），選擇最容易進入或接觸的個案。

除了必須仔細考慮單一個案或多重個案之外，個案研究法也會涉及到分析單位（unit of analysis）的問題。例如，個案研究的對象可能會涉及到某個產業，以及此產業內的各個廠商。此時，此分析涉及到兩個層級的單位：產業與廠商。同樣地，有些研究也會涉及到部門、部門內資深員工這兩個層級的分析單位。這種涉及到兩個層級的分析單位的情形，稱為嵌入式分析單位（unit of embedded analysis）。顯然嵌入式分析單位增加了研究的複雜性，以及必須蒐集與分析的資料量。

個案分析法的重要長處就是它能夠以多重的技術來蒐集多重的資料。研究者在一開始做研究時，就要決定要蒐集什麼證據、要使用什麼分析技術來回答研究問題。一般而言，所蒐集的資料大多數是質性的，但有一些是量化的。資料蒐集的工具包括調查、訪談、文件分析、觀察，甚至實體的人造物。實體的人造物（physical artifacts）包括技術的設備、工具或儀器、藝術品或是其他實體證據。例如，研究者在進行「微電腦使用情況」的個案研究時，除了直接觀察電腦的使用之外，還可以取得電腦報表文件這類的人造物。這類文件不僅可讓研究者了解作業的類型、內容，還可以了解作業的日期、所使用電腦的時間。如此一來，研究者對於為電腦使用情況便會有更深一層的了解。

一、個案分析資料來源

如何獲得個案分析的資料？以下有六種來源：文件、檔案記錄、訪談（見第 8 章）、直接觀察、參與觀察（見第 12 章）。各類資料的優缺點，比較整理如表 14-1 所示：

表 14-1　個案分析的資料來源：優點與缺點

資料種類	優點	缺點
文件	·穩定：可以重複地檢視 ·非涉入式：不是個案研究所創造的結果 ·確切的：包含確切的名稱、參考資料，以及事件的細節 ·範圍廣泛：長時間，許多事件和許多設置	·可檢索性：可能性低[4] ·例如，蒐集不完整，會產生有偏見的選擇；報告的偏見，會反映出作者的（未知的）偏見 ·使用的權利：可能會受到有意的限制
檔案記錄	·同以上文件部分所述 ·精確的和量化的	·同以上文件部分所述 ·由於個人隱私權的而不易接觸
訪談	·有目標的——直接集中於個案研究的主題 ·見解深刻——提供了對因果推論的解釋	·因問題建構不佳而造成的偏見 ·回應的偏見 ·因無法回憶而產生的不正確性 ·反射現象——受訪者提供的是訪談者想要的答案
直接觀察	·真實——包含即時的事件 ·包含情境的——包含事件發生的情境	·消耗時間 ·篩選過的——除非涵蓋的範圍很廣 ·反射現象——因為事件在被觀察中，可能會造成不同的發展 ·成本——觀察者所需花的時間
參與觀察	·同以上直接觀察部分所述 ·對人際間的行為和動機能有深刻的認識	·同以上直接觀察部分所述 ·由於調查者操弄事件所造成的偏見
實體人造物	·對於文化特徵能有深刻的理解 ·對於技術的操作能有深刻的理解	·篩選過的 ·可取得性

資料來源：修正自 Robert K.Yin 著，尚榮安譯，《個案研究法》（台北：弘智文化事業有限公司，2001），頁 142。

二、效度與信度

在蒐集證據時，研究者必須要有系統地、適當地使用所決定的資料蒐集工具。在研究設計階段，研究者必須確信研究的建構效度、內部效度、外部效度、信度。[5] 要獲得建構效度（construct validity），研究者必須正確地衡量所要研究的觀念（或變數）。在個案研究中，最難獲得的是建構效度。同時，個案研究太容易被研究者的主觀性所影響，因此常受到批評。如何減少研究者的主觀性？(1)利用多重來源以獲得證據，避免被蒙蔽，(2)建立證據鏈（chain of evidence），也就是任何證據都要有先前的證據，(3)研究成果要經過受測者的審閱。

內部效度（internal validity）對於因果式個案研究（或解釋式個案研究）特別重要，是指從各種來源所獲得的各個證據會得到收斂（convergent）的結果，而不是一種來源獲得一種結果，而另一個來源獲得另一種結果，造成所謂研究的發散（divergent）現象。

外部效度（external）是指此個案的研究發現是否可運用到（或一般化到）其他個案的程度。如果某個案的研究在研究對象、地點、程序上與先前某個案研究有所不同，但卻獲得同樣的研究結論，則先前的那項研究就會具有更高的外部效度。個案間檢視、個案內檢視的技術與文獻探討，均有助於外部效度的提升。

在進行因果式個案研究時，要特別注意內部效度的問題，也就是要對一些「干擾因素」加以辨識及控制。外部效度涉及到「一般化」（形成通則）的問題。除非樣本具有相當高的代表性，而且樣本之間具有相當高的共通性，否則個案研究的外部效度不會高。

信度（reliability）是指衡量的穩定性、正確性與精確性。好的個案研究要對研究的過程做完善的記錄，而且保證如果重複在做，也會獲得同樣的結論。在個案研究中，要增加資料的信度，另一個原則就是要發展一連串向前或向後的證據鏈（a chain of evidence）。所謂向後證據鏈（backward chain of evidence），是指研究能夠從一開始的研究問題，跟隨著證據的引導，一直追蹤到最後的研究結論。向前證據鏈（forward chain of evidence）是指研究能夠從最後的研究結論，跟隨著證據的引導，一直追蹤到一開始的研究問題。就如同刑事的證據，這些過程應該要有足夠的嚴密性。

個案研究要有信度，必須符合「個案研究準則」（case study protocol）。個案研究準則具有以下的內容：

1. 個案研究概述（包括研究目的、研究問題、研究主題）
2. 蒐集資料的方法（如何蒐集資料、資料來源等）
3. 型式配對的程度（研究證據、提出命題）
4. 研究結論的呈現

14-3 步驟 3：準備蒐集資料

由於個案研究法會從多重來源獲得大量的資料，因此對資料加以有系統地加以組織、整理，才不至於被資料所淹沒，進而蒙蔽了原先的研究目的與研究問題。因此，事前的準備有助於研究者以有系統的、文書化的方式來處理大量的資料。研究者可透過資料庫管理的技術來建立資料的範疇（categorizing，亦即建立資料的類別）、排序、儲存與檢索。

有效的個案研究會替訪談者（或調查者）建立好完善的訓練計畫，擬定好訪談進行的規定和程序，並且在正式進行田野（實際場地）訪談之前，進行一項前導研究（pilot study），以剔除可能的障礙與問題。訪談者訓練計畫包括以下各項的說明：研究的基本觀念、術語、程序、方法，以及研究進行時各種技術的適當運用，例如，在資料分析階段的三角校正。資料的三角校正或稱三角交叉檢定法（data triangulation）是指針對來自不同時間、地點與人員的資料來源所進行的一種統整。研究者應儘量針對不同時間、地點與個人，來研究「相同現象」，以了解問題的深度與多面性。

其他細節包括：資料蒐集的截止日、述說報告與現場筆記格式、文件蒐集的準則等。訪談者必須是好的傾聽者，對於受訪者的陳述必須保持原意。訪談者的資格包括：有能力問適當的問題、有能力解析對問題的回答。好的調查者不僅可從文件中找尋事實，而且也能了解字裡行間的意義（言外之意），或者從其他地方蒐集相關的證據。訪談者要能保持適當的彈性，對於突發狀況能夠從容應付，對於爽約或意外情況（例如，發現受訪者的辦公室空間太狹窄）也能處之泰然。訪談者必須了解研究目的、掌握問題重心，對於「事與願違」的研究發現，也應以開放的胸襟做深層的探討。訪談者也應注意到受訪者是真實世界中有血有肉的個人；他們對此研究的結果可能會感到威脅或惶恐。

訪談者經過完整的適當訓練之後，就要尋找一個前導場地（pilot site），利用資料蒐集方法來進行前導測試（pilot testing），以期早期發現問題所在，早期採取矯正之道。研究者必須要能洞燭機先，預期會發生什麼問題、什麼事件，並且要準備好研究的扼要說明書（以便於訪談者向受訪者說明或呈現）、建立保持機密性的要領，同時要積極地檢視與修正研究設計，以使得研究問題更能符合研究目的。

14-4 步驟 4：在田野（現場實地）蒐集資料

在進行質性研究時，所做成的記錄必須包括每日發生的各種細節。例如，發生了什麼事、何時發生、對象是誰、說了什麼、誰說的、向誰說的，以及在環境中發生了什麼改變等。Lofland（1971）認爲，記錄應包括五個主要部分：(1)流水式的描述；(2)過去忘記、但現在又記起來的事情；(3)觀念的分析和推論；(4)個人的印象和感覺；(5)日後蒐集資料的註明。[6]

研究者在進行田野調查時，所蒐集的資料可分爲三類：(1)表徵性的資料（representational data），受訪者對某件事的主觀看法；(2)操作性資料（operational data），研究者透過觀察受訪者的活動而觀察到的資料；(3)詮釋性資料（interpretive data），受訪者說明他的看法時，研究者所給予的解釋。[7]

研究者必須周延地、有系統地蒐集並儲存多重資料或證據。所蒐集資料的格式必須要能夠被參照與分類（或稱建立範疇），以便獲得研究結果的收斂性，並獲得可被辨識的型式配對。型式配對（pattern matching）是指個案研究時所獲得資料。可以配合（支持）先前所建立的「預擬的假說」或暫時性命題，如此便可增加研究架構的「強韌性」（robustness）。例如，研究的暫時性假說是「名校畢業生其忠誠度不高」，如果經過個案研究所獲得的資料能夠支持這個假說，則可以說是達到型式配對的結果。

研究者必須仔細觀察個案研究對象，並確認所觀察現象的因果關係。在研究進行時，對於受訪者（或被觀察者）進行超過一次以上的訪談是司空見慣的事情，同時也是有必要的。個案研究是相當有彈性的，在研究進行時，如有任何改變也應詳加記載。

好的個案研究會使用田野筆記（field note，在現場實地所做的紀錄）與資料庫，來對資料進行分類與參照，以便於後續的解析。田野筆記記錄著受訪者的感覺、直覺式的預感、證詞、故事、所提的問題、圖解說明，以及工作進度。田野筆記也要記錄受訪者由於過度自我、過度「好出風頭」所產生的偏差，或者逐漸浮現的型式配對雛形。根據觀察的結果，研究者可以了解是否有必要重新形成、調整研究問題。

研究者必須維持研究問題與證據之間的攸關性是很重要的。換句話說，所蒐集的資料必須與研究問題息息相關。

一、人員深度訪談

人員訪談是以面對面的方式，由訪談者提出問題，並由受訪者回答問題。這是歷史最久、也是最常用的資料蒐集方式（詳細的說明，見第 8 章）。人員深度訪談（in-depth-interview，IDI）包括：(1)一對一深度訪談，(2)二人、三人深度訪談，(3)成對訪談。

1. 一對一深度訪談

一對一深度訪談（one-on-one in-depth interview，或簡稱 one-on-one）通常進行 30～90 分鐘，依照所討論的議題及情況的不同而異。訪談地點可以是研究者辦公室、受訪者家裡或辦公室、公共場所（例如某餐廳）菁英訪談（elite interview）就是訪談組織、社區內具有影響力的人士或消息靈通人士。

2. 二人、三人深度訪談

二人（dyads）、三人（triads）深度訪談的受訪談者，通常是同一家庭的成員、同一企業的成員，而這些成員會使用同樣的產品或服務，或共同制定購買決策。

3. 成對訪談

成對訪談（paired interviews）是指訪談對象具有「成對」關係，例如，夫妻、父子等。

二、經驗調查

雖然印刷文件是有價值的來源，但是在某個領域有關人士的思想、觀念、意見及經驗更是研究者求之不得的寶貴資源。這些人除了滿腹經綸的學者之外，還包括新進員工、邊緣人或周邊人（marginal or peripheral individuals，夾在兩個鬥爭團體間的人，例如，夾在管理當局與裝配線員工間的第一線組長或領班）、轉型者（例如，換新工作的人）、偏離者與孤立者（deviants and isolates，包括在某一團體其職位與其他人的職位不同的人；對於目前狀況非常滿意的人；生產力特別高的部門或個人；其他的落寞者）、極端份子（例如最具敵意的員工、最不具生產力的部門）、適應不良者等。在請教他們時，要以非常有彈性的方式，不要太過結構化，才能夠獲得更豐富的資訊。研究者可以利用這些資訊來發展新的研究假說、了解研究的可行性等。在獲得有關人員的經驗時，可問以下的問題：

1. 目前完成了什麼？
2. 過去成功的案例有哪些？失敗的案例有哪些？
3. 事情是怎麼改變的？
4. 當時造成改變的主要因素是什麼？
5. 做決策的人有哪些？他們分別扮演著什麼角色？
6. 最明顯的問題及障礙是什麼？
7. 目前的成本如何？
8. 可依靠什麼人來幫助我們做研究？或參與我們的研究？
9. 最優先（迫切）的事情是什麼？

14-5 步驟 5：評估與分析資料

研究者必須根據所蒐集的資料，以各種可能的角度，提出研究問題的解釋。「解釋建立」（explanation-building）是支持型式配對的另一種方式。如果型式配對的「型」是一種因果關係，我們就可用彌爾（John Stuart Mill）的一致法、差異法來解釋。

在評估與分析資料階段，研究者必須以開放的心態來探索新的解釋或深入事物的本質，絕不可故步自封，被既定的觀念所束縛，或被陳腐的教條所拘束（可參考第 1 章「人類思想的謬誤」）。個案研究者如使用多種資料蒐集方法與分析技術，必可通過資料的三角校正，進而強化研究發現與研究結論。

在分析中使用適當的軟體（例如，NVivo、ATLAS.ti）會迫使研究者不以自己的主觀印象來解釋資料，因此，可大幅提高研究結論的正確性與可靠性。好的個案研究會刻意地以許多不同的方式來將資料加以分類，或刻意尋找反面證據。研究者會建立資料的範疇或類別、列表，或將資料加以合併來證實先前的研究命題或研究目的。研究者也許有必要再度進行短暫而專注的訪談，以蒐集額外的資料來驗證關鍵性的觀察事件，

一些特定的技術包括：將資料置於陣列之中、建立類別的矩陣、建立流程圖或其他呈現方式、計算事件的頻率（參考第 13 章「開放式問題的編碼」）。研究者可利用已蒐集的量化資料來證實或支持質性資料；對於了解涉及到變數間關係（尤其是因果關係）的理論與背後理由，質性資料再有用不過。另外一個技術就是利用多位研究者來集思廣益，或以不同的觀點來檢視資料。這種情形稱爲研究者三角校

正或研究者三角交叉檢定法（investigator triangulation）。多位研究者的看法如果相同或類似（也就是說，研究結果具有收斂性），則對研究發現的信心就會大增。反之，如果數位研究者的看法不同，就有再度深入研究的必要。

在進行質性資料分析時所建立的核對表就是互斥的名義尺度（nominal measurement）。這些類別通常會附以標記、名稱或敘述性名詞（例如，顏色可分爲紅黃藍白黑等，性別分爲男女），而不是數字。現場研究的資料分析大多是針對名義尺度的資料來做。名義的類別或標記通常會附加到被觀察者身上，以便區分出有意義的社會類別。例如，將流浪漢（被觀察者）分爲混球、酒鬼、孤魂等，然後再將這些類別加以細分。這樣以一個以上的尺度或變數來區分的方法叫做分類學（taxonomies 或 typology）。除了利用分類法來分析資料外，觀察者也可以用流程圖來描述事件演進、社會互動的過程。

另一個技術就是進行跨個案研究來尋找型式配對，如此可使研究法以不同的方式來檢視資料，以避免過早做出不成熟的結論。如果以不同的資料蒐集方式（例如，訪談、觀察、問卷、文件）來進行另外一個個案研究，就是方法論三角校正或方法論三角交叉檢定法（methodological triangulation）。

研究者亦可使用不同的資料類型（type of data）[8] 來進行各研究，如果利用某資料類型的個案研究發現可被另外一個利用不同資料類型的個案研究所證實，則此研究結論會更令人信服；如果不能被證實，就必須針對這些差異進行更深一層的探究，以找出原因所在。不論如何，研究者必須公平地對待每種證據，來回答「如何」、「爲什麼」的研究問題，得到分析結論。

14-6　步驟 6：提出研究報告

好的個案研究報告是透過清楚的資料呈現、審愼而周密的推理，將複雜的研究議題變成清晰易懂的研究報告；好的研究報告也應讓讀者易於質疑與檢視（不會令人看不懂以至於不知從何問起）。文書報告的目的就是向讀者提供複雜問題的代理經驗，使讀者不必親身經歷（不必親自做研究或親自做實境的體驗）就可以了解複雜的問題。

研究者必須提供足夠的證據，必須說明已經嘗試各種可能方式（如已經嘗試各種蒐集資料的方式），必須詳細說明個案的界線（應用範圍）、相衝突的命題，才能夠符合高品質報告的要求。

發展命題

質性研究的貢獻之一，就是發展命題。命題是對一個（或以上）觀念（或變數）的陳述，如果這個陳述是可觀察的現象，我們就可以判斷它的眞僞。

只討論一個變數的命題稱爲單變量（univariate）；二個變數的稱爲雙變量（bivariate）；二個以上的稱爲多變量（multivariate）。表 14-2 是這三種變量的命題之例。

表 14-2 三種變量的命題之例

不同變量的數目的命題	舉例
單變量命題	在台灣已婚夫婦中，每四對就有一對離婚。
雙變量命題	城市的人口密度愈高，該城市的犯罪率愈高。
多變量命題	例一：人口密度愈高，文盲率及藥物濫用率愈高。 例二：服務量計酬（健保支付制度）、成本分析（醫院管理政策）及業務人員專長（藥廠行銷策略），應配合目標收入型（醫師行為理論）。 例三：在組織能力（資源基礎論）與本國中心導向（國際化策略）的配合下，應採取代理（國際市場進入模式）。

多變量命題可以寫成兩個（或以上）的雙變量命題。例如，表 14-2 的多變量命題中的例一（人口密度愈高，文盲率及藥物濫用率愈高）可以變成兩個雙變量命題：(1)人口密度愈高，文盲率愈高；(2)人口密度愈高，藥物濫用率愈高。後續的計量研究者可針對此兩個命題分別做檢定。在社會科學的研究中，大多數的命題都是雙變量命題。但是在企業研究中，多變量命題比較有策略上的豐富意涵。

「觀念」是命題的基礎，命題是理論的基礎。爲了實證（empirical testing）的目的所形成的命題稱爲假說（hypothesis）。雖然單一的命題（例如假說）可被稱爲是理論敘述（theoretical statements）或是迷你理論（mini theory），但是許多研究者還是認爲「理論」是由兩組（或以上）相關聯的命題所組成的。[9] 同時由一組相關聯的命題所組成的，就稱爲公理（axiomatic theory）。公理的形成是由演繹的三段論法（deductive syllogism）而來的。

1. 命題一：若甲則乙（人口密度愈高，藥物濫用率愈高）。
2. 命題二：若乙則丙（藥物濫用率愈高，精神病患者比率愈高）。

因此：

3. 命題三：若甲則丙（人口密度愈高，精神病患者比率愈高）。

假如你正在研究一個關於「新安裝的辦公室自動化系統所造成的影響」的個案，你可以根據你的研究目的或企圖回答的研究問題，發展出以下的命題：

1. 員工將會創造新而特殊的應用方法。
2. 傳統的指揮鏈將會受到威脅，而使用集中式資訊資源的情況將會變少。
3. 組織的衝突會增加，但生產力也會增加，而且增加的幅度會超過新系統安裝前的水準。[10]

研究報告的方式（結構）可分爲：(1)線性分析式。報告依序包括：研究問題、文獻探討、使用的方法、資料蒐集與分析、研究發現、結論與建議；(2)比較式。比較兩個或以上的個案，或對同一事件（例如，古巴危機）提出不同的理論來解釋；(3)編年式。報告章節或段落的次序，會依循個案在初期、中期和晚期階段的演進；(4)理論建立式。報告章節或段落的次序，會依循理論建立的邏輯；(5)懸疑式。個案研究的答案或結果，在一開始的章節中就直接呈現出來，然後陸續地提出對這個結果的解釋；(6)非循序式。不假設章節或段落的次序有特殊重要的意義。[11]

在報告的準備階段，研究者必須嚴謹地檢視文件報告以免掛一漏萬。研究者可透過具有代表性的閱聽人團體來檢視與評論原始稿件。根據他們的評論，研究者就可以做一些修正或重寫。有些個案研究者認爲進行文件報告審核者應該包括研究的參與者（例如，受訪者、被觀察者等）。

14-7 個案研究法各步驟釋例

我們現在以非營利組織在網際網路上建立電子社群，以向其利益關係者提供訊息爲例，說明個案研究法六個步驟的運用。研究目的在於了解建立電子社群是否對組織有利，以及如果有利，到底會有哪些利益。

步驟 1：決定與界定研究問題

一般而言，非營利組織中電子社群的參與者，最主要來自於非營利組織的成員。這些成員會透過電子社群網路進行互動。廣義來看，全球的網路使用者均可能是其電子社群的成員。

研究者有興趣知道，電子社群是否在某些方面會對非營利組織的參與者有所助益。研究者在進行文獻探討與思考之後，提出下列的研究問題：

1. 爲什麼非營利組織的參與者會使用電子社群網路？
2. 非營利組織的參與者如何決定電子社群網路應提供什麼內容？
3. 非營利組織的參與者認爲電子社群網路有助於組織實現其使命嗎？爲什麼？

步驟 2：選擇個案、決定資料蒐集與分析技術

非營利組織有很多，而利用電子社群網路作爲傳遞資訊媒介的非營利組織也不少。研究者經過考慮之後，決定針對四類的非營利組織進行深入訪談研究：健保、環保、教育、宗教。研究者決定在這四類組織中，各選擇一個位於市區、郊區的非營利組織，以檢視是否市區的非營利組織，在電子社群網路上的獲益會比郊區的非營利組織來得多。

研究者決定以多重資料來源來進行研究，這些來源包括：(1)組織的文件，例如，行政報告、議程、信函、會議記錄、備忘錄，以及每個組織的新聞簡報；(2)開放式訪談。與組織的關鍵人士進行訪談，並利用核對表來引導訪談者，以獲得資料的一致性。這些資料包括：事實、意見以及突發的靈感。研究者認爲利用觀察法來蒐集資料並不恰當；(3)問卷調查。研究者決定利用問卷向這些組織的所有董事進行調查。研究者決定進行個案內、跨個案資料分析，並以此爲主要的分析技術。

步驟 3：準備蒐集資料

在資料蒐集的準備方面，研究者首先向受訪組織聯繫，取得他們的合作，解釋研究目的，並記錄各組織的重要聯絡人。由於所蒐集與檢視的資料涉及到組織的文件，因此研究者必須要向組織的有關人士說明：(1)欲獲得文件影本的意圖；(2)儲存、分類與檢索這些文件的計畫；以及(3)要進行訪談與調查的計畫（對象與議程）。

研究者必須要擬定正式的訪談者訓練計畫，內容包括：(1)個案研究目的的說明，(2)針對四類非營利組織的專題研討，(3)進行調查、開放式訪談的訓練課程（訪談要領與方式的教導），(4)文件記錄的方式與格式。

此時，研究者選擇了另一個個案作爲前導個案（pilot case），並將資料蒐集工具應用到此個案中，以檢視先前所訂的時間表是否可行、訪談與調查時所問的問題是否適當。根據前導研究的結果，研究者可做必要的調整。

步驟 4：在田野（現場實地）蒐集資料

研究者首先安排拜訪每個非營利組織的董事會，索取組織使命說明書影本、新聞簡報、手冊，以及其他能描述組織及其目的的文件材料。研究者必須與董事會共同檢視研究的目的、安排個別訪談的時間表、確認所要蒐集的資料，並要求董事會成員要填答日後寄送的問卷。

在訪談進行時，訪談者要做文字記錄。在訪談結束後，要做田野日誌（也就是心得報告，記錄一些有關的印象，以及對解析資料有幫助的問題）。在開放式訪談中，訪談者要記錄所聽到的故事，並在最終報告會參照的地方加註（或用彩色筆特別標示出來）。訪談雖然是開放式的，但也必須圍繞在先前界定的問題上。

・研究問題：爲什麼非營利組織的參與者會使用電子社群網路？

訪談問題：貴機構在決定要建立電子社群網路時，想要滿足什麼需求？

・研究問題：非營利組織的參與者如何決定電子社群網路應提供什麼內容？

訪談問題：貴機構在決定要在電子社群網路上提供什麼內容時，會經過什麼程序？如何保持資訊的即時性？

・研究問題：非營利組織的參與者認爲電子社群網路有助於組織實現其使命嗎？爲什麼？

訪談問題：貴機構如何了解電子社群網路對貴機構有利？電子社群網路如何協助實現貴機構的使命？在決定有多少人或者哪一類的使用者在檢索資訊方面，貴機構所使用的是哪一種有系統的追蹤機制？

所有的資料要放在資料庫中。研究者在寄送問卷給董事會成員時，要註明所期待的完成填答日期，並附上回郵信封。問卷回收之後，研究者就可進行編碼工作。

資料庫中的資料可以依照個案別加以分析，也可以整合在一起，進行跨個案研究。

步驟 5：評估與分析資料

研究者首先針對所選擇的每一個非營利組織進行個案內分析（within-case analysis）。研究者要檢視每個組織的文本文件、訪談與調查資料，並進行資料的編碼與分析，以確認該組織的資料是否具有獨特的型式。

在個案間（跨個案）的分析方面，研究者要對每兩個個案做資料比對，並分類說明其相同與相異之處。如果資料中呈現出某種型式，而此種型式與其他型式具有不一致的現象時，研究者就必須進行後續的焦點訪談，以確認或修正先前的型式，進而提高研究的嚴謹性。

步驟 6：提出研究報告

報告大綱包括：對所有研究參與者的誌謝辭、研究目的的陳述、研究問題的明列、研究方法的說明及可能的限制、資料蒐集與分析技術的解釋、研究結論及對後續研究的說明。報告中也要包括：在蒐集資料時，這些非營利組織的董事所述說的故事、經驗或失望，或者他們對於與此研究息息相關的議題所做的回答或評論。研究中要呈現資料的三角校正、研究者（訪談者）三角校正的情形。研究報告中也要呈現出此研究發現是否能支持既有文獻的說明。

14-8　個案研究法——企管研究釋例

一、「追求卓越」

彼得斯（Tom Peters, 1982）認為過去的管理準則皆已成為明日黃花，因為那些準則只適用於平穩而可預測的企業環境：新競爭者的出現如風起雲湧；既有企業的倒閉亦在一夕之間。電腦與通訊科技的普及，以及產品及財務市場的國際化，已經引起一陣混亂。在這混亂之中，只有採取變革策略、強調世界品質水準、採取彈性策略、[12] 持續創新，以及替新的及成熟的產品及服務創造新市場的企業，才能夠立於不敗之地。[13]

《追求卓越》（*In Search of Excellence*）自 1982 年美國出版以來，在全球各國暢銷不衰。2004 年，兩位原作者湯姆・彼得斯（Tom Peters）和羅伯特・沃特曼（Robert Waterman）重新補充內容，再版發行。[14]《追求卓越》最重要的特點就是以實際案例爲基礎，結合大量的事實、資料和分析。爲了探詢管理藝術的玄門幽秘，湯姆・彼得斯和同伴花費數年時間輾轉至美國各地，深入企業調查研究，取得了數百個大小公司的第一手材料。以研究報告的方式（結構）而言，這是典型的非循序式報告，也就是不假設章節或段落的次序有特殊重要的意義。

研究樣本涉及製造、資訊、服務、銷售、交通、食品等諸多行業，其中有我們中國讀者所熟知的跨國公司如 IBM、惠普、強生、迪士尼、沃爾瑪、麥當勞、萬豪、花旗、3M 等 43 家美國經營最成功的企業，書中通過對 43 家卓越組織的深入分析，捕捉到那些爲傳統管理學者們所忽略、但卻是企業經營最基本的因素：將注意力投注於顧客的身上、對人持續地關心、鼓吹實驗和失敗等。《追求卓越》這本充滿個人感情色彩的管理書籍，爲管理設定了一個積極的目標，而非強調面臨的難題。彼得斯提出的傑出企業的 8 個特性幾乎爲近 20 年的商業管理奠定了格局，這 8 個特性是：[15]

1. 採取行動，即偏好行動而不是沉思。
2. 接近顧客，即在產品和服務上接近顧客的需求。
3. 自主和創業精神，即鼓勵自治，而不是嚴格監督；鼓勵勇於冒險，而不是墨守成規。
4. 以人爲本，即尊重員工，不將員工視爲獲取利潤的工具，同時避免產生「我們」和「他們」這種對立情緒。
5. 親身實踐、價值驅動，即身體力行，以「走動式管理」保持與大家的緊密接觸。
6. 堅持本業，即「專注於自身」以保持商業優勢，因此不會三心二意、見風轉舵。
7. 組織單純、人事精簡，即組織結構簡潔，人員精悍。
8. 寬嚴並濟，即對目標同時保持鬆緊有度的彈性；雖有控制系統，但卻不會因爲僵固而扼殺了創新。

二、「學習型組織」

聖吉（Peter Senge）經過與各產業的企業管理者（包括工會領袖等）交談，並透過其在 MIT 開創的「學習中心」邀請各大小企業的高級主管進行研討之後，對於學習型組織歸納出幾個重要關鍵因素：組織設計、資訊分享、領導及組織文化這些重要構面。[16]

哪一種類型的組織設計對組織學習最有幫助？在學習型組織內，整個組織內成員必須分享工作活動的資訊，並共同合作完成工作——不僅是跨功能，而且也跨階層。如何做到這些？組織要剔除既有的結構，或者使得既有結構的影響減到最低。在這種無疆界的環境之下，員工可以自由地一起工作，以自己認爲最佳的方式合力完成工作並互相學習。由於必須相互合作，所以團隊便成了學習型組織結構設計的一大特色。既然團體成員要自主性的合力完成工作，所以他們必須被賦能來做決策、解決問題。在員工賦能及團隊合作下，管理者不再是指揮及控制的「老闆」，而是扮演工作團隊的促成者、支持者及擁護者的角色。

沒有資訊，不可能產生學習。學習型組織要學習的話，其工作團隊成員必須要能開放的、及時的、正確的分享資訊，以做好知識管理（knowledge management）。由於學習型組織中很少有結構性的、實體性的障礙，因此對於開放性的溝通、廣泛的分享資訊是非常有助益的。

當組織在轉變成學習型組織時，領導扮演著極爲關鍵的角色。在學習型組織中，領導者應做些什麼事情？他們最主要的任務就是替組織的未來塑造共有的願景（shared vision），並鼓勵員工朝向這個願景邁進。此外，管理者也要支持及鼓勵建立合作式環境（collaborative environment）。如果領導者沒有積極的承諾，要成爲合作式的不啻緣木求魚。

最後，要成爲學習型組織，組織文化的塑造也是相當重要的。學習型組織的文化是每個成員對共有的願景建立共識，而且在組織的程序、活動、功能及外界環境之間建立緊密的關係。成員之間會有共融感、互相關懷、互相信任。在學習型組織內，成員會自由地進行開放式的溝通、分享、實驗、學習，不必擔心會受到批評或處罰。

管理者所選擇的任何結構設計，都必須能協助員工有效率地、有效能地以最佳的方式來完成其工作。這個結構必須要能協助，而不是阻礙，組織成員完成其工作、達成組織目標。畢竟，結構是達成目標的手段。

三、「邊緣競爭」

史丹佛大學教授愛森樺（Kathleen M. Eisenhardt）所提倡的個案研究比較側重量化分析。她建議研究者要選擇四到十件個案，透過既有文獻，整理出構念，利用構念來分析個案資料，然後再由此基礎建構理論。

柏朗（Shona L. Brown）與愛森樺共同出版了《邊緣競爭》一書，書中提到其研究方法。她們的研究屬於多個案的重複性研究，將研究中所衍生的概念、見解加以確認或推翻。[17] 她們通常會蒐集相關的三個管理階層觀點，再將母公司的影響及可能影響策略決定的產業因素併入分析。此外，她們還加入當事人即時觀察及事後回憶資料。

研究樣本為六組企業，共 12 家。每一組內都有產業霸主（1990 年代平均收入成長超過 20%）、優秀企業（1990 年代平均收入成長約 20%），其目的在確保研究結果能夠足以概括許多不同的策略情勢。

她們是透過訪談、問卷調查、觀察及一些間接來源來獲得資料。訪談對象是各不同管理階層的經理人，訪談內容包括詢問經理人的背景、企業所處的市場競爭動態、企業及其內部某些產品線所面臨的主要策略課題、創新過程和相關的產品研發組合。除了質性資料之外，她們還用問卷調查蒐集量化資料，例如，溝通模式、合作、組織架構、角色的明確性、事務的優先次序、計畫和業績、競爭對手、財務槓桿等。

如同所有的質性研究，她們首先建立廣泛的個案研究資料，再做比較，建構出觀念性架構。資料分析的第一步就是將所有的訪談資料輸入資料庫，以個案名稱、訪談編號、訪談種類和題號作索引。接下來將同一問題的所有答覆統整成一個回答。利用這些綜合的答覆和次級資料，她們為每家企業撰寫個案。一旦完成初步的個案研究，接著採用多個案分析，從中發展出構念，再加上她們在複雜論、演化論、速度本質說、依時進展說、組織與策略上的思維和洞察，整合了邊緣競爭此一策略的理論架構。邊緣競爭具有五大基石：運用即興創新（即興發揮、即時溝通、半規範）、跨業務協同合作（共同調適、集中焦點、連結策略與戰術、獨特的角色）、利用過去（再生、天擇、遺傳程式、模組化）、贏得明日就在今朝（實驗、多種選擇方案、學習）、設定步調（依時進展、轉變交接、節奏）。

四、歷程式分析

資訊系統的發展是在組織的系統中，涉及到使用者與系統分析師的社會互動。本例的主旨在於提供「使用者與系統分析師關係」之社會互動過程模式，以在系統發展的領域中，引導有關社會互動（social dynamic）的研究。此例為以「事件」為研究單元的個案研究法，亦為歷程式分析（process analysis）個案，著重在長期追蹤個案的歷程、歷史與發展狀況，了解其中的連鎖反應。

某一資訊系統專案的互動的過程包括事前情況（antecedent conditions）、遭遇（encounters）、插曲（episodes）以及結果（outcome）。社會互動模式主張除非關鍵性的「遭遇」破壞了專案進行的恆定性，否則使用者與分析師之間的既定關係會持續地保持。如果我們將系統的發展看成是一系列的遭遇與插曲，則研究者就可認明關鍵性的遭遇，並檢視此遭遇先前的事件與其後的結果。從事實務者也可利用此模式來分析問題，預測可能的遭遇，並將專案引導到一個新的發展方向。本節並以個案來說明此互動模式在描述上（descriptive）及預測上（predictive）的能力。

資訊系統發展（information system development, ISD）方法是一個相當重要的組織過程，其方法運用的得當與否影響到資訊系統的品質。傳統上，有效的資訊系統發展方法均考慮到使用資訊技術的精確性，並在專業的資料處理專家的監督之下，使用一些結構化的方法及過程。[18] 雖然 ISD 方法忽略了在系統發展過程中的社會互動（social dynamic），然而，這些結構化的技術卻有相當的理論支持。

最近的研究已將 ISD 的重心轉移到「社會互動過程」這個方面，也就是去了解這些過程的特性如何影響其結果。所謂結果，不僅指資訊系統的技術效度（technical validity），也包括其在行爲上及組織上的效度（behavioral and organizational validity）。使用者參與、高級主管的支持、雛型法設計以及個人資訊應用（end-user computing）等，都曾被視爲增加資訊系統的技術及組織效度的重要因素。這些提議的主要目的在於強調使用者與系統分析師之間的關係，並填補傳統式資訊系統發展方法之不足。社會互動模式著重使用者在情緒上及行爲上的反應，其中包括拒絕使用具有技術效度的資訊系統。

無效的資訊系統將成爲欲改善其競爭地位的企業的障礙，而無效的 ISD 會使企業所費不貲，而且資源的投入盡付東流。本文的目的在於提供 ISD 的社會互動模式，而此模式是建構於使用者與系統分析師之間的「插曲」（episodes）與遭遇（encounters）。資訊系統發展的過程被視爲是一系列的遭遇與插曲。這個互動的形式會因特殊的遭遇，而改變使用者與分析師之間的關係。ISD 模式是一個動態性的社會互動模式，在其過程中的某一個階段固然受先前的經驗所影響，同時也可能會產生下一階段的新互動形式。

社會互動模式與傳統上的因素模式（factor model）是相輔相成的，然而，後者在有關 ISD 的研究上被延用得較多。本節將簡述此二模式的差異，並詳述社會互動模式。

1. 資訊系統發展的模式

ISD 的因素模式係確認影響資訊系統成功結果的潛在因素（預測因素），並驗證這些潛在因素與結果的關係。預測因素與結果均被視爲變數，並以某種類型的尺度加以衡量之。例如，使者參與的程度、高級主管支持的程度，以及不同參與者的知覺與態度均在因素模式中被視爲預測因素。[19] 研究者可利用統計技術（例如，複迴歸）來檢視系統成功的程度，或者是其他的準則變數（依變數）與預測變數（因變數）之間的關係。

因素模式的建立是將預測變數視爲具有不同程度或強度的變數，其基本的假設在於預測變數的變化會造成準則變數的變化。然而，其「解釋變異」（explained variance）通常未能明確地「解釋」預測變數爲何，及如何會與結果具有關聯性。換言之，它並未提供連結因變數與依變數的現象（事件、行動等）。即使使用因果模式（causal modeling），然而，此種因果關係亦由假設而來，並非實證而得。職是，因素模式並未解釋結果是如何產生的，同時通常被認爲能夠預測結果的因素，能眞正解釋結果的變異的程度亦是微乎其微。[20]

2. 社會互動模式（過程模式）

社會互動模式著重於社會變化的動態性，它說明了結果是如何產生的，以及爲何產生的。社會互動模式可提供一些「故事」，從這些故事中，我們可了解預測變數與結果之間相關聯的程度。準此，此模式可被視爲在一段時間內所發生的一連串事件。例如，當使用者參與及高級主管的支持這些因素被視爲是過程時，它們就具有動態的特性。社會互動模式可以忠實地描述實際的經驗（實際所發生的事情），雖然在分析上是相當複雜的。吾人不應將這種描述 ISD 過程的方式視爲不科學的，或者認爲比因素模式更不嚴謹。

社會過程模式著重於在一段時間內的一連串事件，以解釋某特定的結果是如何及爲何產生的。[21] 例如，以研究權力爲例，社會互動模式將檢視權力的行使（exercise of power），而因素模式則探討在實際的權力行使之前, 產生權力的條件及情境。社會過程模式會考慮到行動（例如，行使權力）的前導因素，確認權力行使者的權力基礎，然而此模式所著重的是行使權力的動態性。[22]

3. 因素模式與社會互動模式

因素模式與社會互動模式是相輔相成的。理想的情況是，利用因素模式來實證先導情況與結果的關係，而社會互動模式則解釋在這兩者關係之間的一連串活動。圖 14-1 說明了此二種模式相輔相成的情形。

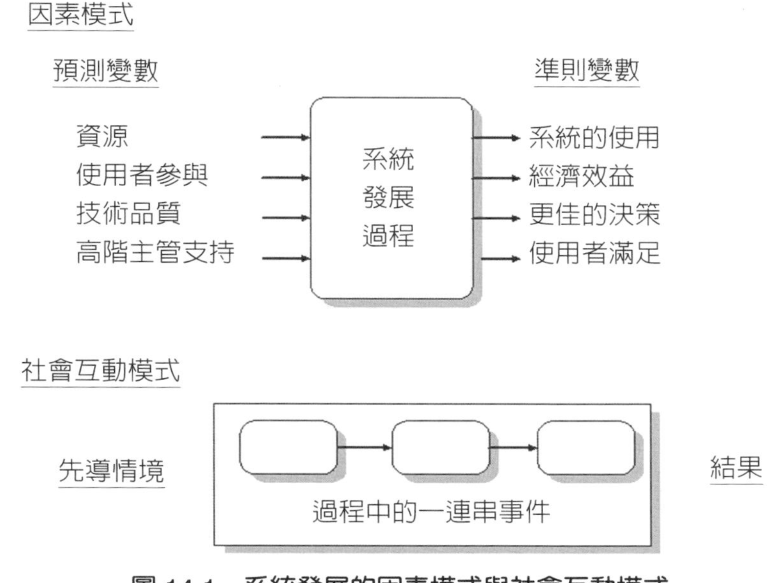

圖 14-1　系統發展的因素模式與社會互動模式

4. 使用者與分析師之關係的過程模式

茲以範圍情況（boundary conditions）、形式（form）與建構（constructs），來說明使用者與分析師之間的互動情形。

(1) 範圍情況

社會互動模式應用得最廣泛的情況是：在發生事件的組織裡，系統分析師與使用者之間具有明確的分工。爲求簡便之故，所有的系統人員均稱爲是分析師。這種對「組織角色具有差異性」的角色，並不會限制此模式在大型的集中式資訊部門，或傳統式的系統發展實務中的應用。此模式亦適用於新式的組織安排，例如，個人資訊應用（亦即使用者逕自發展自己的應用系統）或是資訊中心。例如，個人資訊應用的情況下，仍然涉及到使用者與分析師之間的互動，只是這種互動關係有別於傳統式系統發展中二者的關係。

(2) 形式與建構

ISD 的一般模式爲：在一段時間內的一連串事件，這些事件可能是遭遇（encounters）或是插曲（episodes）。此模式的基本理論建構即是「事件」（events），而衡量事件的方式就是對眞實事物（incidents）的觀察。眞實事物乃實際發生的事情，而事件是理論上的屬性（theoretical entities），因此分辨此二者是相當重要的事。

遭遇及插曲

如前所述，此模式的各種事件具有二種類型：遭遇及插曲。一般而言，插曲表示一系列的事件，亦即表示一連串活動的結束，以及另外一連串事件的開始。在互動模式中，遭遇代表著插曲的開始及結束。換言之，插曲是由分析師及使用者的遭遇所隔開的許多事件所組成的。

理論支持

社會互動模式在預測上的穩定性，曾得到各種不同理論的支持，其中之一是應用在個體機能的行爲慣性（behavioral inertia）、觀念。在「組織」這個分析層次上（也就是社會互動模式所應用的層次），亦有制度分析（institutional analysis）理論的支持，此理論強調在社會角色間行爲模式的持續性。

由於社會互動模式包括了既定行爲模式的改變，因此亦應有相當理論支持促成改變的機能。在個人的層次上，再度適應（re-adaptation）被界定爲「個體機能克服行爲慣性」的過程。雖然改變並不需要特殊的事件來促成，但我們認爲在使用者與分析師遭遇時，就是改變會容易被引發的時機。雙方遭遇的時刻，雙方均有機會提出有關績效不彰、不滿及對未來期許的問題。遭遇是促成改變的必要條件，但不是充分條件，在社會互動模式中，「遭遇」所扮演的角色與「結構理論」（structure theory）中所描述的如出一轍，蓋遭遇均被視爲角色扮演著去引發社會結構的改變的媒介。雖然遭遇可提供改變的機會，但是預測角色扮演著如何及何時利用遭遇的機會來改變結構，至今仍是疑問。

插曲的類型

爲了簡化社會互動模式，我們將插曲簡化成具有下列四種互動關係的型態：(1)共同式的系統發展（joint system development），(2)分析師領導的系統發展（analyst-led development），(3)使用者領導的系統發展（user-led development），(4)懸而未決（equivocation）。這種社會關係（領導）的主要層面，潛在地影響到在系統發展工作時所使用的方法。當 ISD 由分析師所領導時，他們很可能利用傳統式系統發展的結構方法。如困在遭遇時未受到對方的挑戰（質疑），則此方法會繼續被延用，並被強化。相形之下，使用者所領導的專案會使用比較具「有使用者親和力」、高階的系統發展工具。共同式的系統發展的特色是利用雛型法，也就是使用者隨著分析師的提議而做反應，而分析師亦以使用者的要求而做調整。

顧名思義，懸而未決是雙方僵持不下，未能達成共識之情況。此時，雙方均會利用機會影響對方，希望能產生對自己有利的事件。

事件的映成

我們可將各種事件映至圖形之中。如圖 14-2 所示，遭遇劃在先前的插曲所描述的範圍內。遭遇發生在各插曲之間，而插曲是以接受、懸決、或拒絕來表示。如困在接受區域的遭遇之後緊接著懸決的插曲，則此插曲將會從接受區降到懸決區。

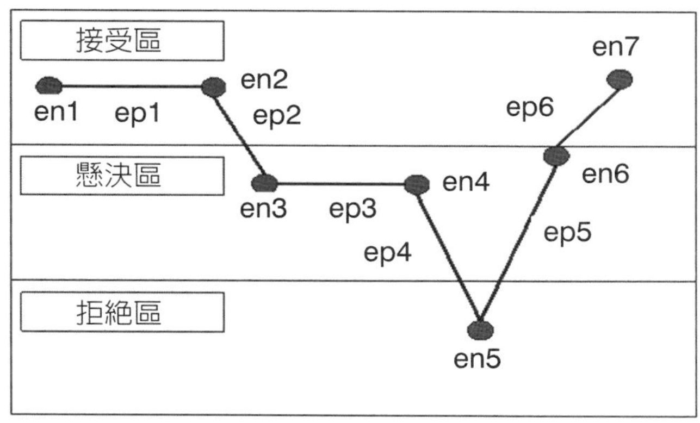

en　代表遭遇（encounter）
ep　代表插曲（episode）

圖 14-2　社會互動模式的事件映呈情況

先導情境　先導情境（antecedent conditions）是描述在專案進行前使用者與分析師的關係。此種情況是先前專案的結果，因此通常會影響下一個事件。如果這是第一個專案，則參與者會參考其他組織類似專案的先導情況，或本公司其他專案（例如，新產品發展）的先導情況。

圖 14-2 中的先導情境有四種：無特殊發展模式、分析師領導的發展模式、使用者領導的發展模式以及共同發展。這些情況可被視爲目前專案的先導情境，同時亦是上個專案的結果。

最初遭遇　社會互動模式提供了在「最初遭遇」（initial encounter）時讓與事者宣稱其主張的機會，以後的遭遇會隨著事件的發生而異，而最初遭遇是相對短暫的事件。最初遭遇是一種社會現象（social phenomena），但是不必面對面的互動，相形之下，插曲則是相對較長的時間，然而其時間的長短應隨著遭遇的頻率而定。

反應及後續插曲　在最初遭遇時的反應有三種類型：接受（acceptance）、拒絕（rejection）及懸決（equivocation）。

結果　結果的類型與先前描述的插曲相同，亦即 ISD 專案是在使用者領導，或分析師領導，或共同發展下完成，或懸而未決。

5. 個案研究法

個案研究法是解說社會互動模式的有效方法，當然研究者亦可以數量方法（模擬或循序分析） 來加以輔助。在沒有理論支持的研究中，個案法可以幫助研究者建立理論。

本節將以 Middleton 州立大學（MSU）的資訊系統建制爲例，說明社會互動法之應用。[23]

在 1980 年，該校的研究所及大學部各有其專用的「學生申請處理系統」。由於研究所及大學部均各自爲政，因此資訊系統間雖無共同性，但卻也能相安無事。直到本研究進行時爲止，電腦中心還是利用傳統式的系統發展方式，同時對於使用者需求的反應也相當慢。準此，事例中分析師與使用者的關係是基於「分析師領導」的設計。

遭遇 1：對「整合系統」的提議

1980 年代由於學生入學申請數的激增，使該校決心將全校的入學申請活動加以整合。該校的行政首長們提議，應建立整合性的「學生資訊系統」（student information system, SIS），將入學申請，錄用、學生記錄以及獎學金（包括助學貸款等）加以整合。助學貸款部門多年來一直延用由 Alpha 公司所發展的系統，解決了每學年開始時的貸款的延遲問題。所以，此系統被用來做爲發展 SIS 的參考。同時，大學部註冊組主任也退休了，換了一位年輕又懂電腦的主管。

插曲 1：懸決

第一個插曲的現象是：使用者長期的懸而不決。原因是他們不知道如何因應傳統式的，由分析師領導的系統發展。分析師們花了兩年的時間，蒐集有關使用者的需求資訊。

遭遇 2：簽約

插曲 2：懸決

由於系統分析師的遊說，並與分析師簽下協議書。但此時，使用者並未參與，因此整個 ISD 仍滯留在懸決階段。

遭遇 3：系統交予使用者

插曲 3：拒絕

由使用者（註冊組）在測試新系統時，他們發現很難使用，又不友善，螢幕畫面轉換太多，反應太慢，因此便拒絕使用。使用者與電腦中心之間產生了衝突。

遭遇 4：威迫利誘

插曲 4：拒絕

電腦中心此時盡各種方法說服使用者（註冊組）採用。使用者在分析師面前以馬錶來測試螢幕轉換的時間，以證明他們所說的並非憑空捏造。然而，分析時卻認爲已盡全力，不可能再更好，不用就拉倒。使用者拒絕妥協。

遭遇 5：使用者上訴並獲勝

插曲 5：建立「使用者支配」的形式

使用者（大學部的註冊組主任）向校方反應，並獲副校長的支持。校方並責成資訊中心依使用者的需求，重新設計。

資訊中心依校方指示，重新規劃並設計出「單一螢幕顯示」的註冊系統，從此註冊處掌握了 ISD 的過程。

6. 結論

社會互動模式在資訊系統發展的理論及實務上具有很大的貢獻。從對於遭遇及插曲的了解，研究者可以洞悉 ISD 的過程，同時實務界人士從這個模式中，也可以獲得類似的，有價值的洞悉。此模式經廣泛應用，並累積許多使用的經驗之後，便更能充實模式中的各階段、轉換等的內容。社會互動模式對於傳統的系統發展方法，更具有相輔相成之效。

複習題

1. 試扼要說明個案研究。
2. 進行個案研究有哪些步驟？
3. 為什麼研究問題的界定非常重要？
4. 試說明「研究者也要決定要以獨特性還是普遍性來選擇個案」。
5. 漸進取樣的新進概念是什麼？
6. 何謂嵌入式分析單位？
7. 如何獲得個案分析的資料？
8. 如何減少研究者的主觀性？
9. 研究者必須確信研究的建構效度、內部效度、外部效度、信度。試分別說明。
10. 個案研究準則應具有哪些內容？
11. 何謂資料的三角校正或稱三角交叉檢定法？

12. Lofland（1971）認為，記錄應包括哪五個主要部分？
13. 研究者在進行田野調查時，所蒐集的資料可分為哪三類？
14. 何謂型式配對？
15. 何謂一對一深度訪談、二人、三人深度訪談、成對訪談？
16. 在獲得有關人員的經驗時，可問哪些問題？
17. 何謂研究者三角校正或研究者三角交叉檢定法？
18. 試比較觀念、假說、迷你理論、公理、演繹的三段論法。
19. 試舉出一些利用個案研究法的經典研究。

練習題

1. 試上網，例如，全國博碩士論文資訊網（http://etds.ncl.edu.tw/theabs/index.html），或者貴校的圖書館網站，找一篇你有興趣的個案研究論文，說明其研究問題、資料蒐集與分析方法，以及歸納出來的結論。如果你想進行類似研究，你會如何進行？
2. 「好友怡芳的女兒考上高中沒多久，就一直吵著要買萬元手機。怡芳認為高中生用一般平價手機就可以了，不必那麼講究。不料，女兒聽了之後竟然不滿地說：「你自己平常還不是都穿名牌衣服，拿 LV 包？」怡芳聽了既生氣又無奈，拗不過女兒的堅持，她只好讓步，掏錢替女兒買了一隻高價手機。麗心也有同樣的困擾，念國中的兒子向她要求買高級的 MP3，說是幾個要好的同學都用那款機型，外觀很炫又很好用。麗心告訴兒子，最近家裡剛添購高級音響和昂貴的擺飾，積欠不少卡債，手頭比較緊，等年底發了年終獎金再讓他買。她兒子失望之餘居然開始鬧情緒，每天寒著臉不和她說話。麗心著急得不得了，向學校老師求助無效之餘，還是屈服了。相較起來，力行簡樸生活的美如，處理方式就不一樣了。美如念高中的兒子也曾想要買球星代言的籃球鞋，但美如告訴他，鞋子只要穿得舒適就好，沒有必要為了炫耀，而做不符合能力的消費，如果一定要買，那就要動用自己的零用錢。由於他們夫婦平日以身作則，不購買奢侈品，因此兒子較能聽得進她的話，他仔細計算了一下，為了買那雙鞋，未來得省吃儉用個大半年，也就不再堅持了。」（採菊，2009-11-30／聯合報／D1 版／家庭・副刊）。試對以上三個小個案，歸納出一些結論。

參考文獻

Busha, C. H., & Harter, S. P. (1980). *Research methods in librarianship, techniques and interpretation.* New York: Academic Press.

Chang, H. C. (1974). *Library goals as responses to structural milieu requirements: A comparative case study*. Unpublished doctoral dissertation, University of Massachusetts, Amherst.

DuMont, R. R. (1975). *The large urban public library as an agency of social reform, 1890-1915*. Unpublished doctoral dissertation, University of Pittsburgh, Pennsylvania.

Eisenhardt, K. M. (1989). Building theories from case study research. *Academy of Management Review,* 14(4), 352-550.

Emory, C. W., & Cooper, D. R. (1991). *Business research methods*. (4th ed.). Boston, MA: Irvin.

Goldhor, H. (1972). *An introduction to scientific research in librarianship*. Urbana, IL: University of Illinois.

Hamel, J. (with Dufour, S., & Fortin, D.). (1993). *Case study methods*. Newbury Park, CA: Sage.

Harris, S., & Sutton, R. (1986). Functions of parting ceremonies in dying organizations. *Academy of Management Journal*, 19, 5-30.

Lawson, V. (1971). *Reference service in university libraries, two case studies*. Unpublished doctoral dissertation, Columbia University, New York.

McAdams, D. C. (1979). Powerful actors in public land use decision making processes: A case study in Austin, Texas. Unpublished doctoral dissertation, University of Texas, Austin.

McClure, C. R., & Hernon, P. (Eds.). (1991). Library and information science research: perspectives and strategies for improvement. Norwood, NJ: Ablex.

Miles, M. B., & Huberman, A. M. (1984). *Qualitative data analysis: A sourcebook of new methods*. Beverly Hills, CA: Sage.

Miller, F. (1986). Use, appraisal, and research: A case study of social history. *The American Archivist: 49* (4), 371-392.

Paris, M. (1988). *Library school closings: Four case studies*. Metuchen, NJ: Scarecrow Press.

Patton, M. Q. (1980). *Qualitative evaluation methods*. Beverly Hills, CA: Sage.

Powell, R. R. (1985). *Basic research methods for librarians*. Norwood, NJ: Ablex.

Schindler, D. (1996). Urban youth and the frail elderly: Reciprocal giving and receiving. New York: Garland.

Simons, H. (1980). *Towards a science of the singular: Essays about case study in educational research and evaluation*. Norwich, UK: University of East Anglia, Centre for Applied Research in Education.

Stake, R. E. (1995). *The art of case study research*. Thousand Oaks, CA: Sage.

Swisher, R., & McClure, C. R. (1984). *Research for decision making, methods for librarians*. Chicago: American Library Association.

Taylor, R. S. (1967). *Question-negotiation and information-seeking in libraries*. Bethlehem, PA: Center for the Information Sciences.

U.S. Department of Education. (1988). Rethinking the library in the information age: Issues in library research: proposals for the 1990s. Volume II. Washington, DC.

Weiss, C.H., & Bucuvala, M. J. (1980). *Social science research and decision-making*. New York: Columbia University Press.

Wholey, J. S., Hatry, H. P., & Newcomer, K. E. (Eds.). (1994). *Handbook of practical program evaluation*. San Francisco: Jossey-Bass.

Yin, R. K. (1984). *Case study research: Design and methods*. Newbury Park, CA: Sage.

註　釋

1. 與此方法相對的是詮釋式個案研究，支持詮釋式個案研究的學者認為，實證學派為主的個案研究會顯得膚淺，而個案研究的重點是描述出精彩的故事情節，豐富的人物動態，讓讀者能夠深刻地體會到問題核心。
2. Soy, Susan K. (1997). *The case study as a research method.* Unpublished paper, University of Texas at Austin.
3. M. Q. Patton, Qualitative Evaluation and Research Methods (London: Sage, 1990)。中文翻譯：李政賢等人譯，質性研究導論（台北：五南圖書，2008），頁110-111。
4. 是指「全文檢索」的功能，但如果將原始文件轉換成電子檔，便有利於進行檢索。

5. 可能用量化、圖解的方式來說明建構效度、內部效度、外部效度、信度，更會清晰易懂。詳細的說明，可參考本書第四章。讀者如欲進一步了解概念（construct）與觀念（concept），亦可參考上述來源。
6. J. Lofland, *Analyzing Social Settings* (Belmont, Calif.: Wadsworth, 1971).
7. 蕭瑞麟，不用數字的研究，二版（台北：培生集團，2009），頁 167。
8. 資料的測量尺度（measurement scale）共有四種類別：名義尺度（nominal scale）、次序尺度（ordinal scale）、區間尺度（interval scale）以及比率尺度（ratio scale）。這四個尺度依序有「疊床架屋」的情況（也就是說後面的那個測量尺度具有前面的那個的特性），再加上一些額外的特性。詳細的說明，可參考：S. S. Stevens, “Mathematics, Measurement, and Psychophysics,” In *Handbook of Experimental Psychology*, Edited by S. S. Stevens (New York: Wiley, 1951). 或者本書第四章。
9. H. L. Zetterberg, *On Theory and Verification in Sociology*, 3rd Ed., Totowa, N.J.: Bedminster Press. 1965.
10. 修正自：尚榮安，個案研究法（台北：弘智文化事業有限公司，2001），頁 183。
11. 參考自 Robert K.Yin 著，尚榮安譯，個案研究法（台北：弘智文化事業有限公司，2001），頁 229-233。
12. 有關彈性策略的詳細討論，可參考：榮泰生編著，策略管理學，五版（台北：華泰書局）。
13. Thomas Peters, *Thriving on Chaos* (New York: Alfred Knopf, 1988).
14. 《追求卓越》開啟了商業管理書籍的第一次革命。自 1982 年出版以來，被譯成近 20 餘種文字風靡全球，僅在美國就銷售了 600 萬冊，全球發行量高達 900 萬冊！該著作創造了「彼得斯時代」，是有史以來最暢銷的管理類書籍，許多跨國大企業視彼得斯的著作為發展創新的經典。而且，作者文筆生動流暢，有一流的散文功底，畫龍點睛的精彩引言比比皆是，名家理論和觀點如數家珍。
15. www.amazon.cn
16. P. M. Senge, The Fifth Discipline: The Art and Practice of Learning Organizations (New York: Doubleday, 1990); and R. M. Hoegetts, et.al., “New Paradigm Organizations: From Total Quality to Learning to World Class,” *Organizational Dynamics*, Winter 1994, pp.4-19.
17. 孫麗珠、陳樹衡譯，邊緣競爭：遊走在混沌與秩序邊緣的競爭策略（台北：商周出版，2000），頁 327-333。

18. W. Amadio, *Systems Development: A Practical Approach* (Mitchell, Santa Cruz, CA, 1989).
19. E. B. Swanson, *Information System Implementation*, Irwin, Homewood, IL,1988.
20. B. Ives and M. H. Olson, "User Involvement and MIS Success: A Review of the Research," *Management Science*, 30, no.5,May 1984, pp.586- 603.
21. L. B. Mohr, Explaining Organizational Behavior, Jossey Bass, San Francisco, CA, 1982.; L. B. Mohr, "Innovation Theory: An Assessment from the Vantage Point of the New Electronic Technology in Organizations," in *New Technology as Organizational Innovation: The Development and Diffusion of Microelectronics*, J.M. Pennings and A. Buitendam (eds.), Ballinger, Cambridge,MA, 1987, pp.13-31.
22. M L. Markus.and N. Bjorn-Andersen, "Power Over Users: Its Exercise by System Professionals," *Communications of ACM*, 30, no.6, June 1987, pp.498-504.; M. L. Markus and D. Robey, "The Organizational Validity of Management Information Systems," Human Relations, 36, no.3, March 1983, pp.203-225.; M. L. Markus and D. Robey, "Information Technology and Organizational Change: Causal Structure in Theory and Research," *Management Science*, 34, no.5, May 1988, pp.583-598.
23. Michael Newman and Daniel Robey, "A Social Process Model of User-Analyst Relationships," *MIS Quarterly*, June 1992, pp.249-272.

附錄

研究報告的呈現

文書報告

一個立意良好、結構嚴謹、思路細緻、切實執行的研究，如果在最後做文書報告時，所呈現的是辭不達意、雜亂無章，則所有的努力都盡付東流。這似乎是相當殘酷，但卻也是不爭的事實。

研究報告包括了研究發現，對研究發現的解釋，結論與建議。由於相對於口頭報告而言，文書報告是專斷性的單向溝通，所以，研究者特別需要在用字遣詞方面下一番功夫，並保持研究的客觀性。若文書報告中建議採取某種企業行動，則必須對該行動的適用情況、限制條件交代清楚。

文書報告在約束的程度上（degree of formality）、設計上各有不同。有些報告比較正式，在字數上的要求比較多；有些報告則比較不正式，字數的要求比較少。

一、短報告

在問題的界定上非常清楚、研究的範圍有限、研究方法相當單純的情形下，撰寫短報告（short report）是相當適合的。短報告的頁數大約在五頁左右。在撰寫短報告時，一開始就要對贊助單位、研究問題做簡短的描述，然後提出結論與建議，最後才呈現研究發現及支持的證據。當然，每一節都要以醒目的標題分清楚。

短報告通常是以備忘錄的形式來呈現，鞭辟入裡的切入研究問題的核心。如能以圖表來呈現數據，更能言簡意賅，畢竟「一圖勝千文」。在內文中，不必對研究方法做過於詳細的說明，但可在附錄的地方做略爲詳細的描述。短報告的目的就是以易讀易懂的方式，有效率的傳達資訊。筆調可較輕鬆（但應視情況而定）。以下是對撰寫短報告的建議：

1. 明確地告訴讀者爲什麼要撰寫這份報告。
2. 直截了當地回答問題（或提出問題的解決方案），詳細的說明可放在附錄部分。

二、長報告

長報告（long report）隨著讀者的不同、研究者目的的不同而分爲兩類：技術報告（technical report）及管理報告（management report）。技術報告是針對其他研究人員而撰寫的報告；而管理報告是針對非技術背景的客戶（委託者）而撰寫的報告。有些研究者在撰寫報告時企圖滿足這兩類人士的需求，結果是無法滿足任何一類人士的需求，因爲這兩類人士在技術背景、興趣及目標上是不相同的。

1. 技術報告

技術報告應包括詳盡的、原始性的文件及資料。如果其他的研究人員有興趣重複做此研究，或做類似的研究，就可以從這些技術報告中了解這個研究做了什麼、如何做等細節。

雖然技術報告愈詳盡愈好，但是不要毫無節制，把那些雞毛蒜皮的事都囊括在內。一般性的原則是：其他的研究者如果想要重複這項研究，應可獲得足夠的有關研究步驟的資訊；換句話說，他（她）們應可獲得有關資料來源、研究程序、抽樣計畫、資料蒐集工具、指標（衡量的方法及內容）、資料分析方法等資訊。

2. 管理報告

有時候，客戶（研究的委託者）並沒有技術、研究背景，對於研究方法、程序沒有興趣了解，反倒是非常關心研究結論及研究建議。在這種情況下，主要的溝通媒介（communication medium）就是管理報告。

由於管理報告是以非技術人員而設計的，所以研究報告的撰寫應使得他們很快地了解研究的主要發現、涵義及結論。在重點的地方，以粗體、斜體、底線字來表示。要儘量以圖形、圖片代替表格，以表格代替文字。要言簡意賅，最好一頁一個標題（將有關的研究發現在一頁中呈現）。

研究報告的組成因素

研究報告，不論是長報告或短報告，都具有一些可以認明的組成因素。通常以標題或次標題來分隔這些組成因素。隨著研究性質、針對對象的不同，研究報告的組成因素也不盡相同。表 1 列出了四種報告類型的組成因素，表中的數字表示所呈現的次序。[1]

表 1　研究報告的章節及呈現次序

研究程序	短報告		長報告	
	備忘錄	技術性	管理報告	技術報告
序文		1	1	1
對贊助者的描述		✓	✓	✓
標題頁（封面）		✓	✓	✓
授權說明		✓	✓	✓
主管彙總報告		✓	✓	✓
目錄表			✓	✓
前言	1	2	2	2
問題陳述	✓	✓	✓	✓
研究目的	✓	✓	✓	✓
研究背景	✓	✓	✓	✓
研究方法		✓（簡短的）	✓（簡短的）	3
抽樣計畫				✓
研究設計				✓
資料蒐集				✓
資料分析				✓
研究限制		✓	✓	✓
研究發現		3	4	4
研究結論	2	4	3	5
彙總及結論	✓	✓	✓	✓
研究建議	✓	✓	✓	✓
附錄		5	5	6
參考文獻				7

一、序文

序文（prefatory information）與研究本身並沒有關聯性，只是幫助讀者如何使用這份報告。

1. 對贊助者的描述

在研究者與客戶之間的關係是正式的場合中，研究報告應包括對贊助者的描述（letter of transmittal）。在此描述中，應包括研究專案授權的情形、研究的特定指示或限制，也應包括研究的目的及範圍。

2. 標題頁

標題頁（title page）或封面應包括四個項目：研究題目、日期、向誰提供、由誰提供。題目必須簡短，並包括：(1)研究中涉及的變數；(2)變數之間關係的類型；(3)研究結論可以推廣到的母體。[2]

像「……之研究」、「……之探討」這些累贅字應刪除。表 2 是幾個「好題目」的例子。

表 2　「好報告」的例子

研究類型	好題目（中文）	好題目（英文）
描述式研究	台灣橡膠管五年需求預測	The Five-Year Demand Outlook for Plastic Pipe in Taiwan
關聯式研究	世界市場美元價值與其相對國家通膨率之關聯	The Relationship between the Value of the Dollar in Word Markets and Relative National Inflation Rate
	台灣個人電腦工廠工作環境與生產力之關聯	The Relationship between Work Environment and Productivity in Taiwan PC Plants
因果式研究	激勵方式對電腦業員工態度的影響	The Impact of Various Motivation Methods on Work Attitude among PC Workers

3. 授權說明

如果研究是替公家機關或財團法人所做的，通常在研究中應包括授權書（authorization letter），以證實此研究是經過授權而進行的。

4. 主管彙總報告

主管彙總報告（executive summary）是提供報告中的精華部分（重要的結論與建議），以使主管一目了然。通常以圖表的方式呈現，一至二頁即已足夠。

5. 目錄表

超過六頁或十頁的報告，必須附目錄表（table of contents），以便讀者查閱。如果報告中有很多圖表，應在目錄之後再列出圖表目錄。

二、前言

前言（introduction）這部分應描述研究專案的各部分，包括問題陳述

（problem statement）、研究目的（research objectives），以及背景資料（background information）。[3] 在大多數的研究專案中，前言部分可直接抄錄自研究計畫書，或只做小幅度的修改即可。

1. 問題陳述

問題陳述說明了進行研究的必要性。研究問題通常是先以管理問題來呈現，然後接著說明比較詳細的目的。

2. 研究目的

研究目的可以研究問題及調查（探索）問題的方式來呈現。在關聯式、因果式的研究中，要包括對研究假設的說明。研究假設是對研究變數間的關係的宣告性陳述（declarative statement）。研究假設清楚說明了所涉及的變數、變數之間的關係，以及所要研究的目標群體。重要變數（關鍵性的變數）的操作性定義也應包括在研究目的這一節內。

3. 背景資料

背景資料可能來自兩個部分：(1)以經驗調查、焦點團體（focus group）等方法進行探索式研究的初步結論；(2)從文獻探討中所獲得的次級資料。

與研究問題有關的先前研究、理論或研究情境也應一併討論。應對文獻探討後的資料加以重新整理、整合，以使得它們在邏輯上與我們所欲探討的研究問題相互呼應。

背景資料可以放在問題陳述這一節之前，或者研究目的這一節之後。如果背景資料是與管理問題（問題陳述）息息相關，或者與導致研究進行的情境息息相關，則應放在問題陳述之前；如果背景資料只是包括文獻探討及相關研究，則應放在研究目的之後。

三、研究方法

如果是短報告或管理報告，則研究方法可不必另闢一節來說明，只要在「前言」部分略提，然後將細節部分放在附錄部分即可。但是對於技術報告而言，研究方法是非常重要的一節，因此要分節說明。研究方法包括了以下五個部分。

1. 抽樣設計

研究者必須明確地界定母體，清楚地說明抽樣方法。例如，抽樣方法是機率抽樣或非機率抽樣？如果是機率抽樣，那麼是簡單隨機抽樣，還是複雜隨機抽樣？如何選擇抽樣元素？如何決定樣本大小？抽樣的信賴區間有多大？所允許的誤差有多大？

同時也要扼要說明所選擇的抽樣方法、抽樣的依據（選擇什麼參數做爲抽樣的基礎）。如果涉及到計算問題，應放在附錄部分，而不是內文部分。

2. 研究設計

研究設計所涵蓋的範圍及內容與研究目的息息相關。在敘述式研究或事後研究中，必須說明使用某一種設計的背後理由。在實驗研究中，必須說明所使用的材料、測驗方式、設備、控制情況及其他裝置等。不論研究設計多麼嚴謹（或自認多麼嚴謹），都必須說明研究設計的長處及弱點。

3. 資料蒐集

研究報告的資料蒐集部分是說明資料蒐集的方法，而所說明的內容隨著研究設計的不同而異。在調查研究中（如果是利用一組人進行現場調查），要說明有多少人參與研究調查？他們接受了怎麼樣的訓練？怎麼管理他們？何時蒐集到資料？花費了多少時間？在現場蒐集資料的情況如何？如何處理異常的、出乎意料之外的事件？

在實驗研究中，要說明如何將受測者加以分組、如何利用標準化的程序、如何施行測驗，以及如何操弄變數等。

通常我們也應說明引導我們做某種決策的次級資料。同理，詳細的資料（如進行現場調查時對調查人員的指示等）應放在附錄部分。

4. 資料分析

資料分析這部分說明了資料分析的方法，例如，資料處理的情形、初步分析、統計檢定、電腦程式及其他技術性的資訊。同時，也要稍加敘述符合所選用的統計方法的前提與假設的情形，以及使用該種分析的適當性。

5. 研究限制

要不要說明研究限制，在學者及實務專家之間有兩種截然不同的看法與做法。反對者認爲，提出研究設計無異自揭瘡疤；贊成者認爲，研究應該忠實，做一分，說一分，對於做不到的也要交代。筆者認爲，不說明研究限制既不專業，又缺乏研究道德，但是要注意說明的技巧。研究限制這一部分應經過深思熟慮之後，誠實地說明有關方法及執行上的問題。不卑不亢才是一個有誠意的、稱職的研究者所應有的態度。所有的研究都會有限制，誠懇的研究者會幫助讀者評斷其研究的效度。

四、研究發現

研究發現是研究報告中花費篇幅最多的地方。研究發現這一節的目的在於解釋所分析的資料，而不是提出結論。如果所呈現的是數量化的資料，應以圖表的方式來呈現。

研究發現中所引用的資料不見得要包括研究中所蒐集的所有資料。判斷的標準是：這些資料有助於讀者了解研究問題及研究發現嗎？研究發現中應包括對研究假設是否支持的發現（不應只說明得到支持的研究假設）。

要以條列式來說明研究發現，最好能夠以每頁說明一個發現，在說明之後，接著提供支持的數據（以表格或圖形的方式呈現）。

五、研究結論

1. 彙總與結論

彙總（summary）是對研究的主要發現做扼要的說明。如果有很多特定的發現，可以逐段說明，也可以整合成一個彙總表。對一個簡單的敘述式研究而言，在彙總之後即可完成報告，不必再寫研究報告及建議。

研究發現是描述所發現的事實，而研究結論是根據這些事實來加以推論的結果。有些研究人員不做研究結論，要讀者自己去下結論，這是應該避免的做法。

研究結論可以表格的方式來呈現，以便一目了然。在表格中，也應以採取編號式、條列式。

2. 研究建議

在學術研究中，研究建議這部分通常是對後續研究的建議（如在不同的情況下做實驗，針對誰做調查，加入什麼變數等）；在應用研究中，研究建議通常包括了管理者可採取的企業行動。

六、附錄

把複雜的表格、統計檢定的原始數據、支持性的文件、所引用的表格、問卷、研究方法的細節、對調查人員所施行的訓練（指示、規定等）等，放在附錄這一部分，以便使有興趣的讀者查閱。附錄這一部分所提供的文件及資料，也是在證實在內文中的敘述是言而有據的。

七、參考文獻

參考文獻這一部分包括了次級資料的來源。適當的引註、樣式及格式是隨著研究報告的目的而異。這些規定通常會由委託研究的機構來提供。有興趣的讀者可參考：Kate L. Turabian, *A Manual for Writers of Term Papers, Theses, and Dissertation*（《學期報告、碩博士論文撰寫手冊》）；Joseph Gilbaldi and Water S. Achtert, MLA Handbook for Writing Research Papers； The Publication Manual of the American Psychological Association.

報告的撰寫

一、撰寫前的考慮

在撰寫報告時，應先自問以下的問題：

1. 這篇報告的目的是什麼？整篇報告的撰寫必須圍繞著研究目的打轉，所寫的內容必須直接的、間接的與研究目的有關；
2. 誰會閱讀這篇報告？我們雖然萬萬不可爲了遷就研究閱讀者（委託者）的目的，而扭曲研究發現的事實，但是也要考慮到閱讀者需求、情緒及偏差問題。知道誰將閱讀這份報告也有助於決定報告的長短。一般而言，向組織愈上層的人士提出報告，報告愈要簡明扼要。
3. 在撰寫報告時的情境及限制如何？研究主題是否有高度的技術性？需不需要統計、圖表？研究主題的重要性如何（重要的研究主題需要投入更多的時間及努力來撰寫報告）？研究範圍如何？可用的時間有多少？（截止時間通常會對報告的長短、內容造成限制。）
4. 報告將如何被使用（閱讀者會拿此報告來做什麼）？如何使他們更方便地用這份報告？引起閱讀者的注意和興趣，要投入多少時間和努力？閱讀者是否不只一人？如果是，要複製多少份？

1. 綱要

當研究者做好資料的初步分析、做成暫時性的結論、完成統計檢定之後，就要開始撰寫報告的大綱或綱要（outline）。綱要可以下列的格式來呈現：

主標題
一、次標題
（一）、
1.
a.
（1）..

在視窗環境下的文書處理軟體（如 Microsoft Word）能幫助我們做好綱要設計。圖 1 顯示了 Word 在綱要設計上的功能。

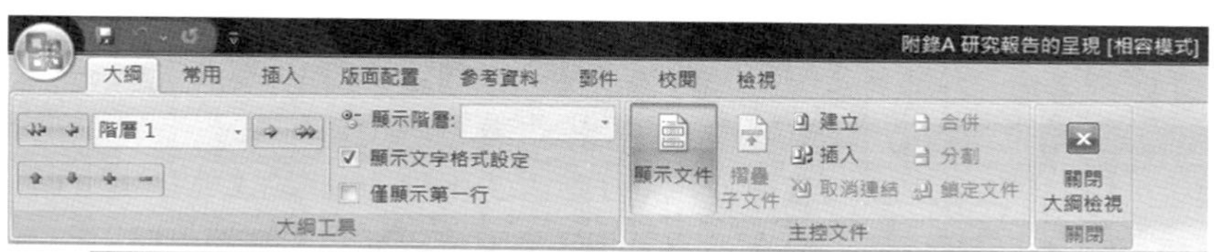

附錄A 研究報告的呈現

文書報告

- 一個立意良好、結構嚴謹、思路細緻、切實執行的研究，如果在最後做文書報告時，所呈現的是辭不達意、雜亂無章，則所有的努力都盡付東流。這似乎是相當殘酷，但是卻是不爭的事實。
- 研究報告包括了研究發現，對研究發現的解釋，結論與建議。由於相對於口頭報告而言，文書報告是專斷性的單向溝通，所以研究者特別需要在用字遣詞方面下一番功夫，並保持研究的客觀性。若文書報告中建議採取某種企業行動，則必須對該行動的適用情況、限制條件交待清楚。
- 文書報告在約束的程度上（degree of formality）、設計上各有不同。有些報告比較正式，在文字數上的要求比較多；有些報告則比較不正式，字數的要求比較少。

短報告

- 在問題的界定上非常清楚、研究的範圍有限、研究方法相當單純的情形下，撰寫短報告（short report）是相當適合的。短報告的頁數大約在五頁左右。在撰寫短報告時，一開始就要對贊助單位、研究問題做簡短的描述，然後提出結論與建議，最後才呈現研究發現及支持的證據。當然每一節都要以醒目的標題分清楚。
- 短報告通常是以備忘錄的形式來呈現，偏僻入裡的切入研究問題的核心。如能以圖表來呈現數據，更能言簡易賅，畢竟「一圖勝千文」。在內文中，不必對研究方法做過於詳細的說明，但可在附錄的地方做略為詳細的描述。短報告的目的就是以易讀易懂的方式，有效率的傳達資訊。筆調可較輕鬆（但應視情況而定）。以下是對撰寫短報告的建議：
-
- (1) 明確的告訴讀者為什麼要撰寫這份報告；
- (2) 直截了當的回答問題（或提出問題的解決方案），詳細的說明可放在附錄部分。

長報告

- 長報告（long report）隨著讀者的不同、研究者目的的不同，而分為二類：技術報告（technical report）及管理報告（management report）。

圖 1 Microsoft Word 的編輯綱要的功能

綱要的樣式（style）有兩種：主題綱要式（topic outline）及文句綱要式（sentence outline）。主題綱要式是以關鍵字做爲綱要；利用此種方式時研究者

（或報告撰寫者）對於主題下的內容要有（會有）一定程度的了解。文句綱要式是以句子來做綱要，這些句子是與特定主題息息相關的主要思想。文句綱要式會使得在正式的撰寫報告時，不必花太多的心思在報告的重點內容上，只要再做推敲及解釋，以增加易讀性即可。文句綱要式對於無經驗的撰寫者可能是比較好的方式，因爲它把「說什麼」和「如何說」分成了兩個主要的部分。以下是主題綱要式及文句綱要式的例子：

主題綱要式	文句綱要式
需求	冰箱的需求
一、如何衡量	一、以商業統計局的工廠交貨量來衡量
（一）志願性誤差	（一）由於出貨報告是由廠商志願提供出來的，因此在做每年的比較時，會產生誤差。
1. 交貨誤差	1. 由於交貨及發票作業上的不同，會產生每月數量的差異。
a. 每月誤差	a. 由於交貨的衡量有的是以實際交貨日，有的是以發票日，因此每月的差異約 30%。

2. 參考文獻

長報告（尤其是技術報告）必須要附上參考文獻（bibliography）。參考文獻就是報告中所使用到原始資料的來源。報告中未使用到，但是對背景了解、後續研究有所幫助的文獻，可以不加以臚列。

大多數視窗環境下的文書處理軟體可對於我們所建立的參考文獻做排序的工作（例如從 A 到 Z 的降冪排列）。圖 2 是以 Microsoft Word 下的排序功能。我們也可以利用套裝軟體將參考文獻的內容轉換成資料庫檔案（database file），以便利用資料庫處理軟體（如 Microsoft Visual FoxPro™）來對這些資料加以排序、重組、查詢，或變更顯示的欄位（例如，將「年代」放在「姓名」之後）。

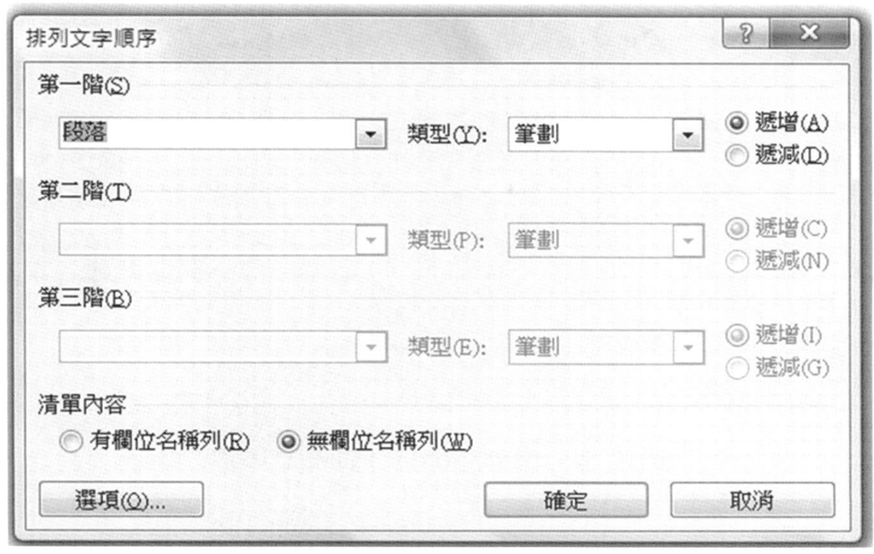

圖 2　Microsoft Word 下的排序功能

二、撰寫草稿

綱要文成之後，研究者就要決定在什麼地方插入適當的圖形、表格及圖像。每一個圖形、表格及圖像的插入必須與其標題（或次標題）有所關聯性。

每位研究者在將其思想轉換成文書報告時，所採用的方式各有不同。有些研究人員是先寫在稿紙上，然後再請他人打字；也有些人卻是利用視窗環境下的文書處理軟體，在電腦前自己輸入、增添、刪改、移動、校對報告的內容。「自己動手」（do-it-yourself, DIY）的好處自是不言而喻，筆者建議：研究者至少必須熟悉視窗下的任何一種文書處理軟體，以及至少熟練一種中文輸入法。

在以英文撰寫報告時，許多視窗下的文書處理軟體還提供錯字檢查的功能。它們也提供了同義字、反義字的詞庫（thesaurus）。比較前進的文書處理軟體（例如，Grammatik, RightWriter, Spelling Coach, Thunder, Punctuation+style 等）可以檢查文法、標點符號、大小寫、複合字、順序顛倒字（transposed letters）、同義字、樣式、句型的錯誤及易讀性的程度。圖 3 是 Micorsoft Word 所提供的拼字及文法檢查功能。在「校閱」項下，還有參考資料、同義字、翻譯等功能。

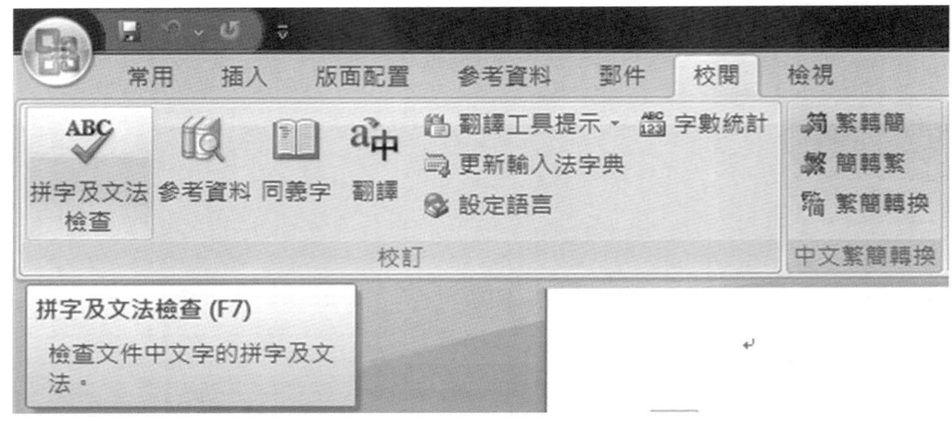

圖 3　Microsoft Word 提供的檢查功能

Microsoft Word 也可以對我們的文字進行分析，例如：共有多少頁數、字數、字元數、段落數、行數、半形字、全形字，[4] 詳如圖 4 所示。

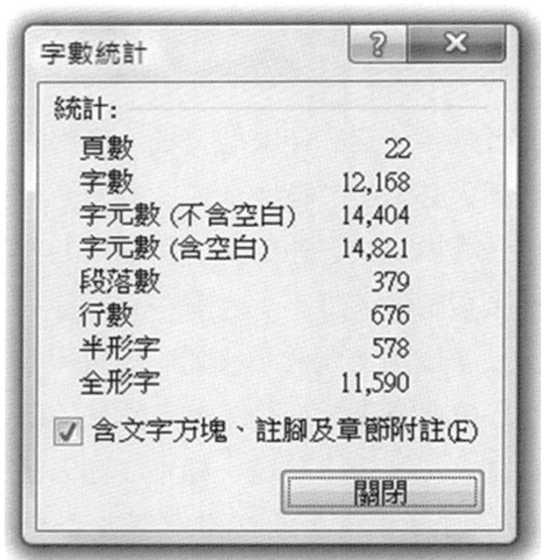

圖 4　Word 的文字分析功能

1. 易讀性

敏銳的撰寫者會考慮到報告的易讀性或可讀性（readability）的問題。在考慮易讀性時，應有「目標市場」（target market）的觀念，也就是要清楚誰在閱讀這份報告，如何滿足他（她）們的需求。如何增加報告的易讀性呢？可參考以下所說明的三點：

(1) 如果報告能夠吸引閱讀者，而且所涵蓋的範圍又在他們的專業領域中，則此報告的易讀性較高。
(2) 如果撰寫者能夠指出報告的用處（如何幫助閱讀者解決問題），則此報告的易讀性也會比較高。
(3) 如果報告能夠符合閱讀者的閱讀能力（試想有幾個總經理能夠看得懂「在 $\alpha = 0.05$ 之下，應棄卻虛無假設」這句話？），則此報告的易讀性較高。

在英文中，可用標準化的易讀性指標（readability indices）來檢視報告的困難程度。佛來西易讀性分數（Flesch Reading Ease Score）具有 0 到 100 的評點分數，分數愈低，表示愈難閱讀。除此之外，還有 Flesch Kincaid Grade Level、Coleman-Liau Grade Level、Bormuth Grade Level。

2. 可理解性

撰寫報告時要避免模稜兩可、一語雙關、誇大其詞以及指桑罵槐。要根據事實，平鋪直陳，有一分證據，說一分話。在描述觀念及構念時，不論是操作性定義或是描述性定義，都要精確。

對於文句及文字要仔細地組織及編輯，不要東一句、西一句，讓人覺得散漫無章、重複累贅。先說明主要觀念，再說明次要觀念（或支持主要觀念的論據），不要交互雜陳，讓人難以掌握重點。行文的配速（pace）要隨著文章內容的難易度而定；在較難的地方，不妨稍加反覆說明，讓閱讀者的思考能夠跟得上；在較容易理解的地方，行文的步伐不妨快一點。報告的撰寫可參考以下的原則，來調整行文的配速：

(1) 在上下左右的版邊處留下適當的空間，以使得閱讀者不會有壓迫感。
(2) 將長篇的論述分成若干個單元，每個單元都附標題，在陳述內容時要段落分明。
(3) 儘可能地用圖表來輔助說明較為生澀難懂的文字描述。
(4) 以粗體字、斜體字、劃底線、大寫（如果用英文撰寫）、字形的變化及括號來強調重要的文句。
(5) 謹慎地使用每個字，要以清晰的短句來代替含混的冗長句子。應避免賣弄文藻、使用行話。當然有些時候使用技術性的術語是適當的，例如，科學家們就利用術語做有效的溝通，但對於企業報告而言，由於大多數的閱讀者可能都沒有受過專業的科學訓練，所以要儘量避免術語（如果必須使用術語，也應以平實的文字先解釋這個術語）。

(6) 注意起承轉合，在銜接文句的地方可以用些像「易言之」、「總之」、「相形之下」這樣的片語，以增加生動感。[5]

3. 筆調

正式的論文撰寫應避免使用第一人稱，例如，「我認爲……」，也要避免使用客套話、贅字，例如，「本人不才，經過一番努力之後，終於找到了這篇論文的重要文獻……」、「懇請各位不吝看下列的說明……」、「我最崇拜的某教授認爲……」。

在行文時，要用正面的筆調。試比較下列二種筆調：

(1) 最終使用者不喜歡資訊部門人員告訴他們要買什麼軟體。
(2) 最終使用者希望在電腦軟體的選擇上有更多的自主性。

這兩種話傳遞著同樣的訊息，但是第二種筆調比較不會使得資訊部門人員產生反感。

4. 最後校對

草稿完成之後，不妨先將自己「放逐」一番（放鬆心情，做些別的事情），然後再回過頭來以非常挑剔的眼光，進行最後的校對。報告的文筆是否流暢？起承轉合是否適宜？結構是否嚴謹？研究問題的陳述及研究目標是否與研究發現相互呼應？報告中的變數是否都能環環相扣（在研究目標中所敘述的內容是否與研究問題中的變數有關？文獻探討的變數是否與研究目標有關？研究假設中的變數是否來自於研究目標中所涉及的變數？研究架構是否根據研究假設中的變數、變數之間的關係來建立的？統計分析是否針對研究假設中的變數而做？研究發現是否根據統計分析的結果？研究結論是否根據研究發現？研究建議是否根據研究結論）？圖表是否清晰易懂？

5. 報告的風貌（版面）

在撰寫報告時，最後的考慮問題就是如何製作報告。報告必須打字、排版，並以雷射（或噴墨）印表機印出。要注意樣式（style）的一致性，例如，所有的次標題都是用同樣的樣式；內文都是用同一個樣式。

所謂「樣式」（style）是指某些「調調」合在一起，而這些調調包括了格式（包括字型、段落、定位點、框線、語言、圖文框、編號方式）及快速鍵的設定。

(1)**字型**：可設定中文字型、英文字型、符號字型、字型樣式、大小、底線、色彩、效果（是否要加刪除線、上標、下標、陰影、外框字、浮凸、雕刻、小型大寫字、全部大寫字、隱藏）；在字的間距方面，可決定間距（分爲標準、加寬、緊縮）、位置、字距壓縮微調等。

(2)**段落**：可設定縮排及間距、文件流向（是否要編行號、斷字等）、體裁（包括分行符號及字元間距等）。

(3)**定位點**：可設定定位停駐點位置、對齊方式、前置字元。

(4)**框線**：可決定框線的形式及類別（分爲無、方框、陰影）。

(5)**語言**：決定 Word 當我們校對時所用的語言。

(6)**圖文框**：分爲文繞圖、水平位置、垂直位置及大小等。

(7)**編號方式**：分爲項目符號及編號。

例如，在 Microsoft Word 中，我們可以將「內文」根據以上的項目來分別設定。但是如果整篇文章都用「內文」這個樣式，未免太過於單調。因此，我們可以設定其他的樣式。集合所有這些有關的樣式，我們就可以建立一個「範本」（內建範本爲 normal.dot）。我們也可以建立各種不同的「範本」來撰寫具有不同樣式的文章。

在 Word 所提供的樣式方面，其最大的特色是可以就一個樣式設定其中文字型及英文字型。就以同樣的「鮮明強調」這個樣式來看，我們可以做如圖 5 的設定。

在排版中，要注意字距及行距，不要太擠以造成閱讀上的壓迫感。上下左右的版邊要適當，要注意左右頁對齊。左邊應保留較多的空間（通常是四公分左右）以利裝訂。圖 6 是利用 Microsoft Word 來調整版面設計的情形。

圖 5　在 Word 中設定「鮮明強調」這個樣式的字型

圖 6　Microsoft Word 的版面設定

統計資料的呈現

在研究報告中，統計資料的呈現對研究者是一個特殊的挑戰。在呈現統計資料時，有三個基本的形式：(1)文字敘述式（text paragraph），(2)表格式（tables），(3)圖表式（graphics）。

三種基本形式

1. 文字敘述式

如果統計數據不多，則用文字敘述即可。撰寫者應引導讀者特別留意某些數據、比較性資料或顯著水準（P 值）。這個方式的缺點是：文字與數據並陳，讀者必須看完整段，在腦海中加以組織之後，才能夠了解其意，例如：

就單會使用 Excel 使用者樣本分析而言，研究顯示，「易用性」對「使用意向」的路徑是略顯著的（γ_{11} = 0.653, t = 1.879），而「有用性」對「使用意向」並不顯著（γ_{21} = −.037, t = −.110）；整合模式顯示：同樣的結果（γ =.537, t = 1.81; γ_{21} = .316, t = .578）。 這個結果驗證 $H_{1\text{-}1}$ 成立，即「有用性認知」影響「使用意向」，但 $H_{1\text{-}2}$ 不成立，所以「易用性認知」並不影響「使用意向」。

然而，值得一提的是，在結構模式的判定係數爲 0.385，即「有用性」與「易用性」解釋了 38.5% 的變異。再從「有用性認知」結構與「易用性認知」結構的相關來看（φ = 0.68, t = 5.267）， 吾人所能解釋的是「有用性」與「易用性」間具高度相關，雖然「易用性認知」對「使用意向」並沒有直接顯著的影響， 但仍可透過「有用性認知」間接影響「使用意向」。

2. 表格式

表格式通常比文字敘述式更能適當地表達統計的數據，當然撰寫者應引導讀者注意某些重要的數據。表格又可分爲一般式與彙總式。一般式的表格是比較大、複雜、巨細靡遺的表格。它們通常是研究發現的基本證據，通常放在研究報告的附錄部分。彙總式表格僅是呈現與主要發現有關的重要數據，通常放在內文中。

一個表格必須包含足夠的資訊，以便於閱讀者了解其內容。主標題（title）應表明表格的主題、資料蒐集的方法、時間幅度及其他相關資訊。次標題（subtitle）顯示於主標題之下（或之後）通常是說明資料的衡量單位。表格內包括欄標題（column head）、列標題（stub）及表格的內文（body）。有時候也許有必要對表格內的文字、數據做附註說明；附註應以文字或符號來表示（例如，星號），而不是以數字來表示（以免與表格內的數據混淆）。如果引用數據，應在表格之下說明來源（出處）。最後，表格應置於整個版面的中央。表 3 是表格呈現之例：

表 3　影響使用行為因素之迴歸分析結果（單會使用 Excel 之樣本）

因素	每日開機數		每週開機數	
	Beta 值	P 值	Beta 值	P 值
使用意向	−0.2042	0.005 *	−0.1948	0.023 *
組織規定	0.2248	0.010 *	0.2459	0.005 *
從衆使用	−0.2295	0.014 *	−0.1867	0.046 *
任務需要	0.2289	0.008 *	0.2186	0.011 *
比較檢定	−0.082	0.342	−0.0442	0.607
品牌效果	0.0514	0.534	0.893	0.28
自我知覺	0.0128	0.881	−0.0388	0.649
價格便宜	−0.0052	0.95	0.036	0.662
取得便利	0.2593	0.002 *	0.2451	0.003 *
*P < .05 Durbin Watson Test: 2.4925（每日開機時數），2.6506（每週開機時數）				

3. 圖表式

一圖勝千文。在微電腦中視窗環境下的試算表軟體（例如，Microsoft Excel for Windows）都能提供豐富的圖表。透過 Excel，我們可以「輕易的」將文字、數據變成圖表。圖表的種類有很多，包括：直條圖、折線圖、圓形圖、橫條圖、區域圖、XY 散佈圖、股票圖、曲面圖、環圈圖、泡泡圖、雷達圖，如圖 7 所示。

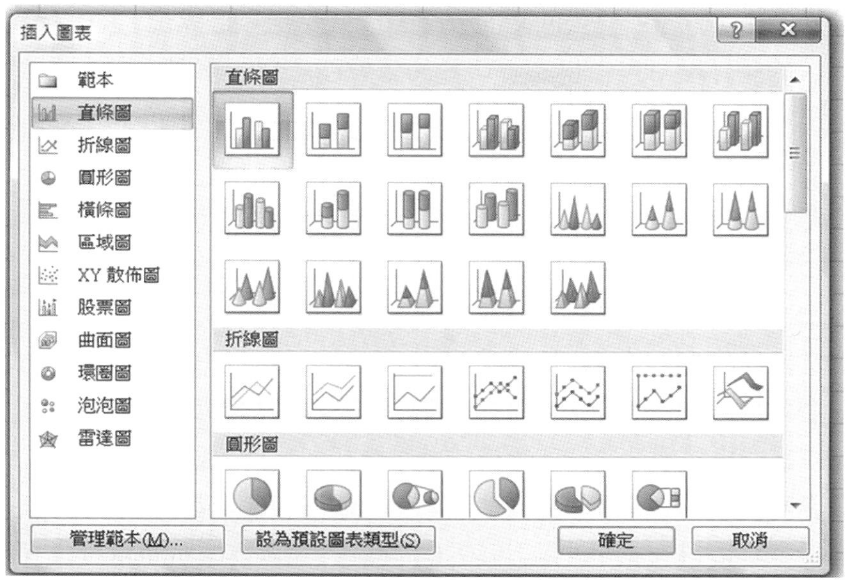

圖 7　Microsoft Excel 所提供的圖表

口頭報告（簡報）

研究者通常必須做口頭報告（oral presentation）或簡報（briefing）。做簡報所需的特性及技巧自然與公開演講（public speaking）不同。在做簡報時，所面對的是若干位觀眾；統計分析佔主題中很重要的部分；聽眾是對此主題有興趣的企業主管或論文審查的口試委員；報告時間通常是半個鐘頭到一個鐘頭之間；簡報完畢之後通常要接受質問或討論。

一、準備

成功的簡報必須將冗長的、複雜的資訊加以濃縮。由於說話的速度每分鐘不要超過 100～150 字，因此一個 20 分鐘的簡報所說的字不要超過 2,000～2,500 字。在這種情況下，如果要做到有效的溝通，非事先加以精密的規劃不可。首先要自問兩個問題：

1. 簡報的時間有多長？通常公司的主管、論文的口試委員都會規定簡報的時間。如果時間極為有限（例如，在 20 分鐘之內，完成碩士論文的簡報），則主題呈現的優先次序，以及所呈現的時間分配等，就要充分的掌握。

2. 簡報的目的是什麼？是否提醒管理當局未曾注意到的重要問題？是否向他們的決策提出新的建議？在碩博士論文的口試中，是否要高分通過考試？

像這樣的問題就可以反映出報告的一般性目的。在回答了這些問題之後，對於準備要說什麼，要擬定一個詳細的綱要。這個綱要應包括以下的部分：

1. 開場白（opening）。開場白不要超過全部簡報時間的 10%。在開場白中，要扼要的說明報告的程序（分哪些階段做報告）；必須要切入主題、引起注意；必須要簡介研究專案的性質、所獲得的結論及如何獲得這些結論；
2. 研究發現及結論。在開場白之後，要馬上說明研究發現及結論；
3. 建議。接著根據研究結論來提出有力的建議。在做建議時也應提出相關的支持性文獻。

在做簡報的早期階段，我們還要做兩項額外的決定：

1. 所用的是什麼類型的視聽覺工具（audiovisuals, AV）？投影片？柯達軟片？液晶式投影機？三槍投影機？這些工具決定了我們要如何做簡報？
2. 簡報類型是什麼？是不是記誦式演說（memorized speech）？念原稿？綱要輔助式（extemporaneous presentation）？即席演說（impromptu speech）？（我們不討論即席演說，因爲它不需要準備）。

記誦式演說是有風險的，準備起來也頗費時。在簡報的過程中，如果忘了內容，會造成「大災難」。這種方式會讓聽眾覺得有點「趾高氣揚」、「距離感」，因此我們建議不要用這種方式。

念原稿的方式也應避免，因爲它顯得非常沈悶。報告者只顧低頭念原稿，會讓聽眾覺得不受重視，這樣一來，如何引起聽眾的共鳴？

綱要輔助式的簡報方式，顧名思義是在做簡報時，以綱要或少數的提示字句來輔助，在報告中主要是以聽眾爲中心的，而且比較具有自然性、對談式及彈性化的特色。在做簡報時，在報告中的主要文句中加註關鍵字，以提醒自己該說什麼，或者應強調什麼重點。這樣的話，我們可以根據重點，考慮不同的表達方式，並選擇一個最好的表達方式。同時，我們在整個報告中的各階段，要以這些重點爲主軸，並適時的補充相關的支持性論點。

1. 講義與卡片

如果在簡報時，能夠發 1～2 頁的講義，或許可以減輕報告者的害怕與不自然，因爲聽眾在看講義時，目光不會盯著你。有人喜歡用 5×8 英寸的卡片來做爲輔助工具；在這些卡片中應標明與主題相關的重點，並依序排好；也可以在卡片上註明所要參照的卡片（這些卡片包含了比較詳細的資料）；在每個卡片的角落處註明警語，例如，「速度放慢」、「速度放快」、「強調」、「放投影片 A」、「顯示圖表 B」、「回到圖表五」等。

2. 預演

在準備好了綱要及 AV 工具之後，報告的最後準備工作就是預演（rehearsal）。預演是成功簡報相當重要的一環，但是太多人（尤其是無經驗的報告者）忽略了它的重要性。做簡報可以說是藝術的表現（artistic performance），而多次的預演可以增加這種表現的藝術性，以期得到爐火純青的境界。在預演時，聽眾（可能是同事或同學）所提出的問題，可能在正式報告中也會出現。如何回答這些問題，或如何巧妙地避開這些問題，都可以先行練習。

預演的情境，如時間、地點、設備、講義的發放等，要儘量符合正式報告時的情境。可請聽眾幫忙記錄時間，看看會不會符合時間的規定。如果能用 V8 錄影機將過程錄製下來，以做爲改進的依據，那當然是更完美的事了。

二、報告者的態度及姿勢

雖然報告的內容是相當重要的一部分，但是報告者的態度及姿勢也是相當重要的。謙虛的態度、整齊適當的穿著都會增加聽眾的好感。態度要誠懇，如果有錯誤，應謙虛的說明，並坦然接受，如果強詞奪理，可能會遭遇到不可預知的後果（碩士論文可能被判「不及格」）。總之，在態度、姿勢、手勢、穿著及儀表上都要適合報告的場合。

1. 報告者的問題

無經驗的報告者在做簡報時，通常會有手足無措之感。他們通常在開始報告時過於緊張，甚至臉紅心跳、呼吸困難。我們對於這些現象不要過度的憂慮，因爲這是非常自然的事（對於在乎的事情，才會緊張），但是我們要利用方法來克服這些緊張的情緒，例如，可以做深呼吸，想想別的事情等。在做簡報時，要注意以下的問題：

(1) 在音調方面

- 是否聲音太輕，以至於使聽眾聽不清楚？
- 是否說得太快？提醒自己要放慢速度，在句子之間要稍做停頓。
- 是否抑揚頓挫？抑揚頓挫可增加聽眾的注意。
- 是否用太多的口語（pet phrases），如「你知道嗎？」、「對啊！」、「這個……」、「那」等。

(2) 在身體方面

- 身體是否左右晃動或前後晃動？或者太過傾斜於講桌的一邊？
- 是否一直在調整衣服？抓什麼地方？把玩口袋裡的零錢、鑰匙、鉛筆等？
- 是否只凝視某一個地方？如果不注視聽眾，是不禮貌的行爲；這是無經驗的報告者所犯的通病。有些人除了看綱要時之外，還會以目光掃瞄聽眾頭上的地方。値得注意的是，目光接觸是相當重要的。聽眾喜歡被認爲是你在看他們。你可以選擇三個定點（左、中、右），然後在說話時，依序地掃瞄這些地方。
- 是否在看投影片時背對著聽眾？

三、視覺化工具

報告者可利用許多視聽化工具來增加簡報的效果。這些視聽化工具包括了：投影片、柯達軟片、三槍投影機、電腦動畫等。

Microsoft PowerPoint、Lotus Freelance Graphics、Action、Photoshop 等都是很好的簡報軟體。它們結合了文字、聲音、圖形、圖像等，使得簡報更爲生動。圖 8 是以 Microsoft PowerPoint 製作簡報的情形。

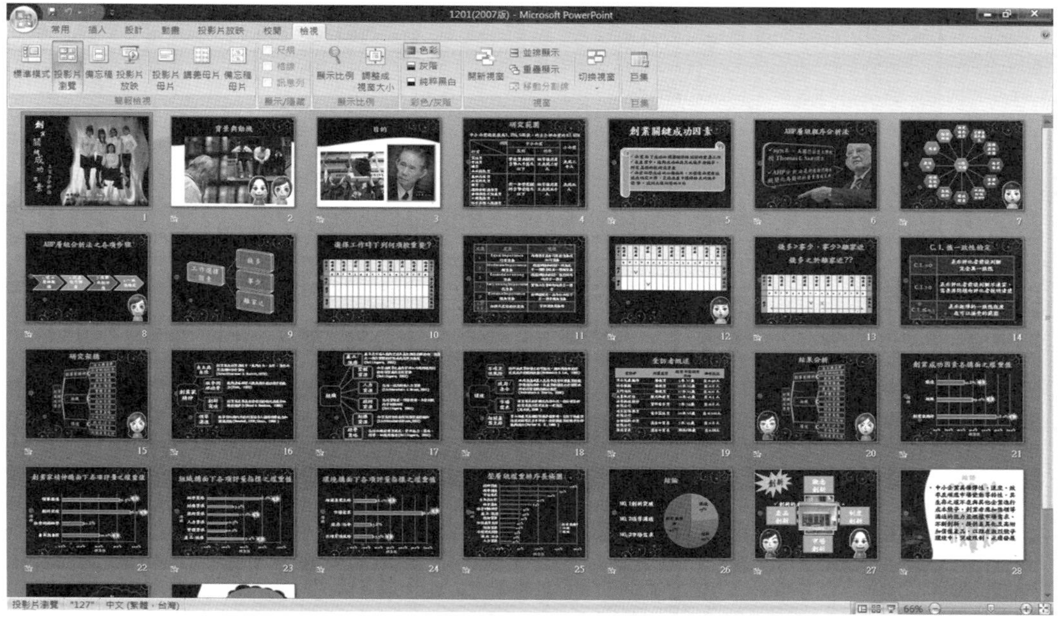

圖 8　以 Microsoft PowerPoint 製作簡報

註　釋

1. D. R. Cooper, and Pamela Schindler, *Business Research Methods* (New York, NY: McGraw-Hill Companies, Inc., 2003), p.661.
2. P. E. Resta, *The Research Report* (New York: The American Book Company, 1972), p.5.
3. J. M. Penrose, R. W. Rasbery, and R. J. Myers, *Advanced Communication* (Boston: PWS-Kent Publishing, 1989), p.185.
4. Microsoft Word 的早期版本，在平均的計算方面，它可以計算出平均每一段有多少句、平均每一句有多少字、平均每一字有多少字母；它也可以顯示出文章的易讀性（readability）。
5. R. R. Rathbone, *Communicating Technical Information* (Reading, Mass.: Addison-Wesley Publishing Company, 1966), p.64.

國家圖書館出版品預行編目資料

企業研究方法／榮泰生著.
--四版.--臺北市：五南，2011.03
面；公分
ISBN 978-957-11-6206-5（平裝）
1.企業管理 2.研究方法
494.031 100000821

1F23

企業研究方法

作　　者 — 榮泰生(437)
發 行 人 — 楊榮川
總 經 理 — 楊士清
主　　編 — 侯家嵐
責任編輯 — 侯家嵐
文字編輯 — 林秋芬
封面設計 — 盧盈良
出 版 者 — 五南圖書出版股份有限公司
地　　址：106台北市大安區和平東路二段339號4樓
電　　話：(02)2705-5066　傳　　真：(02)2706-6100
網　　址：http://www.wunan.com.tw
電子郵件：wunan@wunan.com.tw
劃撥帳號：01068953
戶　　名：五南圖書出版股份有限公司
法律顧問　林勝安律師事務所　林勝安律師
出版日期　2003年7月初版一刷
2003年9月二版一刷
2008年11月三版一刷
2011年3月四版一刷
2017年9月四版四刷
定　　價　新臺幣550元

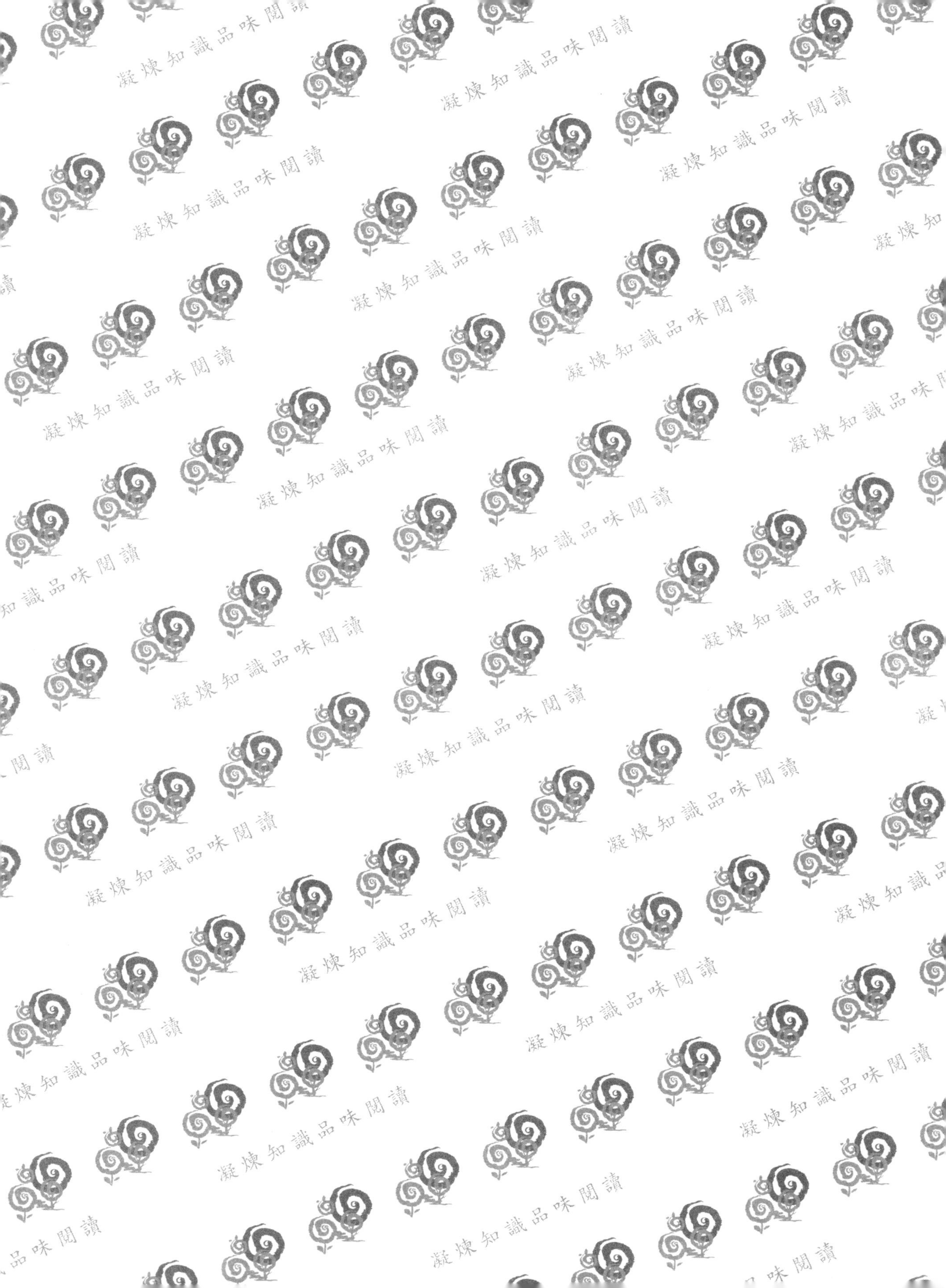
凝煉知識品味閱讀